21世纪高等院校环境系列实用规划教材
环境类卓越工程能力培养“十二五”规划教材

固体废物处理与处置

主　编　宇　鹏　赵树青　黄　魁
副主编　陈庆福　石　英

内 容 简 介

本书在借鉴现行多本教材内容的基础上，系统、全面地介绍了固体废物“三化”的基本原理、方法、工艺、设备，并编入典型案例。全书共分11章，内容包括：固体废物的定义、特点、来源、分类、产生量及组成、污染和危害，固体废物污染和危害的控制，固体废物的管理；固体废物特性分析；固体废物的收集、贮存和运输；固体废物的预处理；固体废物的物化处理；固体废物的生物处理；固体废物的热处理；固体废物的填埋处置；危险废物及放射性固体废物的处理与处置；固体废物的资源化与综合利用；生活垃圾收运、生活垃圾堆肥、生活垃圾焚烧、生活垃圾填埋的案例。

本书适合环境工程、环境科学、环境科学与工程、生态工程及相关专业的专科生、本科生、研究生作为教材或参考书使用，也可供长期从事固体废物处理与处置工程或科学研究的科研人员以及关心环境保护的读者参考。

图书在版编目(CIP)数据

固体废物处理与处置/宇鹏，赵树青，黄魁主编．—北京：北京大学出版社，2016.4
（21世纪高等院校环境系列实用规划教材）
ISBN 978-7-301-27032-5

Ⅰ.①固… Ⅱ.①宇…②赵…③黄… Ⅲ.①固体废物处理—高等学校—教材 Ⅳ.①X705

中国版本图书馆CIP数据核字（2016）第076338号

书　　名	固体废物处理与处置 GUTI FEIWU CHULI YU CHUZHI
著作责任者	宇　鹏　赵树青　黄　魁　主编
策划编辑	曹江平
责任编辑	李娉婷
标准书号	ISBN 978-7-301-27032-5
出版发行	北京大学出版社
地　　址	北京市海淀区成府路205号　100871
网　　址	http://www.pup.cn　　新浪微博：@北京大学出版社
电子信箱	pup_6@163.com
电　　话	邮购部010-62752015　发行部010-62750672　编辑部010-62750667
印 刷 者	北京虎彩文化传播有限公司
经 销 者	新华书店
	787毫米×1092毫米　16开本　22.25印张　525千字
	2016年4月第1版　2022年7月第5次印刷
定　　价	58.00元

编者名单

主　　编

宇　鹏　　广西师范学院
赵树青　　中国城市建设研究院有限公司
黄　魁　　广西大学

副 主 编

陈庆福　　南宁市三峰能源有限公司
石　英　　深圳市宝安区城管局

其他成员

高　超　　广西师范学院
苏红玉　　中国城市建设研究院有限公司
谢　力　　中国城市建设研究院有限公司
黄文雄　　中国城市建设研究院有限公司

前　言

“固体废物处理与处置”课程于1984年纳入环境工程本科专业教学计划，是教育部高等学校环境工程专业教学指导分委员会在《高等学校本科环境工程专业规范》中明确规定的环境工程专业9门核心课程之一。作为环境工程专业必修的一门主干专业课程，“固体废物处理与处置”课程教学效果不仅直接关系到环境工程专业学生的理论知识水平和工程技能，而且也关系到学生的综合素质。

随着资源的日益短缺及技术的进步，固体废物的处理与处置逐渐由“无害化”向“减量化”和“资源化”转变，相应地，固体废物处理与处置的思路和技术近年来也发生了较大的变化。

为了能反映这些变化，本书的内容不仅包括固体废物的基本知识、固体废物的处理和处置技术，还包括固体废物资源化和利用知识，并吸收了最新的知识，如等离子体焚烧、电弧熔融、电阻式熔融、感应熔融、等离子体熔融；为加深对重点知识的认识，编入了能反映最新技术的典型案例；为了丰富和更为直观地展示相关内容，编入了大量典型的图片和表格。本书内容较为全面、形式多样，兼顾基础理论和最新技术及应用，以满足“宽口径、厚基础”的人才培养要求。本书还对一些技术的发展历程和趋势进行了评述和总结，如固体废物堆肥化处理的趋势探讨、固体废物焚烧处理技术的发展、生活垃圾焚烧处理技术在我国的应用、烟气处理技术的发展、焚烧处理的优缺点和有待改进的地方，这些内容利于学生宏观把握固体废物处理、处置和利用的动态和走向，同时促进学生进行深层次的思考，提高其创新能力。另外，每章的开头先明确知识点、重点和难点，对于难点还提供了例题，利于学生明确学习目标，便于学生自学和开展课堂教学。

全书共分11章。第1章为绪论，主要讲述固体废物的定义、特点、来源、分类、产生量及组成、污染和危害、控制措施及固体废物管理的法规、原则、制度、标准；第2章为固体废物特性分析，主要讲述固体废物特性分析项目、采样、分析技术和方法；第3章为固体废物的收集、贮存和运输，主要讲述固体废物收集、贮存和运输的组成、方式、设备，以及生活垃圾收集路线规划和转运站的设置；第4章为固体废物的预处理，主要讲述固体废物的压实、破碎、分选、脱水的原理、方法、工艺和设备；第5章为固体废物的物化处理，主要讲述固体废物的浮选、溶剂浸出、稳定化、固化的原理、方法、工艺和设备；第6章为固体废物的生物处理，主要讲述固体废物好氧堆肥、厌氧消化、蚯蚓处理技术的原理、方法、工艺和设备；第7章为固体废物的热处理，主要讲述固体废物的焚烧、热解、焙烧等热处理的原理、方法、工艺和设备；第8章为固体废物的填埋处置，主要讲述固体废物填埋场的选址、设计、渗滤液污染的防治和填埋气体的控制和利用；第9章为危险废物及放射性固体废物的处理与处置，主要讲述危险废物及放射性固体废物的处理方式和处置技术；第10章为固体废物的资源化与综合利用，主要讲述固体废物的资源化和利用的原理、方法、工艺和设备；第11章为案例，主要包括生活垃圾收运、生活垃圾堆肥、生活垃圾焚烧、生活垃圾填埋的典型案例。

教学建议：对于收运、好氧堆肥、焚烧、填埋部分的内容，可结合本书案例来开展教学；开展好氧堆肥、焚烧等内容的教学时，应先介绍其发展历程和趋势；可结合本书例题讲解相关计算。

本书编写人员分工如下：第1章、第2章、第6章、第7章、第9章、第10章、第11章第2节由宇鹏、石英、高超编写；第3章、第8章、第11章第1节、第11章第4节由赵树青、苏红玉、谢力、黄文雄编写；第4章、第5章由黄魁编写；第11章第3节由陈庆福编写；全书由宇鹏统稿。赵晓菲、徐立进等参加了部分章节的文字整理和图片绘制工作；本书参考和引用了一些从事固体废物教学、科研、设计、生产工作同志撰写的论文、教材等相关资料。在此谨向他们致以诚挚的谢意。

本书经费：广西师范学院地理学博士点建设经费，北部湾环境演变及资源利用教育部重点实验室开放课题经费。

由于作者水平有限，编写时间仓促，书中不足之处在所难免，恳请广大读者批评指正。

编　者
2015年10月

目　录

第1章 绪　论

知识点

固体废物的定义、特点、来源、分类，固体废物的产生情况，固体废物对环境的污染和对人类健康的危害，固体废物的污染和危害的控制，固体废物的管理。

重点

固体废物的特点和分类。

难点

固体废物的污染和危害的控制，固体废物的管理。

1.1 固体废物的定义、特点、来源、分类

1.1.1 固体废物的定义

根据不同的需求，固体废物在不同场合有着不同的定义。

学术界一般将固体废物定义为：在社会生产、流通和消费等一系列活动中产生的相对于占有者来说一般不具有原有使用价值而被丢弃的以固态和泥状赋存的物质。也有学者把固体废物简单地定义为：无直接用途的、可以永久丢弃的、可移动的物质。

联合国环境规划署在《控制危险废物越境转移及其处置巴塞尔公约》中对固体废物的定义是：处置或打算予以处置的或按照国家法律规定必须加以处置的物质或物品。

美国的《资源保护和回收法》对固体废物的定义是：任何来自废水处理厂、水供给处理厂或者污染大气控制设施产生的垃圾、废渣、污泥，以及来自工业、商业、矿业和农业生产以及团体活动产生的其他丢弃的物质，包括固态、液态、半固态或装在容器内的气态物质。

《中华人民共和国固体废物污染环境防治法》(1995年颁布，2004年修订)对固体废物的定义是：在生产、生活和其他活动中产生的丧失原有利用价值或者虽未丧失利用价值但被抛弃或者放弃的固态、半固态和置于容器中的气态的物品、物质，以及法律、行政法规规定纳入固体废物管理的物品、物质。

1.1.2 固体废物的特点

(1)“废”——丧失原使用价值。固体废物是被丢弃的物品、物质。对丢弃者而言，

固体废物已经失去原有使用价值。

(2)“弃”——无主性。被丢弃后，不再属于谁。

(3) 资源与废物的相对性。固体废物的“废”具有时间和空间的相对性。在一定的时间、空间、技术、经济、政策条件下的固体废物可能成为其他时间、空间、技术、经济、政策条件下的资源。所以，固体废物又被视为“放错地点的原料”。如生活垃圾经焚烧产生热量用于“发电时”，生活垃圾就成为热源。

(4) 来源广泛、分散、量大、成分复杂。固体废物产生自生产、生活等社会的各个方面，包含固态、半固态、气态、液态等多种形态，因而其来源广泛而分散，而且产生量巨大、种类繁多、成分非常复杂。

(5) 污染的“终态物”和“源头”的双重性。固体废物往往是许多污染成分的终极状态，如气态污染物在净化过程中被富集成的粉尘或废渣，水污染物在处理过程中被分离出来的污泥。这些“终态物”中的有害成分，在长期的自然因素作用下，又会转入大气、水体和土壤，又成为大气、水体和土壤环境的污染“源头”，如随意堆放的生活垃圾经雨水淋漓产生的渗滤液。

(6) 危害具有潜在性、长期性和不易恢复性。与废水、废气和噪声相比，固体废物呆滞性大、扩散性小，对环境的影响主要通过水、气、土壤进行的，其危害可能在数年甚至数十年后才会出现，因而，其危害具有潜在性、长期性，而且一旦危害发生就很难恢复。

1.1.3 固体废物的来源

固体废物主要来自：①生产，包括基本建设、工农业，以及矿山、交通运输、邮政电信等各种工矿企业的生产建设活动；②生活，包括居民日常生活活动，以及为保障居民生活所提供的各种社会服务及设施，如商业、医疗、园林等；③其他活动，指国家各级事业及管理机关、各级学校、各种研究机构等非生产性单位的日常活动。

1.1.4 固体废物的分类

固体废物的种类繁多，分类方法也很多。按形态划分，固体废物分为固态半固态废物、液态废物和气态废物。按化学性质划分，固体废物分为机固体废物、无机固体废物。按形状划分，固体废物分为颗粒状废物、粉状废物、块状废物及泥状废物。按污染特性划分，固体废物分为一般固体废物、危险废物、放射性固体废物。一般固体废物是指不具有危险特性的固体废物；危险废物是指列入国家危险废物名录或者国家规定的危险废物鉴别标准和鉴别方法认定的、具有危险特性(毒性、腐蚀性、传染性、反应性、侵出毒性、易燃性、易爆性等)的废物；放射性固体废物包括核燃料生产、加工、同位素应用、核电站、核研究机构、医疗单位、放射性废物处理设施产生的废物如尾矿、污染的废旧设备、仪器、防护用品、废树脂、水处理污泥及蒸发残渣等。按来源划分，固体废物分为矿业固体废物、工业固体废物、城市固体废物、农业固体废物、放射性固体废物。矿业固体废物来自矿物开采和矿物洗选过程；工业固体废物来自冶金、煤炭、电力、化工、交通、食品、轻工、石油等工业的生产和加工过程；城市固体废物(又称城市垃圾)主要来自居民的消费、市政建设和维护、商业活动，包括城市生活垃圾、建筑垃圾、医疗卫生垃圾、城市粪渣污泥；农业固体废物主要来自农业生产和禽畜饲养；放射性废物主要来自核工业生产、放射性医疗和科学研究等。

《中华人民共和国固体废物污染环境防治法》(2004年修订)将固体废物分为工业固体废物、生活垃圾、危险废物，但没有涉及放射性废物。工业固体废物是指在工业生产活动中产生的固体废物；生活垃圾是指在日常生活中或者为日常生活提供服务的活动中产生的固体废物以及法律、行政法规规定视为生活垃圾的固体废物；危险废物是指列入国家危险废物名录或者根据国家规定的危险废物鉴别标准和鉴别方法认定的具有危险特性的固体废物。《放射性废物安全管理条例》(2012年3月1日施行）规定：放射性废物是指含有放射性核素或者被放射性核素污染，其放射性核素浓度或者比活度大于国家确定的清洁解控水平，预期不再使用的废弃物。

1.2 固体废物的产生量及组成

1.2.1 固体废物的产生量

1. 工业固体废物产生量

全世界每年产生的工业固体废物量达 24.4×10^8 t，其中约有1/5即约 4×10^8 t 为美国工业所排出，1/7为日本工业所产生。一些工业化国家年平均固体废物排出量以2%～3%的速度增长。2006—2014年，我国工业固体废物的产生量、利用量、处置量见表1-1。

表1-1 近年我国工业固体废物产生、利用、处置情况 单位：万t

年份	产生量	综合利用量(含利用往年贮存量)	贮存量	处置量
2006	151 541	92 601	22 398	42 883
2007	175 632	110 311	24 119	41 350
2008	190 127	123 482	21 883	48 291
2009	204 094.2	138 348.6	20 888.6	47 513.7
2010	240 943.5	161 772.0	23 918.3	57 263.8
2011	325 140.6	199 757.4	—	—
2012	329 046	202 384	70 826	59 787
2013	327 701.9	205 916.3	42 634.2	82 969.5
2014	325 620	204 330.2	45 033.2	80 387.5

2. 危险废物产生量

全球每年产生的危险废物达 3.4×10^8 t。2006—2010年，我国危险废物的产生量、利用量、处置量见表1-2。

表 1-2　近年我国危险废物产生、利用、处置情况　　单位：万 t

年份	产生量	综合利用量(含利用往年贮存量)	贮存量	处置量
2006	1 084	566	267	289
2007	1 079	650	154	346
2008	1 357	819	196	389
2009	1 429.8	830.7	218.9	428.2
2010	1 586.8	976.8	166.3	512.7

3. 城市生活垃圾产生量

全球年产城市生活垃圾总量在 1×10^{10} t 以上，其中美国占 1/3。欧洲经济共同体国家的垃圾平均年增长率为 3%，德国为 4%，瑞典为 2%；韩国垃圾年增长率约为 11%。

一般来说，生活水平越高，人均生活垃圾产生量越大。发达国家人均生活垃圾产生量通常超过 400kg/年，其中，美国为 767kg/年、丹麦为 800kg/年、荷兰为 630kg/年、英国为 570kg/年、法国为 540kg/年、日本为 386kg/年；低收入国家人均生活垃圾产生量为 200～300kg/年。

2001—2013 年，我国城市生活垃圾清运量和人均产生量见表 1-3。2009 年前，我国城市人均生活垃圾产生量稳定在 256kg/年左右。由于我国人口众多，资源缺乏，国家采取了一系列节能减排的措施，2011 年后，城市人均生活垃圾产生量下降到 237kg/年左右。

表 1-3　我国城镇生活垃圾清运量和人均产生量

年份	城镇人口/万人	垃圾清运量/(万 t/年)	人均年产生量/[kg/(人·年)]
2001	48 064	11 819	257
2002	50 212	13 650	272
2003	52 376	14 857	283
2004	54 283	15 509	286
2005	56 212	15 577	277
2006	57 706	14 841	257
2007	59 379	15 215	256
2008	60 667	15 500	255
2009	62 934	16 189	257
2011	69 079	16 400	237.4
2013	73 111	17 300	236.6

注：2000 年以后，部分有条件的城市(如北京、上海、深圳)开始逐渐用实际吨位来统计垃圾清运量，而其他地方仍用车吨位(垃圾运输车辆的载重量)来统计清运量，按车吨位统计的垃圾清运量往往大于实际的垃圾清运量。表中的垃圾清运量既有实际吨位也有车吨位，因而大于实际的垃圾清运量。

1.2.2 固体废物的组成

1. 工矿业固体废物的物理组成

各种工矿业固体废物的组成与其来源和产品生产工艺有密切关系。表 1－4 列举了若干主要工业的生产技术或产品所产生的固体废物种类；表 1－5 列举了不同工业产品所产生的固体废物中含有的各种成分的质量分数。

表 1－4 主要工业类型生产技术或产品及所产固体废物种类

序号	工业类型	生产技术或产品	主要固体废物种类
1	金属冶炼业	冶炼、铸造、辊扎、锻造等	下脚料、炉渣、尾矿、金属碎料等
2	金属制品加工业	容器、工具、管件、电镀品等	金属碎屑、废涂料、炉渣、废溶剂等
3	机械制造业	机床、起重机械、输送机械等	金属碎屑、废模具、废砂心、废涂料等
4	电器制造业	电动设备、电梯、变压器等	金属碎屑、废塑料、废陶瓷品等
5	运输设备制造业	各式车辆、飞机及轮船设备等	废轮胎、废纤维、废塑料、废溶剂等
6	化学试剂业	无机及有机药品、试剂、肥料等	废溶剂、废酸碱、废药剂、废三泥等
7	石油化工工业	沥青、化纤织品、化工原料等	沥青、焦油、废纤维丝、废塑料等
8	橡胶及塑料产业	橡胶冶制、轮胎、塑料及制品等	废塑料、废橡胶、废纤维、废金属等
9	皮革及其制品业	鞣革、抛光、皮革加工制品等	边角料、废化学染料、废油脂等
10	编织品产业	纺织、染色、整形等	过滤残渣、边角料、废染色剂等
11	服装产业	剪裁、缝制、印染、熨烫等	废纤维织品、边角料、废线头等
12	木材及其制品业	木工器具、木材生产、伐木等	碎木屑、下脚料、金属、废胶合剂等
13	金属、木质家具业	各式家具及附件、容器用品等	边角料、金属、衬垫残料、废胶料等
14	纸类及制品业	造纸、纸品生产与制造等	废木质素、废纸、废塑料、废纸浆等
15	印刷及出版业	制版、印刷、装订、包捆等	废金属、废化学试剂、废油墨等
16	食品加工业	防腐、消毒、选料、佐料调理等	烂肉食、蔬菜、果品、下水、骨架等
17	军事工业	生产制造、装配、化学药剂等	废金属、化学药剂、废木、废塑料等
18	建筑材料工业	水泥、玻璃与石料生产、加工等	建筑垃圾、废胶合剂、废金属等

表 1－5 不同工业产品所产生固体废物的成分分析 单位：%

序号	工业产品类型	纸张	木材	皮革	橡胶	塑料	金属	玻璃	织物	食品	其他
1	金属冶炼产品	30～50	5～15	0～2	0～2	2～10	2～10	0～5	0～2	15～20	20～40
2	金属加工产品	30～50	5～15	0～2	0～2	0～2	15～30	0～2	0～2	0～2	5～15
3	机械类制品	30～50	5～15	0～2	0～2	1～5	15～30	0～2	0～2	0～2	0～5
4	电机设施	60～80	5～15	0～2	0～2	2～5	2～5	0～2	0～2	0～2	0～5

续表

序号	工业产品类型	纸张	木材	皮革	橡胶	塑料	金属	玻璃	织物	食品	其他
5	运输设备	40～60	5～15	0～2	0～2	2～5	0～2	0～2	0～2	0～2	15～30
6	化学试剂及其产品	40～60	2～10	0～2	0～2	5～15	5～10	0～10	0～2	0～2	15～25
7	石油精炼及制品	60～80	5～15	0～2	0～2	10～20	2～10	0～12	0～2	0～2	2～10
8	橡胶及塑料制品	40～60	2～10	0～2	5～20	10～20	0～2	0～2	0～2	0～2	0～5
9	皮革及其制品	5～10	5～10	40～60	0～2	0～20	0～2	0～2	0～2	0～2	0～5
10	建筑业及玻璃制品	20～40	2～10	0～2	0～2	0～2	5～10	10～20	0～2	0～2	30～50
11	纺织业产品	40～50	0～2	0～2	0～2	3～10	0～2	0～2	20～40	0～2	0～5
12	服装业产品	40～60	0～2	0～2	0～2	0～2	0～2	0～2	30～50	0～2	0～5
13	木材及木制品	10～20	10～20	60～80	0～2	0～2	0～2	0～2	0～2	0～2	5～10
14	木制家具	20～30	30～50	0～2	0～2	0～2	0～2	0～2	0～5	0～2	0～5
15	金属家具	20～40	10～20	0～2	0～2	0～2	20～40	0～2	0～5	0～2	0～10
16	纸类产品	40～60	10～15	0～2	0～2	0～2	5～20	0～2	0～2	0～2	10～20
17	印刷及出版业产品	60～90	5～10	0～2	0～2	0～2	0～2	0～2	0～2	0～2	0～5
18	食品类产品	50～60	5～10	0～2	0～2	0～5	5～10	4～10	0～2	0～2	5～15
19	专用控制设备	30～50	2～10	0～2	0～2	5～10	5～15	0～2	0～2	0～2	5～15

2. 城市生活垃圾物理组成

城市生活垃圾的物理组成受地理环境、城市规模、经济状况、能源结构、生活水平、生活习惯、季节变化等因素影响，表 1-6 列出了几个典型发达国家的城市生活垃圾的部分物理组成。

表 1-6　典型发达国家城市生活垃圾的部分物理组成　　单位：%

国家	厨余类	纸类	橡塑类	纺织类	木竹类	玻璃类	金属类	灰土类	庭院垃圾
美国	12.7	31.0	15.0	5.0	6.6	4.9	8.4	1.5	13.2
荷兰	—	37.6	—	2.6	—	8.0	—	—	—
英国	16.6	20.3	6.2	1.6	17.8	9.0	7.1	3.9	15.5
日本	19.1	36.0	18.3	9.5	4.5	0.3	—	6.1	—
新加坡	20.2	26.2	25.0	3.2	3.2	2.0	2.4	0.4	5.2

表1-7列出了美国多年生活垃圾的部分物理成分。美国厨余类含量近年来稳定在12%左右、木竹含量稳定在5.6%左右，灰土含量稳定1.5%左右，纸类含量呈下降趋势，而替代纸作为包装物的塑料略有上升；玻璃类、金属类、庭院垃圾含量不断下降；橡胶类、纺织类含量呈上升趋势。

表1-7 美国生活垃圾的部分物理组成　　单位：%

垃圾组成	年份									
	1960	1970	1980	1990	2000	2004	2005	2006	2007	2008
厨余类	13.8	10.6	8.6	10.1	11.2	11.8	12.1	12.2	12.5	12.7
纸类	34.0	36.6	36.4	35.4	36.7	34.6	33.9	33.6	32.7	31.0
塑料类	0.4	2.4	4.5	8.3	10.7	11.8	11.7	11.7	12.1	12.0
橡胶类	2.1	2.5	2.8	2.8	2.8	2.9	2.9	2.9	2.9	3.0
纺织类	2.0	1.7	1.7	2.8	3.9	4.4	4.5	4.7	4.7	5.0
木竹类	3.4	3.1	4.6	6.0	5.5	5.6	5.6	5.5	5.6	6.6
灰土类	1.5	1.5	1.5	1.4	1.5	1.5	1.5	1.5	1.5	1.5
玻璃类	7.6	10.5	10.0	6.4	5.3	5.2	5.3	5.3	5.3	4.9
金属类	12.3	11.4	10.2	8.1	7.9	8.0	8.0	8.1	8.2	8.4
庭院垃圾	22.7	19.2	18.1	17.1	12.8	12.7	12.8	12.7	12.8	13.2
合计	99.8	99.5	98.4	98.4	98.3	98.5	98.3	98.2	98.3	98.3

表1-8为我国不同城市生活垃圾部分物理组成。由该表可知，大城市生活垃圾中的渣石、灰土等无机物含量比中小城市少，有机物和可回收物，尤其是可燃物(如纸类、塑料橡胶等)比中小城市多，其中可回收物占的比例高达30%。

表1-8 我国不同城市生活垃圾部分物理组成　　单位：%

城市	厨余类	纸类	橡塑类	织物类	木竹类	玻璃类	金属类	灰土类	砖瓦、陶瓷类
香港	38.30	24.30	18.90	3.30	0.45	4.30	2.40	0.45	0.00
北京	63.79	9.75	11.76	1.69	1.26	1.70	0.33	9.10	0.42
上海	61.11	9.46	19.95	2.80	1.48	2.98	0.28	0.40	1.18
青岛	67.75	7.20	9.39	2.66	—	2.96	0.35	6.47	0.84
武汉	52.41	9.17	17.06	3.38	2.47	2.34	1.50	9.29	2.37
重庆	56.20	10.10	16.00	6.10	4.20	3.40	1.10	—	—
杭州	64.48	6.71	10.12	1.22	0.05	2.02	0.31	—	—
广州	52.42	8.95	16.77	8.43	1.98	1.33	0.23	6.39	3.43
深圳	45.98	18.44	15.90	3.28	2.89	0.72	1.95	—	—

续表

城市	厨余类	纸类	橡塑类	织物类	木竹类	玻璃类	金属类	灰土类	砖瓦、陶瓷类
罗田县城	17.17	5.35	7.12	2.06	0.73	3.97	0.15	52.90	6.15
远安县城	12.90	2.30	2.44	1.68	2.80	1.70	1.22	60.13	4.85

表1-9为上海市1995—2005年生活垃圾部分成分。由该表可知，厨余类、玻璃类、金属类、灰土类含量不断下降，木竹类含量稳定在1.5%左右，纸类、橡塑类、织物类略有上升。

表1-9　上海市1995—2005年生活垃圾部分物理组成　　单位:%

年份	厨余类	纸类	橡塑类	织物类	木竹类	玻璃类	金属类	灰土类
1995	70.65	6.50	10.21	2.17	1.47	3.81	0.91	2.29
1996	70.30	6.68	10.84	2.26	1.96	4.06	0.68	2.23
1997	69.09	7.05	11.78	2.24	1.44	4.01	0.58	1.82
1998	67.33	8.77	12.48	1.90	1.27	4.15	0.73	1.37
1999	65.21	8.23	12.46	2.21	1.18	5.36	0.84	2.21
2000	67.51	8.02	13.03	2.87	1.43	4.15	0.85	1.26
2001	65.47	9.20	12.09	2.38	1.26	4.03	0.61	1.47
2002	68.17	9.11	13.26	2.91	1.26	3.33	0.86	—
2003	65.90	9.23	13.33	2.70	1.21	3.82	0.61	—
2004	61.82	9.07	18.68	2.73	1.66	2.89	0.33	1.36
2005	61.11	9.46	18.95	2.80	1.48	2.98	0.28	1.58

表1-10列出了生活垃圾干基组分所含化学元素的质量分数。

表1-10　城市生活垃圾中不同干基组分所含化学元素典型质量分数　　单位:%

序号	组分	干基量(质量分数)					
		碳	氢	氧	氮	硫	灰分
1	食物：脂肪	73.0	11.5	14.8	0.4	0.1	0.2
	混合食品废物	48.0	6.4	37.6	2.6	0.4	5.0
	水果废物	48.5	6.2	39.5	1.3	0.2	4.2
	肉类废物	59.6	9.4	24.7	1.2	0.2	4.9

续表

序号	组分	干基量(质量分数)					
		碳	氢	氧	氮	硫	灰分
2	纸制品：卡片纸板	43.0	5.0	44.8	0.3	0.2	5.0
	杂质	32.9	5.0	38.6	0.1	0.1	23.3
	白报纸	49.1	6.1	43.0	<0.1	0.2	23.3
	混合废纸	43.4	5.8	44.3	0.3	0.2	6.0
	浸蜡纸板箱	59.2	9.3	30.1	0.1	0.1	1.2
3	熟料：混合废塑料	60.0	7.2	22.8	—	—	10.0
	聚乙烯	85.2	14.2	—	<0.1	<0.1	0.4
	聚苯乙烯	87.1	8.4	4.0	0.2	—	0.3
	聚氨酯	63.3	6.3	17.6	6.0	<0.1	4.3
	聚乙烯氯化物	45.2	5.6	1.6	0.1	0.1	2.0
4	木材、树枝等：花园修剪垃圾	46.0	6.0	38.0	3.4	0.3	6.3
	木材	50.1	6.4	42.3	0.1	0.1	0.1
	坚硬木材	49.6	6.1	43.2	0.1	<0.1	0.9
	混合木材	49.6	6.0	42.7	0.2	<0.1	1.5
	混合木屑	49.5	5.8	45.5	0.1	<0.1	0.4
5	玻璃、金属等：玻璃和矿石	0.5	0.1	0.4	<0.1	—	98.9
	混合矿石	4.5	0.6	4.3	<0.1	—	90.5
6	皮革、橡胶、衣物等：混合废皮革	60.0	8.0	11.6	10.0	0.4	10.0
	混合废橡胶	69.7	8.7	—	—	1.6	20.0
	混合废衣物	48.0	6.4	40.0	2.2	0.2	3.2
	其他：办公室清扫垃圾	24.3	3.0	4.0	0.5	0.2	68.0
	油、涂料	66.9	9.6	5.2	2.0	—	16.9
	以垃圾生产的燃料(RDF)	44.7	6.2	38.4	0.7	<0.1	9.9

1.3 固体废物的污染和危害

1.3.1 固体废物对环境的污染

1. 占用大量土地

固体废物任意露天堆放，占用大量的土地，破坏地貌和植被(图1.1)。每堆积1×10^4t

图 1.1 生活垃圾堆放占用土地

渣约占地667m^2。据1997年北京遥感资料，北京五环路内共有垃圾堆618个，露天堆放的垃圾约$1.678\times10^7 m^3$，占地222hm^2。在上海市区1 260km^2的范围内，有50m^2以上的垃圾堆近2 000个，占地面积7 889亩。在天津市外环线两侧，占地600m^2以上的垃圾堆约117个，占地300～600m^2的垃圾堆约289个。目前，全国城市生活垃圾累计堆存量达70亿t，占地80多万亩。全国已有2/3的大中城市陷入垃圾的包围之中，且有1/4的城市已没有合适的场所堆放垃圾。

2. 污染土壤

固体废物及其渗滤液中所含有害物质会改变土壤的性质和结构，并对土壤中的微生物产生影响。固体废物中有害物质进入土壤后，会在土壤中累积，不仅有碍植物根系的发育和生长，还会在植物体内积蓄，通过食物链危及人体健康。20世纪70年代，美国密苏里州为了控制道路粉尘，曾把混有四氯二苯二噁英(2，3，7，8-TCDDs)的淤泥废渣当作沥青铺路面，造成多处污染；土壤中TCDDs浓度高达300μg/L，污染深度达60cm，导致牲畜大批死亡，人们备受多种疾病折磨。在居民的强烈要求下，美国环保局同意全市居民搬迁，并花3 300万美元买下该城镇的全部地产，还赔偿了市民的一切损失。我国内蒙古包头市的某尾矿堆积量已达1.5×10^7t，使尾矿坝下游的一个乡的大片土地被污染，居民被迫搬迁。1992年和1993年，辽宁省沈阳冶炼厂两次非法向黑龙江省鸡西市梨树区转移有毒化工废渣；废渣中含有三氧化二砷(俗称砒霜)等10多种有毒物质332t；这些有毒物质使穆棱河下游约20km^2范围内的土壤受到不同程度的污染；残留在废渣堆放地及周围的砷、铜、铅等重金属污染平均超标为75倍，其中砷的超标指数最高，为103倍；废渣倾倒现场寸草不长，26棵20cm直径树木枯死，地表裸露面积达500m^2，大约7hm^2地表植物受到较严重污染，污染深度达140cm；经预测，在自然状况下，要将土壤恢复到原有水平，大概需要几百年，甚至几千年以上。鸡西市法院判令沈阳冶炼厂和鸡西市化工局限期对污染损害进行治理，如逾期不治理，则将治理费用185.5万元付给原告进行治理，并判决两被告偿还原告经济损失、环境补偿费和人体健康检查费共计90万元。

3. 污染大气环境

固体废物污染大气环境的途径主要有三条：①固体废物中的细粒、粉尘等可随风飞扬。例如，风力在4级以上时，在粉煤灰或尾矿堆表面的粒径小于1.5cm的粉末将出现剥离，其飘扬的高度可达20～50m以上，在风季期间可使平均视程降低30%～70%。②固体废物中某些物质的化学反应，会向大气释放污染物。如煤矸石堆自燃产生大量的SO_2，生活垃圾焚烧会释放氮氧化物、HCl、HF等。③固体废物中的有机物被微生物分解，释放出有害气体。如全球生活垃圾填埋场CH_4排放量约为4.0×10^7t/年，占全球CH_4总排放量的8%左右。图1.2展示了随意堆放的垃圾燃烧污染大气环境。

4. 污染水体

图 1.2 生活垃圾燃烧污染大气环境

固体废物随天然降水或地表径流进入河流、湖泊、水库，或随风飘迁落入河流、湖泊、水库，污染地面水；渗滤液渗透到土壤中，进入地下水，使地下水受到污染；废渣直接排入河流、湖库或海洋，会造成更大的水体污染；即使无害的固体废物排入河流、湖泊、水库，也会造成水体污染，使河床淤塞，水面减小，甚至导致水利工程设施的效益减少或废弃。图 1.3 为某河流受垃圾污染的状况。

图 1.3 生活垃圾污染河流

美国的“Love canal”事件是典型的固体废物污染地下水事件。1930—1953 年，美国胡克化学工业公司在纽约州尼亚加拉瀑布附近的“Love canal”废河谷填埋了约 2 800t 桶装有害废物。1953 年，填平覆土，在上面兴建了学校和住宅。1978 年，大雨和融化的雪水造成有害废物外溢，而后就陆续发现该地区井水变臭，婴儿畸形，居民身患怪异疾病。一些国家把大量固体废物投入海洋，对海洋造成潜在的污染危害。1968 年，美国向太平洋、大西洋和墨西哥湾投弃了各种固体废物 4.8×10^{7}t 以上。1975 年，美国向 153 处洋面投弃了市政及工业固体废物 5×10^{6}t 以上。至 1990 年，美、英两国在大西洋和太平洋北部的 50 多个“墓地”投弃过约 4.6×10^{15}Bq 的放射性废料，尤其美国倾倒最多。

5. 影响地表景观

矿区及城郊大量堆放矿业固体废物和生活垃圾，改变了当地的地表景观，破坏了优美的自然环境；垃圾遍地，随风飘扬，造成了视觉污染。图 1.4 为受垃圾严重影响的广西阳朔某风景区的景观。

1.3.2 固体废物对人类的危害

固体废物特别是有害固体废物，如露天存放或处置不当，其中的有害成分和化学物质

图 1.4 垃圾影响景区景观

可通过环境介质——大气、土壤、地表或地下水体等直接或间接传入人体，威胁人体健康，给人类造成潜在的、近期的或长期的危害。如含镉废渣排入土壤引起日本富山县痛痛病事件。

固体废物损害人类健康的途径很多，其具体途径取决于固体废物本身的物理、化学和生物性质，而且与固体废物处置所在地的地质、水文条件等有关。主要途径：①通过填埋或堆放渗漏到地下，污染土壤和地下水源；②通过雨水冲刷流入江河湖泊，造成地表水污染；③通过废物堆放或焚烧会使臭气与烟雾进入大气，造成大气污染；④有些有害毒物施用在农田上会通过生物链的传递和富集进入食品，从而进入人体；⑤固体废物及其处理设施会引发火灾、爆炸等安全事故。

另外，固体废物的排放和处置会增加许多额外的经济负担。目前，我国每输送和堆存1t废物，平均能耗都在10元左右。

1.4 固体废物污染和危害的控制

1.4.1 固体废物污染和危害的控制措施

控制固体废物的污染和危害需要从两个方面入手，一是减少固体废物的排放量；二是防治固体废物污染和危害。

一个生产和服务过程可以抽象成9个方面，即原料和能源、技术工艺、设备、过程控制、管理、员工6方面的输入，得出产品和废物两方面的输出，还有一个内部废物循环回用方面(图1.5)。原料和能源、技术工艺、设备、过程控制、管理、员工、循环回用直接影响工业固体废物的产生和排放量。对工业固体废物，可采取以下控制措施：①推行清洁生产审核，实现经济增长方式的转变，淘汰落后生产工艺和设备；②采用清洁的资源和能源；③采用精料；④改进生产工艺，采用无废或少废技术和设备；⑤加强生产过程控制，提高管理水平和加强员工环保意识的培养；⑥提高产品质量和寿命；⑦发展物质循环利用工艺；⑧进行综合利用；⑨进行无害化处理与处置。

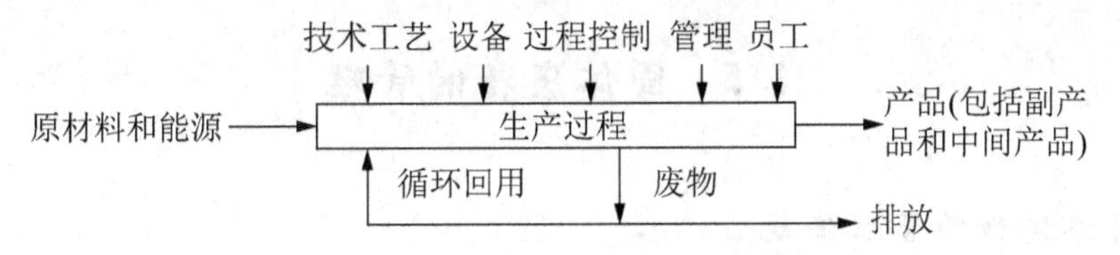

图 1.5 影响固体废物产生的因素

城市生活垃圾的产生量与城市人口、燃料结构、生活水平等有密切关系，其中人口是决定城市垃圾产生量的主要因素。为有效控制生活垃圾的污染和危害，可采取以下措施：①鼓励城市居民使用耐用环保物质，减少对假冒伪劣产品的使用；②加强宣传教育，积极推进城市垃圾分类收集；③改进城市的燃料结构，提高城市的燃气化率；④进行城市生活垃圾综合利用；⑤对城市生活垃圾进行焚烧、卫生填埋等无害化处理与处置。

1.4.2 固体废物的处理与处置

固体废物处理是指通过物理、化学、生物技术，将固体废物转化为便于运输、贮存、利用以及最终处置的另一种形体结构。固体废物处理的目标是无害化、减量化和资源化。

固体废物处置是指对已无回收价值或确属不能再利用的固体废物(包括对自然界及人体健康危害性极大的危险废物)，采取长期置于与生物圈隔离地带的技术措施，也是解决固体废物最终归宿的手段，因此也称为最终处置技术。处置的目的和技术要求是使固体废物在环境中最大限度地与生物圈隔离，避免或减少其中污染组分对环境的污染和危害。固体废物的处置方法分为陆地处置和海洋处置两大类。

就城市生活垃圾和工业固体废物而言，固体废物处理、处置系统由收集运输子系统、处理子系统和处置子系统三部分构成，其系统及过程如图 1.6 所示。

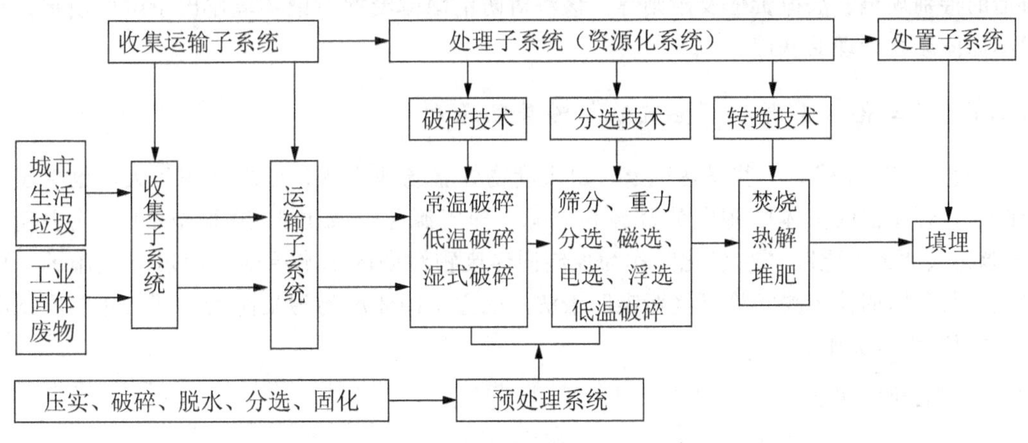

图 1.6 固体废物处理与处置系统

1.5 固体废物的管理

1.5.1 固体废物的管理法规

建立固体废物管理法规是废物管理的主要方法。固体废物管理法规的制定和完善是一个由简到繁、循序渐进的过程。世界上第一个关于固体废物的专业性法规是美国1965年制定的《固体废物处置法》，该法于1976年修改为《资源保护及回收法》，分别于1980年和1984年经美国国会加以修订，迄今已成为世界上最全面、最详尽的关于固体废物管理的法规之一。根据《资源保护及回收法》的要求，美国环境保护局颁布了《有害固体废物修正案》——实际上是《资源保护及回收法》的实施细则。1980年，美国又颁布了《综合环境对策保护法》(俗称《超级基金法》)以清除已废弃的固体废物处置场对环境造成的污染。英国于1974年颁布的《污染控制法》有专门的固体废物条款。日本于1970年颁布并多次修改《废弃物处理及清扫法》，迄今该法已成为包括固体废物资源化、减量化、无害化以及危险废物管理在内的相当完善的法规。1991年日本又颁布了《促进再生资源利用法》。1989年3月22日，联合国环境规划署在瑞士巴塞尔召开的"关于控制危险废物越境转移全球公约全权代表大会"上，通过了《控制危险废物越境转移及其处置巴塞尔公约》，规定控制的有害废物共45类，主要内容包括：尽量减少有害废物的产生及其越境转移的条件；各国有权禁止有害废物进口；建立一整套有害废物越境转移通知制度；对于未经进口国、过境国同意或伪造进口国、过境国同意，或转移物与文件所列不符，均被视为非法。这是一部有关国际控制有害废物污染转嫁的法律。

1995年，我国颁布了《固体废物污染环境防治法》，该法于2002年修订，其内容包括总则、固体废物污染环境防治的监督管理、固体废物污染环境的防治、危险废物污染环境防治的特别规定、法律责任及附则等。该法对防治固体废物污染环境作出了全面规定，是我国固体废物管理的基础。

1.5.2 "三化"原则和"全过程"的管理原则

20世纪70年代，一些发达国家，由于废物处置场地紧张，处理费用巨大，也由于资源缺乏，开始回收固体废物中的资源和能源，即资源化。我国于20世纪80年代中期以"资源化"、"无害化"、"减量化"作为控制固体废物污染的基本原则。1996年实施的《中华人民共和国固体废物污染环境污染防治法》确立了固体废物污染防治的"三化"原则和"全过程"管理原则。

1. "三化"原则

"无害化"是指用适当的工程技术(如热解、分离、焚烧、好氧堆肥、厌氧消化)对固体废物进行处理，使其对环境不产生污染，不损害人体健康。各种"无害化"技术的通用性是有限的，这往往不是由技术、设备本身决定的，而是由经济、固体废物种类及特性等其他因素决定。如焚烧是一种先进的生活垃圾"无害化"处理技术，但它必须以垃圾含有高热值和可能的经济投入为条件。

“减量化”是指通过适宜的手段减少和减小固体废物的数量和体积。实现“减量化”的途径包括两个方面：一方面是在固体废物产生之前，采取适当的措施(如改革生产工艺、产品设计和改变物资能源消费结构)减少固体废物的产生；另一方面是在固体废物产生之后，通过分选、压缩、焚烧等措施减少固体废物容量，如通过焚烧处理，生活垃圾体积可减小 80％～90％。

“资源化”是指从固体废物中回收有用的物质和能量，加快物质循环，创造经济价值，包括物质回收、物质转换和能量转换。发达国家已把固体废物“资源化”纳入资源和能源开发利用之中，逐步形成了一个新兴的工业体系——资源再生工程。固体废物“资源化”不仅可以获得良好的经济效益，还可以节约资源、能源，在“资源化”的同时除去某些潜在的毒性物质，减少废物堆置场地和废物贮放量。固体废物“资源化”应遵循的原则：技术上可行，经济效益好，就地利用产品，不产生二次污染，符合国家相应产品的质量标准。

由于经济技术原因，我国固体废物今后较长一段时间内仍以“无害化”为主，并逐步从“无害化”走向“资源化”。“资源化”是以“无害化”为前提的，“无害化”和“减量化”应以“资源化”为条件。

2. “全过程”管理原则

固体废物“全过程”管理就是在产品设计—废物产生—收集—运输—综合利用—处理—贮存—处置的每一环节都将其作为污染源进行严格的控制(图 1.7)。将固体废物从产生到处置的全过程分为五个连续或不连续的环节进行控制。其中，各种产业活动中的清洁生产是第一阶段，在这一阶段，通过改变原材料、改进生产工艺和更换产品等来减少或避免固体废物的产生。在此基础上，对生产过程中产生的固体废物，尽量进行系统内的回收利用，这是管理体系的第二阶段。对于已产生的固体废物，则进行第三阶段——系统外的回收利用，第四阶段——无害化、稳定化处理以及第五阶段——固体废物的最终处置。“3C 原则”和“3R 原则”符合固体废物“全过程”管理的要求。“3C 原则”是指避免产生(clean)、综合利用(cycle)、妥善处置(control)。“3R 原则”指对固体废物实施减少产生(reduce)、再利用(reuse)、再循环(recycle)。

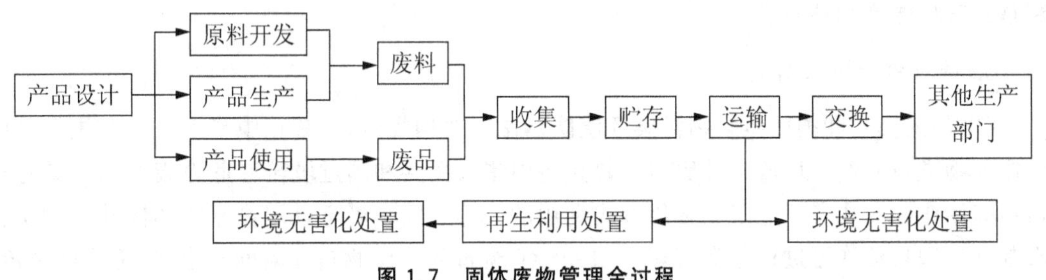

图 1.7 固体废物管理全过程

1.5.3 固体废物的管理制度

1. 分类管理

很多国家都对固体废物实行分类管理，并且把危险废物作为重点，依据专门制定的法律和标准实施进行严格的管理，如《中华人民共和国固体废物污染环境防治法》第五十八条规定："禁止混合收集、贮存、运输、处置性质不相容而未经安全性处置的危险废物，禁止将危险废物混入非危险废物中贮存。"

2. 工业固体废物申报登记制度

为了使环境保护部门掌握工业固体废物和危险废物的种类、产生量、流向及对环境的影响等情况，进而进行有效的固体废物全过程管理，《中华人民共和国固体废物污染环境防治法》要求实施工业固体废物申报登记制度。

3. "老三项"制度

"老三项"制度是指环境影响评价制度、"三同时"制度、排污收费制度，是在我国1979年颁布的《中华人民共和国环境保护法(试行)》中确定的。

环境影响评价是对可能影响环境的重大工程建设、规划或其他活动，事先进行调查、预测和评价，为防止和减少环境损害制订最佳方案。"三同时"是指一切企业、事业单位在进行新建、改建、扩建工程时，对其中防治污染和其他公害的设施，必须与主体工程同时设计、同时施工、同时投产。排污收费是指一切向环境排放污染物的单位和民营企业，依照有关规定和标准，缴纳一定费用。固体废物排污费的交纳，则是对那些在按规定或标准建成贮存设施、场所前产生的工业固体废物而言的。

实践证明，"老三项"制度已发挥了巨大的作用，被称为"中国环境管理三大法宝"。

4. "新五项"制度

在继续执行"老三项"制度的同时，第三次全国环境保护会议又推出了"新五项"制度，即环境保护目标责任制、城市环境综合整治定量考核制、排放污染物许可证制、污染限期治理制、污染集中控制制。其中，环境保护目标责任制、城市环境综合整治定量考核制是新五项制度的核心。

5. 进口废物审批制度

《中华人民共和国固体废物污染环境防治法》明确规定，"禁止中华人民共和国境外的固体废物进境倾倒、堆放、处置"，"禁止经中华人民共和国过境转移危险废物"，"禁止进口不能用作原料或者不能以无害化方式利用的固体废物；对可以用作原料的固体废物实行限制进口和自动许可进口分类管理"。1996年颁布的《废物进口环境保护管理暂行规定》《国家限制进口的可用作原料的废物名录》规定了废物进口的三级审批制度、风险评价制度和加工利用单位定点制度等。这些规定的补充规定又规定了废物进口的装运前检验制度。

6. 危险废物行政代执行制度

《中华人民共和国固体废物污染环境防治法》规定："产生危险废物的单位，必须按照国家有关规定处置危险废物，不得擅自倾倒、堆放；不处置的，由所在地县级以上地方人民政府环境保护行政主管部门责令限期改正；逾期不处置或者处置不符合国家有关规定的，由所在地县级以上地方人民政府环境保护行政主管部门指定单位按照国家有关规定代为处置，处置费用由产生危险废物的单位承担。"

7. 危险废物经营许可证制度

危险废物的危险特性决定了并非任何单位和个人都可以从事危险废物的收集、贮存、处理、处置等经营活动，必须由具备一定设施、设备、人才和专业技术能力并通过资质审查获得经营许可证的单位进行危险废物的收集、贮存、处理、处置等经营活动。

8. 危险废物转移报告单制度

该制度也称为危险废物转移联单制度，它是为了保证运输安全、防止非法转移和处置，保证废物的安全监控，防止污染事故的发生。

1.5.4 固体废物的管理标准

我国的固体废物管理国家标准由国家环境保护部、住房和城乡建设部在各自的管理范围内制定。环境保护部制定有关污染控制、环境保护、分类、监测方面的标准，住房和城乡建设部主要制定有关垃圾清扫、运输、处理处置的标准。我国所颁布的与固体废物有关的标准主要包括固体废物分类标准、固体废物监测标准、固体废物污染控制标准和固体废物综合利用标准。

1. 分类标准

固体废物管理的分类标准主要包括《国家危险废物名录》《危险废物鉴别标准》《进口废物环境保护控制标准》,《城市垃圾产生源分类及垃圾排放》中关于城市垃圾产生源分类也属于此类标准。

2. 监测标准

固体废物管理的监测标准主要包括固体废物的样品采制、样品处理和样品分析方法的标准，如《固体废物浸出毒性测定方法》《固体废物浸出毒性浸出方法》《工业固体废物采样制样技术规范》《固体废物监测技术规范》《生活垃圾分拣技术规范》《城市生活垃圾采样和物理分析方法》《生活垃圾填埋场环境监测技术标准》《危险废物鉴别标准急性毒性初筛》中附录 A《危险废物急性毒性初筛试验方法》。

3. 污染控制标准

此类标准是固体废物管理标准中最重要的标准，是环境影响评价、"三同时"、限期治理、排污收费等一系列管理制度的基础。该标准可分为三类：废物处置控制标准；设施控制标准；设备、设施的行业性技术标准。

(1) 废物处置控制标准：是对某种特定废物的处置标准、要求，如《含多氯联苯废物污染控制标准》《有色金属工业固体废物控制标准》《建材工业废渣放射性限制标准》。

(2) 设施控制标准：如《生活垃圾填埋污染控制标准》《城镇生活垃圾焚烧污染控制标准》《一般工业固体废物贮存、处置场污染控制标准》《危险废物安全填埋污染控制标准》《危险废物焚烧污染控制标准》《危险废物贮存污染控制标准》。

(3) 设备、设施的行业性技术标准：如《小型焚烧炉》《垃圾分选机垃圾滚筒筛》《锤式垃圾粉碎机》。

4. 综合利用标准

如农用污泥中污染物控制标准、农用粉煤灰中污染物控制标准、城镇垃圾农用控制标准、以及有关电镀污泥、含铬废渣等废物综合利用的规范和技术规定。

1.5.5 固体废物管理中存在的问题及对策

当前我国固体废物管理中存在的主要问题：城市生活垃圾和工业固体废物的管理责任和机制不明确；危险废物管理的相关法律法规还不健全，存在监管漏洞；进口固体废物管理中存在电子垃圾非法贸易。为了更为有效地控制固体废物对环境的污染和利用资源，需要加快制定相关法律的实施细则，完善固体废物污染控制标准体系，从排放、运输、贮存、利用、处理、处置等各个环节对固体废物实行全过程管理；大力推行清洁生产工艺和固体废物的综合利用，有效减少固体废物的产生量、处置量和排放量；建立区域固体废物集中处理处置设施，妥善处理处置固体废物，提高固体废物的无害化处理率。

小　结

本章主要介绍关于固体废物和固体废物管理的基本知识，包括：固体废物的定义、特点、来源、分类，固体废物产生量、组成受哪些因素影响及这些因素是如何影响固体废物产生量和组成的，固体废物对环境的污染和对人类的危害，固体废物的控制措施及处理、处置方法，固体废物管理的法规、制度、标准，固体废物管理的“三化”原则和“全过程”管理原则。

思 考 题

1. 如何理解固体废物的二重性及“固体废物是放错地方的资源”？请举例说明。
2. 简要说明固体废物对环境的不利影响主要有哪些。
3. 结合具体固体废物类型，说明固体废物处理、处置方法有哪些。

第2章　固体废物特性分析

知识点

固体废物特性分析项目，固体废物采样，固体废物特性分析技术与方法。

重点

固体废物特性分析项目、相关概念及方法。

难点

固体废物热值的计算。

2.1　固体废物特性分析项目

固体废物通常是由许多不同种类的单一物料构成，它的特性是单一物料混杂后的宏观表现。因此，固体废物特性也势必受到各种单一物料特性的影响。单一物料的特性与其内在结构有关，相对来说变化不大；固体废物物理组成却随着各种因素的影响不同而变化很大。因此，研究固体废物的特性，就必须对其物理组成和其中物料的特性进行全面分析。固体废物的特性主要包括物理、化学、生物化学及感官等方面。感官特性是指废物的颜色、气味、新鲜或者腐败的程度等，往往可直接判断。

2.1.1　城市固体废物特性分析项目

每种物质都有特定的外部特征和物理特性，如密度、形状、粒径等，但对于固体废物这种多种物质的混合体而言，由于无特定的内部结构，也就不存在特定的物理性质。它的物理性质是随着其构成物的性质和比例的改变而变化。在城市固体废物清运、处理、处置过程中，常涉及的物理特性有以下几种。

1. 物理特性分析项目

1）物理组成

城市固体废物的物理组成很复杂，受自然环境、气候条件、城市发展规模、居民生活习性(食品结构)、家用燃料(能源结构)以及经济发展水平等多种因素的影响，因此各国、各城市甚至各地区产生的城市固体废物组成均有所不同。城市固体废物的物理组成的类别见表2-1。一般来说，工业发达国家城市固体废物成分是有机物多、无机物少，欠发达国家则是无机物多、有机物少；我国南方城市固体废物较北方有机物多、无机物少。

表 2-1　城市固体废物组成的类别

类别	有机物		无机物		可回收物						其他
	动物	植物	灰土	砖瓦、陶瓷	纸类	塑料、橡胶	纺织物	玻璃	金属	木竹	

2）容重

容重是单位体积的固体废物所具有的质量。容重是固体废物的一个重要参数，通常以 kg/L 或 t/m^3 来表示。影响固体废物容重的因素有多种，包括固体废物的物理组成、各种单一物料的含水率等。在固体废物收运、处理、处置的不同阶段，其容重会发生变化，容重可分为：①自然容重，指固体废物堆积成圆锥体的自然形状时单位体积具有的质量，常用于固体废物调查分析；②装载容重，指固体废物装填入收运车时，由于人为的装填、压实作用使密度增加后的容重；③填埋容重，指填埋场内固体废物堆体的容重，其主要影响因素有压实作业方式、自然沉降和有机物降解等。在填埋作业阶段，由于压实作业方式的不同，固体废物堆体压实比会发生变化，从而造成堆体的容重发生变化，好的压实作业方式可以有效地提高堆体的容重。典型废物的容重见表 2-2。

表 2-2　典型废物的容重　　单位：kg/m^3

类型		容重		类型	容重	
		范围	典型		范围	典型
食品废物		130～480	300	混合果实垃圾	249～750	358.7
纸张		30～130	80	混合蔬菜垃圾	201～700	358.7
纸板		30～80	50	污泥	1 000～1 200	1 050
塑料		30～130	60	废酸碱液	1 000	1 000
纺织品		30～100	60	正常压实填埋垃圾	362～498	450.6
橡胶		100～200	130	充分压实填埋垃圾	590～741	598.8
皮革制品		100～260	160	混合建筑垃圾	181～259	261
庭院垃圾		60～220	100	工业金属废料(重)	1 500～1 998	1 779
木材		130～320	240	工业金属废料(轻)	498～898	738
玻璃		160～480	200	工业混合金属废料	800～1 500	898
金属、罐头		50～160	90	油、焦油、沥青	800～999	949
非铁金属		60～240	160	工业锯末	101～350	291
铁金属		130～1 120	320	工业纺织废物	101～219	181
泥土、灰烬、石砖		320～1 000	480	工业混合木材	400～676	498
城市垃圾	未压缩	90～180		动物尸体	201～498	358.7
	已压缩	180～450	300			

3）空隙率

空隙率指固体废物物料之间空隙体积占堆体体积的比例。空隙率是表征固体废物通风能力的重要参数，与容重相关联，容重小的固体废物，其空隙率一般较大。空隙率越大，物料的通风横截面积也越大，空气的流动阻力越小，越有利于通风。因此，空隙率广泛应用于堆肥供氧通风以及焚烧炉内强制通风的阻力计算和通风风机参数的选取。

影响空隙率的主要因素是物料粒径、物料强度及含水率。空隙率的计算公式为

$$n=\frac{V_V}{V_t}=\frac{V_t-V_s}{V_t}=1-\frac{V_s}{V_t}=\frac{mV_h}{V_t} \tag{2-1}$$

式中：n——空隙率；

V_t——固体废物堆体的总体积；

V_V——固体废物堆体中的空隙总体积；

V_s——固体废物堆体中的物料总体积；

m——物料之间空隙的数量；

V_h——物料之间空隙的平均体积。

4）止息角

当粉状或颗粒物料不受任何限制和外力作用时，自然下落到水平面上形成圆椎体，该锥体的表面与水平面的夹角即为止息角。止息角越小，物料的流动性越好。止息角是由物料颗粒间的摩擦力造成的，摩擦力的大小与颗粒形状、表面形态、杂质含量和水分含量等有关。

在混合垃圾中，由于不同形状物料之间的嵌合、不同粒径物料之间的填充、大量索状物料的缠绕和牵连、垃圾渗滤液的黏合等作用，混合垃圾的各个物料之间、垃圾与外接触表面之间存在较大的摩擦力。这种摩擦力不利于垃圾的流动，容易造成输送过程中的物料堵塞。如在垃圾料斗中，容易出现物料难以流动、下料困难的情况。在设计贮存、输送、处理设施和设备时都必须考虑固体废物的这一特性。然而，这一特性却有利于垃圾的带输送。可以利用固体废物具有较大的内摩擦力这一特性，来增大输送带的最大输送倾角，以缩短设备之间的距离，节约场地。

5）粒径

对于固体废物的前处理，如筛选或磁分离，废物的粒径往往也是个重要参数，它决定使用设备的规格或容量，尤其对于可回收再利用的废物，粒径更显得重要。通常，粒径的表达方式是以粒径分布表示。因废物组成复杂且大小不等，几何形状也不一样，很难以单一大小来表示，因此，只能通过筛网的网“目”代表大小。

“目”指颗粒大小和孔的直径，一般用在 $1in^2$（1in＝25.4mm）筛网面积内有多少个孔来表示。如 120 目筛，也就是在 $1in^2$ 面积内有 120 个孔。依此类推，10 目指直径为 1.651mm 的微粒或孔径，12 500 目指直径为 1μm 的颗粒或孔径。

2. 化学特性分析项目

化学特性分析项目主要包括水分、灰分、挥发分和固定碳、热值、闪火点、燃点、灼烧损失量、元素成分等。通常将水分、灰分、可燃物（挥发分和固定碳）称为三成分，用它

可近似地判断城市固体废物的可燃性。将水分、灰分、挥发分和固定碳称为四成分。

1）水分

固体废物中的水分可分为两部分，即外在水分和内在水分。外在水分指以机械方式附着于物料表面的水分，这部分水分易受外界环境特别是气候的影响，如物料的外在水分在雨天会明显增加。内在水分指分子结合水。分子结合水必须经破碎细化才能析出，这种水分是蔬菜、瓜果类所含水分的主要类型。通常用含水率表示固体废物中所含的水分。含水率高低直接影响着固体废物堆肥、焚烧、填埋、厌氧消化等处理过程能否正常进行，需严格控制，而且含水率过高会造成筛分和风力分选的困难。

【例 2-1】 设某废物经采样分析后得知其物理组分及含水率见表 2-3，试计算此废物的：①水分；②容重。

表 2-3　某废物的物理组分及含水率

成　　分	质量分数/%	含水率/%	成　　分	质量分数/%	含水率/%
食物废物	18.13	85	玻璃	8.69	2
纸张	12.15	20	金属罐头	5.34	3
塑料类	26.35	3	泥土、灰渣等	7.99	9
木材	21.36	25			

解：水分的计算过程见表 2-4。

表 2-4　某废物水分的计算过程

成　　分	质量分数/%	含水率/%	水分质量/kg	成　　分	质量分数/%	含水率/%	水分质量/kg
食物废物	18.13	85	15.4	玻璃	8.69	2	0.17
纸张	12.15	20	2.43	金属罐头	5.34	3	0.16
塑料类	26.35	3	0.79	泥土、灰渣等	7.99	9	0.72
木材	21.36	25	5.33	总质量＝100kg		水分质量＝25.00kg	

故该废物的水分约为 25%(质量分数)。

利用表 2-2 计算容重，过程见表 2-5。

表 2-5　某废物容重的计算过程

成　　分	质量分数/%	容积密度/(kg/m³)	体积/m³	成　　分	质量分数/%	容积密度/(kg/m³)	体积/m³
食物废物	18.13	300	0.060 4	玻璃	8.69	200	0.043
纸张	12.15	50	0.243	金属罐头	5.34	90	0.059
塑料类	26.35	60	0.439	泥土、灰渣等	7.99	480	0.016 6

续表

成　分	质量分数/%	容积密度/(kg/m³)	体积/m³	成　分	质量分数/%	容积密度/(kg/m³)	体积/m³
木材	21.36	240	0.089	总质量=100kg		体积=0.95m³	

故该废物的容重=100/0.95=105.3(kg/m³)。

2）灰分

灰分主要由不可燃无机物和可燃有机物的燃烧残渣组成。固体废物中灰分过高，不仅会降低其热值，而且会阻碍可燃物与氧气接触，增加着火和燃尽的难度。一般废物的灰分可分为三种形态：非熔融性、熔融性、含有金属成分。

3）挥发分

将固体废物在隔绝空气的条件下，加热至一定温度后所挥发出来的物质称为挥发分。挥发分的主要成分是由气态碳氢化合物(甲烷和非饱和烃)、氢、一氧化碳、硫化氢等组成的可燃混合气体。

4）固定碳

固定碳是燃料中以固体形态燃烧的那一部分碳。固定碳燃烧的特点：热值高、着火温度高、与氧气充分接触难、燃尽时间长。这就决定了固定碳含量高的燃料一般是难以着火和燃尽。固体废物中固定碳含量一般较低。固定碳(%)=1－(含水率＋灰分＋挥发分)×100%。

【例 2－2】 某废物经标准采样混配后，置于烘炉内量得有关的质量(不包含坩埚)为：①原始样品质量 25.00g；②105℃加热后质量为 23.78g；③以上样品加热至 600℃后质量为 15.34g；④600℃加热后的样品继续加热至 800℃后质量为 4.38g。试求此废物的水分、灰分、挥发分与固定碳各为多少？

解：

水分=[初重－加热(105℃)后重]/初重

=[(25.00－23.78)/25.00]×100%=4.88%

挥发分=[加热(105℃)后重－加热(600℃)后重]/初重

= [(23.78－15.34) /25.00] ×100%=33.76%

灰分=加热(800℃)后残余的质量/初重

=(4.38/25.00)×100%=17.56%

固定碳= [100－(含水率＋灰分＋挥发性物质)]×100%

= [100－(4.88＋17.56＋33.76)]×100%=43.80%

5）热值

热值是分析固体废物燃烧性能、选用焚烧处理工艺的重要参数。发热值指单位质量的物质完全燃烧后，冷却到原来的温度所放出的热量，也称为物质的发热量。根据燃烧产物中水分存在状态的不同又分为高位发热值与低位发热值。高位发热值(简称高热值)指单位质量固体废物完全燃烧后，燃烧产物中的水分冷凝为 0℃的液态水时所放出的热量。低位发热值(简称低热值)指单位质量固体废物完全燃烧后，燃烧产物中的水分冷却为 20℃的水蒸气时所放出的热量。高热值与低热值之间的换算关系见式(2-2)。当城市固体废物的低

热值大于 800kCal/kg 时，燃烧过程无须加助燃剂，即可实现自燃烧。

$$Q_L = Q_H - 600W \tag{2-2}$$

式中：Q_L——低热值，kJ/kg；

Q_H——高热值，kJ/kg；

W——每千克物料燃烧时产生的水量，kg。

热值可用量热计直接测量，也可根据废物的组分或元素组成采用经验公式计算。

（1）量热计(弹筒式量热计、美热分析仪)测定热值。

采用弹筒式量热计测定的热值称为弹筒热值，需要按下式转换为高位热值：

$$Q_H = Q_{DT} - (95S + aQ_{DT}) \tag{2-3}$$

式中：Q_{DT}——弹筒热值，kJ/kg；

S——硫元素的含量,%；

a——系数，当 $S \leqslant 4\%$时，a 的取值见表 2-6。

表 2-6　α 的取值

$Q_{DT} \leqslant 14$MJ/kg	14MJ/kg$\leqslant Q_{DT} \leqslant$ 16.7MJ/kg	16.7MJ/kg$\leqslant Q_{DT} \leqslant$ 25.1MJ/kg	$Q_{DT} > 25.1$MJ/kg
$a=0$	$a=0.001$	$a=0.001$	$a=0.0016$

Q_H 与 Q_{DT}的误差一般为 0.2%～0.5%，最大不超过 1.5%，考虑固体废物物理成分的不稳定性和取样的局限性所造成的测量误差，通常按 $Q_H \approx Q_{DT}$ 估算高位热值。

（2）经验公式计算热值。

计算热值的经验公式分为：按物理组分分析的经验公式、按工业分析的经验公式、按元素加权的经验公式。前两种方法是在特定条件下取得的简易方法(见表 2-7)，按其计算的误差比较大。

表 2-7　采用物理组分及工业分析计算热值的经验公式

按物理组分分析的经验公式	按工业分析的经验公式
1. 按废物中橡塑(R)及动物有机物(G)计算 $Q_L = [4\,400(1-R) + 8\,500R]G - 600W$ 2. 按废物中塑料(R)、可燃物(G)、纸类(P)计算 $Q_L = 88.2R + 40.5(G+P) - 6W$	1. 按挥发分(V)及水分(W)计算 $Q_L = 45V - 6W$ 2. Bento 公式 $Q_L = 44.75V - 5.85W + 21$ 3. 按挥发分(V)、塑料(R)、纸类(P)干基重量百分比计算 $Q_L = 88.2R + 40.5(V-P) - 6W$　kCal/kg 4. 三成分法，按可燃分(B,%)、水分(W,%)及可燃分低位热值(a，kCal/kg)计算 $Q_L = 45B - 6W$ $Q_L = a \times B/100 - 6W$(修正式)

根据元素分析计算热值相对要复杂些，但符合性比较好，由于氯元素成分对热值的影响非常小，因此均被忽略。

① 门捷列夫模型：

$$Q_L = 339C + 1\,030H - 109(O - S) - 25W \quad \text{kJ/kg}$$
$$= 81C + 246H + 26S - 26O - 6W \quad \text{kCal/kg} \tag{2-4}$$

② Steuer 模型：

$$Q_L = 81C + 291H + 25S - 30.562\,5O - 6W \quad \text{kCal/kg} \tag{2-5}$$

③ Vonroll 模型：

$$Q_L = 348C + 939H + 105S + 63N - 108O - 25W \quad \text{kJ/kg}$$
$$= 83C + 224H + 25S + 15N - 26O - 6W \quad \text{kCal/kg} \tag{2-6}$$

④ Dulong 修正模型：

$$Q_L = 81C + 288.5H + 22.5S - 42.8O - 6W \quad \text{kCal/kg} \tag{2-7}$$

⑤ Scheurer-Kestner 模型：

$$Q_L = 81C + 288.5H + 22.5S - 18O - 6W \quad \text{kCal/kg} \tag{2-8}$$

⑥ 日本环境卫生中心模型：

$$Q_L = 81C + 291H + 25S - 33.3O - 6W \quad \text{kCal/kg} \tag{2-9}$$

⑦ 国内学者提出根据 O 含量的不同，提出分段计算国内城市生活垃圾热值的公式：

$$Q_L = 74C + 123H - 33O + 25S - 6W \quad (O\% > 10) \tag{2-10}$$
$$Q_L = 90C + 123H - 33O + 25S - 6W \quad (O\% < 10) \tag{2-11}$$

⑧ Wilson 模型(将碳分为有机碳和无机碳，并考虑氯)：

$$Q_H = 7\,831C_1 + 35\,932\left(H - \frac{O}{8} - \frac{Cl}{35.5}\right) + 2\,212S -$$
$$3\,546C_2 + 1\,187O - 578N - 620Cl \tag{2-12}$$
$$Q_L = Q_H - 583 \times \left[W + 9\left(H - \frac{Cl}{35.5}\right)\right] \tag{2-13}$$

式中：C_1，C_2——有机碳和无机碳的质量分数，%；

H、O、S、N、Cl——氢、氧、硫、氮和氯的质量分数。

【例 2-3】 某废液的化学组成为含摩尔分数 30% 的甲醇(CH_3OH)与 70% 的己烷(C_6H_{14})，且由相关手册查得有关成分的生成热与比容系数为：CH_3OH(l) = −57.04kCal/mol；C_6H_{14}(l) = −47.52kCal/mol；H_2O(g) = −57.80kCal/mol；CO_2(g) = −94.05kCal/mol。试估算该废液于 25℃时的燃烧热(或热值)。

解： 假设废物焚烧后产生的水为水汽，且

$$CH_3OH + 3/2O_2 \longrightarrow CO_2 + 2H_2O \qquad \Delta H_1 = -152.6\text{kCal/mol}$$
$$C_6H_{14} + 19/2\ O_2 \longrightarrow 6CO_2 + 7H_2O \qquad \Delta H_2 = -921.38\text{kCal/mol}$$

$$\Delta H_1 = \Delta H_{CO_2} + 2\Delta H_{H_2O} - \Delta H_{CH_3OH}$$
$$= -94.05 + 2 \times (-57.80) - (-57.04)$$
$$= -152.61(\text{kCal/mol})$$
$$\Delta H_2 = 6\Delta H_{CO_2} + 7\Delta H_{H_2O} - \Delta H_{C_6H_{14}}$$

$$=6\times(-94.05)+7\times(-57.08)-(-47.52)$$
$$=-921.38(\text{kCal/mol})$$

又

$$152.61\times0.3+921.38\times0.7=690.75(\text{kCal/mol})$$

且该废物的平均分子量为

$$0.3\times32+0.7\times86=69.8$$

换算成以质量表示的发热值为

$$(690.75/69.8)\times10^3=9\ 896(\text{kCal/kg})$$

【例 2－4】 设某城市垃圾元素组成分析结果如下：碳 15.6%（其中含有机碳为 12.4%，无机碳 3.2%），氢 6.5%，氧 14.7%，氮 0.4%，硫 0.2%，氯 0.2%，水分 39.9%，灰分 22.5%。试根据其元素组成估算该废物的高位热值和低位热值。

解：由式(2－12)得

$$Q_H=\frac{1}{100}\times\left[7\ 831\times12.4+35\ 932\left(6.5-\frac{14.7}{8}-\frac{0.2}{35.5}\right)+2\ 212\times0.2-3\ 546\times3.2+1\ 187\times14.7-578\times0.4-620\times0.2\right]$$
$$=2\ 706.24(\text{kCal/kg})$$

由式(2－13)得

$$Q_L=2\ 706.24-\frac{583}{100}\times\left[39.9+9\times\left(6.5-\frac{0.2}{35.5}\right)\right]=2\ 132.86(\text{kCal/kg})$$

(3) 灰分对热值的影响。

灰分减少对热值的影响程度可按下式计算：

$$Q_{后灰}=\frac{100Q_{前}}{100-\Delta A} \tag{2-14}$$

式中：$Q_{后灰}$——灰分减少后的热值，kJ/kg；

$Q_{前}$——原状固体废物热值，kJ/kg；

ΔA——灰分减少的百分比,%。

(4) 水分对热值的影响。

在固体废物收集、贮存、运输、处理、处置的不同过程中，含水量有较大变化，如当生活垃圾含水量为 50%～60%时，在中转、运输、贮存过程中，渗沥出的水分达到垃圾重量的 8%～20%。水分的析出有助于热值的提高，以垃圾含水量降低 4%为例，垃圾含水量与热值的关系如下。

① 采用的计算公式是：

$$Q_{后水}=\frac{(Q_{前}+6W_1)(100-W_2)}{100-W_1}-6W_2 \tag{2-15}$$

式中：$Q_{后水}$——含水率降低后的热值，kJ/kg；

W_2——降低后的含水率,%；

W_1——原状废物的含水率,%。

② 计算结果：

垃圾水分降低4%对热值的影响情况见表2-8。

表2-8 水分对垃圾热值的影响情况

序号	名称	单位	数据				
1	原状垃圾低位热值	kCal/kg	945	1 045	1 200	1 305	1 500
2	原状垃圾含水率	%	58.54	57.24	57.60	54.15	51.60
3	垃圾含水率减少比例	%	4	4	4	4	4
4	减少后的垃圾含水率	%	54.54	53.24	53.60	50.15	47.60
5	降低含水率后的低位热值	kCal/kg	1 094	1 199	1 370	1 550	1 673
6	热值增加	kCal/kg	149	154	170	173	173
7	降低单位含水率热值增加	kCal/kg	37	38.5	42.5	43.3	43.3

③ 结论：

含水率变化后的垃圾热值为原状热值、含水率、含水率减少比例的函数。当初始热值较低时，随含水率变化，热值增加较低；含水率减少越多，热值增加越多。本计算工况的单位含水率减少1%，热值增加150～185kJ/kg。

6）闪火点、燃点

缓慢加热废物至某一温度，如出现火苗，即闪火而燃烧，但瞬间熄灭，此温度就称为闪火点。但如果温度继续升高，其所产生的挥发组分足以继续维持燃烧，而火焰不再熄灭，此时的最低温度称为着火点或燃点。

7）灼烧损失量

灼烧损失量是衡量废物焚烧后灰渣品质的重要参数，与灰分性质、焚烧炉的燃烧性能有关。灼烧损失量是将灰渣样品置于800℃±25℃高温下加热3h，称其前后质量，按下式计算：

$$\text{灼烧损失量}(\%)=\frac{\text{加热前质量}-\text{加热后质量}}{\text{加热前质量}}\times 100\% \qquad (2-16)$$

《生活垃圾焚烧污染控制标准》(GB 18485—2014) 要求灰渣酌减损失量在5%以下。

8）元素成分

废物的元素成分有多方面的作用，如判断其化学性质，确定废物的处理工艺，焚烧后二次污染物的预测，或有害成分的判断依据等。废物主要构成元素可分为三大类：①营养元素，包括碳、氢、氧、氮、磷、钾、钠、镁、钙等；②微量元素，包括硅、锰、铁、钴、镍、铜、锌、铝、铍等；③有毒元素，包括铅、汞、隔、砷等。固体废物的硫和氯在处理的过程中会转化为硫化氢和氯化氢，因此也把硫和氯作为有毒元素。

3. 生物化学分析项目

城市固体废物的生物特性包括两个方面：①废物本身所有的生物性质及对环境的影响，如人畜粪便、生活污水处理后的污泥中含有的多种病原微生物、病毒、原生动物、后生动物，尤其是肠道病原生物体，还含有植物虫害、草籽、昆虫和昆虫卵，易造成生物污染。②进行生物处理的性能，即可生化性，判断可生化性的指标有 BOD_5/COD、微生物的呼吸耗氧量和耗氧速率。

2.1.2 工业固体废物特性分析项目

除参照城市固体废物特性分析项目分析工业固体废物的特性外，还需分析总汞、总砷、总铬、铜、锌、镍、铅、镉、氰化物、有机污染物等方面的特性。

2.1.3 危险固体废物特性分析项目

(1) 急性毒性，是指一次投给试验动物的毒性物质，半致死量(LD_{50})小于规定值的毒性。

(2) 易燃性，是指废物的闪点低于定值(60℃)，或经过摩擦、吸湿、自发的化学变化有着火的趋势，或在加工、制造过程中发热，在点燃时燃烧剧烈而持续，以致引起危险的特性。

(3) 反应性，是指在通常情况下废物不稳定，极易发生剧烈的化学反应，与水反应猛烈，或形成可爆性的混合物，或产生有毒气体，如含有氰化氢或硫化氢的气体。

(4) 浸出毒性，是指固体废物在规定的浸出方法的浸出液中，有害物质的浓度超过规定值，从而可能会造成污染环境的特性。

(5) 腐蚀性，是指对接触部位作用时，使细胞组织、皮肤有可见性破坏或不可治愈的变化；使接触物质发生质变，使容器泄漏等。

2.2 固体废物特性分析

2.2.1 采样

《生活垃圾采样和物理分析方法》(CJ/T 313—2009) 规定了生活垃圾样品的采集、制备和测定。《工业固体废物采样制样技术规范》(HJ/T 20—1998) 规定了工业固体废物采样制样方案设计、采样技术、制样技术、样品保存和质量控制。

2.2.2 分析技术与方法

《生活垃圾采样和物理分析方法》(CJ/T 313—2009) 规定了生活垃圾样品的物理成分、物理性质的分析方法。《危险废物鉴别技术规范》(HJ/T 298—2007) 规定了固体废物的危险特性鉴别中样品的采集和检测，以及检测结果的判断等过程的技术要求。

固体废物中总铬的分析技术与方法见《固体废物　总铬的测定　二苯碳酰二肼分光光度法》(GB/T 15555.5—1995)、《固体废物　总铬的测定　直接吸入火焰原子吸收分光光度法》(GB/T 15555.6—1995)、《固体废物　总铬的测定　硫酸亚铁铵滴定法》(GB/T 15555.8—1995)。总汞的分析技术与方法见《固体废物　总汞的测定　冷原子吸收分光光度法》(GB/T 15555.1—1995)。六价铬的分析技术与方法见《固体废物　六价铬的测定　碱消解/火焰原子吸收分光光度法》(HJ 687—2014)、《固体废物　六价铬的测定　二苯碳酰二肼分光光度法》(GB/T 15555.4—1995)、《固体废物　六价铬的测定　硫酸亚铁铵滴定法》(GB/T 15555.7—1995)。挥发性有机物的分析技术与方法见《固体废物　挥发性有机物的测定　顶空/气相色谱－质谱法》(HJ 643—2013)。铜、锌、铅、镉的分析技术与方法见《固体废物 铜、锌、铅、镉的测定　原子吸收分光光度法》(GB/T 15555.2—1995)。砷的分析技术与方法见《固体废物　砷的测定　二乙基二硫代氨基甲酸银分光光度法 》(GB/T 15555.3—1995)。镍的分析技术与方法见《固体废物　镍的测定　直接吸入火焰原子吸收分光光度法》(GB/T 15555.9—1995)。氟化物的分析技术与方法见《固体废物　氟化物的测定　离子选择性电极法》(GB/T 15555.11—1995)。

固体废物的腐蚀性、急性毒性、浸出毒性、易燃性、反应性的分析技术和方法分别见《危险废物鉴别标准　腐蚀性鉴别》(GB 5085.1—2007)、《固体废物　腐蚀性测定　玻璃电极法》(GB/T 15555.12—1995)、《危险废物鉴别标准　急性毒性初筛》(GB 5085.2—2007)、《危险废物鉴别标准　浸出毒性鉴别》(GB 5085.3—2007)、《固体废物　浸出毒性浸出方法　水平振荡法》(HJ 557—2010)、《固体废物　浸出毒性浸出方法　硫酸硝酸法》(HJ/T 299—2007)、《固体废物　浸出毒性浸出方法　翻转法》(GB 5086.1—1997)、《固体废物　浸出毒性浸出方法　醋酸缓冲溶液法》(HJ/T 300—2007)、《危险废物鉴别标准　毒性物质含量鉴别》(GB 5085.6—2007)、《危险废物鉴别标准　易燃性鉴别》(GB 5085.4—2007)、《危险废物鉴别标准　反应性鉴别》(GB 5085.5—2007)。

小　　结

本章主要介绍固体废物特性分析的相关知识，包括固体废物分析项目的含义和作用，各分析项目对应分析方法的标准，固体废物热值的计算方法。

思　考　题

1. 测定生活垃圾的物理成分时该如何采样?
2. 如何测定餐厨垃圾的 TS、VS?

第3章 固体废物的收集、贮存和运输

知识点

生活垃圾收运的环节及清运作业方式，生活垃圾收运车辆和路线，生活垃圾转运站和车辆；危险废物的产生、收集、贮存、运输，常见危险废物的收运。

重点

生活垃圾收运的环节及清运作业方式，生活垃圾转运站和车辆；危险废物的产生、收集、贮存、运输。

难点

生活垃圾收运路线。

固体废物的收集与运输是连接废物产生源和处理处置系统的重要中间环节，在固体废物管理和处理工程中占有非常重要的地位。

按照“谁污染，谁治理”的原则，可由产生者自行对固体废物进行收集和运输，也可委托专门机构进行收集和运输。一般由大量产生固体废物的企业自行收运，并应设有堆场来贮存固体废物。

3.1 城市生活垃圾的收集、贮存与运输

城市生活垃圾，一是指在城市内生活的居民，在生活、工作中产生的垃圾，如残羹剩饭、菜叶、粪便、废纸、废塑料、破旧家具、废弃家电等；二是指为人们日常生活提供服务的餐饮业、宾馆、招待所、车站、码头、医院、商店等在提供社会服务时产生的各类固体废物；三是除上述生活垃圾外，法律、法规规定作为城市生活垃圾管理的固体废物，如建筑施工过程中产生的渣土、拆除或破损的砖瓦、废木料等建筑垃圾。

城市生活垃圾收运的费用占整个处理系统总费用的60%～80%。不同地区的城市生活垃圾的收运方式由当地经济、生活垃圾产生源及产量、建成区规模、人口密度等因素决定。

3.1.1 垃圾收运的基本组成

生活垃圾收运通常包括三个阶段，如图3.1所示。

第一阶段是指将垃圾从产生源运至贮存容器或集装点的过程，即搬运与贮存。

第二阶段是指清运车辆沿一定路线收集清除贮存容器中的垃圾，并运至垃圾转运站或

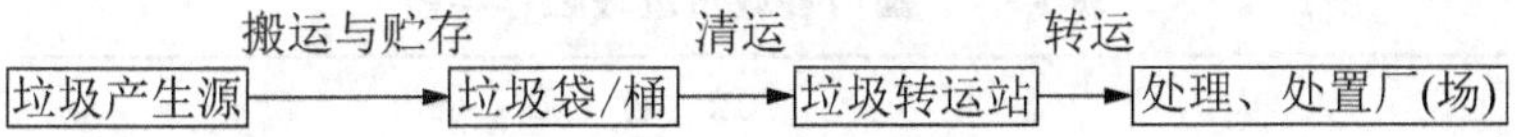

搬运与贮存		清运		转运	
垃圾产生源	→	垃圾袋/桶	→	垃圾转运站	→ 处理、处置厂(场)

图 3.1 城市生活垃圾收运过程

就近送至垃圾处理处置场的过程，即收集与清除(简称“清运”)。垃圾清运阶段的操作包括对各垃圾产生源的垃圾进行集中和集装，以及收集清运车辆至转运站或处理处置场(即终点)的往返运输和在终点的卸料等。清运效率和费用主要取决于以下因素：①清运操作方式；②收集清运车辆的数量、装卸量及机械化装卸程度；③清运次数、时间及劳动定员；④清运路线。

第三阶段是指在转运站将垃圾转载至大容量运输工具上，运往远处的处理处置场，特指垃圾的远距离运输，即转运。

3.1.2 垃圾的搬运

垃圾收集与运输管理系统的第一步是垃圾产生者必须将垃圾进行短距离搬运和暂时地贮存。故需对垃圾的搬运和贮存进行整体的效益考虑，以美化市容市貌和净化城市环境，同时也有利于垃圾的后续处理处置。

1. 居民住宅区垃圾搬运

居民住宅区垃圾搬运分低层住宅区和中高层住宅区搬运两种情况。

1）低层住宅区垃圾搬运

低层住宅区垃圾搬运一般分为：①居民自行将家庭生活垃圾打包后送至垃圾集装点或公共贮存容器；②由专门的收集工作人员至居民住宅将垃圾搬运到集装点或收集车。

2）中高层住宅区垃圾搬运

中高层住宅内常设有垃圾通道，以方便居民搬运垃圾，甚至可使用小型垃圾磨碎机将厨余物磨碎后用水冲入下水道。

2. 商业区与企业单位垃圾搬运

一般来说，商业区与企业单位垃圾由产生者自行负责搬运，由环境卫生相关部门进行监督管理。企业单位也可委托环卫部门进行收运，并与环卫部门商定垃圾收集容器、车辆、收集时间和地点等。

3.1.3 垃圾贮存

垃圾贮存方式及容器见表 3-1。城市所配备的垃圾贮存器应与城市生活垃圾产生量的波动性、不均性和随意性、垃圾的组分和性质、环卫部门收集清除的适应性相符合，包括贮存器的大小、数量、位置。常见的垃圾贮存容器如图 3.2 所示。

表 3-1 国内各城市垃圾贮存容器

贮存方式	贮 存 容 器
家庭贮存	垃圾袋、垃圾篓、塑料垃圾桶等小型、方便使用的容器
单位贮存	由垃圾产生者根据其自身所产垃圾量和垃圾特性及收集者要求来选择容器
公共贮存	移动式垃圾桶、固定式垃圾桶、车厢式集装箱等
街道贮存	包括公共贮存容器和烟头、果皮等物的各类废弃物箱

图 3.2 垃圾贮存容器

3.1.4 垃圾收集

1. 混合收集和分类收集

按收集时垃圾是否分类，城市生活垃圾的收集方式分为混合收集和分类收集。目前我国主要采用混合收集方式，分类收集还处于试点阶段。

混合收集是指收集的废弃物为未经任何处理的原生城市垃圾的收集方式。根据操作方法的不同，混合收集主要分为两种收运方式：移动式和固定式。移动式收运是指把装满垃圾的容器整体运往下一个处理或处置地点，即装垃圾的容器发生了移动，产生位移。固定式收运是指装垃圾的容器固定在原地不动，垃圾车只是把容器中的垃圾运走。

分类收集是指在垃圾产生源处将垃圾按一定的标准分类后再进行收集。我国将城市生活垃圾分为六类：①可回收物，主要包括废纸、塑料、玻璃、金属和布料；②大件垃圾，如电视、沙发等废家用电器和家具；③可堆肥垃圾，包括剩菜剩饭等易腐食物类厨余垃圾，花草树木等可堆沤植物类垃圾等；④可燃垃圾，包括植物类垃圾，不适宜回收的废纸类、废木等；⑤有害垃圾，如废电池、废油漆、废日光灯管等；⑥其他垃圾。

混合收集与分类收集的优点和缺点见表 3-2。

表 3-2 混合收集与分类收集的比较

收集方式	优 点	缺 点
混合收集	简单易行，收集费用低	废弃物混杂、黏结，导致回收再利用率低，浪费自然资源，同时增加了垃圾的后续处理难度，经济和社会效益很差

续表

收集方式	优　点	缺　点
分类收集	垃圾收运和处理处置费用小，经济效益和社会效益最大化；资源回收率大，垃圾量少，环境污染小，生态环境效益最大化	居民的分类工作较为复杂，垃圾收运人员的工作比混合收集烦琐

城市生活垃圾的分类收集是实现垃圾的“三化”(减量化、无害化、资源化)处理中不可或缺的环节。垃圾分类收集可以减少垃圾堆放和填埋对土地资源的占用；便于垃圾的后续处理，可提高垃圾的回收利用率，有利于变废为宝，节约能源；同时，对环境保护起着巨大作用。另外，垃圾回收可以增加就业机会，一般地，对于等量的产品，回收再利用所需劳动力大于直接生产所需。

2000 年 6 月，我国确定北京、上海、南京、杭州、桂林、广州、深圳、厦门为全国 8 个垃圾分类收集试点城市。如今，十几年过去了，由于市民垃圾分类意识的薄弱，以及在某些地区清理垃圾的工作人员直接把居民已经分类好的垃圾混装到垃圾车里等原因使得垃圾分类收集的成效甚微。

促进垃圾分类收集的措施如下。

(1) 政府部门要建立健全法制法规。在试点放置收集装置后，要时时派遣监督人员进行管理，对未做到规定要求的个人或单位处以一定的处罚，对做到的进行一定的奖励，赏罚并行，以提高其积极性。

(2) 加大分类收集的宣传力度，增强市民的环保意识。定期开展宣传讲座，举办环保知识竞赛等，以丰富公众的环保知识和提高公众的分类意识。

(3) 明确各部门分工，使得垃圾处理产业链衔接顺畅。细化多个部门联合出台的政策措施，明确相关负责人，协调程序和采取问责制度，以免部门之间相互推卸责任而使实质性问题得不到解决。

(4) 避免盲目借鉴国外分类方式，应在对我国城市生活垃圾的产量及成分和物理特性等做了充分的调查和研究后制定相适宜的分类收集方式。

2. 车辆收集和管道收集

按收集时的使用的载送工具，城市生活垃圾收运方式分为车辆收集和管道收集两种，如图 3.3 所示。其中，车辆收集方式最为普遍，是指把居民住宅点和商业铺点等的垃圾，分别集中在容器中，再通过专用垃圾收集车与容器配搭，将废物运到垃圾转运站或处理厂。气动垃圾输送管道则是一种结构复杂的输送系统，可以直接把垃圾送到处理处置场；而普通排放通道是指将垃圾通过管道贮存在与管道联通的垃圾贮存罐中，保洁人员再把垃圾掏运到垃圾集中堆放点，最后用车辆清运。

3. 其他收集方式

其他垃圾收集方式的分类及特点见表 3-3。

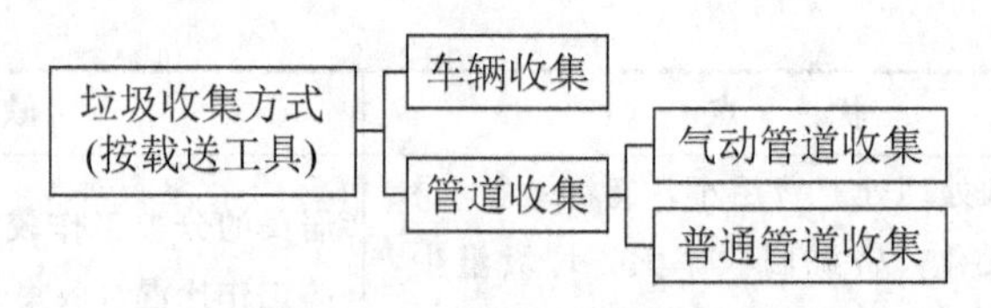

图 3.3　城市生活垃圾收集方式

表 3-3　其他垃圾收集方法的分类及其特点

划分标准	类　　别	特　　点
按包装方式	散装收集	收集过程中产生臭气，滋生蚊蝇并带来撒、漏、扬尘等环境污染问题，已被逐渐淘汰
	封闭式收集	以塑料袋和纸袋收集最为广泛，搬运轻便又卫生
按收集地点	上门收集	①居民家上门收集：由专门工作人员在楼层和单位口进行收集； ②管道收集：多应用于高层建筑中的垃圾收集
	定点收集	①垃圾房收集：居民将产生的家庭垃圾直接送入垃圾箱房中； ②集装箱垃圾收集站收集：袋装生活垃圾可直接置于住宅楼下或容器内，方便居民投放垃圾
按时间	定时收集	在规定的时间收集垃圾，该方式的缺点是垃圾排队等候装车

3.1.5　垃圾清运作业方式

城市垃圾清运作业方式分移动式和固定式两种。

1. 移动式(拖曳容器式)清运作业

移动式清运作业是指将装满垃圾的容器使用垃圾运输工具(牵引车等)运往转运站或处理场所，垃圾卸空后再将空容器送回原处或其他垃圾集装点，如此重复循环进行垃圾清运。具体过程如图 3.4 所示。

收集时间的长短很大程度上决定了收集成本的高低，故需对收集操作过程中不同的单位时间进行分析，依据设计数据建立关系式，从而求出某区域收集垃圾所消耗的人力和物力等成本组成。根据收集的操作过程，可以分为以下四个基本用时。

1）集装时间

每次行程集装时间包括满容器装车时间、卸空容器放回原处时间、容器点之间行驶时间三部分。用公式表示为

$$P_{hcs}=t_{pc}+t_{uc}+t_{dbc} \tag{3-1}$$

式中：P_{hcs}——每次行程集装时间，h/次；

t_{pc}——满容器装车时间，h/次；

t_{uc}——卸空容器放回原处时间，h/次；

t_{dbc}——容器点间行驶时间，h/次。

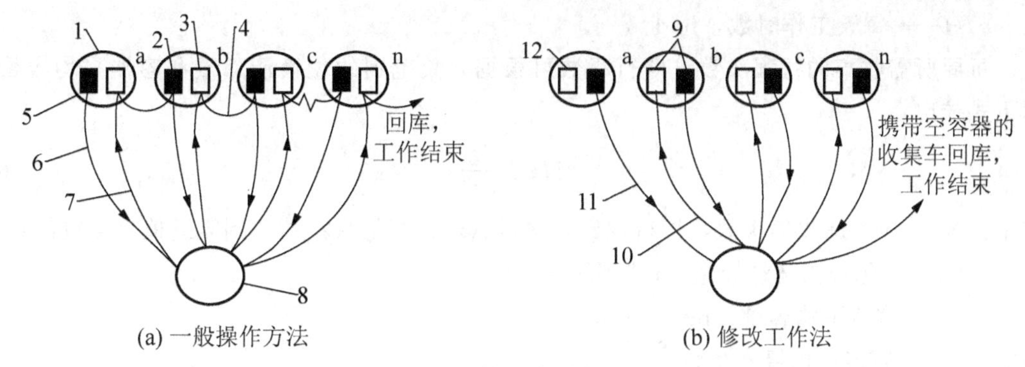

图 3.4　拖曳容器式作业

1—容器点；2—容器装车；3—空容器放回原处；4—驶向下个容器；5—车库来的车行程开始；6—满容器运往转运站；7—空容器放还原处；8—转运站、加工站或处置场；9—a 点的容器放在 b 点，b 点容器运往转运站；10—空容器放在 b 点；11—满容器运往转运站；12—携带空容器的车从车库来，行程开始

若容器点间行驶时间未知，可用运输时间公式[式（3-2)]估算。

2）运输时间

运输时间指垃圾收集车从集装点行驶至终点所需时间，加上离开终点驶回原处或下一个集装点的时间，不包括停在终点的时间。当装车和卸车时间相对恒定时，则运输时间取决于运输距离和速度。从大量的不同收集车的运输数据分析，人们发现运输时间可以近似表示为

$$h=a+bx \tag{3-2}$$

式中：h——运输时间，h/次；

a——经验常数，h/次；

b——经验常数，h/km；

x——往返运输距离，km/次。

3）卸车时间

卸车时间是指垃圾收集车在终点逗留时间，包括卸车及等待卸车时间。每一行程卸车时间用 S(h/次)表示。

4）非收集时间

非收集时间指在收集操作全过程中非生产性活动所花费的时间，常用 ω(%)表示非收集时间占总时间的百分数。

一次收集清运操作行程所需时间(T_{hcs})可表示为

$$T_{hcs}=(P_{hcs}+S+h)/(1-\omega) \tag{3-3}$$

也可以表示为

$$T_{hcs}=(P_{hcs}+S+a+bx)/(1-\omega) \tag{3-4}$$

求出 T_{hcs}后，则每日每辆收集车的行程次数可用下式求出：

$$N_d=\frac{H}{T_{hcs}} \tag{3-5}$$

式中：N_d——每天行程次数，次/d；

H——每天工作时数，h/d。

每周所需收集的行程次数，即行程数可根据收集范围的垃圾清除量和容器平均容量，用下式求出：

$$N_w = \frac{V_w}{cf} \tag{3-6}$$

式中：N_w——每周收集次数，即行程数，次/周(若计算值带小数，则需进值到整数值)；

V_w——每周清运垃圾量，m^3/周；

c——容器平均容量，m^3/次；

f——容器平均填充系数。

由此，每周所需作业时间 $D_w(d/周)$：

$$D_w = N_w T_{hcs} \tag{3-7}$$

2. 固定式清运作业

固定式清运作业是指用垃圾车到各容器集装点装载垃圾，容器倒空后固定在原地不动，车装满后运往转运站或处理场所的垃圾清运方式，如图 3.5 所示。

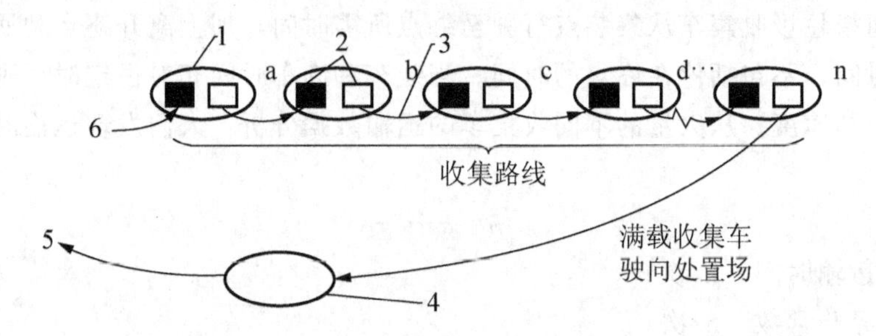

图 3.5　固定容器收集操作

1—垃圾集装点；2—将容器内的垃圾装入收集车；3—驶向下一个集装点；
4—转运站、加工站或处置场；5—卸空的收集车进行新的行程或回库；6—车库来的空车行程开始

固定容器收集法的一次行程中，装车时间是至关重要的因素，分为机械装车和人工装车。

1）机械装车

每一收集行程时间可表示为

$$T_{scs} = (P_{scs} + S + h)/(1-\omega) \tag{3-8}$$

$$P_{scs} = c_t(t_{uc}) + (N_p - 1)(t_{dbc}) \tag{3-9}$$

式中：T_{scs}——固定容器收集法每一行程时间，h/次；

P_{scs}——每次行程集装时间，h/次；

c_t——每次行程倒空的容器数，个/次；

t_{uc}——卸空一个容器的平均时间，h/个；

N_p——每一行程经历的集装点数，个/次；

t_{dbc}——每一个行程集装点之间平均行驶时间，h/个。

若集装点平均行驶时间未知，可用式(3-2)进行估算，但以集装点间距离代替往返运输距离 x(km/次)。

每一行程能倒空的容器数直接与收集车容积、压缩比及容器体积有关：

$$c_t=Vr/(cf) \tag{3-10}$$

式中：V——收集车容积，m^3/次；

r——收集车压缩比。

每周需要的行程次数可用下式求出：

$$N_w=V_w/Vr \tag{3-11}$$

式中：N_w——每周行程次数，次/周。

每周需要的收集时间为

$$D_w=[N_wP_{scs}+t_w(S+a+bx)]\ /[(1-\omega)H] \tag{3-12}$$

式中：D_w——每周行程次数，d/周；

t_w——N_w 值进到大于 N_w 的最小整数值。

2）人工装车

使用人工装车，每天进行的收集行程数为已知值或者保持不变，该情况下日工作时间为

$$P_{scs}=(1-\omega)H/N_d-(S+a+bx) \tag{3-13}$$

每一行程能够收集垃圾的集装点可由下式估算：

$$N_r=60P_{scs}n/t_p \tag{3-14}$$

式中：n——收集工人数，人；

t_p——每个集装点需要的收集时间，人·min/点；

确定每次行程的集装点数后，即可用下式估算收集车的合适车型尺寸(载重量)为

$$V=V_pN_p/r \tag{3-15}$$

式中：V_p——每一集装点收集的垃圾平均量，m^3/次。

每周的行程数，即收集次数为

$$N_w=T_pF/N_p \tag{3-16}$$

式中：T_p——集装点总数，点；

F——周容器收集频率，次/周。

【例 3-1】 拖曳容器和固定容器收集作业的比较：一家固废收运公司拟在某商业区附近设置一个固废回收厂，试比较何种情况下采用何种收集作业法更为经济。

(1) 拖曳容器收集作业的每小时运行费用。

① 每周清运生活垃圾总量 $V_w=300m^3$/周；

② 容器尺寸 $c=6m^3$；

③ 容器充填系数 $f=0.67$；

④ 满容器装车时间 $t_{pc}=0.033h$/次；

⑤ 空容器放回原处时间 $t_{uc}=0.033h$/次；

⑥ 运输时间常数 $a=0.022h$/次；$b=0.022h/km$；

⑦ 卸车时间 $S=0.053\text{h}$/次；

⑧ 管理费=400 元/周；

⑨ 运行费=15 元/h。

(2) 固定容器收集作业的每小时运行费用。

① 每周清运生活垃圾总量 $V_w=300\text{m}^3$/周；

② 容器尺寸 $c=6\text{m}^3$；

③ 容器充填系数 $f=0.67$；

④ 收集车容量=25m^3；

⑤ 收集车压缩比 $r=2$；

⑥ 容器卸空时间 $t_{uc}=0.05\text{h}$/容器；

⑦ 运输时间常数 $a=0.022\text{h}$/次；$b=0.022\text{h/km}$；

⑧ 卸车时间 $S=0.10\text{h}$/次；

⑨ 管理费=700 元/周；

⑩ 运行费=20 元/h。

两种收集运输方式的共同点：垃圾贮存容器间的平均距离 $x=0.12\text{km}$；容器间的行驶时间常数 $a'=0.060\text{h}$/次，$b'=0.067\text{h/km}$，非收集时间占总工作时间的比例 $\omega=15\%$，每天工作时间 $H=8\text{h/d}$。

(3) 拖曳容器式收集作业的每周费用。

每周的行程数为

$$N_w=V_w/(cf)=300/(6\times0.67)=75(\text{次/周})$$

每次行程集装时间为

$$\begin{aligned}P_{hcs}&=t_{pc}+t_{uc}+t_{dbc}=t_{uc}+a+bx\\&=0.033+0.033+0.060+0.067\times0.12=0.134(\text{h/次})\end{aligned}$$

每周收集清运工作时间为

$$\begin{aligned}D_w&=N_w(P_{hcs}+S+a+bx)/[H(1-\omega)]\\&=75\times(0.134+0.053+0.022+0.022x)/[8\times(1-0.15)]\\&=2.31+0.243x(\text{d/周})\end{aligned}$$

每周收集运输费用为

$$C_1=400+15\times8\times(2.31+0.243x)=677.2+29.16x(\text{元/周})$$

(4) 固定式收集作业的每周费用。

每次行程倒空的容器数为

$$c_t=Vr/(cf)=25\times2/(6\times0.67)=12.44=12(\text{个容器/次})$$

每次行程的平均集装时间为

$$\begin{aligned}P_{scs}&=c_tt_{uc}+(N_p-1)t_{dbc}=c_tt_{uc}+(N_p-1)(a'+b'x)\\&=12\times0.05+(12-1)\times(0.060+0.067\times0.12)=1.35(\text{h/次})\end{aligned}$$

每周的行程数为

$$N_w=V_w/Vr=300/(25\times2)=6(\text{次/周})$$

每周收集清运工作时间为

$$D_w = [N_w P_{scs} + t_w(S + a + bx)]/[H(1-\omega)]$$
$$= [6 \times 1.35 + 6 \times (0.10 + 0.022 + 0.022x)]/(8 \times 0.85)$$
$$= 1.30 + 0.019x$$

每周收集运输费用为

$$C_2 = 700 + 20 \times 8 \times (1.30 + 0.019x) = 908 + 3.04x \text{ (元/周)}$$

令 $C_1 = C_2$，则有

$$677.2 + 29.16x = 908 + 3.04x$$

解得　$x = 8.84$km(单程运输距离为 4.42km)，所以，当 $x < 8.84$ 时，$C_1 < C_2$，即采用拖曳容器式收集方式比较经济；当 $x > 8.84$ 时，$C_1 > C_2$，即采用固定式收集方式比较经济。

3.1.6　垃圾收集车

垃圾收集车主要用于短途的垃圾收集作业，适用于垃圾多而集中的居民区。外形如图 3.6所示。

图 3.6　垃圾收集车

1. 垃圾收集车的类型

1）自卸垃圾车

自卸垃圾车的分类及其特点见表3-4。

表3-4 自卸垃圾车的类型及其特点

类型	特点
敞开式	密闭性差；散发发臭气而易滋生蚊蝇；影响市容市貌和环境卫生；已逐渐被淘汰
盖罩式	由敞开式垃圾车加装框架式玻璃钢罩盖而成，应用广泛、运输成本低；较好地避免了二次污染
密封式	车厢整体密封而在其顶部开有数个垃圾入口，结构和性能优于盖罩式垃圾车，而成本却较盖罩式低

2）自装卸垃圾车

自装卸垃圾车是指车自身装备有装料和卸料装置的垃圾车，按进料方式的不同可分为前装垃圾车、后装垃圾车、侧装垃圾车和顶装垃圾车。

3）容器式垃圾车

容器式垃圾车是指车本身配备有垃圾箱整体吊装设备。车厢可直接放置作为垃圾收集箱或中转集装箱。容器式垃圾车使用灵活，应用广泛。

4）压缩垃圾车

压缩垃圾车装备有液压举升机构和尾部填塞器，能将垃圾自行装入车厢并转运和倾卸。根据垃圾填装位置不同分为前装式、后装式、侧装式压缩垃圾车，其中后装式使用较为广泛。

2. 垃圾收集车数量的配置

经济发展程度是影响城市垃圾收集运输车选型的最重要的因素。对于经济发达的城市和地区，可选用机械化程度高的收运车，如后装式压缩垃圾车；而经济相对落后的城市和地区则可选用自卸垃圾车等价格较便宜的收运车。根据城市生活垃圾的产量、垃圾收运方式及路线、道路交通状况等因素，依据以下方法计算收运车的配备数量。

1）简易自卸收集车

$$L_1 = W/(W_c N \xi) \qquad (3-17)$$

式中：L_1——简易自卸收集车数，辆；

W——垃圾日平均产生量，t/d；

N——日单班收集次数定额，按各省、自治区环卫定额计算；

W_c——车额定吨位；

ξ——完好率，按85%计。

$$W = RCA_1A_2 \qquad (3-18)$$

式中：R——收集范围内居民人口数量，人；

C——城市生活垃圾人均日产量，$t/(人\cdot d)$；

A_1——城市生活垃圾人均日产量变动系数，$A_1=1.1\sim1.5$；

A_2——人口变动系数，$A_2=1.02\sim1.05$。

2）多功能收集车

$$L_2=W/(\eta_t N_t N\xi) \tag{3-19}$$

式中：L_2——多功能收集车数，辆；

η_t——箱容积利用率，按50%～70%计；

ξ——完好率，按80%计。

3）侧装密封收集车

$$L_3=W/(W_t\eta_t N_t N\xi) \tag{3-20}$$

式中：L_3——侧装密封收集车数，辆；

W_t——桶额定容量；

η_t——桶容积利用率，按50%～70%计；

N_t——日单班装桶数定额，按各省、市、自治区环卫定额计算；

ξ——完好率，按80%计。

每辆收运车的收运工人，需按车辆的型号与大小、机械化作业程度、垃圾贮存器放置地点与垃圾类型等情况而定。一般地，除司机外，人力装车的3t简易自卸车配2人；人力装车的5t简易自卸车配3～4人；多功能车配1人；侧装密封车配2人。

我国各城市住宅区、商业区基本上要求日产日清，即一天收集垃圾一次。垃圾收集时间大致可分为昼间、夜间和黎明三种。为了避免夜间骚扰住户，一般在昼间收集住宅区；商业区则宜在晚间收集，此时车辆行人稀少，可增快收集速度；黎明收集兼有白昼和夜晚之利，但不便于集装操作。

3.1.7 垃圾收运路线规划

为经济和高效地收运垃圾，应设计合理的收运路线。将垃圾收集地区的容器安放位置及容器数量、收集日期等清晰明确地标记在线路图上，在规定的收集日按着收运路线收集垃圾即可。

收运路线的设计一般包括以下几个步骤。

(1) 准备适当比例的地域地形图，图上标明垃圾清运区域边界、道口、车库和通往各个垃圾集装点的位置、容器数、收集次数等，若使用固定容器收集法，应标注个集装点垃圾量。

(2) 将资料数据概要列为表格并分析资料。

(3) 初步收集路线设计，再对初步收集路线设计进行对比，通过反复试算后进一步均衡收集路线，使每周各个工作日收集的垃圾量、行驶路程、收集时间等大致相等；同时每个工作日每条路线应限制在一个区域内，尽可能不要遗漏集装点或是重复收运，还要避免在交通高峰期收运垃圾。最后将确定的收集路线画在收集区域图上。

【例3-2】 图3.7为某收集服务区，试设计拖曳容器和固定容器收集运输的路线(步骤1已在图上完成）。若两种作业方式在每天8h内必须完成收集任务，试确定处置场距离B点的最远距离。已知：

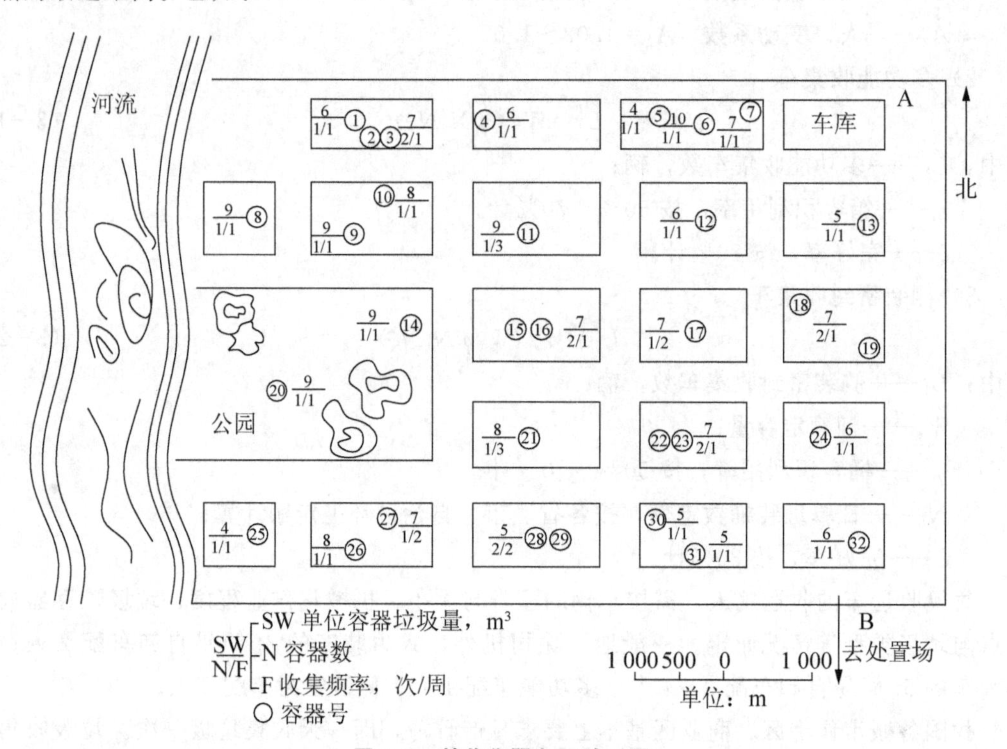

图3.7 某收集服务区地形图

① 收集次数为每周两次的集装点，收集时间要求在星期二、星期五2天。

② 收集次数为每周三次的集装点，收集时间要求在星期一、星期三、星期五3天。

③ 每个集装点容器可位于十字路口任何一侧集装。

④ 收集车辆从A点车库出发。

⑤ 拖曳系统为交换模式(收集车驶向下一个集装点而不是驶回原处)。

⑥ 拖曳系统操作从星期一至星期五每天进行。

⑦ 拖曳系统的容器集装与放回时间均为0.033h/次，卸车时间为0.053h/次。

⑧ 固定容器收集系统每周只安排4天(星期一、星期二、星期三、星期五)，每天一次行程。

⑨ 固定容器收集系统的收集车选用35m^3的后装式压缩车，压缩比为2。

对于固定容器收集系统有：容器卸空时间为0.050h/次，卸车时间为0.10h/次，集装点平均行驶时间估算常数a=0.060h/次，b=0.067h/km。

另外，对于两种收集系统均有：运输时间常数a=0.080h/次，b=0.025h/km；非收集时间系数为0.15。

解：(1) 拖曳容器系统的路线设计。

① 路线设计的第二步，根据提供的资料分析、列表可得：收集区域共有32个集装

点，其中收集次数每周3次的有11和21两个点，每周共收集6次行程，时间要求在星期一、星期三、星期五；收集次数每周两次的有17、27、28、29四个点，每周共收集一次，共收集8次行程，时间要求在星期二、星期五；其余26个点，每周收集一次，共收集26次行程，时间要求在星期一至星期五。合理的安排是使每周各个工作日集装的容器数大致相等以及每天的行驶距离相当。三种收集次数的集装点每周共需行程40次，因此平均安排每天收集8次，分配办法列于表3-5。

表3-5 容器收集安排

收集次数/周	集装点数	行程数/周	每日倒空的容器数				
			星期一	星期二	星期三	星期四	星期五
1	26	26	6	4	6	8	2
2	4	8	—	4	—	—	4
3	2	6	2	—	2	—	2
共计	32	40	8	8	8	8	8

② 路线设计的第三、第四步，通过反复试算，设计均衡的收集路线。在满足表3-6规定的次数要求的条件下，找到一种收集路线方案，使每天的行程大致相等。每周收集路线设计与距离计算结果见表3-6。

表3-6 拖曳容器系统每周收集路线设计与距离计算结果

收集顺序	星期一		星期二		星期三		星期四		星期五	
	收集路线	距离/km	收集路线	距离/km	收集路线	距离/km	收集路线	距离/km	收集路线	距离/km
	A—1	6	A—7	1	A—3	2	A—2	4	A—13	2
1	1—B	11	7—B	4	3—B	7	2—B	9	13—B	5
2	B—9—B	18	B—10—B	16	B—8—B	20	B—6—B	12	B—5—B	16
3	B—11—B	14	B—14—B	14	B—4—B	16	B—18—B	6	B—11—B	14
4	B—20—B	10	B—17—B	8	B—11—B	14	B—15—B	8	B—17—B	8
5	B—22—B	4	B—26—B	12	B—12—B	8	B—16—B	8	B—20—B	10
6	B—30—B	6	B—27—B	10	B—20—B	10	B—24—B	16	B—27—B	10
7	B—19—B	6	B—28—B	8	B—21—B	4	B—25—B	16	B—28—B	8
8	B—23—B	4	B—29—B	8	B—31—B	0	B—32—B	2	B—29—B	8
	B—A	5	B—A	5	B—A	5	B—A	5	B—A	5
共计		84		86		86		86		86

③ 确定处置场到B点的最远距离。先求出每次行程的集装时间，因为采用交换容器收集法进行作业，故每次行程时间不含容器间行驶时间。

$$P_{hcs}=t_{pc}+t_{uc}=0.033+0.033=0.066(\text{h/次})$$

往返运距：

$$N_d=H(1-\omega)/(P_{hcs}+S+a+bx)$$

$$8=8\times(1-0.15)/(0.066+0.053+0.080+0.025x)$$

解得

$$x=26\text{km/次}$$

最后确定B点与处置场之间的距离。因为运距x包括收集距离在内，将其扣除后除以往返双程，即可得从B点到处置场最远单程距离为

$$(26-86/8)/2=7.63(\text{km})$$

(2) 固定容器系统的路线设计。

① 用相同的方法求得每天需收集的垃圾量，见表3-7。

表3-7 每日垃圾收集量安排 单位：m^3

每周收集次数	总垃圾量	每天收集的垃圾量				
		星期一	星期二	星期三	星期四	星期五
1	1×178=178	51	45	53	—	29
2	2×24=48	—	24	—	—	24
3	3×17=51	17	—	17	—	17
共计	277	68	69	70	0	70

② 根据收集的垃圾量，经反复试算制定均衡的收集路线，A点和B点间的每日行程距离列于表3-8，每日收集路线列于表3-9。

表3-8 A点和B点间的每日行驶距离 单位：km

星期	一	二	三	五
行驶距离	26	28	26	22

表3-9 收集路线的集装次序

星期一		星期二		星期三		星期五	
收集顺序	垃圾量/m^3	收集顺序	垃圾量/m^3	收集顺序	垃圾量/m^3	收集顺序	垃圾量/m^3
13	5	2	7	18	7	3	7
7	7	1	6	12	6	10	8
6	10	8	9	11	9	11	9
4	6	9	9	20	8	14	9
5	4	15	7	24	9	17	7
11	9	16	7	25	4	20	8

续表

星期一		星期二		星期三		星期五	
收集顺序	垃圾量/m³	收集顺序	垃圾量/m³	收集顺序	垃圾量/m³	收集顺序	垃圾量/m³
20	8	17	7	26	8	27	7
19	7	27	7	30	5	28	5
23	6	28	5	21	7	29	5
32	6	29	5	22	7	31	5
总计	68	总计	69	总计	70	总计	70

③ 从表3-9中可以看出，每天行程收集的容器为10个，故容器间的平均行驶距离为

$$(26+28+26+22)/(4\times 9)=2.83(\text{km})$$

从而可求出每次行程的集装时间为

$$P_{scs}=c_t(t_{uc})+(N_p-1)(t_{dbc})$$
$$=10\times 0.05+(10-1)\times(0.06+0.067\times 2.83)=2.75(\text{h/次})$$

④ B点到处置场的往返距离为

$$H=N_d(P_{scs}+S+a+bx)/(1-\omega)$$
$$8=1\times(2.75+0.10+0.08+0.025x)/(1-0.15)$$

则

$$x=154.8\text{km}$$

故B点至处置场的最远距离为

$$154.8/2=77.4(\text{km})$$

3.1.8 城市生活垃圾的转运和转运站设置

垃圾转运是将各收集点清运来的垃圾集中到垃圾转运站，再换装到大型的或其他运费较低的运载车辆中，继续运往处理处置场以减少垃圾清运过程的运输费用。转运站的转运能力一般为100～500t/d。

1. 转运模式的类型

根据中转的次数，转运模式可分为直接收运模式、一级转运(二次运输)模式、多级转运(三次运输)模式。

1) 直接收运模式

直接收运模式是利用较大吨位的转运车辆对各垃圾贮存点的垃圾进行收集，然后直接运输到垃圾处理场所的一种方法。优点是灵活性大；缺点是车辆作业时产生的噪声、粉尘等易对收集点周围的环境造成影响。这种转运方式较适用于人口密度低、车辆进出方便、收集点离处理处置场不太远的地区。

2) 一级转运(二次运输)模式

该模式是利用设立于垃圾产生区内的固定设施来进行垃圾转运作业的一种方法，其流

程如图3.8所示。一般通过人力或机动小车(1～2t位车型)收集来自产生源的垃圾，运至转运站，再由较大的车辆转运到处理场所。该种转运方式较适合人口密度高、区内道路窄小的城区。另外，一些对噪声等污染控制要求较高的地区、实行垃圾分类收集的地区，也较适宜于这种转运方式。

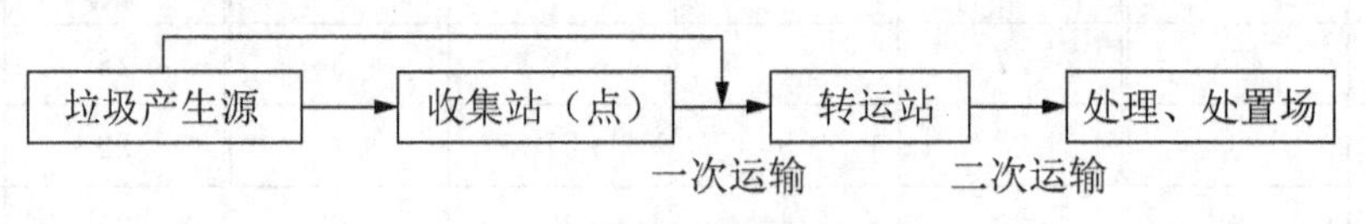

图3.8　一级转运流程

一级转运(二次运输)模式在我国得到了极其广泛的应用。从20世纪90年代中末期起，随着垃圾成分的变化及中转技术的发展，20世纪70—80年代普遍采用的非填装的直接倾倒式中转方式开始全面转向填装式(又称“压缩”式)中转方式。

3) 二级转运(三次运输)模式

该模式是在一次小规模中转运输方式的基础上，再增加一次大规模中转复合而成的模式。其基本技术路线是：垃圾通过人力或机动小车运至小型垃圾转运站，用中型转运车辆运到大型转运站，再用填装压缩设备将垃圾压入集装箱或收集容器，最后使用大型运输车辆运至处理处置场所（图3.9）。进行垃圾一次中转的小型转运站设点在居民区、商业街区等城区内，一次收集运输服务半径多为1km以内；完成二次中转的大型转运站则设点在城区边缘或城郊，转运能力多大于1 000t/d，配置大型运输车(箱体容积大于20m³)；三次运输距离达30～50km，甚至更远，以获取最大的单位运输效率。该模式适合具有城区辐射面积大、垃圾处理场所距离城区很远、对垃圾转运的污染控制要求较高等特点的大都市，如上海、北京等超大城市。

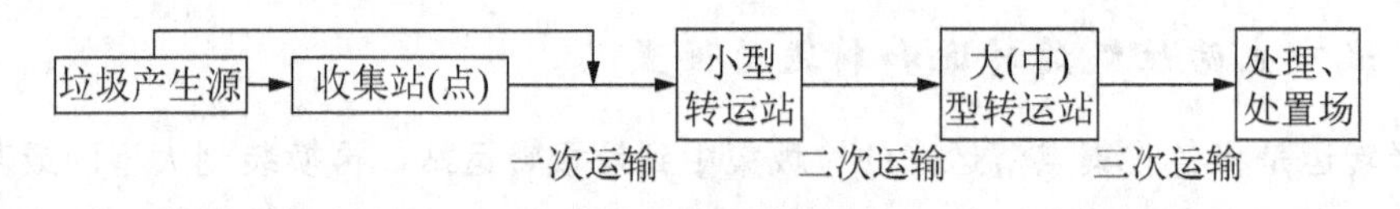

图3.9　多级转运流程

2. 转运站的设置

垃圾转运站的设置应能为环境保护和降低垃圾的收运费做出贡献，使得生态效益、经济效益和社会效益最大化。

1) 转运站的选址

转运站选址应符合下列规定。

(1) 转运站作为城市里的公共卫生设施，其选址必须符合城市总体规划及环境卫生专业规划的要求，并应征得规划部门的同意。

(2) 综合考虑服务区域、转运能力、运输距离、生态环境保护、配套条件等因素的影响。

(3) 为了经济、合理地收集垃圾，转运站的位置应考虑收集的路程要短或靠近垃圾产量最多的地方，并充分利用已有的市政基础设施，如利用垃圾堆放场等，以减少工程投资费用。

(4) 转运站应设在交通便利，易安排清运线路的地方，以便于垃圾的收集和转运及车辆进出转运站，在运距较远，且具备铁路运输或水路运输条件时，宜设置铁路或水路运输转运站(码头)。

(5) 不宜设在立交桥、平交路口旁或大型商场、影剧院出入口和邻近学校、餐饮店等群众日常生活聚集场所等繁华地段。若必须选址于此类地段时，应对转运站进出通道的结构与形式进行优化或完善。

(6) 满足供水、供电、污水排放的要求；满足水文地质条件，不受自然灾害的威胁。

2) 转运站的类型

(1) 按转运规模分类。

按规模，转运站的分类见表 3-10。

表 3-10 转运站的规模及用地标准

类型		设计转运量/(t/d)	用地面积/m^2	与相邻建筑间隔/m	绿化隔离带宽度/m
大型	Ⅰ类	1 000～3 000	≤2 000	≥50	≥20
	Ⅱ类	450～1 000	15 000～20 000	≥30	≥15
中型	Ⅲ类	150～450	4 000～15 000	≥15	≥8
小型	Ⅳ类	50～150	1 000～40 000	≥10	≥5
	Ⅴ类	≤50	≤1 000	≥8	≥3

转运站的设计规模可按下式计算：

$$Q_d = K_s Q_c \tag{3-21}$$

式中：Q_d——转运站设计规模(日转运量)，t/d；

Q_c——服务区垃圾收集量(年平均值)，t/d；

K_s——垃圾排放季节性波动系数，应按当地实测值选用；无实测值时，可取 1.3～1.5。

当无实测值时，服务区垃圾收集量可按下式计算：

$$Q_c = nq/1\ 000 \tag{3-22}$$

式中：n——服务区内实际服务人数；

q——服务区内，人均垃圾排放量，kg/(人·d)，应按当地实测值选用；无实测值时，可取 0.8～1.2。

(2) 按运输工具分类。

① 公路转运。是以汽车作为运输工具，国内外采用最为广泛的转运方式。较常见的公路转运车辆有牵引拖挂列车式、车厢可卸载式和整体式。目前，车厢可卸载式转运车是国内外使用最为普遍的垃圾转运车，其性能优良、稳定，且易于维护，设备投资和运行成本较低。

② 铁路转运。是以火车作为运输工具的转运方式，适合远距离大量输送城市垃圾。该方式常用的车辆有：设有专用卸车设备的普通卡车，有效负荷为 10～15t；大容量专用车辆，有效负荷为 25～30t。在我国，垃圾铁路转运的应用极少，只有极少部分大型工矿

企业，在将其单位垃圾外运时才会采用该方式。一般是将企业垃圾人工(或人工+铲车)送入敞口车厢之后，由火车头拉着车厢沿铺设好的轨道将垃圾送到处置场。

③ 水路转运。是以轮船作为运输工具的转运方式。水路垃圾转运站需要设在河流边，垃圾收集车可将垃圾直接卸入停靠在码头的驳船里。水路转运的优点是有利于将垃圾最后处理地点设在远处；省去了公路运输部分，减轻交通负担；大容积的驳船可作为收集来的垃圾的暂时贮存地，减少垃圾处理处置的运输次数；缺点是需要设计良好的装载和卸船的专用码头，昂贵的卸船费用往往是该方式的限制因素。

④ 气力输送转运。目前，管道气力输送转运系统主要运用在国外新型的公寓类建筑物(一般为高层建筑)。该系统的主要组成部分为中心转运站、管道和各种控制阀门。

(3) 按工艺流程和垃圾压实程度分类。

可将转运站分为直接转运式、压入装箱式(或推入装箱式)和压实装箱式。

① 直接转运式。其工艺流程为：由收集车将垃圾产生源的垃圾收集后运至转运站，进站经过称重计量后，车辆驶上卸料平台将垃圾直接卸入大型垃圾运输车车厢内，最后由大型垃圾运输车辆将垃圾送至处理、处置场（图 3.10）。

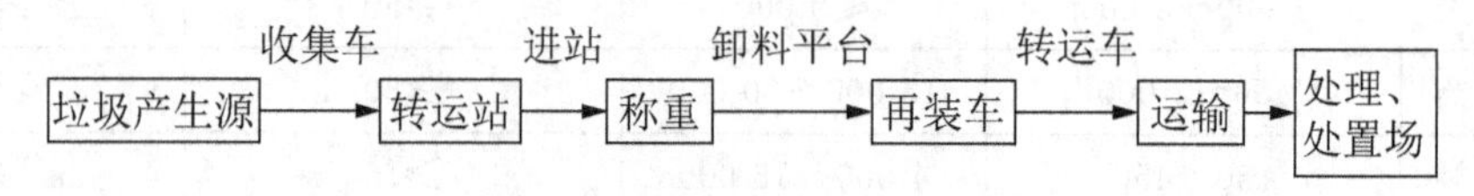

图 3.10　直接转运式工艺流程

② 车厢外压实装箱式。该工艺流程与直接转运式的不同在于：收集车将垃圾运至转运站称重后，车辆将垃圾卸入车厢外压实机的压缩腔进行压实，接着把垃圾成块打包，最后将垃圾装车运输至处理、处置场（图 3.11）。

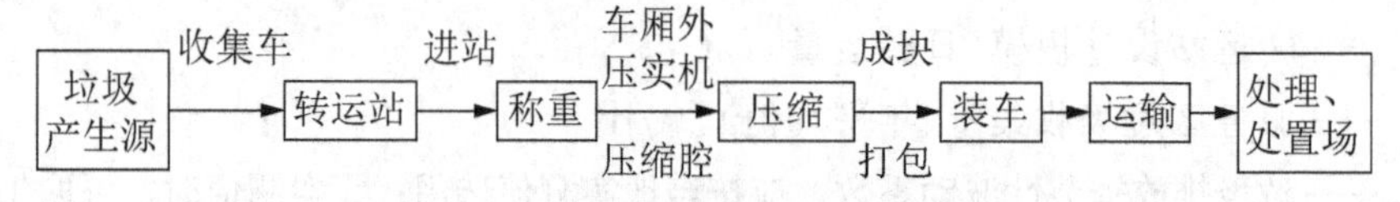

图 3.11　车厢外压实装箱式工艺流程

③ 车厢内压实装箱式。该工艺是把收集车中的垃圾卸入大型转运车的车厢并将其在车厢内压实，经过压实后的垃圾由转运车直接送至下一个处理、处置场（图 3.12）。

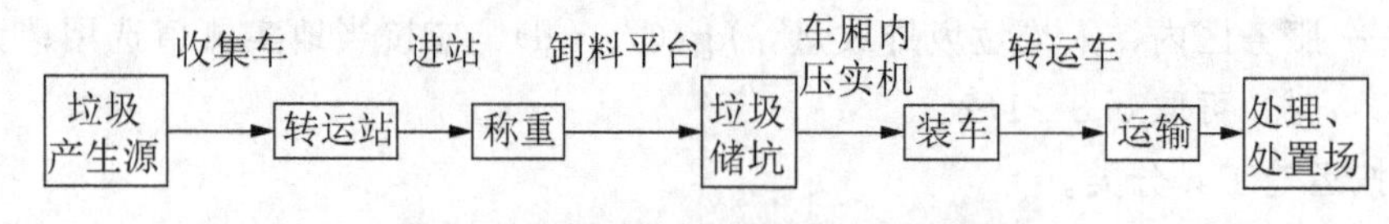

图 3.12　车厢内压实装箱式工艺流程

(4) 按装卸料相对位置分类。

① 水平装箱式。收集车和大型运输工具停在一个平面上，再利用传输带、抓斗天车等辅助工具进行收集车的卸料和大型运输工具的装料（图 3.13）。

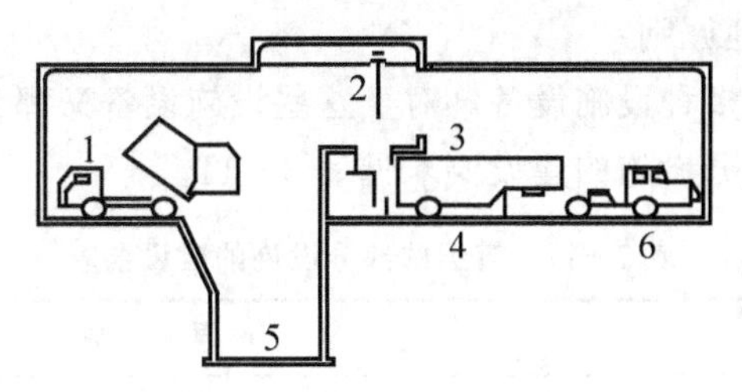

图 3.13　水平装箱式示意图

1—垃圾收集车；2—吊车；3—集装箱；4—卸料平台；5—垃圾储坑；6—重型车

② 竖直装箱式。利用地形高差来装卸料，也可采用专门的液压台来升高卸料台或降低运输工具(图3.14)。

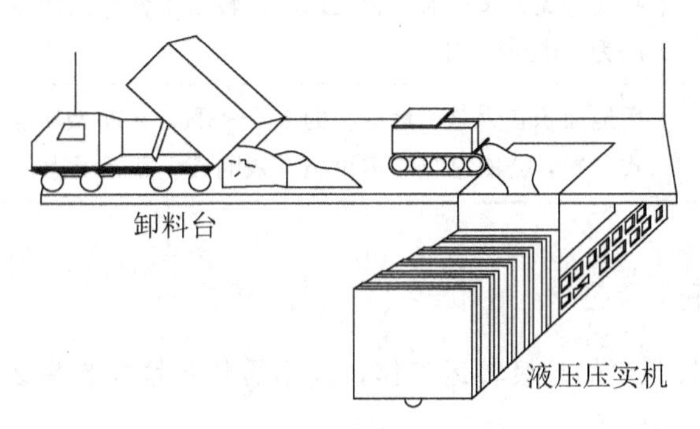

图 3.14　竖直装箱式示意图

3）转运站配置数量

《环境卫生设施设置标准》(CJJ 27—2012) 规定：运输平均距离超过 10km，宜设置垃圾转运站；运输距离超过 20km 时，宜设置大中型转运站。

《生活垃圾转运站工程项目建设标准》(建标 117—2009)第十二条规定：转运站的建设规模和数量应与生活垃圾收集、处理设施相协调。

转运站的设计规模和类型的确定应在一定的时间和一定的服务区域内，以转运站设计接受垃圾量为基础，并综合考虑城市区域特征和社会经济发展的各种变化因素来确定。对于生活垃圾处理设施集中建设且远离城市的地区，可建设大型的转运站对垃圾集中转运；对于生活垃圾处理设施分区建设的城市，可建设满足相应服务区域要求的垃圾转运站。确定转运站的设计接受量(服务区内垃圾的收集量)，应考虑垃圾排放季节波动性。

4）转运站的总体布置

(1) 转运站的总体布局应依据其规模、类型，综合工艺要求及技术路线确定。总平面布置应流程合理、布置紧凑，便于转运作业，能有效抑制污染。

(2) 对于分期建设的大型转运站，总体布局及平面布置应为后期扩建留有场地。

(3) 转运站应利用地形、地貌等自然条件进行工艺布置。竖向设计应结合原有地形进行雨、污水导排。

5）转运站设置的其他原则

转运站中还包括其他多种设施设备，对于这些设施设备又都分别有着不同的设计、实施、操作规范。转运站部分设施的建设要求见表 3－11。

表 3－11　转运站部分设施的建设要求

设施类型	原　则
主体设施布置	转运车间及卸装料工位宜布置在场区内远离邻近的建筑物的一侧，并满足车辆回车要求
转运站配套工程及辅助设施	计量设施应设在转运站车辆进出口处，并有良好的通视条件，与进口厂界距离不应小于一辆最大运输车的长度；站内垃圾收集车与转运车的行车路线应避免交叉；大型转运站应按转运车辆数设计停车场地。转运站绿地率应为 20％～30％
转运站行政办公与生活服务设施	用地面积宜为总用地面积的 5％～8％；中小型转运站可根据需要设置附属式公厕，公厕应与转运设施有效隔离，互不干扰

3.1.9　垃圾转运车

转运车主要用于长距离的垃圾转运工作，故不需装备垃圾收集装置。转运车的类型及特点如表 3－12 及图 3.15 所示。

表 3－12　垃圾转运车的类型及特点

<table>
<tr><th colspan="2">垃圾转运车类型</th><th>特　点</th></tr>
<tr><td colspan="2">整体式</td><td>垃圾装载车厢与底盘连成一体，结构紧凑，可利用空间大</td></tr>
<tr><td colspan="2">车厢可卸载式</td><td>由可装卸集装箱和备有液压拉臂机构的底盘组成，故可将空集装箱放下，而直接把载满垃圾的集装箱运走</td></tr>
<tr><td rowspan="3">牵引拖挂列车式</td><td>敞篷式</td><td>其集装箱依靠牵引传输带进行卸载</td></tr>
<tr><td>敞篷开底门式</td><td>依靠重力作用卸载垃圾</td></tr>
<tr><td>封闭式</td><td>采用推卸卸载作业</td></tr>
</table>

图 3.15　垃圾转运车

3.1.10 国外收运现状

大多数国家采用的是垃圾混合收集方式，部分发达国家已经进行垃圾分类收集，如德国、日本、法国等。不管是采用哪一种收集方式，各国城市生活垃圾的收集都有一个共同的基本情况：城市生活垃圾几乎都是由当地政府相关部门和私营公司承担收运，其中除瑞典外，私营公司所占比重均较小。发达国家垃圾分类收集的三种主要形式见表 3-13。

表 3-13 发达国家垃圾分类收集的三种主要形式

形式	按日期分类投放	在适宜地点设置垃圾分类容器	采用垃圾分类收集袋
内容	不同日期投放不同性质的垃圾，如每周一投放可燃垃圾，周二投放可堆肥垃圾	如在 A 地点投放大件垃圾，在 B 地点投放可回收垃圾	如在垃圾袋上印有“厨余垃圾”，或是用不同颜色袋子分装不同性质的垃圾

1. 美国垃圾收运现状

美国的城市生活垃圾都是由专门从事废弃物收集处理的公司承包运作。这些公司有的只是负责收集、分类和运输，有的则同时具有垃圾填埋场和堆肥厂（图 3.16）。

另外，美国的容器装置基本分为用于收集可回收和不可回收类垃圾两种，每个公司的垃圾收集办法和方式不同，如垃圾分类投放箱的设置点、定点收集或是定时收集、垃圾车的类型等。

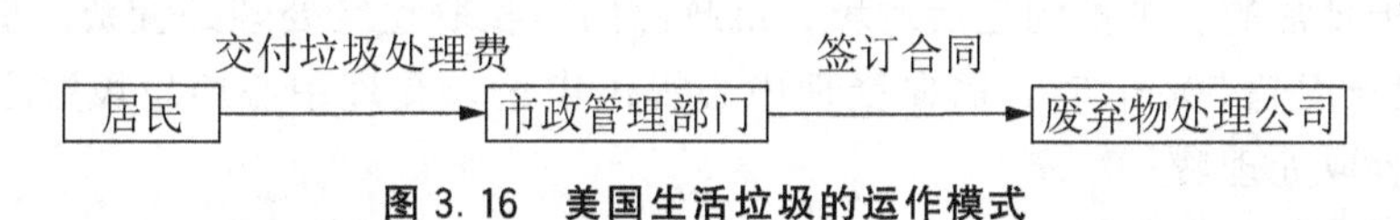

图 3.16 美国生活垃圾的运作模式

2. 德国垃圾收运现状

德国管理垃圾的理念为“摇篮—坟墓—摇篮”。20 世纪 90 年代，德国将垃圾分类回收利用工作推向市场。授予绿点标志的公司由众多包装工业、消费和零售行业的民营企业共同组建成一个非营利性的组织 DSD(双轨制回收系统)，DSD 组织派专人放置黄色的垃圾桶到各个垃圾产生源，并负责利用其向组织成员所收取的绿点费用分选回收商品包装，为加入其中的公司服务，进而实现了商品的专门回收利用。相关企业对有绿点标志商品包装等垃圾实施“绿点制”回收利用（图 3.17）。

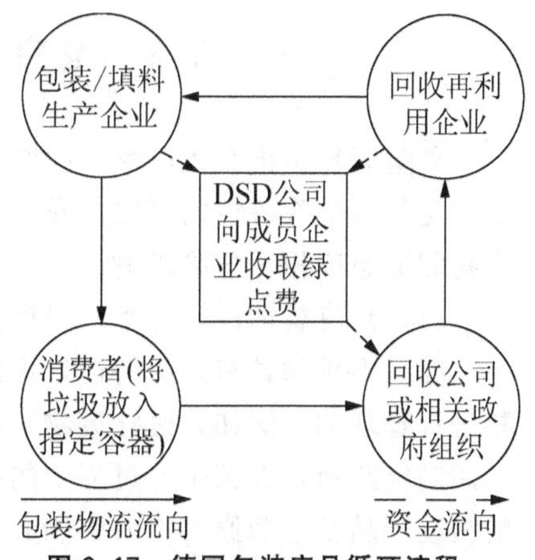

图 3.17 德国包装废品循环流程

在图 3.18 中，最左边和最右边的两只垃圾箱用于投放白色玻璃，左侧第二个用于投放绿色玻璃，第三个用于投放褐色玻璃。

图 3.18 德国分类收集玻璃垃圾箱

德国的垃圾分类成效十分显著：垃圾分类使循环利用的玻璃包装垃圾回收率将近90%，再生利用的纸、塑垃圾回收率达到92%。这大大降低了垃圾的后续处理处置难度，同时对垃圾的回收再利用更加专业和高效。

3. 日本垃圾收运现状

(1) 居民自觉协助，将可再生利用的废弃物收集后统一交给回收商处理。

(2) 不同日期投放不同类别的垃圾，垃圾产生者用规定的包装袋将当天规定丢弃类别的垃圾装好后放置于各个收集点，再由市町村工作人员收集。

(3) 在居民区、商业区等放置公共垃圾分类收集箱，再由市町村工作人员定时收集。

(4) 对于日常的、少量的生活垃圾，市政部门不收取垃圾处理处置费。但是，丢弃大件家具(一般长度超 50cm)时，需向受理中心提出申请，受理中心给垃圾贴上受理号并向垃圾产生者收取处理费。

按相关的法律法规惩罚非法丢弃垃圾者，如拘留、罚款等。

3.2 危险废物的收集、贮存与运输

危险废物是指列入国家危险废物名录或者根据国家规定的危险废物鉴别标准和鉴定方法判定具有危险特性的废物。根据《国家危险废物名录》规定，具有下列情形之一的固体废物和液态废物为危险废物。

(1) 具有腐蚀性、毒性、易燃性、反应性或者感染性等一种或者几种危险特性的。

(2) 不排除具有危险特性，可能对环境或者人体健康造成有害影响，需要按照危险废物进行管理的。例如，医疗废物，石油炼制过程中产生的碱渣，生活垃圾焚烧飞灰，废弃的印制电路板，农药生产过程中的废水处理污泥，木材防腐化学品生产、配制过程中产生的报废产品及过期原料，碱法制浆过程中蒸煮制浆产生的废液、废渣等。

3.2.1 危险废物的产生

危险废物的产生源极其广泛，从家庭到社会各个行业，都涉及危险废物的产生。危险

废物的主要产生源及特性见表 3-14。

表 3-14　危险废物的主要产生源及特性

危废产生源	废物类别	危险特性
化学、药品工业	废弃溶液、溶剂	T
	残留物	T
	报废医疗药品及过期原料	In，T
农业	蒸馏及反应残渣	T
	地面清扫废渣	T
	伪劣农药产品	T
炼油行业、石油制造行业	废油、污泥	I，T
	烃/水混合物	T
	含氰废物	T
金属行业	废渣、废酸液	C
	废水处理污泥	T
	废内衬	T
其他行业	丙烯腈生产过程中的流出物	R，T
	废有机溶剂	T

注：危险特性：腐蚀性(Corrosivity，C)、毒性(Toxicity，T)、易燃性(Ignitability，I)、反应性(Reactivity，R)、感染性(Infectivity，In)。

3.2.2　危险废物的收集

危险废物收集时应根据危险废物的种类、数量、危险特性、物理状态、运输要求等因素确定包装形式，《危险废物收集、贮存、运输技术规范》(HJ 2025—2012)规定具体包装应符合如下要求。

(1) 包装材质要与危险废物相容，根据废物特性选择不同材质的容器，如钢桶、塑料桶等。

(2) 性质类似的废物可收集到同一容器中，性质不相容的危废不应混合包装。

(3) 危废包装应能有效隔断危废迁移扩散途径，并达到防渗、防漏要求。

(4) 包装好的危废应设置相应的标签，标签信息应填写完整、翔实。

(5) 盛装过危废的包装袋或包装容器破损后应按危废进行管理和处置。

(6) 危废还应根据相关的法律法规进行包装运输。

放置于场内的桶装或袋装危险废物有两种收集方案，如图 3.19 所示。

危险废物转运站的内部运行系统如图 3.20 所示。

危险废物收集记录表见表 3-15。

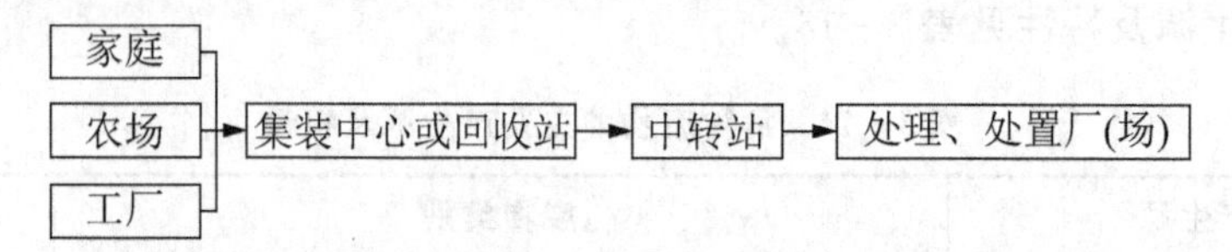

(a) 直接运往场外的集装中心或回收站

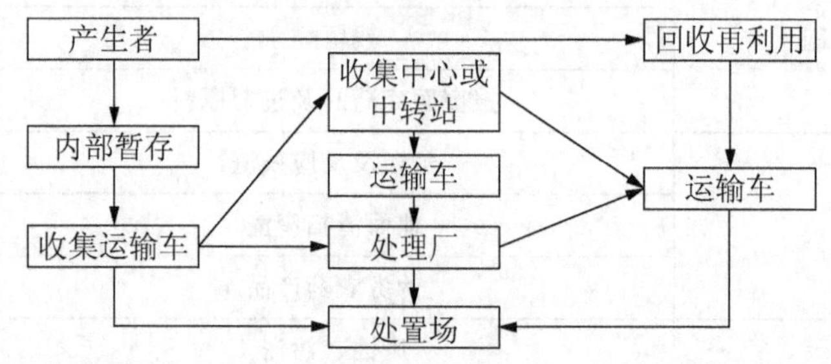

(b) 通过专用运输车按规定路线运往指定的地点贮存或是做进一步处理处置

图 3.19 危险废物收集方案

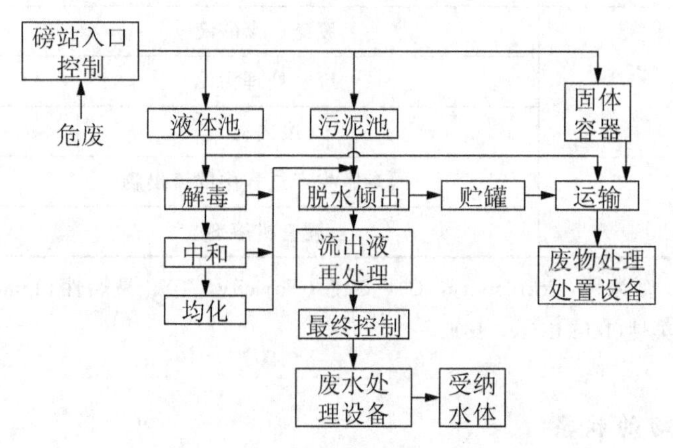

图 3.20 危废转运站的内部运行系统

表 3-15 危险废物收集记录表

收集地点		收集日期	
危险废物种类		危险废物名称	
危险废物数量		危险废物形态	
包装形式		暂存地点	
责任主体			
通信地址			
联系电话		邮编	
收集单位			
通信地址			
联系电话		邮编	
收集人签字		责任人签字	

3.2.3 危险废物的贮存

危险废物贮存的要求如下。

(1) 危险废物贮存设施的选址、设计、建设、运行管理应满足相关法律规的要求。

(2) 危险废物贮存设施应配备通信设备、照明和消防设施。

(3) 贮存危险废物时应按危险废物的种类和特性进行分区贮存，每个贮存区域之间宜设置挡墙隔间，并应设置防雨、防火、防雷、防扬尘装置。

(4) 贮存易燃、易爆危险废物应配置有机气体报警、火灾报警装置和导出静电的装置。

(5) 贮存废弃剧毒化学品还应充分考虑防盗要求，采用双钥匙封闭式管理，派遣专人24h看管。

危险废物贮存分类和对应设施见表3－16。

表3－16 危险废物的贮存分类和设施

危废的贮存分类	产生单位内部贮存	中转贮存	集中性贮存
贮存设施	产生危废的单位用于暂时贮存的设施	拥有危废收集经营许可证的单位用于临时贮存废矿物油等的设施	危废经营单位所配置的贮存设施

危险废物贮存及种类标志如图3.21所示。

图3.21 危险废物贮存及危废种类标志

危险废物出入库交接记录表见表 3 - 17。

表 3 - 17　危险废物出入库交接记录表

贮存库名称			
危险废物种类		危险废物名称	
危险废物来源		危险废物数量	
危险废物特性		包装形式	
入库日期		存放库位	
出库日期		接收单位	
经办人		联系电话	

3.2.4　危险废物的运输

危险废物的主要运输方式为公路运输。危险废物运输应由持有危废经营许可证的单位按照其许可证的经营范围组织实施，承担危废运输的单位应获得交通运输部门颁发的危险货物运输资质，并按相关的法律法规严格执行运输，如载有危险废物的车辆必须有明显的标志或危险符号标识。另外，危险废物运输时的中转、装卸过程应遵守如下要求。

(1) 卸载区工作人员应熟悉废物的危险特性，并配备相应的个人防护装备。

(2) 卸载区应设置隔离设施，液态废物卸载区应设置收集槽和缓冲罐，并配备必要的消防设备和设置显眼的指示标志。

危险废物在产生单位内的转运记录表见表 3 - 18。

表 3 - 18　危险废物产生单位内转运记录表

企业名称			
危险废物种类		危险废物名称	
危险废物数量		危险废物形态	
产生地点		收集日期	
包装形式		包装数量	
转移批次		转移日期	
转移人		接收人	
责任主体			
通信地址			
联系电话		邮编	

此外，为加强对危险废物转移的有效监督，“联单制度”应运而生。“联单制度”可以有效地防止危险废弃物在运输过程中对环境产生污染。我国《危险废物转移联单管理办法》于 1999 年 5 月 31 日经国家环境保护总局局务会议讨论通过，1999 年 10 月 1 日起施

行，其规定：危险废物产生单位应当如实填写联单中产生单位栏目，并加盖公章，经交付危险废物运输单位核实验收签字后，将联单第一联副联自留存档，将联单第二联交移出地环境保护行政主管部门，联单第一联正联及其余各联交付运输单位随危险废物转移运行；接受单位应当将联单第一联、第二联副联自接受危险废物之日起十日内交付产生单位，联单第一联由产生单位自留存档，联单第二联副联由产生单位在二日内报送移出地环境保护行政主管部门，接受单位将联单第三联交付运输单位存档，将联单第四联自留存档，将联单第五联自接受危险废物之日起二日内报送接受地环境保护行政主管部门。

联单保存期限为五年；贮存危险废物的，其联单保存期限与危险废物贮存期限相同。环境保护行政主管部门认为有必要延长联单保存期限的，产生单位、运输单位和接受单位应当按照要求延期保存联单。

3.2.5 几种常见的危险废物及其收运

1. 生活垃圾焚烧飞灰

1）生活垃圾焚烧飞灰的成分及危害

垃圾焚烧飞灰是指由空气污染控制设备所收集的细微颗粒，一般为经布袋除尘器所收集的中和反应物(如氯化钙、硫酸钙)以及未完全反应的碱剂(如氢氧化钙)。垃圾焚烧飞灰含有重金属、未燃物、盐分等，是一种同时具有重金属危害特性和环境持久性、有机毒性危害特性的危险废物，对周围的水、土壤、大气环境和人类健康构成巨大威胁。

(1) 重金属。一般地，垃圾焚烧过程中产生的重金属主要来源于废弃电池、旧电器、半导体、镀金材料等。高温焚烧过程中，金属及其化合物被蒸发进入烟气，烟气从温度高达 800～1 000℃的炉膛进入温度只有 400～500℃的烟道时，重金属因为急冷而从烟气中浓缩出来，形成离散的金属颗粒气溶胶或在飞灰颗粒表面发生吸附。

(2) 二噁英。二噁英是多氯二苯并-对-二噁英(PCDDs)和多氯二苯并呋喃(PCDFs)的总称，其毒性十分大，是氰化物的 130 倍、砒霜的 900 倍，有“世纪之毒”之称。二噁英一旦进入人体，就会长久驻留，因为其本身具有化学稳定性并易于被脂肪组织吸收，并长期积蓄在体内，并可能透过间接的生理途径而致癌。其除了具有致癌毒性以外，还具有生殖毒性和遗传毒性，因此二噁英污染是关系到人类存亡的重大问题，必须对其严格加以控制。由于飞灰表面重金属的催化作用，二噁英的产生主要是通过焚烧尾部烟道中的二次合成和气相前驱物低温催化生成的。二噁英易于吸附在比表面积大的飞灰上，故飞灰中含有大量的二噁英。

(3) 溶解盐。飞灰中溶解盐含量高达 17.4%～21.9%，飞灰中溶解盐质量分数高达 22.1%，主要为钙、钠和钾的氯化物(溶解性氯离子占 8.4%～11.0%)，应在进一步处理处置飞灰前除去氯化物，以免氯化物增加其他某些污染物的溶解性，而妨碍飞灰的固化和稳定化。

2）生活垃圾焚烧飞灰收集、贮存和运输

飞灰收集应采用避免飞灰散落的密封容器，收集飞灰用的贮灰罐容量以不少于 3d 飞灰额定产生量确定；贮灰罐应设有料位指示、除尘、防止灰分板结的设施，并宜在排灰口附近设置增湿设施。飞灰输送与贮存系统由卸灰、输灰(多采用机械输灰或是气力输灰方式)、贮存装置等组成。我国《危险废物污染防治技术政策》(国家环境保护总局，2001)第九条对飞灰的规定：生活垃圾焚烧产生的飞灰必须单独收集，不得与生活垃圾、焚烧残渣等其他废物混合；不得与其他危险废物混合；不得在产生地长期贮存；不得进行简易处置及排放。生活垃圾焚烧飞灰在产生地必须进行必要的固化和稳定化处理之后方可运输。生活垃圾焚烧飞灰须进行安全填埋处置。

2. 医疗废物

1) 医疗废物的定义及其危害

医疗废物主要指城乡各类医院、卫生防疫、病员疗养、畜禽防治、医学研究及生物制品等单位产生的垃圾，包括医院临床废物、化验检查残余物、传染性废物、废水处理污泥、废药物和药品、感光材料废物。

医疗废物含有大量的病原微生物、寄生虫和其他有害物质和传染性物质等，其对公众健康和生态环境的危害极大。

一般地，医疗废物分为以下 6 种：①一次性医疗用品，如注射器、尿杯、各种导管等；②药物废物，如过期的药品、疫苗、血清等；③细胞毒废物，如被细胞毒废物污染的手巾、管子等物品；④锐器，指手术刀、针头等可造成切伤和刺伤的锐利器物；⑤废显(定)影液及胶片，如相纸、感光原料等；⑥传染性废物，指带有传染性和潜在传染性的废物。

2) 医疗废物的收运

医疗废物应收集到印有明显的标志或字样(如“生物危险品”“医疗废物”等)的塑料袋、锐器容器和废物箱中。出于对废物收集工作人员的安全等方面的考虑，锐器不应同其他废物混放，而应该放入质地坚固耐用、防漏防刺的锐器容器中。

医疗废物由有执照的运输单位的专门收集医疗废物的车辆在防渗漏、全封闭、无挤压、安全卫生条件下清运到指定地点进行处理处置。为抑制细菌的生长，车辆可装备冷藏箱。医疗废物搬运应使用专用工具，尽可能采取机械作业，减少人工直接操作。如果采用人工搬运，应避免废物容器直接接触身体。医疗废物运输车辆应至少 2 天清洗一次(北方冬季、缺水地区可适当减少清洗次数)；当车厢内壁或(和)外表面被污染后，应立刻进行清洗；运输车辆每次运输完毕后，必须对车厢内壁进行消毒。禁止在社会车辆清洗场所清洗医疗废物运输车辆。

3. 废矿物油

1) 废矿物油的分类

废矿物油的分类按照《国家危险废物名录》执行，按行业来源分为：原油和天然气开采；精炼石油产品制造；涂料、油墨、颜料及相关产品制造；专用化学品制造、船舶及浮动装置制造；非特定行业。

2) 废矿物油的收集、贮存和运输

废矿物油收集容器应完好无损，没有腐蚀、污染、损毁或是其他导致其使用效能减弱的缺陷；应在废矿物油包装容器的适当位置粘贴清晰易读、不易被人为遮盖或是污染的废矿物油标签；废矿物油应在产生源收集，不宜在产生源收集的，应设置专用设施集中收集。

废矿物油贮存设施的设计、建设除了符合危废贮存设计原则外，还应符合有关消防和危险品贮存设计规范；废矿物油贮存设施应远离火源，避免高温和阳光直射；贮存前应认真检查，废矿物油不应与不相容的废物混合，且应使用专用贮存设施，分类存放；废矿物油贮存时预留容积应不少于总容积的5%；已盛装废矿物油的容器应密封，贮油油罐应设置呼吸孔以防气体膨胀，并安装防护罩以防落入杂质。

废矿物油的运输转移过程应符合相关的规定；转运前应制定突发环境事件应急预案并检查转运设备和盛装容器的稳定性、严密性，确保运输途中不会破裂、倾倒和溢流；另外，废矿物油在转运过程中应设专人看护。

小　　结

本章主要是介绍城市生活垃圾、危险废物的收集、贮存和运输的基本知识，包括：生活垃圾收运的环节及清运作业方式，生活垃圾收运车辆和路线，生活垃圾转运站和车辆；危险废物的产生、收集、贮存、运输，几种常见危险废物的收运。

思　考　题

1. 结合自己所在的学校或居住小区，设计生活垃圾收集路线。

2. 认真观察你所在区域内的生活垃圾转运站，描述其工艺环节及主要设备的类型和作用，分析该转运站存在的不利环境影响，并提出有效控制措施。

第 4 章　固体废物的预处理

知识点

固体废物压实的原理及设备，固体废物破碎的原理及设备，固体废物分选的原理及设备，固体废物脱水的原理及设备。

重点

固体废物压实、破碎、分选、脱水的原理。

难点

固体废物压实、破碎、分选、脱水设备的工作原理及应用。

4.1　固体废物的压实

4.1.1　固体废物压实的目的

（1）增大容重、减少固体废物体积以便于装卸和运输，确保运输安全与卫生，降低运输成本。

（2）制取高密度惰性块料，便于贮存、填埋或作为建筑材料使用。

4.1.2　固体废物压实的原理

通过外力加压于松散的固体废物，以缩小其体积，使固体废物变得密实的操作简称为压实，又称为压缩。

4.1.3　固体废物压实效果的评价指标

1. 表观体积

大多数固体废物是由不同颗粒与颗粒间的空隙组成的集合体。自然堆放时，表观体积是废物颗粒有效体积与孔隙占有的体积之和，即：

$$V_m = V_s + V_v \quad (4-1)$$

式中：V_m——固体废物的表观体积；

V_s——固体颗粒体积(包括水分)；

V_v——孔隙体积。

进行压实操作时，随压力强度的增大，孔隙体积减小，表观体积也随之减小，而容重增大。

2. 湿密度和干密度

若忽略空气中的气体质量，固体废物的总质量 W_m 就等于固体物质质量 W_s 与水分质量 W_w 质量之和。则，湿密度为 $\rho_w = W_m / V_m$；干密度为 $\rho_d = W_s / V_m$。固体废物容重就是其干密度。

3. 空隙比和空隙率

空隙比：

$$e = V_v / V_s$$

空隙率：

$$\varepsilon = V_v / V_m$$

空隙比或空隙率越低，表明压实程度越高，相应的容重就越大。

4. 压缩比和压缩倍数

固体废物经过压实处理后体积减少的程度称为压缩比，用公式表示为

$$r = V_f / V_i \tag{4-2}$$

式中：r——固体废物体积压缩比；

V_f——废物压缩后的最终体积；

V_i——废物压缩前的原始体积。

压缩倍数是固体废物经压实处理后，体积压实的程度。公式表示为

$$n = V_i / V_f \tag{4-3}$$

一般固体废物的压缩倍数为3～5倍，若破碎后再压实其压缩倍数可达5～10倍。

n 与 r 互为倒数，n 越大，压实效果越好。

4.1.4 压实设备

根据操作情况，固体废物的压实设备可分为固定式压实器和移动式压实器。

固定式压实器：凡用人工或机械方法(液压方式为主)把废物送进压实机械中进行压实的设备称为固定式压实器。如各种家用小型压实器、废物收集车上配备的压实器及中转站配置的专用压实机。

移动式压实器：是指在填埋现场使用的轮胎式或履带式压土机、钢轮式布料压实机以及其他专门设计的压实机具。

1. 固定式压实器

固定式压实器由容器单元和压实单元两部分组成。容器单元接受废物，压实单元具有液压或气压操作的压头，利用高压使废物致密化。固定式压实器分为小型家用压实器和大型工业压缩机两类。前者大小为85cm×45cm×60cm，进行垃圾压缩或破碎。后者一般在废物转运站、高层住宅垃圾滑道的底部以及其他需要压实的场合，大到可压缩汽车。

常见的固定式压实器包括水平式压实器、三向垂直压实器、回转式压实器、城市垃圾压实器。

1）水平式压实器（图 4.1）

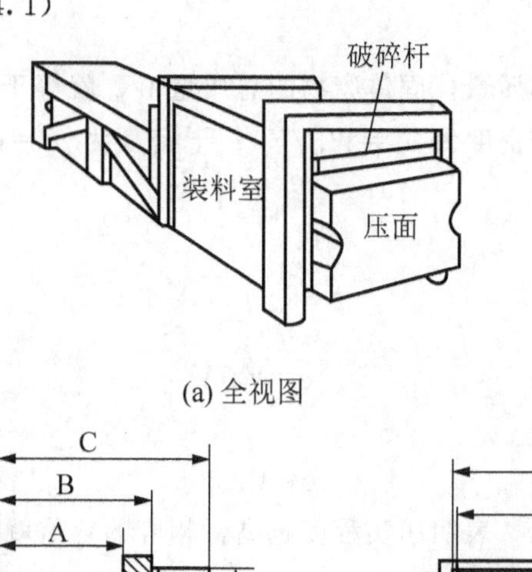

(a) 全视图

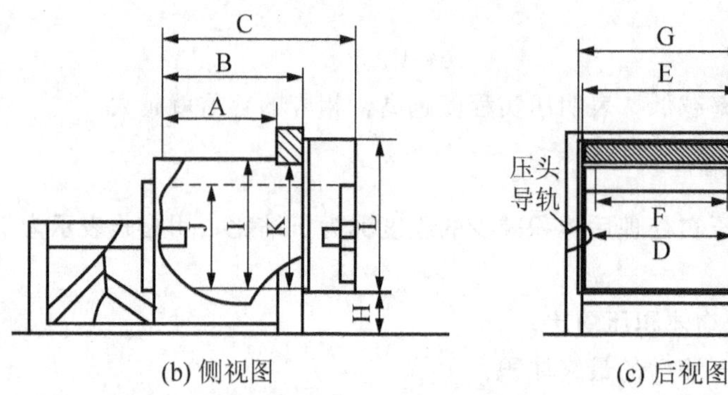

(b) 侧视图　　(c) 后视图

图 4.1　水平压实器

A—有效顶阜开口长度；B—装料室长度；C—压头行程；D—压头导轨长度；
E—装料室宽度；F—有效顶部开口宽度；G—出料口宽度；H—压面高度；
I—装料室高度；J—压头高度；K—破碎杆高度；L—出料口高度

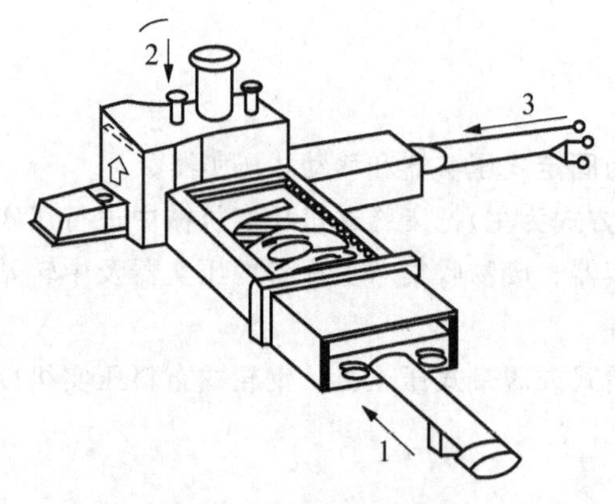

图 4.2　三向联合压实器

2）三向联合式压实器（图 4.2）

三向联合式压实器具有三个互相垂直的压头，金属类废物被置于容器单元内，而后依次启动 1、2、3 三个压头，逐渐使固体废物的空间体积缩小，容重增大，最终达到一定的尺寸。压后尺寸一般为 200～1 000mm。三向联合式压实器一般用作松散金属类废物压实器。

3）回转式压实器（图 4.3）

回转式压实器具有两个压头和一个旋动式压头，适用于体积小、质量轻的废物。废物装入容器单元后，先按水平式压头 1 的方向压缩，然后按箭头的运动方向驱动旋动式压头 2，使废物致密化，最后按水平压头 3 的运动方向将废物压至一定尺寸排出。

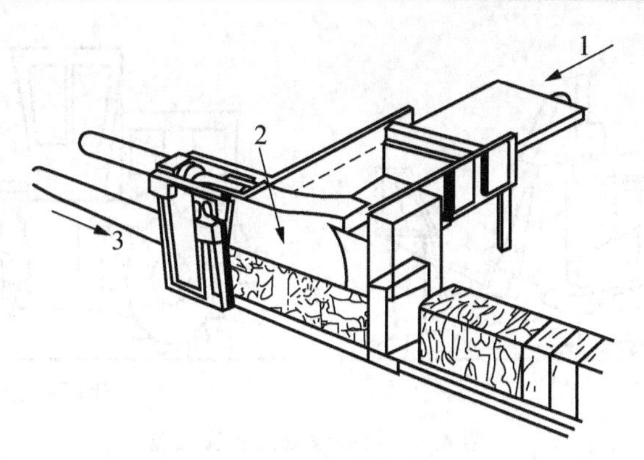

图 4.3　回转式压实器

4）高层住宅垃圾滑道下的压实器（图 4.4）

高层住宅垃圾滑道下的压实器与金属类废物压实器构造相似。为了防止垃圾中有机物腐败，要求在压实器的四周涂敷沥青。

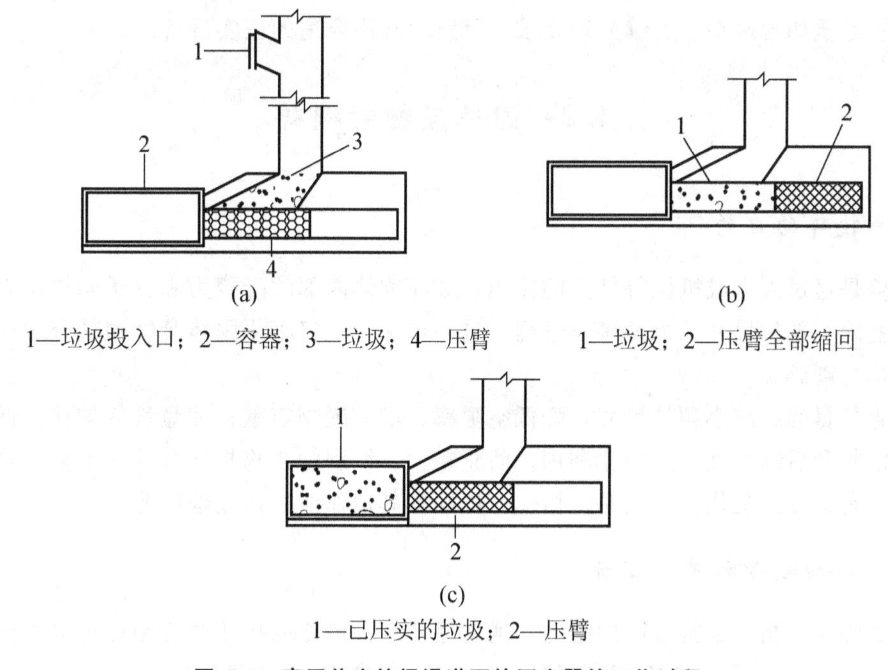

图 4.4　高层住宅垃圾滑道下的压实器的工作过程

2. 移动式压实设备

带有行驶轮或可在轨道上行驶的压实器称为移动式压实器。按压实过程工作原理不同，可分为碾(滚)压、夯实、振动三种，相应地压实器分为碾(滚)压实机、夯实压实机、振动压实机三大类。固体废物压实处理主要采用碾(滚)压方式，主要用于填埋场，也可安装在垃圾车上。填埋场常用的压实机主要包括胶轮式、履带压实机和钢轮式压实机（见图 4.5）。

(a) 履带压实机　　(b) 钢轮压实机

图 4.5　两种移动式压实设备

4.1.5　压实设备的选用

压实设备的选用主要考虑压缩比，应当选择合适的压缩比和使用压力。此外，应注意压缩过程出现的情况，如城市垃圾压缩过程中会出现水分，塑料热压时会粘在压头上等。在城市垃圾的综合利用中，垃圾压实后会产生水分，在风选分离纸时是不利的。因此，应根据废物性质如含水率、后续处理要求(压缩比)选用合适的压实设备。

4.2　固体废物的破碎

4.2.1　破碎的目的

破碎是通过人力或机械等外力的作用，破坏物体内部的凝聚力和分子间作用力而使物体破裂变碎、颗粒尺寸减小的操作过程。进一步加工，将小块固体废物颗粒分裂成细粉状的过程称为磨碎。

破碎的目的：减小颗粒尺寸，降低空隙率，增大废物容重；使垃圾均匀化；便于材料的分离回收和后续处理与资源化利用；防止粗大、锋利的废物损坏分选、焚烧、热解等处理设备；是运输、焚烧、热分解、熔化、压缩等其他作业的预处理作业。

4.2.2　影响破碎效果的因素

机械强度：指固废抗破碎的阻力，通常用静载下测定的抗压强度为标准来衡量。一般来说，抗压强度大于 250MPa 为坚硬固废；40～250MPa 为中硬固废；小于 40MPa 为软固废。粒度越小，机械强度越高。

硬度：指固废抵抗外力机械侵入的能力。对照矿物硬度确定，按莫氏硬度分为十级。由软到硬排列顺序为：滑石、石膏、方解石、萤石、磷灰石、长石、石英、黄玉石、刚玉和金刚石。按废物破碎时的性状确定。分为最坚硬、坚硬、中硬和软质物料。有些固废在常温下呈现较高的韧性和塑性，难以破碎，需要特殊的破碎方法。

4.2.3 破碎方法

1. 干式破碎

(1) 机械能破碎：利用破碎工具对固废施力而将其破碎。破碎作用分为挤压、劈碎、剪切、磨剥、冲击破碎等。

(2) 非机械破碎：利用电能、热能等对固废进行破碎，如低温、热力、减压及超声波破碎等。

2. 湿式破碎

利用特制的破碎机将投入机内的含纸垃圾和大量水流一起剧烈搅拌和破碎成为浆液的过程。

3. 半湿式破碎

破碎和分选同时进行，即利用不同物质在一定均匀湿度下强度、脆性(耐冲击性、耐压缩性、耐剪切力)不同而破碎成不同粒度。

4.2.4 破碎产物的特性表示

(1) 破碎比：原废物粒度与破碎产物粒度的比值。破碎比表示废物粒度在破碎过程中减小的倍数和废物被破碎的程度。

(2) 极限破碎比：废物破碎前的最大粒度与破碎后的最大粒度之比。通常，根据最大废物直径选择破碎机给料口。

(3) 真实破碎比：废物破碎前的平均粒度与破碎后的平均粒度之比。

(4) 破碎段：固体废物每经过一次破碎机或磨碎机称为一个破碎段。总破碎比等于各段破碎比的乘积。

为避免机器的过度磨损，工业固体废物的尺寸减小往往分几步进行，一般采用三级破碎，第一级破碎可以把材料的尺寸减小到7.62cm，第二级破碎减小到2.54cm，第三级破碎减小到0.32cm。

4.2.5 破碎工艺

破碎的基本工艺流程如图4.6所示。根据固体废物的性质(如破碎特性、硬度、密度、形状、含水率等)、处理量、粒度组成、形状、破碎产品粒径大小、节能等的要求，选择合适的破碎工艺及其组合。

4.2.6 破碎设备

1. 颚式破碎机（图4.7）

颚式破碎机属于挤压型破碎机械，适于破碎强度及韧性高、腐蚀性强的废物。其主要部件可分为固定鄂板、可动鄂板、连动于传动轴的偏心转动轮。两块鄂板构成破碎腔。根

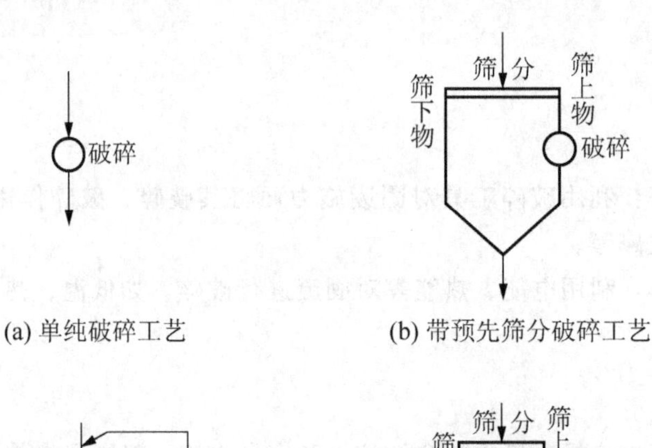

(a) 单纯破碎工艺　　(b) 带预先筛分破碎工艺

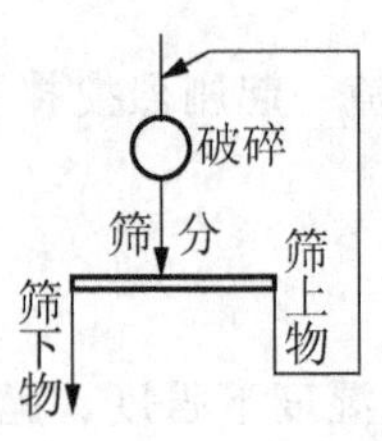

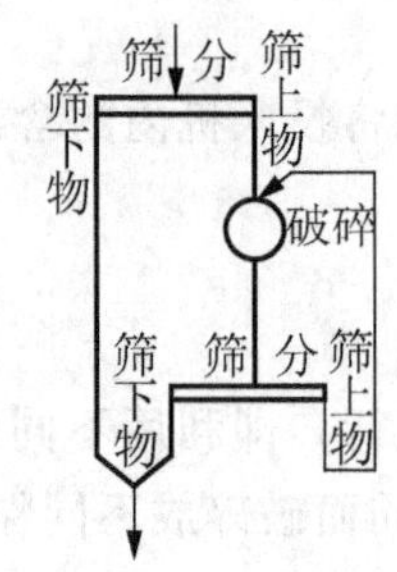

(c) 带检查筛分破碎工艺　　(d) 带预先筛分和检查筛分破碎工艺

图 4.6　破碎基本工艺流程

据可动鄂板的运动特性分为简单摆动型、复杂摆动型和综合摆动型。颚式破碎机的特点有结构简单、坚固、维护方便、高度小、工作可靠等。

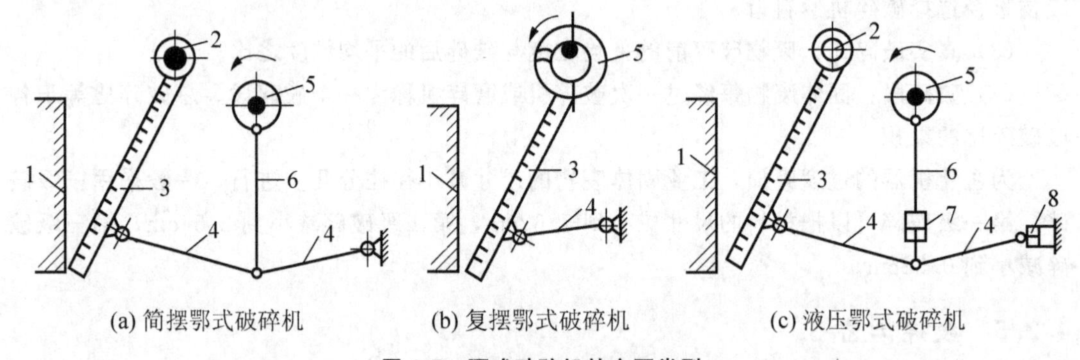

(a) 简摆鄂式破碎机　　(b) 复摆鄂式破碎机　　(c) 液压鄂式破碎机

图 4.7　颚式破碎机的主要类型

1—固定颚板；2—动颚悬挂轴；3—可动颚板；4—前(后)推力板；
5—偏心轴；6—连杆；7—连杆液压油缸；8—调整液压油缸

2. 锤式破碎机

1）结构

主体破碎部件包括多排重锤和破碎板。锤头以铰链方式装在各圆盘之间的销轴上，可以在销轴上摆动。电动机带动主轴、圆盘、销轴及锤头(合成转子)高速旋转。

2）分类

按转子数目可分为单转子锤式破碎机(可逆式和不可逆式)，双转子锤式破碎机。按破碎轴安装方式分为卧轴和立轴两种。

3）特点

破碎颗粒较均匀；噪声大，安装需采取防震、隔音措施。

4）应用

中等硬度且腐蚀性弱的固体废物；含水分及油脂的有机物、纤维结构、弹性和韧性较强的木块、石棉水泥废料、回收石棉纤维和金属切屑等。如矿业废物、硬质塑料、干燥木质废物以及废弃的金属家用电器。

3. 冲击式破碎机

1）工作原理

利用冲击作用进行破碎。进入破碎机空间的物料块，被绕中心轴高速旋转的转子猛烈冲击后，受到第一次破碎，然后从转子获得能量高速飞向机壁，受到第二次破碎。在冲击过程中弹回的物料再次被转子击碎，难于破碎的物料被转子和固定板挟持而剪断，破碎产品由下部排出。

2）特点

破碎比大、适应性强、构造简单、外形尺寸小、操作方便、易于维护等特点。

3）应用

中等硬度、软质、脆性、韧性以及纤维状等多种固体废物。

4. 剪切式破碎机

剪切式破碎机通过固定刀和可动刀之间的啮合作用，将固体废物切开或割裂成适宜的形状和尺寸，特别适合破碎低二氧化硅含量的松散物料。

5. 辊式破碎机

辊式破碎机又称对辊破碎机，其主要靠剪切和挤压作用破碎废物。按辊子的特点，辊式破碎机分为光辊破碎机和齿辊破碎机。光辊破碎机依靠挤压与研磨作用，可用于较硬物的中碎和细碎。齿辊破碎机依靠劈裂作用，可用于破碎脆性和黏性较大废物。按齿辊数目的多少，齿辊破碎机又可分为单齿辊和双齿辊两种。

6. 粉磨机

粉磨一般有三个目的：①对废物进行最后一段粉碎，使其中各种成分单体分离，为下一步分选创造条件；②对多种废物原料进行粉磨，同时起到把它们混合均匀的作用；③制造废物粉末，增加物料比表面积，加速物料化学反应的速度。常用的粉磨机主要有球磨机和自磨机。

粉磨机的应用包括：煤矸石生产水泥和矸石棉、制砖、提取化工原料等；电石渣和钢渣生产水泥、制砖、提取化工原料；铁硫矿烧渣炼铁制造球团、回收金属、制造铁粉和化工原料等。

4.3 固体废物分选

固体废物的分选是将固体废物中各种可回收利用废物或不利于后续处理工艺要求的废物组分采用适当技术分离出来的过程。

4.3.1 手工分选

手工分选由人直接对废物进行分拣，是最简单的分选方式。手工分选卫生条件差，但识别能力强。

4.3.2 筛选

筛选是利用筛子将物料中小于筛孔的细粒物通过筛面，而大于筛孔的粗粒物料留在筛面上，完成粗、细粒物料分离的过程。

按物料颗粒大小可分为：易筛粒：粒度小于筛孔尺寸3/4的颗粒，很易通过粗粒形成的间隙到达筛面而透筛；难筛粒：粒度大于筛孔尺寸3/4的颗粒，粒度越接近筛孔尺寸就越难透筛。

筛选时实际得到的筛下产物的质量与原料中所含粒度小于筛孔尺寸的物料的质量比，称为筛分效率，用百分数表示如下

$$E=\frac{Q}{Q_0 a}\times 100\% \tag{4-4}$$

式中：E——筛分效率；

Q——筛下产物质量，kg；

Q_0——入筛固体废物质量，kg；

a——入筛固体废物中小于筛孔尺寸的细粒含量，%。

筛分设备包括固定筛、滚筒筛、振动筛等。

1. 固定筛

1）棒条筛

由平行排列的棒条组成，筛孔尺寸为筛下粒度的1.1～1.2倍(一般不小于50mm)，棒条宽度应大于固体废物中最大块宽度的2.5倍；适于筛分粒度大于50mm的粗粒废物，主要用在初碎和中碎之前，安装倾角一般为30°～35°，如图4.8(a)所示。

2）格筛

由纵横排列的格条组成，一般安装在粗碎机之前，以保证入料粒度适宜，如图4.8(b)所示。

2. 滚筒筛

滚筒筛也称转筒筛，筛面为带孔的圆柱形筒体或截头的圆锥体。物料在滚筒筛中的运动有三种状态：沉落状态、抛落状态、离心状态。沉落状态是指颗粒被圆周运动带起，滚

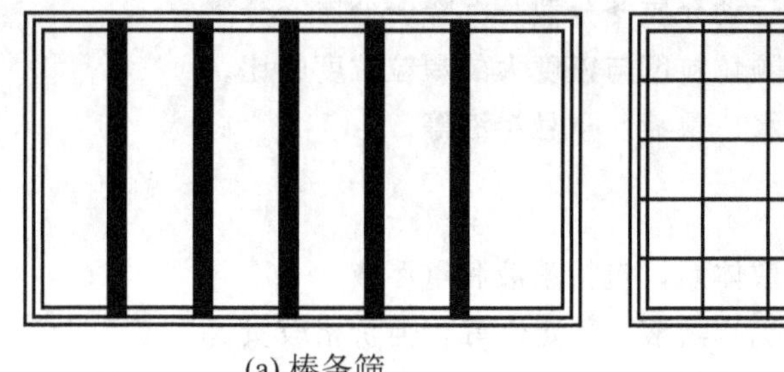
(a) 棒条筛

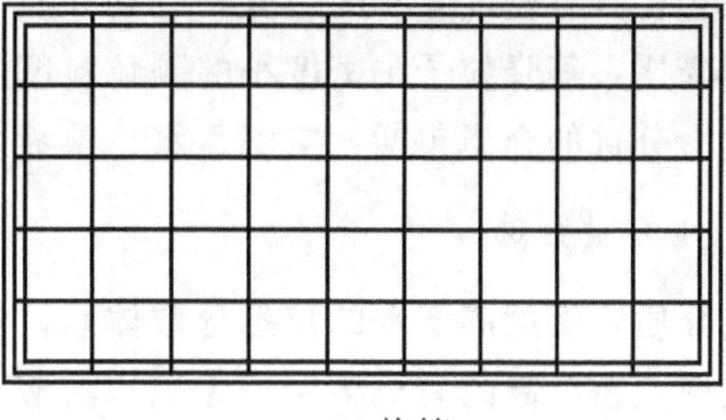
(b) 格筛

图 4.8 固定筛结构示意图

落到向上运动的颗粒层表面[图4.9(a)]。抛落状态是指筛筒转速足够高时，颗粒沿筒壁上升，沿抛物线轨迹落回筛底[图4.9(b)]。离心状态是指转速进一步提高，颗粒附着在筒壁上不再落下，此时的转速称为临界转速[图4.9(c)]。物料处于抛落状态时效果最佳，一般来说，物料在筒内滞留 25～30s、转速为 5～6r/min 时筛分效率最佳。

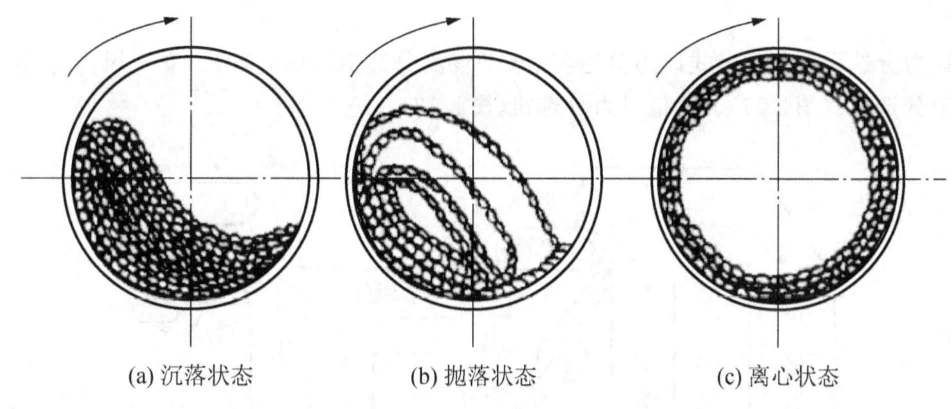
(a) 沉落状态　　(b) 抛落状态　　(c) 离心状态

图 4.9 滚筒筛内物料运动状态示意图

3. 振动筛

振动方向与筛面垂直或近似垂直，振动次数为 600～3 600r/min，振幅为 0.5～1.5mm。物料在筛面上发生离析现象，密度大而粒度小的颗粒穿过密度小而粒度大的颗粒间隙，进入下层到达筛面。安装倾角一般控制在 8°～40°之间。

由于筛面做强烈的振动，消除了堵塞筛孔的现象，有利于湿物料的筛分。适用于 0.1～0.15mm 的粗、中、细粒废物的筛分。还可用作脱水筛分和脱泥筛分。

惯性振动筛是通过由不平衡的旋转所产生的离心惯性力使筛箱产生振动的一种筛子。

共振筛是利用连杆上装有弹簧的曲柄连杆机构驱动，使筛子在共振状态下进行筛分。优点：处理能力大，筛分效率高、耗电少以及结构紧凑。缺点：工艺复杂、机体重大、橡胶弹簧易老化。工作过程是筛箱的动能和弹簧的位能相互转化的过程。

4.3.3 重力分选

重力分选是利用混合固体在介质中的密度差进行分选的一种方法。

工艺：具有密度差异的组分→运动介质→分散→沉降→分层→分离。

等降比：等降粒子中密度小的颗粒粒度与密度大的颗粒粒度的比。

重力分选的介质包括：空气、水、重液、重悬浮液等。

1. 重介质分选

重介质：密度高于水的流态分散体系，包括重液和重浮液。

重液：密度高的有机溶液或无机盐溶液，稳定性好，但价格较贵。

重浮液：各种磨细的颗粒与水组成的混合物，稳定性差，无毒、价廉、易回收。

2. 风力分选

风力分选又称气流分选，是最常用的一种按固体废物密度分离不同组分的方法。以空气为分选介质，在气流作用下使固体废物颗粒按密度和粒度大小进行分选的方法。风力分选包含两个过程：分离出具有低密度、空气阻力大的轻质部分(提取物)和具有高密度、空气阻力小的重质部分(排出物)；再进一步将轻颗粒从气流中分离出来，常采用旋流器(除尘)。

风力分选设备包括卧式风力分选机(水平气流分选机)(图4.10)、立式风力分选机(上升气流分选机)(图4.11)、其他风力分选机(图4.12)。

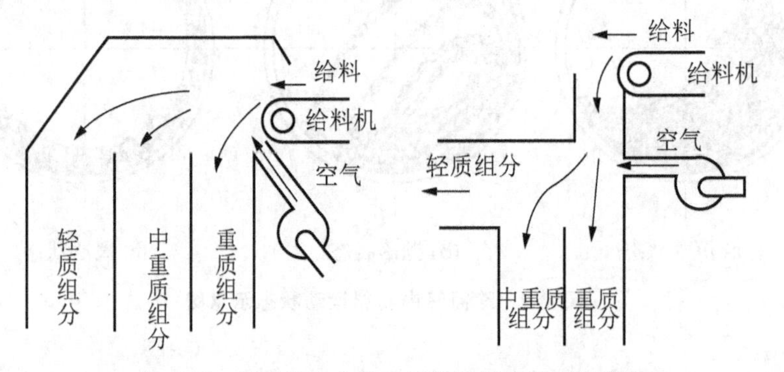

图 4.10　卧式风力分选机结构和工作原理示意图

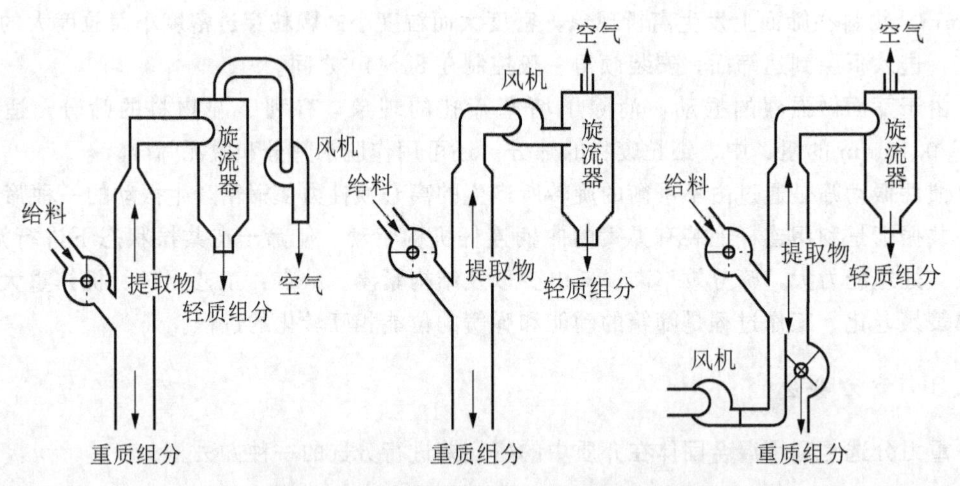

图 4.11　立式风力分选机工作原理示意图

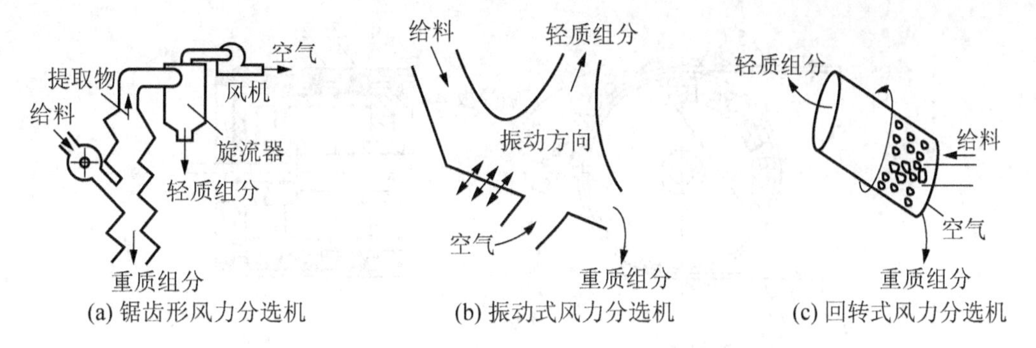

(a) 锯齿形风力分选机 (b) 振动式风力分选机 (c) 回转式风力分选机

图 4.12 锯齿形、振动式和回转式风力分选机

4.3.4 磁力分选

1. 磁力分选的原理

磁力分选是利用固体废物中各种物质的磁性差异在不均匀磁场中进行分选的方法。当固体废物通过磁选设备时，如果废物中的物质受到的磁性吸引力大于与磁性吸引力相反的各种机械力的合力，即 $f_{磁}>\sum f_{机}$，则该物质会沿磁场强度增加的方向移动直至被吸附在滚筒或带式收集器上，而与其他物质分离。

固体废物中不同种物质的磁性不同，按比磁化系数的大小，分为三大类：强磁性物质(比磁化系数大于 $38\times10^{-6}cm^3/g$)、弱磁性物质(比磁化系数为 $0.19\sim7.5\times10^{-6}cm^3/g$)、非磁性物质(比磁化系数小于 $0.19\times10^{-6}cm^3/g$)。废物通过磁选设备时受到的磁力可按式(4-5)计算。

$$f_{磁}=mX_0H\text{grad}H \tag{4-5}$$

式中：m——废物颗粒质量，g；

X_0——废物颗粒的比磁化系数，cm^3/g；

H——磁选机的磁场强度，Oe(奥斯特，1Oe=79.577 5A/m)；

$\text{grad}H$——磁选机的磁场梯度，Oe/cm；

$H\text{grad}H$——反应磁选设备特性。根据 H 的大小磁选设备分为三类：弱磁场磁选设备，$H\geqslant1\ 700$Oe，分选 X_0 大的颗粒；中等磁场磁选设备，H 为 2 000～6 000Oe，分选 X_0 中等的颗粒；强磁场磁选设备，H 为 6 000～26 000Oe，分选 X_0 小的颗粒。

此外要求 $\text{grad}H\neq0$，也就是说磁选必须在非均匀磁场中进行。

2. 常用磁选设备

1）磁力滚筒

磁力滚筒又称磁滑轮，主要由磁滚筒和输送皮带组成。磁滚筒有永磁滚筒(图4.13)和电磁滚筒两种。

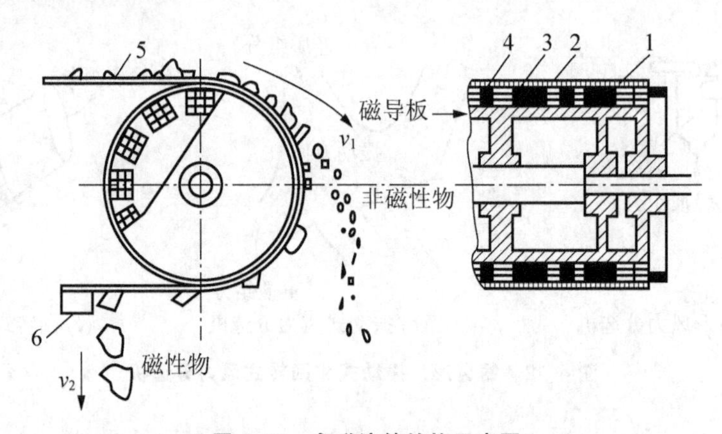

图 4.13　永磁滚筒结构示意图

1—传动装置；2—圆筒；3—磁系；4—传送带；5—物料；6—除铁器

2）吸磁型磁选机（图 4.14）

吸磁型磁选机的工作原理为废物颗粒通过输送皮带直接送至收集面上；分为滚筒式(水平滚筒外壳由黄铜或不锈钢制造，内包有半环形磁铁)、带式(磁性滚筒与废物传送带合为一体)两种。

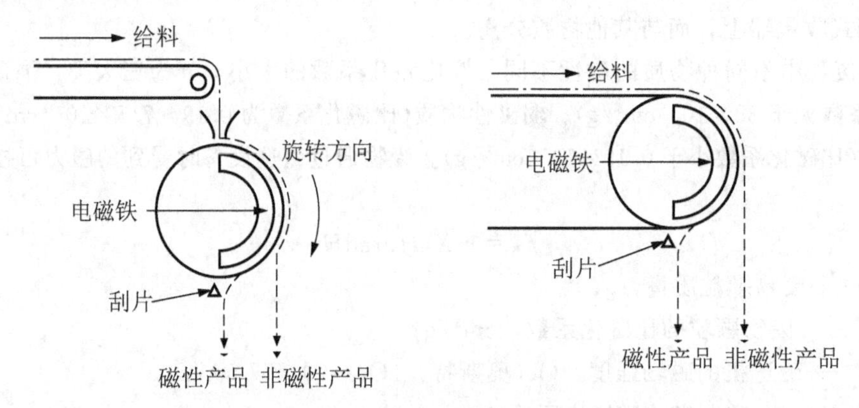

图 4.14　吸磁型磁选机

3）悬吸型磁选机

悬吸型磁选机分为一般式除铁器和带式除铁器两种。一般式除铁器是通过传送带将废物颗粒输送穿过有较大梯度的磁场，为间断式工作，通过切断电磁铁的电流排出铁物[图4.15(a)]。带式除铁器为连续工作式，铁物数量较多时适用[图4.15(b)]。

4）湿式永磁圆筒式磁选机

湿式永磁圆筒式磁选机分为顺流型和逆流型两种形式，常用的为逆流型。顺流型磁选机的给料方向和圆筒的旋转方向或磁性产品的移动方向一致。逆流型则正好相反，主要适用于粒度小于 0.6mm 的强磁性颗粒的回收及从钢铁冶炼排出的含铁尘泥和氧化铁皮中回收铁(图4.16)。

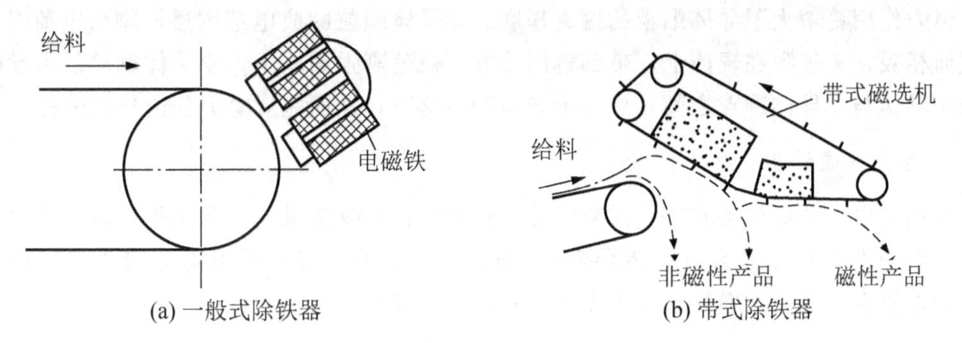

图 4.15 悬吸型磁选机

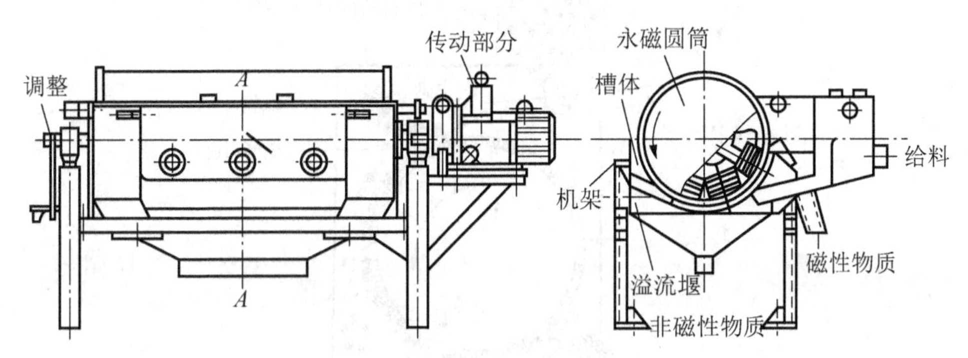

图 4.16 逆流型永磁圆筒式磁选机

4.3.5 电力分选

1. 电力分选原理

电力分选是利用固体废物中各种组分在高压电场中电性的差异而实现分选的方法。电力分选过程中废物颗粒的带电方式有以下四种。

(1) 直接传导带电：废物与传导电极直接接触，导电好的物质与电极带相同电荷，而被电极排斥；导电差的物质，只能被极化，因不能导电而被电极吸引。利用颗粒的导电性差异及其在电极上的表现行为不同，就可以把它们分开。

(2) 感应带电：废物颗粒不和带电电极或带电体直接接触，而仅在电场中受到电场的感应，利用废物颗粒在电场中的表现差异分选导电性不同的废物颗粒。

(3) 电晕带电：电晕电场是不均匀电场。导电性不同的废物颗粒进入电场后，都获得负电荷，但它们在电场中的表现行为不同。利用这一差异分离导电性不同的物质。

(4) 摩擦带电：废物颗粒相互之间和颗粒同给料运输设备的表面发生摩擦而使废物颗粒带电。如果不同的废物颗粒在摩擦时能获得不同符号的足够的摩擦电荷，则进入电场中就可把它们分开。

废物颗粒进入电晕电场区，使导体颗粒和非导体颗粒都获得负电荷。导体颗粒的放电速度快，进入静电场区时，剩余电荷少，并从辊筒上得到正电荷而被辊筒排斥，在电力、离心力和重力分力的综合作用下，其运动轨迹偏离辊筒，而在辊筒前方落下。偏向电极的静电引力作用更增大了导体颗粒的偏离程度。非导体颗粒的放电速度慢，剩余电荷多。将与辊筒相吸，被吸附在辊筒上，带到辊筒后方，被毛刷强制刷下。半导体颗粒的运动轨迹则介于导体与非导体颗粒之间，成为半导体产品落下，从而完成电力分选分离过程。

2. 电力分选设备

常用的电力分选设备有滚筒式静电分选机和 YD-4 型高压电力分选机。滚筒式静电分选机使废物带电的方式为直接传导带电(图4.17)。YD-4 型高压电力分选机的电场为电晕—静电复合电场，为粉煤灰专用设备(图4.18)。

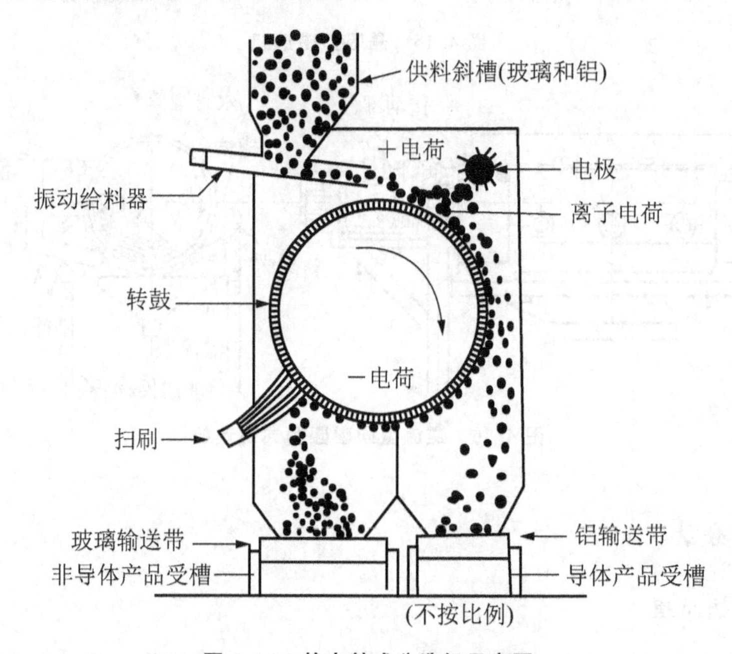

图 4.17 静电鼓式分选机示意图

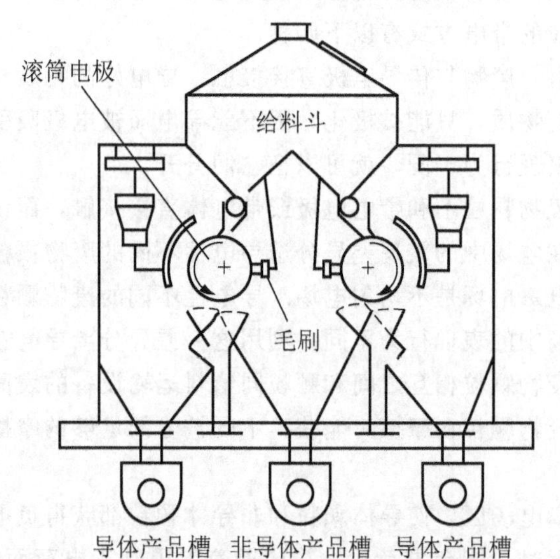

图 4.18 YD-4 型高压电选机结构示意图

4.3.6 涡电流分选

涡电流分选是从固体废物中回收有色金属的一种有效方法。当含有非磁导体金属(铅、铜、锌等)的废物以一定速度通过一个交变磁场时，这些非磁导体金属内部会产生感应涡流。由于废物流和磁场有一个相对运动的速度，从而对产生涡流的金属片块具有一个推力。此分离推力的方向与磁场方向及废物流的方向均成90°。排斥力随废物的固有电阻、导磁率等特性及磁场密度的变化速度及大小而异(图4.19)。

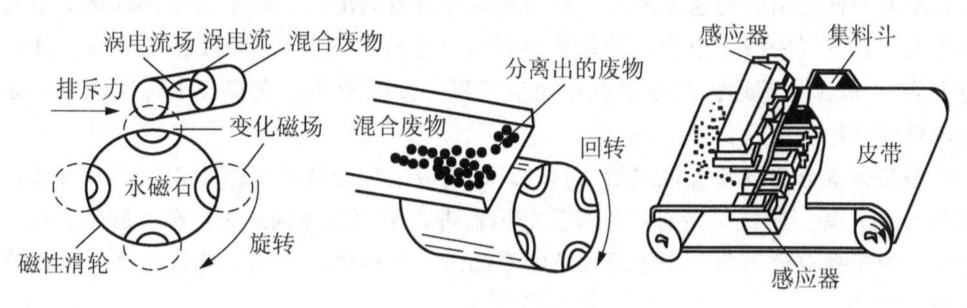

图4.19 涡流分离器分离原理

4.3.7 其他分选方法

1. 光电分选

利用物质表面光反射特性的不同而分离物料的方法称为光电分选。光电分选系统包括给料系统(料斗、振动溜槽)、光检系统(光源、透镜、光敏元件及电子系统)、分离系统(执行机构)。光电分选机工作原理及过程如图4.20所示。

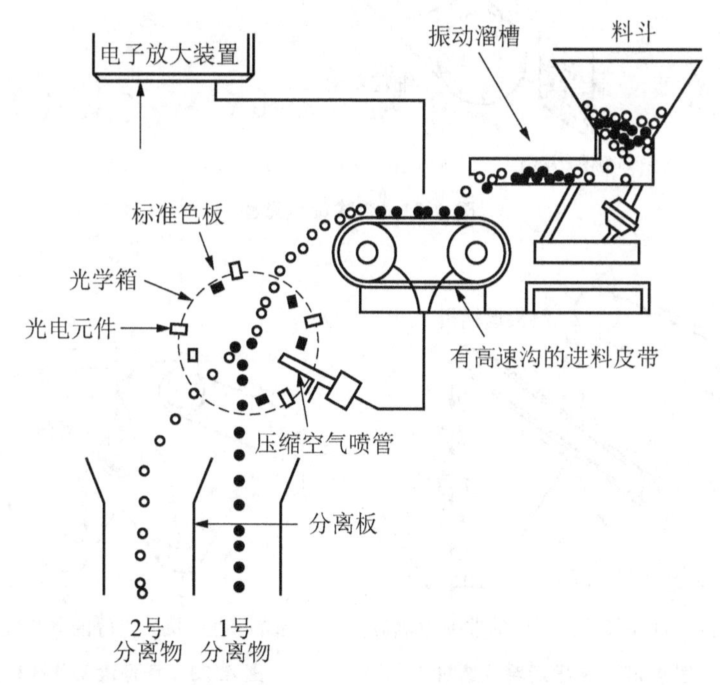

图4.20 光学分选技术工作原理图

2. 摩擦与弹跳分选

摩擦与弹跳分选是根据固体废物中各组分摩擦系数和碰撞系数的差异，在斜面上运动或与斜面碰撞弹跳时产生不同的运动速度和弹跳轨迹而实现彼此分离的一种处理方法。

固体废物运动方式随颗粒的形状或密度不同而不同：单颗粒单体在斜面上向下运动时，纤维状或片状体的废物几乎全靠滑动，加速度较小，运动速度较小，所以它脱离斜面抛出的初速度较小；而球形颗粒由于是滑动、滚动和弹跳相结合的运动，其加速度较大，因此其脱离斜面抛出的初速度较大。当废物离开斜面抛出时，纤维状或片状体受空气阻力影响较大，在空气中减速很快，抛射轨迹表现严重地不对称(开始接近抛物线，其后接近垂直下落)，故抛射不远；而球形颗粒受空气阻力影响较小，在空气中减速较慢，抛射轨迹表现对称，抛射较远。

摩擦与弹跳分选设备有带式筛(图4.21)、斜板运输分选机（图 4.22）和反弹滚筒分选机（图 4.23）等。带式筛带有震打装置的运输带，带面由筛网或刻沟槽的胶带制成。带面倾角大于废物颗粒摩擦角，小于纤维废物摩擦角，所以颗粒下滑、弹跳，而纤维废物随着带面向上运动。

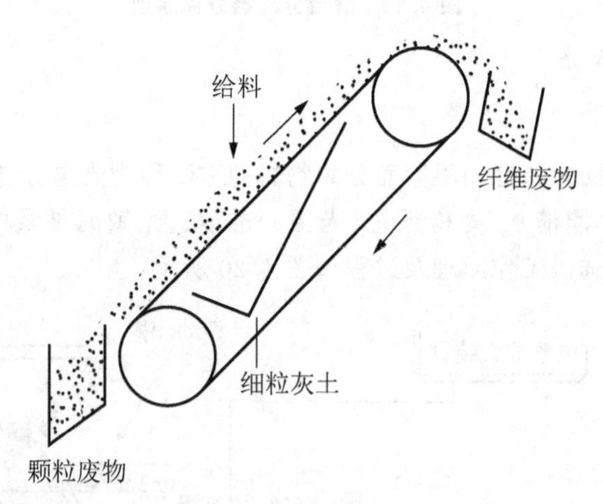

图 4.21 带式筛示意图

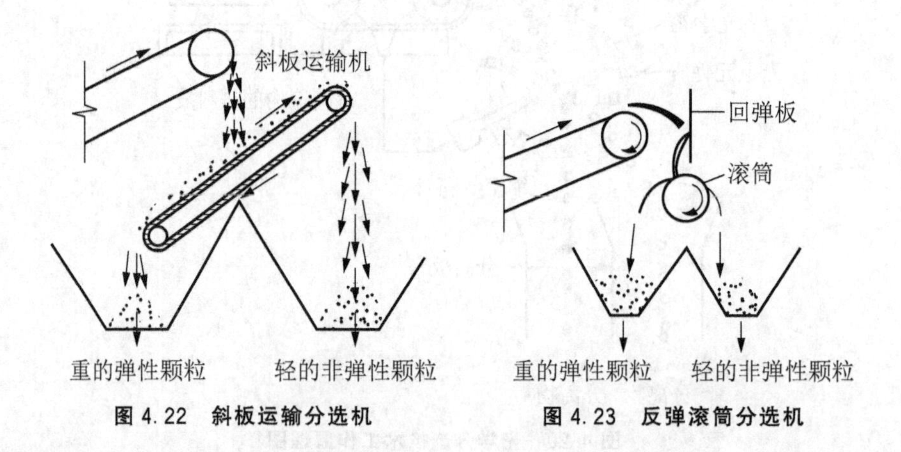

图 4.22 斜板运输分选机　　图 4.23 反弹滚筒分选机

4.3.8 分选效果的评价

常用回收率、品位来评价分选设备的分选效率。

回收率(e)：单位时间内从某一排料口排出的某一组分的质量与进入分选机的这种组分的质量之比。回收率是数量指标，常经过计算确定。

品位(β)：也即纯度，指某一排料口排出的某一组分的质量与从这一排料口中排出的所有组分的质量之比。品位是质量指标，常经过化验确定。

4.4 固体废物的脱水

4.4.1 固体废物的水分及分离方法

固体废物的水分按存在形式分为间隙水、毛细管结合水、表面吸附水和内部水。

间隙水：存在颗粒间歇中的水，约占固体水分总量的70%，用浓缩法分离。

毛细管结合水：在毛细管中充满的水分，约占固体水分总量的20%，采用高速离心机脱水、负压或正压过滤机脱水。

表面吸附水：吸附在颗粒表面的水，约占固体水分总量的7%，可用加热法去除。

内部水：在颗粒内部或微生物细胞内的水，约占固体水分总量的3%，可采用生物法破坏细胞膜除去胞内水或高温加热法、冷冻法去除。

4.4.2 浓缩脱水

未经浓缩的污水污泥含水率通常在99%以上，需要浓缩处理，其目的是除去污泥中的间隙水，使污泥体积大幅度减小。

1. 重力浓缩法

重力浓缩法的原理是利用重力的沉降作用，使污泥中的固体颗粒自然沉降而分离出间隙水。重力浓缩脱水后含水量一般在50%左右。

重力浓缩的构筑物称为浓缩池，按运行方式分为间歇式浓缩池、连续式浓缩池。

间歇式浓缩池：间断浓缩，上清液虹吸排出，仅用于小型处理厂的污泥脱水。

连续式浓缩池：结构类似于辐射式沉淀池，一般为直径5～20m的圆形或矩形钢筋混凝土构筑物，可分为带刮泥机和搅动栅、不带刮泥机、带刮泥机多层浓缩池三种。

2. 气浮浓缩法

原理：依靠微小气泡附着在污泥颗粒上，形成污泥颗粒-气泡结合体，从而使其密度减小而上浮，实现固液分离并浓缩的方法。

设备：气浮池。

特点：浓缩速度快，处理时间一般为重力浓缩的1/3左右；占地较少；生成的污泥较干燥，表面刮泥较方便，但基建和操作费用较高，费用比重力浓缩高2～3倍。

3. 离心浓缩法

原理：利用污泥颗粒与水之间的密度差异，在离心场的作用下所受的离心力不同，实现固液分离浓缩的方法。

设备：倒锥分离板型和螺旋卸料离心机。

特点：占地面积小、造价低，不会产生恶臭，但运行与机械维修费用较高；很少用于污泥浓缩，对难以浓缩的剩余活性污泥可考虑使用。

4.4.3 机械脱水

1. 机械脱水的基本理论

利用具有许多毛细孔的物质作为过滤介质，以过滤介质两边的压力差作为过滤的推动力，使固体废物中的水分强制通过过滤介质成为滤液，固体颗粒被截留成为滤饼的固液分离过程。

过滤推动力的来源：污泥本身厚度的静压力，如污泥自然干化脱水；在过滤介质的一面形成负压，如真空过滤脱水；加压把污泥等固体废物中的水分压过过滤介质，如压滤脱水；产生离心力，如离心脱水。

2. 机械脱水介质

织物介质：又称滤布，包括棉、毛、丝、合成纤维等织物，以及由玻璃丝、金属丝制成的网状物。

粒状介质：细砂、木炭、硅藻土等细小坚硬的颗粒状物质，多用于深层过滤。

多孔固体介质：有很多微细孔道的固体材料，如多孔陶瓷、多孔塑料及多孔金属制成的管或板，耐腐蚀、孔道细微。

3. 自然干化脱水

自然干化脱水是利用自然蒸发和底部滤料、土壤进行过滤脱水。自然干化脱水的设施为干化场或晒泥场。污泥等固体废物在干化场或晒泥场的堆厚度一般为 30～50cm。在良好条件下，经过 10～15d 的自然干化，固体废物的含水率可降至 60％～80％。自然干化脱水的优点：设备简单，干化污泥含水率低；缺点：占用土地面积大，环境卫生条件差。该方法适用于小规模应用。

4. 真空过滤脱水

真空过滤脱水是利用负压将水分被抽滤而固体颗粒被滤布截留形成滤饼的固液分离操作过程。常用的真空过滤机为转鼓式(由空心转筒、分配头、污泥贮槽、真空系统和压缩空气系统组成)。

真空过滤机的优点：连续操作，效率高，操作稳定，易于维修，适于各类污泥的脱水，脱水后含水率为 75％～85％。缺点：附属设备较多，工序复杂，运行费用较高，建筑面积大，气味较大，滤布紧包在转鼓上，清洗不充分，容易堵塞，从而影响过滤效率。链带式转鼓真空过滤机用辊轴把滤布转出，既便于卸料又易于滤布的清洗再生，可克服此缺陷。

5. 压滤脱水

压滤脱水可分为间歇式(如板框压滤机)和连续式(如滚压带式压滤机)两种。

板框压滤机基本结构：板与框相间排列而成，在滤板两侧覆有滤布，用压紧装置把板与框压紧，在板与框之间构成压滤室。在板与框的上端中间相同部位开有小孔，压紧后成为一条通道，加压到0.2～0.4MPa的污泥，由该通道进入压滤室，滤板的表面刻有沟槽，下端钻有供滤液排除的孔道，滤液在压力作用下通过滤布沿沟槽与孔道排出压滤机，从而使污泥脱水。

板框压滤机的优点：结构简单，制造方便，适应性强，容易操作；运行稳定、故障少，保养方便；滤饼含水率低(45%～70%)；滤材使用寿命长；滤饼厚度较均一、易洗涤。缺点：只能批次压滤，不能连续进料；滤框给料口易堵塞；滤布洗涤费工费时，滤饼不易剥离。板框压滤脱水适应于各种污泥的脱水。

带式压滤机采用滚压脱水，利用滤布的张力和压力在滤布上对污泥施加压力使其脱水，主要由滚压轴和滤布组成。带式压滤机分为对置滚压式和水平滚压式。

对置滚压式带式压滤机：滚压轴处于上、下垂直的相对位置，压榨时间几乎是瞬时的，接触时间短，但压力大，污泥所受压力等于滚压轴施加压力的两倍。

水平滚压式带式压滤机：滚压轴上、下错开，依靠滚压轴施于滤布的张力压榨污泥，压力较小，压榨时间较长；由于滚压时两层滤布的旋转半径不同，其上、下两层滤布的速度不同，从而在滚压过程中对污泥产生一种剪切力，促使滤饼脱水。

带式压滤机的优点：生产能力大；占地面积较小；噪声和振动小；附属设备简单，单位处理量的动力费用少。缺点：洗涤滤布用水量多；易产生臭气，卫生条件较差；药剂添加波动范围小。适用范围：适用于投加高分子混凝剂进行凝聚预处理的污泥，有机污泥含水率一般不大于95%，脱水后含水率为80%～85%；不适于黏性较大的污泥脱水。

6. 离心脱水

离心脱水利用高速旋转作用产生的离心力取代重力或压力做推动力，进行沉降分离、过滤及脱水的操作。常见的离心脱水机类型有转筒式离心脱水机和圆锥型离心脱水机。转筒式离心脱水机主要由螺旋输送器、转筒、空心转轴、罩盖及驱动装置组成。圆锥型离心脱水机主要部件由转筒、主螺旋输送器和内部螺旋输送器三部分组成。

离心脱水机的优点：占地面积小，可连续生产，操作方便，可自动控制，卫生条件好，脱水效率高，脱水后泥饼的含水率可降至75%～85%。缺点：污泥预处理要求较高，必须使用高分子聚合电解质；噪声大，电耗量较大，机械部件磨损较大。适用范围：不适于含沙量高的污泥，适于含固率不小于3%的污泥。

4.4.4 干燥脱水

1. 概述

干燥是利用加热使物料中水分蒸发，排除固体废物中的自由水和吸附水(去湿)的过程，干燥后污泥含水率可降至20%～40%。干燥主要用于城市垃圾经破碎、分选后的轻物料或经脱水处理后的污泥。污泥的干化有全干(≤10%)和半干(40%)之分。

常用的干燥措施：将物料分解破碎以增大蒸发面积，提高蒸发速度；使用尽可能高的热载体或通过减压增加物料和热载体间温度差，增加传热推动力；通过搅拌增大传热传质系数，以强化传热传质过程。

2. 干燥设备

常见的干燥设备有转筒干燥器、流化床干燥器、隧道干燥器。

转筒干燥器：主要部件是与水平线稍有倾角安装的旋转金属圆筒，物料由高端给入，由上向下，高温烟气由下向上呈逆流操作。

流化床干燥器：待干燥的物料连续地布撒在网孔水平传送带上，使之通过逆向高温气流的水平干燥器。

隧道干燥器：是一种循环履带干燥器，废物在窑内可以流动(运动前进)的大型干燥室。一般采用逆流干燥，热气流动方向与废物移动方向相反，可使废物平稳均匀升温，逐渐被干燥。

小　结

本章介绍固体废物预处理的基本知识，包括：固体废物压实的目的、原理、压实效果的评价指标、压实设备；固体废物破碎的目的、方法、工艺及设备，影响破碎效果的因素及破碎产物特性的表示；常见的固体废物分选方式，分选效果的评价，分选回收工艺；固体废物的水分及分离方法，常见的脱水方式。

思　考　题

1. 阐述何种预处理方式适用于提高生活垃圾焚烧的热值。
2. 比较浓缩脱水、机械脱水、干燥脱水的特点及适用条件。

第 5 章　固体废物的物化处理

知识点

浮选的原理与设备，浸出的原理、工艺、设备，稳定化/固化的原理、方法、评价指标。

重点

浮选的原理，浸出的原理，稳定化/固化的原理。

难点

浮选设备，浸出设备，稳定化/固化效果的评价指标。

5.1　浮　　选

5.1.1　浮选的原理

浮选是通过在固体废物与水调制成的料浆中加入浮选剂扩大不同组分的可浮性差异，再通入空气形成无数细小气泡，使目的颗粒黏附在气泡上，并随气泡上浮于料浆表面成为泡沫层刮出，成为泡沫产品；不浮的颗粒则留在料浆内，经过适当处理后废弃。

5.1.2　浮选工艺

浮选工艺过程主要包括调浆、调药、调泡等。调浆：浮选前料浆的调制，主要是废物的破碎、磨碎等。调药：加药调整，药剂的种类、数量、添加地点和方式，应根据预选物质颗粒的性质，通过实验确定。一般浮选前添加药剂总量的6%～7%，其余的分批适时加入。调泡：调节浮选气泡的过程。正浮选：将有用物质浮选入泡沫产品中，无用或回收价值不大的物质留在料浆中。反浮选：将无用物质浮选入泡沫产物中，有用物质则留在料浆中。

当料浆中含有两种以上有用物质时，有两种浮选法：优先浮选和混合浮选。优先浮选是将有用物质依次浮选。混合浮选是将有用物质共同浮选，然后再把有用物质一一分离。

5.1.3　浮选药剂

浮选药剂包括捕收剂、起泡剂、抑制剂、活化剂、介质调节剂等。

1. 捕收剂

捕收剂能选择性地吸附在欲选的颗粒上，使目的颗粒表面疏水，增加可浮性，使其易于向气泡附着。常用的捕收剂分为异极性和非极性油类两类。

异极性捕收剂：由极性基(亲固)和非极性基(疏水)组成。

非极性油类捕收剂：难溶于水，不能解离成离子。常用的非极性油类捕收剂有煤油、柴油、燃料油、变压器油等。目前，非极性油类捕收剂主要用于一些天然可浮性很好的非极性废物颗粒回收，例如，粉煤灰中未燃尽碳的回收、废石墨的回收等。

2. 起泡剂

起泡剂是表面活性物质，能促进泡沫的形成，增加分选界面。起泡剂是一种异极性的有机物质，其结构特征为：极性基亲水，非极性基亲气，使起泡剂分子在空气和水的界面上产生定向排列；大部分起泡剂是表面活性物质，能够强烈地降低水的表面张力；起泡剂应有适当的溶解度。常用的起泡剂有松醇油、脂肪醇等。起泡剂与捕收剂常联合作用，不仅在气泡表面而且在废物表面也有联合作用，这种联合作用被称为“共吸附”现象。

3. 调整剂

调整剂主要用于调整捕收剂的作用及介质条件，包括以下几种类型。

活化剂：促进目的颗粒与捕收剂作用，常用的多为无机盐(硫酸钠、硫酸铜等)。

抑制剂：抑制非目的颗粒的可浮性，常用的有各种无机盐(水玻璃)和有机盐(单宁、淀粉)。

pH 调整剂：调整介质的 pH，常用的是酸类和碱类。

分散剂：促使料浆中非目的细粒成分散状态，常用的有无机盐类(苏打水、水玻璃)和高分子化合物(各类聚磷酸盐)。

混凝剂：促使料浆中目的颗粒联合成较大团粒，常用的有石灰、明矾、聚丙烯酰胺等。

5.1.4 浮选设备

按充气和搅拌方式的不同，生产中使用的浮选设备主要有机械搅拌式浮选机、充气搅拌式浮选机、充气式浮选机、气体析出式浮选机。

5.2 溶剂浸出

浸出是指溶剂选择性地溶解分离固体废物中某种目的组分的工艺过程。浸出剂：浸出过程所用的药剂。浸出液：浸出后含目的组分的溶液。浸出渣：浸出后的残渣。

5.2.1 动力学过程

浸出过程取决于两个阶段：溶剂向反应区的迁移和界面上的化学反应。

浸出过程可细分为四个阶段：外扩散，溶剂分子向颗粒表面和孔隙扩散；化学反应，溶剂与颗粒中某些组分发生反应生成可溶性化合物；解吸，可溶性化合物从颗粒表面和内部孔隙解吸；反扩散，解吸后的可溶性化合物向液相扩散。

5.2.2 浸出过程的化学反应机理

浸出过程是一个复杂的溶解过程，可分为物理溶解和化学溶解过程。物理溶解过程是指溶质在溶剂作用下仅发生晶格破坏，不破坏离子或原子间的化学键，是一种可逆过程，溶质可以从溶液中结晶出来。化学溶解过程是指溶剂与物料的相关组分之间发生化学反应生成可溶性化合物进入液相的过程，是一种不可逆过程，主要有交换反应、氧化还原反应、络合反应等。

交换反应溶解过程是指物料中的金属氧化物、硫化物与酸、碱、可溶性盐作用，生成可溶性盐类的过程。氧化还原反应溶解过程是指溶液同物料组成之间发生氧化还原反应，生成可溶性化合物的过程。络合反应溶解过程是指溶剂与物料组分之间发生络合反应，生成可溶性化合物的过程。

5.2.3 几种典型浸出反应

按浸出药剂种类的不同，浸出分为酸浸、碱浸、盐浸等。

1. 酸浸

凡废物中的某种组分可通过酸溶进入溶液的都可采用酸浸的方法。常用的酸浸剂有硫酸、盐酸、硝酸、王水、氢氟酸、亚硫酸等。酸浸可分为简单酸浸、氧化酸浸、还原酸浸。

1）简单酸浸

简单酸浸可用于大部分金属的简单氧化物、金属铁酸盐、砷酸盐和硅酸盐及小部分金属硫化物(FeS、Ni_2S、CoS、MnS、NiS)。简单氧化物的简单酸浸反应可用下式表示。

$$MeO+2H^+ \xrightarrow{\text{简单酸浸}} Me^{2+}+H_2O \quad (5-1)$$

2）氧化酸浸

氧化酸浸可用于大部分金属硫化物的浸出。常用的氧化剂：Fe^{2+}、Cl_2、O_2、HNO_3、$NaClO$、MnO_2、H_2O_2。氧化酸浸的反应式可用下式表示。

$$MeS+H^+ +\text{氧化剂} \xrightarrow{\text{氧化酸浸}} Me^{2+}+S^0 \text{ 或 } SO_4^{2-} \quad (5-2)$$

3）还原酸浸

还原酸浸主要用于浸出变价金属的高价金属氧化物和氢氧化物，其反应式可用下式表示。

$$Me_xO_y[\text{或 } Me(OH)_y]+H^+ +\text{还原剂} \xrightarrow{\text{还原酸浸}} Me^{n+}+H_2O \quad (5-3)$$

2. 碱浸

碱浸的浸出能力一般比酸浸药剂弱，但选择性高，浸出液较纯净，且设备防腐蚀问题较易解决。常用的碱浸药剂：碳酸铵、氨水、碳酸钠、苛性钠、硫化钠。浸出方法：氨浸、碳酸钠溶液浸出、苛性钠溶液浸出、硫化钠溶液浸出等。

1）氨浸

氨浸常用于铜、钴、镍及其氧化物的废物的浸出，属于金属的电化腐蚀过程。由于铜、钴、镍能与氨形成稳定的可溶络合物，扩大了铜、钴、镍离子在溶液中的稳定区，降低了铜、钴、镍的还原电位，使其较易转入浸液中。黑铜矿的氨浸反应用下式表示。

$$CuO+2NH_4OH+(NH_4)_2CO_3 \xrightarrow{\text{氨浸}} Cu(NH_3)_4CO_3+3H_2O \tag{5-4}$$

2）碳酸钠溶液浸出

碳酸钠溶液浸出适用于能与碳酸钠反应生成可溶性钠盐的废物，主要用于浸出某些含钨废料、硫化钼氧化焙烧渣、含磷废物、含钒废物。白钨矿的碳酸钠溶液浸出反应用下式表示。

$$CaWO_4+Na_2CO_3+SiO_2 \longrightarrow Na_2WO_4+CaSiO_3+CO_2\uparrow \tag{5-5}$$

3）苛性钠溶液浸出

苛性钠溶液是生产氧化铝的主要浸出剂，也常用于含硅高的固体废物有价组分的浸出。方铅矿的苛性钠溶液浸出反应用下式表示。

$$PbS+4NaOH \longrightarrow Na_2PbO_2+Na_2S+H_2O \tag{5-6}$$

4）硫化钠溶液浸出

硫化钠可分解砷、锑、锡、汞等硫化物，使其生成可溶性硫代酸盐的形态转入浸出液中。典型的硫化钠溶液浸出反应用下式表示。

$$Me_aS_b+xNa_cS_d \longrightarrow yNa_eMeS_f \tag{5-7}$$

3. 盐浸

盐浸利用无机盐的水溶液为浸出剂，常用的有氯化钠、高价铁盐、氯化铜、次氯酸钠。常用于浸出铁、铅、铋、锌、铜。

5.2.4 影响浸出过程的主要因素

物料粒度及其特性：粒度细、比表面积大的物料浸出率高；结构疏松、组成简单、裂隙和孔隙发达、亲水性强的物料浸出率高。

浸出温度：浸出化学反应速率和扩散速率随温度升高而加快，原因是热能会破坏或削弱物质中的化学键，热能会改变料浆的流体力学性质如黏度、流态等。温度升高，化学反应速率会快于扩散速率，使反应从动力区转入扩散区。

浸出压力：浸出速率随压力增加而加快。

搅拌速度：加强搅拌可减小扩散层厚度，从而调高扩散速率，当搅拌速度升高到一定值时，再提高搅拌速度并不能加快扩散，因为此时反应已不受扩散条件限制，而是受反应动力学因素控制。

其他因素的影响：溶剂溶度大，浸出速度大；固液比小，有利于浸出；料浆中的氧分压大，有利于氧化浸出。

5.2.5 浸出工艺

按浸出剂与被浸废料的相对运动方式的不同，浸出工艺可分为顺流浸出(流动方向相同)、错流浸出(流动方向相错)和逆流浸出(流动方向相反)。

按浸出过程废物的运动方式，浸出分为渗滤浸出和搅拌浸出。

渗滤浸出：浸出剂在重力作用下自上而下或在压力作用下自下而上通过固定废料层的浸出过程。

搅拌浸出：将磨细的废物与浸出剂在搅拌槽中进行强烈搅拌的浸出过程，可浸出各种废物。浸出前废物磨细至0.3mm以下，采用连续操作制度。

为使废物中的目的组分充分暴露，增大浸出效果，浸出前一般须进行破碎处理，也可焙烧后浸出。

5.2.6 浸出设备

1. 滤液浸出槽

滤液浸出槽结构特点：能承压，不漏液，耐腐蚀，底部略向出液口方向倾斜，装有假底。

操作过程：装假底，关闭浸液出口，然后将破碎废料装入槽内，装至规定高度后，表面耙平，假如浸出剂浸没废料，浸泡一定时间后排放浸出液。这样多次浸泡，直到浸出液中目的组分含量降至规定值，认为浸出结束，用清水洗涤后排渣，重新装料渗浸。

2. 机械搅拌浸出槽

操作过程：在桨叶高速旋转时，利用径向速度差使物料混合，并在轴向形成液流，通过桨叶外部的循环筒来加强轴向液流，从而增强搅拌作用，以加快浸出。

3. 空气搅拌浸出槽

操作过程：料浆和浸出剂从进料口进入浸出塔，压缩空气由底部小管进入中心循环筒，利用压缩空气的冲力和稀释作用，使料浆在循环桶内上升，通过循环孔进入外环室，外环室的料浆下降进入循环筒内，循环筒内外料浆产生对流作用，使料浆上下反复循环。连续进料时，循环筒内部分料浆被空气提升至溢流槽流出。

4. 液态化逆流浸出塔

操作过程：被浸料浆经进料管沿倒锥表面均匀地流入塔内，经浓缩室浓缩后，含微细颗粒的浸出液经溢流口流出，浓缩后的料浆下沉与上升的浸出剂和洗涤水呈逆流运动，经稀相段下沉至固体浓度较高的浓相段，浓相段下部位于洗涤水的最下端布液装置。浓相段下部颗粒成流动床下降，料浆进一步增浓，经浸出和洗涤后的粗砂经排料倒锥由底部排料口排出，含微细颗粒的浸出液经溢流堰流出，完成浸出过程。

5. 高压釜

操作过程：被浸料浆由釜的下端进入，与压缩空气混合后经旋涡哨从喷嘴进入釜内，呈紊流状态在塔内上升，然后经出料管排出，采用与料浆呈逆流的蒸汽夹套加热方式使料浆加热。经高压釜浸出后的料浆必须经减压后才能送到后续处理工段。

5.3 固体废物稳定化/固化处理

5.3.1 稳定化/固化处理技术所涉及的概念和方法

稳定化是指将有毒有害污染物转变为低溶解性、低迁移性及低毒性的过程。

固化是指在危险废物中添加固化剂，使其转变为不可流动固体或形成紧密固体的过程。固化处理指利用物理、化学方法将有害固体废物固定或包容在惰性固体基质内，使其达到稳定化，使之呈现化学稳定性或密封性的一种无害化处理方法。固化机理：将污染物化学转变或者引入某种稳定的晶格中；将污染物直接掺入惰性材料中进行包封。二者单独或者结合使用，主要用于处理无机废物。

固化处理的基本要求：所得产品应该是一种密实的，具有一定几何形状和较好物理性质、化学性质稳定的固体；处理过程必须简单、便于操作和避免二次污染；增容比要低，产品的体积尽可能小于掺入的固废的体积；产品浸出液中的有毒有害物质能达到浸出毒性标准；固化过程中材料和能量消耗要低；处理费用低；放射性废物固化体应有较好的导热性和热稳定性，避免产生自熔化现象，具有较好的耐辐照稳定性。

5.3.2 稳定化/固化处理效果的评价指标

固化体须具备一定的性能，即抗浸出性、抗干湿性、抗冻融性、耐腐蚀性、不燃性、抗渗透性(固化产物)、足够的机械强度(固化产物)。稳定化/固化处理效果的评价指标包括浸出速率、抗压强度、增容比。

1. 浸出速率

浸出速率指固化体浸于水中或其他溶液中时，其中有害物质的浸出速度。浸出速率可按下式计算：

$$R_{in}=\frac{a_r/A_0}{(F/M)t} \tag{5-8}$$

式中：R_{in}——标准比表面的样品每天浸出的有害物质的浸出率，g/(d·cm^2)；

a_r——浸出时间内浸出的有害物质的量，mg；

A_0——样品中含有的有害物质的量，mg；

F——样品暴露的表面积，cm^2；

M——样品的质量，g；

t——浸出时间，d。

2. 抗压强度

固化体不同处置和利用方式时，对其抗压强度的要求不同。例如，装桶贮存的固体化的抗压强度要求 0.1～0.5MPa，做建筑材料的固化体的抗压强度要大于 10MPa。

3. 增容比

增容比也称体积变化因数，是指被固化有害废物体积与形成的固化体体积的比值，即

$$C_i=\frac{V_1}{V_2} \tag{5-9}$$

式中：C_i——增容比；

V_1——固化前有害废物的体积，m^3；

V_2——固化体体积，m^3。

5.3.3 固体废物的药剂稳定化处理

原理：是利用化学药剂通过化学反应使有毒有害物质转变为低溶解性、低迁移性及低毒性物质的过程。

优点：可以在实现废物无害化的同时，达到废物少增容或不增容，从而提高危险废物处理处置系统的总体效率和经济性；还可以通过改进螯合剂的结构和性能使其与废物中的危险成分之间的化学螯合作用得到强化，进而提高稳定化产物的长期稳定性，减少最终处置过程中稳定化产物对环境的影响。

1. pH 控制技术

加入碱性药剂，将废物的 pH 调整至使重金属离子具有最小溶解度的范围，从而实现稳定化。常用的药剂有石灰、苏打、氢氧化钠等。另外，除了这些常用的强碱外，大部分固化基材，如普通水泥、石灰窑灰渣、硅酸钠等也都是碱性物质，它们在固化废物的同时，也有调整 pH 的作用。另外，石灰及一些类型的黏土可用作 pH 缓冲材料。

2. 氧化/还原电势控制技术

为了使某些重金属离子更易沉淀，常需将其还原为最有利的价态。最典型的是把 6 价铬还原为 3 价铬、5 价砷还原为 3 价砷。常用的还原剂有硫酸亚铁、硫代硫酸钠、亚硫酸氢钠、二氧化硫等。

3. 沉淀技术

硫化物沉淀：大多数重金属硫化物在所有 pH 下的溶解度都大大低于其氢氧化物。

硅酸盐沉淀：生成的硅酸盐沉淀在较宽的 pH 范围有较低的溶解度。

碳酸盐沉淀：一些重金属的碳酸盐溶解度低于其氢氧化物。

无机及有机螯合物沉淀：螯合物是指多齿配体以两个或两个以上配位原子同时和一个中心原子配位所形成的具有环状结构的络合物，螯环的形成使螯合物比相应的非螯合络合物具有更高的稳定性。

4. 吸附技术

常用的吸附剂有活性炭、黏土、金属氧化物、天然材料、人工材料。研究发现，一种

吸附剂往往只对某一种或某几种污染物具有优良的吸附性能，而对其他污染物成分则效果不佳。

5. 离子交换技术

最常见的离子交换剂是有机离子交换树脂、天然或人工合成的沸石、硅胶等。离子交换与吸附都是可逆的过程，如果逆反应发生的条件得到满足，污染物将会重新逸出。

5.3.4 固体废物固化处理

按固化基材及固化过程的不同，固化处理方法分为水泥固化、石灰固化、塑形材料固化、沥青固化、玻璃固化、自胶结固化。

1. 水泥固化

1）水泥固化基本理论

废物被掺入水泥的基质中，水泥与废物中的水分或另外添加的水分，发生水化反应后生成坚硬的水泥固化体。

水泥主要成分：铝、硅、铁、钙的氧化物。

固化基材：普通硅酸盐、矿渣硅酸盐、火山灰硅酸盐、矾土、沸石水泥等。

无机添加剂：蛭石、沸石、多种黏土矿物、水玻璃、无机缓凝剂、无机速凝剂和骨料等。

有机添加剂：硬脂肪酸丁酯、δ-糖酸丙酯、柠檬酸。

水泥固化过程：硅酸三钙、硅酸二钙、铝酸三钙、铝酸四钙等的水合反应。

2）水泥固化影响因素

pH 过高，氢氧化物沉淀，碳酸盐沉淀；pH 过低，带负电荷的羟基络合物溶解度上升。

投加促凝剂、缓凝剂来控制凝结时间，一般初凝时间大于 2h，终凝时间大于 24h，保证混料后有足够时间输送、装桶或浇注水、水泥和废物的量比。

水分过少，不能保证水泥的充分水合作用；水分过大，会出现泌水现象。

添加剂能改善固化条件，提高固化体质量。吸附剂——沸石或蛭石加入含硫酸盐的废物中能防止其与水泥成分反应生成硫酸铝钙导致体积膨胀和破裂。

3）水泥固化应用及特点

应用：无机类的废物。例如，多氯联苯、油和油泥、含有氯乙烯和二氯乙烷的废物、硫化物等，尤其是含有重金属污染物废物，也被应用于低、中放射性及垃圾焚烧厂产生的焚烧飞灰等危险废物的固化处理。

优点：设备和工艺过程简单，无须特殊的设备，设备投资、动力消耗和运行费用都比较低；水泥和添加剂价廉易得；对含水率较低的废物可直接固化，无须前处理；在常温下就可操作；处理技术已相当成熟，对放射性固体废物的固化容易实现安全运输和自动控制等。

缺点：固化体的浸出率较高，通常为 $10^{-5} \sim 10^{-4}$ g/(cm^2 · d)，主要由于它的空隙率较高所致，因此需做涂覆处理；固化体的增容比较高，达 1.5～2；有的废物需进行预处理和投加添加剂，使处理费用增高；水泥的碱性易使氨离子转变为氨气逸出；处理化学泥渣时，由于生成胶状物，使混合器的排料较困难，需加入适量的锯末予以克服。

2. 石灰固化

概念：以石灰和具有火山灰活性的物质(如粉煤灰、垃圾焚烧灰渣、水泥窑灰等)为固化基材对危险废物进行稳定化与固化处理的方法。

应用：适用于固化钢铁、机械的酸洗工序所排放的废液和废渣、电镀污泥、烟道脱硫废渣、石油冶炼污泥等。固化体养护后可作为路基材料或砂坑填充物。

优点：使用的添加剂本身是废物，来源广，成本低；操作简单，不需要特殊的设备，处理费用低；被固化的废渣不要求脱水和干燥；可在常温下操作，没有尾气处理问题等。

缺点：石灰固化体的增容比较大；固化体容易受酸性介质浸蚀，需对固化体表面进行涂覆。

3. 塑形材料固化

概念：以塑料为固化剂，与危险废物按一定的比例配料，并加入适量催化剂和填料进行搅拌混合，使其共聚合固化，将危险废物包容形成具有一定强度和稳定性固化体的过程。按所用材料性能的不同分为热固性塑料固化和热塑性固化。

热固性塑料固化是用热固性有机单体(如脲醛树脂、聚酯、聚丁二烯、酚醛树脂、环氧树脂)和经过粉碎处理的废物充分混合，在助凝剂和催化剂的作用下产生聚合以形成海绵状的聚合物质，从而在每个废物颗粒的周围形成一层不透水的保护膜。特点：可在常温下操作；引入密度较低的物质，添加剂数量较少；固化体密度小；但操作过程复杂，热固性材料自身价格高昂。由于操作中有机物的挥发，容易引起燃烧起火，所以通常不能在现场大规模应用。会出现部分液体废物遗留，需进一步干化。包封效果取决于废物性质(颗粒度、含水量等)以及进行聚合的条件。应用：低水平有机放射性废物(如放射性离子交换树脂)、稳定非蒸发性的、液体状态的有机危险废物。

热塑性固化是用熔融的热塑性物质(如沥青、石蜡、聚乙烯、聚丙烯等)在高温下与干燥脱水危险废物混合，以达到对废物稳定化的过程。特点：浸出速率低；需要的包容材料少，在高温下蒸发了大量的水分，增容率较低。缺点：高温操作，耗能较多；会产生大量的挥发性物质，其中有些是有害的物质；有时废物中含有热塑性物质或某些溶剂，影响稳定剂和最终的稳定效果。

4. 沥青固化

原理：以沥青类材料作为固化剂，与危险废物在一定的温度、配料比、碱度和搅拌作用下发生皂化反应，使有害物质包容在沥青中并形成稳定固化体的过程。沥青为憎水性物质，具有良好的黏结性、化学稳定性、较高的耐腐蚀性。目前我国使用的沥青大部分来自石油蒸馏的残渣，其化学成分包括沥青质、油分、游离碳、胶质、沥青酸和石蜡等。

工艺：预处理、废物与沥青热混合、二次蒸汽净化。

放射性废物沥青固化基本方法：高温融化混合蒸发，在150～230℃下搅拌混合蒸发；暂时乳化(工艺包括混合、脱水、干燥三步，采用的主要设备为双螺杆挤压机)；化学乳化(工艺包括废物与乳化沥青混合、干燥脱水、冷却硬化)。

应用：对象与水泥固化基本相同，一般被用来处理中、低放射性蒸发残液、废水化学处理产生的污泥、焚烧炉产生的灰分，以及毒性较大的电镀污泥和砷渣等危险废物。

特点：固化体的空隙率和固化体中污染物的浸出速率均大大降低，另外，由于固化过程中干废物与固化剂之间的质量比通常为(1∶1)～(2∶1)，因而固化体的增容较小；固化剂具有一定的危险性，固化过程中容易造成二次污染，需采取措施加以避免；另外，对于含有大量水分的废物，由于沥青不具备水泥的水化作用和吸水性，所以需预先对废物进行浓缩脱水处理，因此，沥青固化工艺流程和装置往往较为复杂，一次性投资与运行费用均高于水泥固化法；固化操作需在高温下完成，不宜处理在高温下易分解的废物、有机溶剂以及强氧化性废物。

5. 玻璃固化

概念：以玻璃原料为固化剂，将其与危险废物以一定的配料比混合后，在1 000～1 500℃的高温下熔融，经退火后形成稳定的玻璃固化体。

特点：浸出速率最低，在水及酸、碱溶液中为7～10g/(cm·d)、增容比最小；在玻璃固化过程中产生的粉尘量少；玻璃固化体有较高的导热性、热稳定性和辐射稳定性。

缺点：装置较复杂，烧结过程需配备尾气净化系统、成本高、处理费用高、工作温度较高、设备腐蚀严重，以及放射性核素挥发量大等。

应用：主要用于高放射性废物的固化处理。

6. 自胶结固化

概念：利用废物自身的胶结特性来达到固化目的的方法。

原理：$CaSO_4 \cdot 2H_2O$或$CaSO_3 \cdot 2H_2O$经煅烧成具自胶结作用的半水化物，遇水后迅速凝固和硬化。

特点：不需要加入大量添加剂，凝结硬化时间短，废物不需要完全脱水，工艺简单；固化体化学性质稳定，具有抗渗透性高、抗微生物降解和污染物浸出速率低的特点，并且结构强度高；但只限于含有大量硫酸钙的废物，应用面较为狭窄。此外还要求熟练的操作和比较复杂的设备，煅烧泥渣也需要消耗一定的热量。

应用：该技术主要用来处理含有大量硫酸钙和亚硫酸钙的废物，如磷石膏、烟道气脱硫废渣等。

小　结

本章介绍固体废物物化处理的基本知识，包括浮选的原理、工艺、药剂与设备，溶剂浸出的动力学、机理、工艺、设备，影响浸出过程的主要因素，稳定化/固化的一些概念和方法，稳定化/固化处理效果的评价指标。

思　考　题

1. 根据浮选的原理和工艺，阐述适用于浮选处理的固体废物类型。
2. 结合生活垃圾焚烧飞灰的特性，分析适合飞灰固化的方法。

第6章　固体废物的生物处理

知识点

固体废物生物处理的定义、作用和分类；好氧堆肥化的原理、动力学、程序、影响因素及控制、工艺、装置，堆肥产品质量及卫生要求，堆肥热灭活及无害化，堆肥腐熟度的评价；厌氧消化的基本原理、影响因素、工艺、动力学模型、装置；蚯蚓处理有机固体废物的机理、影响因素、工艺、优势和局限。

重点

好氧堆肥的程序、影响因素、工艺、装置，厌氧消化的影响因素、工艺、装置，蚯蚓处理有机固体废物的机理、影响因素、工艺。

难点

好氧堆肥动力学及影响因素的控制，厌氧消化的动力学模型。

6.1　固体废物生物处理概述

6.1.1　固体废物生物处理的定义和作用

固体废物的生物处理是指直接或间接利用微生物(细菌、放线菌、真菌)、动物(蚯蚓等)、植物的新陈代谢，对固体废物的某些组成进行转化以降低或消除污染物产生的生产工艺，或者能够高效净化环境污染，同时又生产有用物质(如提取各种有价金属、生产肥料、产生沼气、生产单细胞蛋白等)的工程技术。

固体废物生物处理技术处理对象主要是固体废物中的有机物，特别适用于处理有机固体废物，如污泥、餐厨垃圾、畜禽粪便、农林废物。固体废物生物处理的作用可归纳为以下四个方面。

1. 稳定化和杀菌消毒

在生物处理过程中，废物中的有机物转化为H_2O、CO_2、CH_4、NH_3和H_2S等气体，以及性质稳定的难降解有机物，可以达到稳定化的效果。另外，有机物分解过程中的厌氧环境以及反应热所导致的高温过程还可杀灭废物中的绝大多数病原菌。

2. 减量化

废物经过生物处理后，其中的有机物可以减少30%～50%，尤其是对有机物为主的城市生活垃圾经生物处理后的减量化效果更加显著。

3. 回收能源

人类大量使用的各种生物质，作为重要的太阳能储存体，蕴含着巨大的潜在能源。利用生物技术使之转化为可直接利用的能源，即开发生物能。例如，厌氧消化可使污泥、生活垃圾等固体废物中的有机物转化为具有较高能源价值的沼气、氢气等，还可以将其转换成热能、电能。

4. 回收物质

通过生物处理从固体废物中回收有用物质的方法，除了应用较为广泛的生产堆肥化产品外，还有纤维素水解生产化工原料和其他生物制品，养殖蚯蚓生产生物蛋白，以及制氢回收利用氢气等。

6.1.2 固体废物生物处理技术的分类

固体废物的生物处理技术有多种，按采用的生物种类的不同，将固体废物生物处理技术分为微生物处理技术、动物处理技术和植物处理技术。

1. 微生物处理技术

微生物如细菌、真菌类以及原生动物主要是通过堆肥化、厌氧消化、纤维素水解等活动，使废物达到降解和稳定化，进而回收能源和养分物质。按处理过程中起作用的微生物对氧气要求的不同，微生物处理技术可分为好氧处理技术和厌氧处理技术。

1）好氧处理技术

好氧处理技术是在提供游离氧的条件下，以好氧微生物为主使有机物降解、稳定的无害化处理技术。固体废物中存在的各种有机物(相对分之质量大、能位高)作为微生物的营养源，经过一系列生化反应，逐级释放能量，最终转化成相对分子质量小、能位低的物质而稳定下来，达到无害化的要求，以便利用或进一步妥善处理，使其回到自然环境中去。

堆肥化是典型的好氧处理技术，作为大规模处理固体废物的常用方法得到了广泛的应用，并已取得了较为成熟的经验。利用有机固体废物生产堆肥，已有几千年历史。随着生产力的发展和科技的进步，堆肥化技术已得到不断改进。一方面，人工堆肥生产有机肥对改善土壤性能与提高肥力维持农作物长期的优质高产是有益的，是农业、林业生产需要的；另一方面，各国有机固体废物数量逐年增加，对其处理的卫生要求也日益严格，从节约资源与能源角度出发，有必要把实现有机固体废物资源化作为固体废物无害化处理、处置的重要手段。有机固体废物的堆肥化能同时满足上述两方面要求，所以在国内外处理有机固体废物技术中，好氧处理技术由于经济有效且更符合生态学效应而备受关注。

2）厌氧处理技术

厌氧处理技术是在没有游离氧的情况下，以厌氧微生物为主对有机物进行降解、稳定的无害化处理技术。在厌氧处理过程中，复杂的有机化合物被降解，转化为简单、稳定的化合物，同时释放能量。其中，大部分能量以 CH_4 的形式出现。同时，仅有少量有机物被转化、合成为新的细胞组成部分。

厌氧消化制沼气(沼气化)是典型的厌氧处理技术，也是一种古老而成熟的生物转换技术，早期主要用于粪便和污泥的稳定化处理以及分散式沼气池。沼气亦称生物气，是有机质在隔绝空气和保持一定的水分、温度、酸碱度条件下，经过多种微生物的发酵分解作用产生的以 CH_4 为主的气体混合物。沼气是一种比较清洁且热值较高的气体燃料，固体废物的沼气化对节约能源、增加有机肥料、改善环境卫生都有重要作用。因而，沼气化是一种经济而有效的固体废物生物处理技术。近年来随着对固体废物资源化的重视，在城市生活垃圾的处理和农业废弃物的处理方面也得到广泛开发和应用。

2. 动物处理技术

动物处理技术主要涉及农牧业和水产业相关的禽畜类和水产类的一些动物的饲养与现代农业废物的利用问题。

动物饲养通过食物链形式使得农业秸秆、籽壳、谷糠、麸皮、田间杂草、厨余物和食品加工下角料等得到能量和物质的循环利用，从而净化了环境。

从经济效益考虑，食物链越短的优越性越大。因此，动物处理废物方面，最好选择食物链短的作为养殖对象。如水产鲢鱼以浮游植物为食，鳙鱼以浮游动物为食，都属于食物链短的种类。

3. 植物处理技术

植物种植通过施肥的方式对于消化城乡粪便、生活污水以及有机工业污泥具有不可替代的作用。从传统意义上讲，我国的有机农业就是以人畜粪便直接回田的施肥方式收获作物，从而使得土地肥力不断更新。

垃圾填埋场的迹地利用也离不开植物处理技术，通过在垃圾填埋场地上种植树木、花草，不仅美化、绿化环境，也能够使填埋的垃圾逐步分解、消化吸收和转化。从这个意义上讲，植物处理技术对现代社会的生活垃圾处理和工业污泥的处理有不可或缺的作用和功能。

6.2 固体废物的好氧堆肥处理

6.2.1 好氧堆肥化的概念

堆肥化是指利用自然界中广泛存在的微生物，通过人为的调节和控制，促进可生物降解的有机物向稳定的腐殖质转化的生物化学过程。可以从以下四个方面来理解堆肥化的概念：①堆肥化的原料是可生物降解的有机固体废物；②堆肥化过程是在人工控制条件下进行的，不同于废物的卫生填埋、废物的自然腐烂与腐化过程；③堆肥化的实质是生物化学过程；④堆肥化产物对环境无害，也就是废物可以达到相对稳定的程度。

堆肥化的产物称作堆肥，是一种深褐色、质地疏松、有泥土气味的物质，类似于腐殖质土壤，故也称“腐殖土”，具有一定的肥效。

根据堆肥微生物生长的环境差异，堆肥化可分为好氧堆肥和厌氧堆肥两种。好氧堆肥是在提供游离氧的条件下，将要堆腐的有机物料与填充料按一定比例混合堆腐，使微生物繁殖并降解有机质，高温杀死其中的病菌及杂草种子，从而使有机固体废弃物达到稳定化。厌氧堆肥化是在无氧条件下，厌氧微生物对废物中的有机物进行分解转化的过程。通常所说的堆肥化一般是指好氧堆肥化，这是因为厌氧微生物对有机物分解速度缓慢，处理效率低，容易产生恶臭，其工艺条件也较难控制，因此利用较少；而好氧堆肥中堆肥温度较高，堆肥微生物活性强，有机物分解速度快，降解更彻底；而且在堆肥过程中，经过高温的灭菌作用，能够杀死固体废物中的病原菌、寄生虫(卵)等，提高堆肥的安全性能。

6.2.2 好氧堆肥化的基本原理

在堆肥化过程中，有机废物中的可溶性有机物质可透过微生物的细胞壁和细胞膜被微生物直接吸收；而不溶的胶体有机物质，先被吸附在微生物体外，依靠微生物分泌的胞外酶分解为可溶性物质，再渗入细胞。微生物通过自身的生命代谢活动，进行分解代谢(氧化还原过程)和合成代谢(生物合成过程)，把一部分被吸收的有机物氧化成简单的无机物，并释放生物生长、活动所需要的能量，把另一部分有机物转化合成新的细胞物质，使微生物繁殖，产生更多的生物体。具体过程如图 6.1 所示。

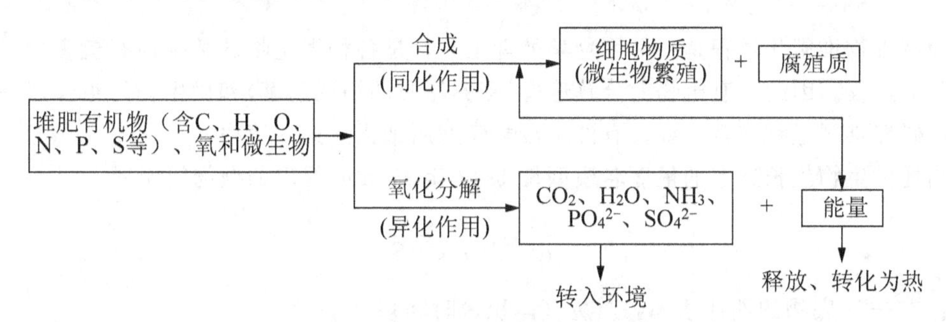

图 6.1 有机物的好氧堆肥分解过程

好氧堆肥化过程中有机物氧化分解、细胞质合成、细胞质氧化分解的关系可分别用式(6-1)、式(6-2)、式(6-3)、式(6-4)来表示。

1. 有机物的氧化分解

不含氮有机物($C_xH_yO_z$)的氧化分解反应：

$$C_xH_yO_z+\left(x+\frac{1}{2}y-\frac{1}{2}z\right)O_2\longrightarrow xCO_2+\frac{1}{2}yH_2O+\text{能量} \tag{6-1}$$

以纤维素为例，好氧堆肥中纤维素的分解反应：

$$(C_6H_{12}O_6)_n\xrightarrow{\text{纤维素酶}}n(C_6H_{12}O_6)(\text{葡萄糖}) \tag{6-2}$$

$$n(C_6H_{12}O_6)+6nO_2\xrightarrow{\text{微生物}}6nH_2O+6nCO_2+\text{能量} \tag{6-3}$$

含氮有机物($C_xH_tN_uO_v\cdot aH_2O$)的氧化分解反应：

$$C_xH_tN_uO_v\cdot aH_2O+bO_2\longrightarrow C_wH_xN_yO_z\cdot cH_2O+dH_2O(\text{气})$$

$$+eH_2O(液)+fCO_2+gNH_3+能量 \quad (6-4)$$

通常情况下，堆肥产品 $C_wH_xN_yO_z \cdot cH_2O$ 与堆肥原料 $C_xH_tN_uO_v \cdot aH_2O$ 之比为0.3～0.5，这是氧化分解后减量化的结果。由于堆温较高，部分水以蒸汽形式排出。一般情况，w，x，y，z 可取值范围为：$w=5\sim10$，$x=7\sim17$，$y=1$，$z=2\sim8$。

如果考虑有机物中的其他元素，则式(6-2)可简单表示为

$$[C、H、O、N、S、P]+O_2 \longrightarrow CO_2+NH_3+SO_4^{2-}+PO_4^{3-}$$
$$+简单有机物+更多的微生物+热量 \quad (6-5)$$

2. 细胞质的合成(包括有机物的氧化，并以 NH_3 作氮源)

$$n(C_xH_yO_f)+NH_3+\left(nx+\frac{ny}{4}-\frac{nz}{2}-5x\right)O_2 \longrightarrow$$
$$C_5H_7NO_2(细胞质)+(nx-5)CO_2+\frac{1}{2}(ny-4)H_2O+能量 \quad (6-6)$$

3. 细胞质的氧化

$$C_5H_7NO_2(细胞质)+5O_2 \longrightarrow 5CO_2+2H_2O+NH_3+能量 \quad (6-7)$$

6.2.3 堆肥化过程动力学原理

固体废物堆肥化过程是一种生物学处理工艺，是各种微生物的繁殖使有机废物发生生化转化的过程。因此，有机物的分解速率(营养基质的消耗速率)和微生物的生长速率对于了解和研究堆肥过程非常重要，有许多数学模型用来描述这一速率。

描述微生物生长速率的最著名模型是1942年Monod提出的抛物线模型：

$$\frac{dS}{dt}=-\frac{k_mSX}{K_S+S} \quad (6-8)$$

式中：$\frac{dS}{dt}$——底物的消耗速率，质量/(体积×时间)；

X——微生物浓度，质量/体积；

S——底物浓度，质量/体积；

k_m——最大比增长率，即高浓度营养物质中最大底物消耗速率，细胞质量/(基质质量×时间)；

K_S——半值系数，即比增长率达到最大比增长率一半时的底物浓度。

由式（6-8）可知，在低浓度基质中，基质的供给成为控制步骤，即 $S \ll K_S$，Monod模型可以简化为关于基质的一级反应方程式：

$$\frac{dS}{dt}=-\frac{k_mSX}{K_S} \quad (6-9)$$

在高浓度基质中，细胞酶系统和基质处于饱和状态，物料的转化非常迅速，增加基质浓度不会再引起基质消耗速率的增加，即 $S \gg K_S$，Monod模型可以简化为关于基质的零级反应方程式：

$$\frac{dS}{dt}=-k_mX \quad (6-10)$$

当 $S=K_S$ 时，Monod 模型可以简化为

$$\frac{dS}{dt}=-\frac{k_m}{2}X \tag{6-11}$$

因此，半值系数 K_S 对应于单位微生物质量的基质消耗速率等于最大基质消耗速率 k_m 一半时的基质浓度。

一级反应到零级反应间存在过渡区，随着底物浓度的增加，基质降解速度不再按正比关系上升，呈混合级反应，即反应级数介于 0～1 之间。

基质的消耗与微生物的增殖有关，其关系可用下式表示：

$$\frac{dX}{dt}=Y_m\left(-\frac{dS}{dt}\right)(-K_eX) \tag{6-12}$$

式中：$\frac{dX}{dt}$——微生物的增值速率，质量/(体积×时间)；

Y_m——增殖系数，微生物质量/基质质量；

K_e——内源呼吸系数，时间$^{-1}$。

将 Monod 模型代入式(6-12)，可以得到微生物的增值方程：

$$\frac{dX}{dt}=Y_m\frac{k_mSX}{K_S+S}-K_eX \tag{6-13}$$

或

$$\frac{\frac{dX}{dt}}{X}=Y_m\frac{k_mS}{K_S+S}-K_e \tag{6-14}$$

式中：$\frac{\frac{dX}{dt}}{X}$——微生物的有效增殖速率，用 μ 表示；

Y_mk_m——最大有效增殖速率，用 μ_{max} 表示。

将 μ 和 μ_{max} 代入式(6-14)可得

$$\mu=\frac{\mu_{max}S}{K_S+S}-K_e \tag{6-15}$$

这就是最常见的表示微生物增殖速率的 Monod 抛物线模型[式 (6-15) 可用图 6.2 的抛物线表示]。使用该模型描述微生物的动力学特性时，需要根据底物特性、微生物种类和生长条件等，确定四个动力学常数，即 Y_m、k_m、K_S、K_e。这四个常数均需要用实验方法求得，但根据大量的试验和工程实践，可以给出这四个常数的一般数值范围。

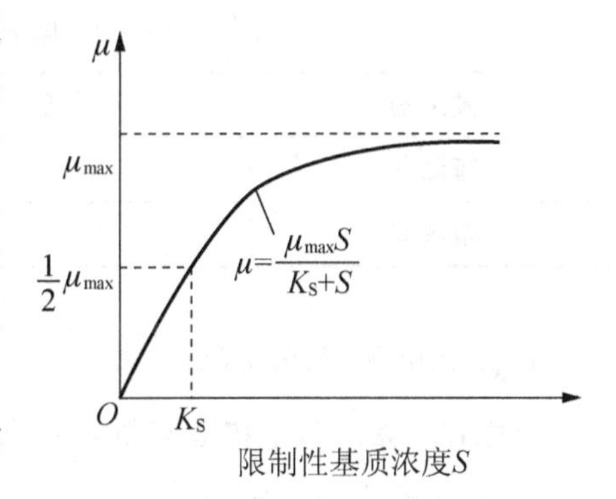

图 6.2 微生物增殖速率的抛物线模型(取 $K_e=0$)

Y_m：对于好氧微生物 $Y_m=0.25$～0.5g(cell)/g(COD)

对于厌氧微生物 $Y_m=0.04$～0.2g(cell)/g(COD)

k_m：在温度25℃时，k_m＝1～2mol/[g(cell)·d]＝8～16gCOD/[g(cell)·d]

K_S：对于好氧微生物 K_S＝4～20mg(COD)/L

对于厌氧微生物 K_S＝2 000～5 000mg(COD)/L

K_e：对于间歇式料仓为0.02～0.15g(cell)/[g(cell)·d]

上述的Monod动力学方程式是对均相体系开发的模型，其中的一个重要假设是基质向细胞的质量传递是没有速度限制的。但对于堆肥化这样的多相体系，则不能忽视基质传递速度的限制。所以，为进一步提高模拟的准确度，将堆肥过程看作在多相体系中进行，考虑固液界面上的液膜扩散，对其传质速度用分子扩散的Fick定律来表示。

6.2.4 堆肥化过程及微生物

好氧堆肥化从废物堆积到腐熟的微生物生化过程比较复杂，包含着堆肥原料的矿质化和腐殖化过程，依据温度变化大致可分为潜伏、中温、高温、降温四个阶段(图6.3)。堆肥化过程中，堆内的有机物、无机物发生着复杂的分解和合成的变化，微生物的组成也发生着相应的变化，每一阶段各有其独特的微生物类群。参与有机物生化降解的微生物包括嗜温菌和嗜热菌，这两类微生物生活、繁殖的温度范围如表6-1所示。

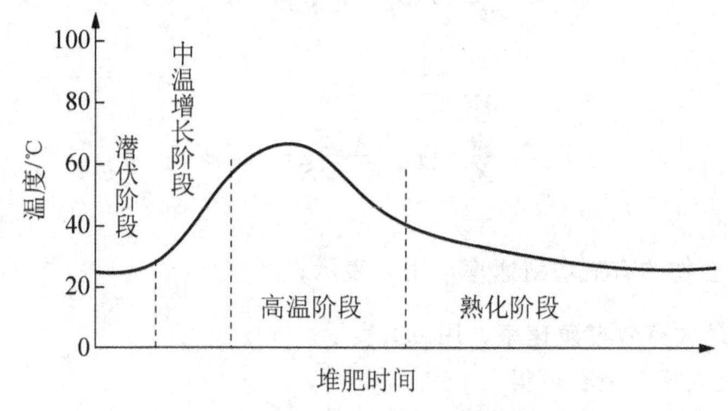

图6.3 堆肥化过程的四个阶段

表6-1 嗜温菌和嗜热菌活动的温度范围　　单位:℃

微生物	最低	适宜	最高
嗜温菌	15～25	25～40	43
嗜热菌	25～45	40～50	85

1. 潜伏阶段(驯化阶段)

堆肥化开始时微生物适应新环境的过程，即驯化过程。

2. 中温阶段(产热阶段)

堆肥初期，堆层基本呈中温(15～45℃)，嗜温性微生物较为活跃，并利用废物中可溶性有机物(如糖类、淀粉)不断增殖，在转换和利用化学能的过程中产生的能量超过细胞合成所需的能量，其中一部分能量变成热能，由于堆料的保温作用，温度不断上升，这一阶段也被称为产热阶段。此阶段微生物以中温、需氧型为主，通常是一些无芽孢细菌。适合于中温阶段的微生物种类极多，其中最主要的是细菌、真菌和放线菌。细菌特别适应水溶性单糖类，放线菌和真菌对于分解纤维素和半纤维素物质具有特殊功能。

3. 高温阶段

堆层温度上升到45℃以上时，即进入高温阶段。在这阶段，嗜温性微生物受到抑制甚至死亡，嗜热性微生物逐渐代替了嗜温性微生物的活动，堆料中残留的和新形成的可溶性有机物继续分解转化，纤维素、半纤维素、蛋白质等复杂的有机物也开始强烈分解。在50℃左右活动的主要是嗜热性真菌和放线菌；60℃时，真菌几乎完全停止活动，仅有嗜热性放线菌和细菌在活动；70℃以上时，对大多数嗜热性微生物已不适宜，微生物大量死亡或进入休眠状态。

在高温阶段，嗜热性微生物按其活性，又可分为三个时期：对数增长期、减速增长期和内源呼吸期(图 6.4)。微生物经历三个时期变化后，堆层便开始发生与有机物分解相对立的腐殖质形成过程，堆肥物料逐步进入稳定状态。

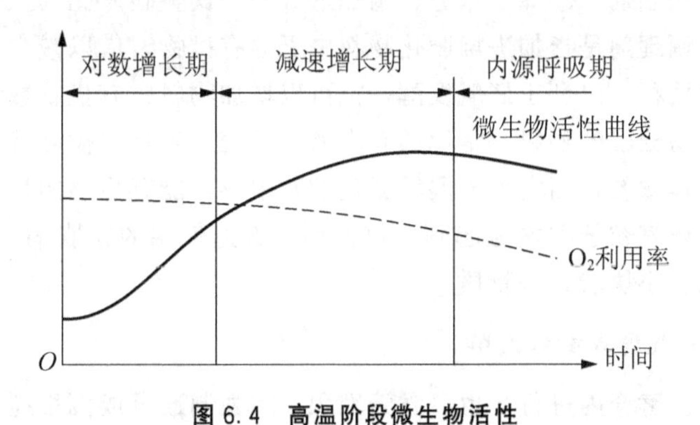

图 6.4 高温阶段微生物活性

4. 降温阶段(腐熟阶段)

在内源呼吸后期，只剩下部分较难分解及难分解的有机物和新形成的腐殖质，微生物活性下降，发热量减少，温度下降，嗜温性微生物又占优势，对残余难分解的有机物做进一步分解，腐殖质不断增多且趋于“稳定”，堆肥化便进入腐熟阶段，也成为降温阶段。

6.2.5 好氧堆肥化程序

现代化的堆肥化生产通常由前(预)处理、主发酵(也称一级发酵或初级发酵)、后发酵(也称二级发酵或次级发酵)、后处理、脱臭及贮存等工序组成。典型的生活垃圾堆肥程序如图 6.5 所示。

1. 前(预)处理

前处理往往包括分选、破碎、筛分和混合等预处理工序，主要是去除大块和非堆肥化

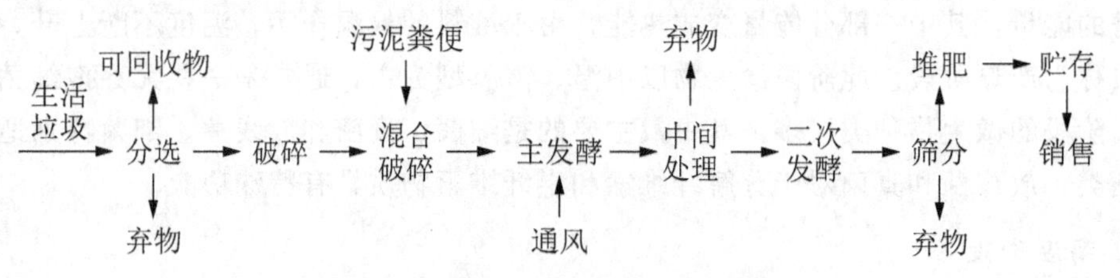

图 6.5　典型生活垃圾堆肥工序

物料如石块、金属物等。这些物质的存在会影响堆肥处理机械的正常运行，并降低发酵仓的有效容积，使堆肥温度不易达到无害化的要求，从而影响堆肥产品的质量。此外，前处理还应包括养分和水分的调节，如添加氮、磷以调节碳氮比和碳磷比。

在前处理时应注意：①在调节堆肥物料颗粒度时，颗粒不能太小，否则会影响通气性。一般适宜的粒径范围是 12～60mm，最佳粒径随堆肥物料物理特性的变化而变化，如果堆肥物料坚固，不易挤压，则粒径应小些，否则粒径应大些。②用含水率较高的固体废物(如污水污泥、人畜粪便等)为主要原料时，前处理的主要任务是调整水分和碳氮比，有时需要添加菌种和酶制剂。③降低水分、增加透气性、调整碳氮比的主要方法是添加有机调理剂和膨胀剂。调理剂是指加进堆肥化物料中干的有机物，借以减少单位体积的质量并增加与空气的接触面积，以利于好氧发酵，也可以增加物料中有机物数量。理想的调理剂是干燥的、较轻且易分解的物料。常用的有木屑、稻壳、禾秆、树叶等。膨胀剂是指有机的或无机的三维固体颗粒，当它加入湿堆肥化物料中时，能有足够的尺寸保证物料与空气的充分接触，并能依靠粒子间接触起到支撑作用。普遍使用的膨胀剂是干木屑、花生壳、厂矿成粒状的轮胎、小块岩石等物质。

2. 主发酵(一级发酵或初级发酵)

主发酵主要在发酵仓内进行，也可露天堆积，靠强制通风或翻堆搅拌来供给氧气。在堆肥时，由于原料和土壤中存在微生物的作用开始发酵，首先是易分解的物质分解，产生二氧化碳和水，同时产生热量，使堆温上升。微生物吸收有机物的碳、氮等营养成分，在合成细胞质自身繁殖的同时，将细胞中吸收的物质分解而产生热量。

发酵初期物质的分解作用是靠嗜温菌(也称中温菌)进行的。随着堆温的升高，最适宜温度为 45～65℃的嗜热菌(也称高温菌)代替了嗜温菌，在 60～70℃或更高温度下能进行高效率的分解(高温分解比低温分解快得多)。然后将进入降温阶段，通常将温度升高到开始降低的阶段，称为主发酵期，以生活垃圾和家禽粪尿为主体的好氧堆肥，主发酵期 4～12d。

3. 中间处理

经一级发酵后的物料进入中间处理程序。在前处理工序中未被去除的小颗粒金属、塑料等物质将在这个程序中得到去除。通过这个工序可减轻二次堆肥的负荷，提高堆肥质量。

4. 后发酵(二级发酵或次级发酵)

后发酵是将主发酵工序尚未分解的易分解有机物和较难分解的有机物进一步分解，使之变成腐殖质、氨基酸等比较稳定的有机物，得到完全腐熟的堆肥制品。后发酵可在封闭的反应器内进行，但在敞开的场地、料仓内进行较多。通常采用条堆或静态堆肥的方式，物料堆积高度一般为1～2m。有时还需要翻堆或通气，通常每周进行一次翻堆。后发酵时间的长短取决于堆肥的使用情况，通常为20～30d。例如，堆肥用于温床(能利用堆肥的分解热)时，可在主发酵后直接利用。对几个月不种作物的土地，大部分可以使用不进行后发酵的堆肥，即直接施用堆肥；而对一直在种作物的土地，则有必要使堆肥的分解进行到能不致夺取土壤中氮的稳定化程度(即充分腐熟)。显然，不进行后发酵的堆肥，其使用价值较低。

5. 后处理

经过后发酵的物料中，几乎所有的有机物都被稳定化和减量化。但在前处理工序中还没有完全去除的塑料、玻璃、金属、小石块等杂物还要经过一道分选工序去除。可以用回转式振动筛、磁选机、风选机等预处理设备分离去除上述杂质，并根据需要进行再破碎(如生产精肥)。也可根据土壤的情况，在散装堆肥中加入氮、磷、钾等添加剂后生产复合肥。后处理工序还包括包装、压实造粒等。

6. 脱臭

在堆肥化工艺过程中，因微生物的分解，会有臭味产生，必须进行脱臭。常见的产生臭味的物质有氨、硫化氢、甲基硫醇、胺类等。去除臭气的方法主要有化学除臭剂除臭；碱水和水溶液过滤；臭氧氧化法；熟堆肥或活性炭、沸石等吸附剂吸附法等。其中，经济而实用的方法是熟堆肥吸附的生物除臭法。将源于堆肥产品的腐熟堆肥置入脱臭器，堆高0.8～1.2m，将臭气通入系统，使之与生物分解和吸附及时作用，氨、硫化氢的去除效率均可达98%以上。也可用特种土壤(如鹿沼土、白垩土等)代替堆肥，此种设备称土壤脱臭过滤器。

7. 贮存

堆肥一般在春秋两季使用，在夏、冬两季就需贮存，所以一般的堆肥化工厂有必要设置至少能容纳6个月产量的贮存设备。贮存方式可直接堆存在发酵池中或装袋后存放，要求干燥透气，闭气和受潮会影响堆肥产品的质量。在室外堆放必须有不透雨水的覆盖物。

6.2.6 好氧堆肥化的影响因素及其控制

影响堆肥化过程及效果的因素很多，主要有粒度、通风供氧、含水率、温度、有机质含量、碳氮比、碳磷比、pH、粒度等，如表6-2所示。堆肥化过程的关键是如何控制这些因素，创造更有利于微生物生长、繁殖和废物分解的条件。

表 6-2　好氧堆肥化的主要影响因素

影响因素	说　明
颗粒度	较适宜的粒度是 25～75mm
通风量	为了达到最佳的处理效果，必须让空气能到达物料的各个部分，特别是在采用强制通风的堆肥系统中
含水率	含水率范围应为 50%～60%，最佳含水率约为 55%
温度	为了达到最佳的处理效果，在开始几天内应维持在 50～55℃，在剩下的时间内应维持在 55～60℃。若温度超过 66℃，则微生物活性显著下降
C/N 比	较适宜的范围在 25～50 之间，最佳 C/N 比为 20～35。如果物料中 C/N 比过低，则超过微生物生长需要的多余氮会以氨的形式逸散，从而抑制微生物的生长并可能污染环境；若 C/N 比过高，微生物的繁殖则会受到氮源的限制，导致有机物分解速率降低
C/P 比	一般要求堆肥原料的 C/P 比为 75～150
有机物含量	最合适的有机物含量为 20%～80%
pH	pH 的适宜范围是 7～8.5。pH 超过 8.5，氮会形成氨而造成堆肥中的氮损失
接种	按 1%～5%的质量比向堆肥物料中添加腐熟的堆肥产物进行接种，以加快好氧堆肥的反应效率，缩短堆肥时间，也可以用废水污泥来接种
时间	一般需要 30～40d，否则，堆肥物料中的有机物不能得到较彻底的降解，影响堆肥的使用

1. 颗粒度

堆肥化物料的颗粒度影响其体密度、内部摩擦力和流动性。最主要的是堆肥过程中供给的氧气是通过颗粒间的空隙分布到物料内部的，因此，颗粒度的大小对通风供氧有重要影响，进而影响废物与微生物及空气的接触面积。由于小的颗粒具有大的供氧化反应可利用表面积，而大的颗粒具有大的厌氧孔隙，所以堆肥颗粒应尽可能小，才能使空气、微生物、有机物有较大的接触面积，使有机物更易更快分解。但如果颗粒太小，会阻碍堆层中空气的流动，减少堆层中可利用的氧量，易造成厌氧条件，不利于好氧微生物生长、繁殖，使降解速率减慢。堆肥化物料的适宜粒度一般为 25～75mm，具体的粒度可根据产品性能和工艺要求而定。如秸秆适宜长度为 1～5cm，以 1～2cm 最为合适；生活垃圾适宜范围为 0.2～6cm；脱水泥饼呈片状团粒，比较密实，粒度调整到 1～2cm 比较适宜。堆肥前，物料需要进行破碎、筛分，使堆肥物料颗粒度达到一定程度的均匀化。对静态堆肥，颗粒适当增加可以起到支撑结构的作用，增加孔隙率，有利于通风。

2. 通风供氧

1）通风供氧的作用

通风供氧是好氧堆肥化生产的基本条件之一，也是好氧堆肥成功的关键因素之一，其主要作用是：①提供微生物生长、繁殖和有机物分解所需的氧气；②通风可使堆层内的水分以水蒸气的形式散失掉，调节堆体内的含水率；③控制通风供氧可调控产热量及热量散失，调节堆温；④适宜的通风供氧可以降低氮素损失和恶臭产生。堆肥前期通气主要是提供微生物所需氧气以降解有机物，堆肥后期通气主要是为了冷却堆肥及带走水分、减少堆肥体积、重量。

2）通风供氧量的计算

可按化学计量式(6-1)、式(6-4)，计算堆肥化过程中的需氧量。

【例 6-1】 用一种成分为 $C_{31}H_{50}O_{26}N$ 的堆肥物料进行好氧堆肥试验。试验结果：每 1 000kg 堆料在完成堆肥化后仅剩下 200kg，测定产品成分为 $C_{11}H_{14}O_4N$，试求每 1 000kg 物料的化学计算理论需氧量。

解：① 计算出堆肥物料 $C_{31}H_{50}O_{26}N$ 千摩尔质量为 852kg，可算出参加堆肥过程的有机物物质的量＝(1000/852) kmol＝1.173(kmol)

② 堆肥产品 $C_{11}H_{14}O_4N$ 的千摩尔质量为 224kg，可算出每摩尔物料参加堆肥化过程的残余有机物物质的量 n＝200/(1.173×224) kmol＝0.76(kmol)

③ 该堆肥过程的有机物降解反应可表示为

$$C_{31}H_{50}O_{26}N+20.82O_2 \longrightarrow 0.76C_{11}H_{14}O_4N+22.64CO_2+19.32H_2O+0.24NH_3$$

④ 堆肥过程所需的氧量为：20.82×1.173×32＝781.50(kg)

【例 6-2】 动态密闭型堆肥法的通风量计算。试计算用动态密闭型堆肥法对 1t 生活垃圾进行好氧堆肥化所需的通风量。已知：该生活垃圾中有机组分的化学组成式为 $C_{60}H_{94.3}O_{37.8}N$；该生活垃圾中有机组分的含水率为 25%；挥发性固体占总固体的比例 VS/TS＝0.93；可降解挥发性固体占挥发性固体的比例 BVS/VS＝0.6；可降解挥发性固体的降解率为 95%；堆肥时间为 5d；这 5d 中每天需氧量占总需氧量的比例分别为 20%、35%、25%、15%、5%；在堆肥过程中产生的氨气全部进入大气；空气中氧气的质量分数为 23%，空气的密度为 1.2kg/m³；通风装置的安全系数为 2。

解：① 1t 生活垃圾中可降解挥发性固体的质量＝1×(1－25%)×0.93×0.6＝418.5(kg)

② 降解的可降解挥发性固体的质量＝418.5×95%＝397.6(kg)

③ 该堆肥过程的有机物降解反应可表示为

$$C_{60}H_{94.3}O_{37.8}N+63.93O_2 \rightarrow 60CO_2+45.7H_2O+NH_3$$

降解 1kg 可降解挥发性固体的需氧量＝2 045.8/1 433.1＝1.43(kgO_2/kg 可降解挥发性固体)

1t 生活垃圾所需的通风量＝(397.6×1.43) /(0.23×1.2) ＝2 060(m³空气)

通风装置的供气能力＝2 060×35%×2/1 440＝1(m³/min)

④ 说明：通风装置的供气能力按需氧量最大的一天计算。在实际的堆肥化过程中，一部分可降解挥发性固体被微生物用于合成细胞物质，但是由于细胞物质的合成也需要消耗氧气，因此，在本例题中，假定所有可降解挥发性固体都得到了好氧分解是合理的。

在实际堆肥过程中，必须提供超出理论计算量两倍以上的空气总量，即空气过剩系数 a>

2，以保证堆肥过程具有充分的好氧条件。一般地，静态堆肥通风量为 0.05～0.20m³/(min·m³)，动态堆肥通风量由生产试验确定。

3）通风供氧效果的衡量

理论上，由于有机物在堆肥过程中分解的不确定性，难以根据垃圾的含碳量变化精确确定需氧量，但可通过测定堆层中的氧浓度和耗氧速度间接了解堆层的生物活动和需氧量多少。

需氧量和耗氧速度是微生物活动强弱的宏观标准，其大小既能表征微生物活动的强弱，也可反映堆肥中有机物的分解程度。图 6.6 所示为不同有机物含量的生活垃圾堆肥时的典型耗氧速率变化曲线。

堆肥过程中最低氧浓度不能小于 8%，否则，氧就成为好氧堆肥中微生物生命活动的限制因素，并易使堆肥产生恶臭。适宜的通气量一般取 0.6～1.8m³/(d·kg 挥发性固体)或将氧浓度控制在 10%～18%。合适的氧浓度应根据实验测定，我国的城市垃圾堆肥，据以往测定的结果可取大于 10%。

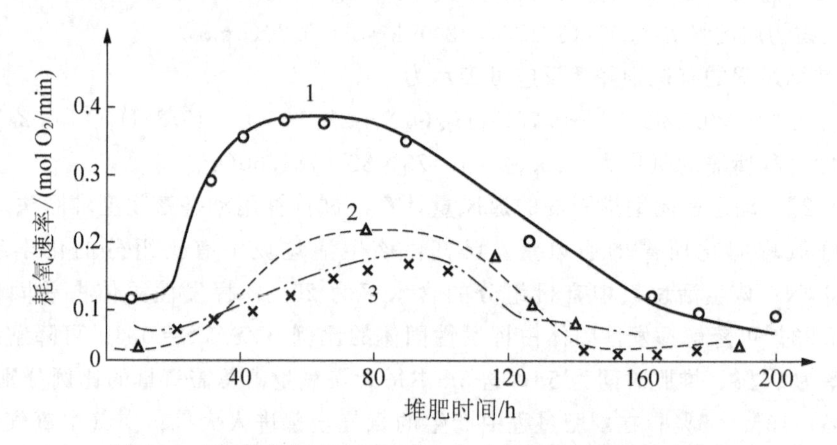

图 6.6 生活垃圾堆肥中不同有机物含量的典型耗氧速率曲线

1—有机物含量 50%；2—有机物含量 30%；3—有机物含量 20%

4）通风供氧方式

常用的通风供氧方式如下。

(1) 自然扩散。

利用空气的自然扩散，氧由堆层表面向里扩散。通过表面扩散供氧，在一次发酵阶段只能保证堆体表层约 20cm 厚的物料内有氧气。在二次发酵阶段，氧可自堆层表面扩散至内部约 1.5m 处，因此，在实际生产中，二次发酵采用堆高在 1.5m 以下时，可采用自然扩散的供氧方式，这是一种节能的供氧方法。自然通风系统的升温和降温过程都较缓慢，需要较长的堆肥周期。

(2) 被动通风。

被动通风是借助热空气上升引起的所谓“烟囱”效应而使空气通过堆体，是将穿孔管铺于堆体底部，或用空心竹竿竖直插入堆体中，堆体中的热空气上升时形成的抽吸作用使外部空气进入堆体中，达到自然的通风效果。被动通风不需要翻堆和强制通风，大大降低了投资和运行费用。被动通风与自然通风相比，可满足堆体对氧气的需求，避免厌氧现象；与强制通风相比，不会因为冷空气的过量鼓入使热量散失而引起堆体温度降低。被动通风方式的不足之处在于不能有效地控制通风量的变化，以满足不同堆肥阶段的需要。

（3）翻堆。

利用斗式装载机及各种专用翻堆机横翻堆料，把空气包裹到固体颗粒的间隙中。翻堆通风方式较为有效，一般在条垛堆肥系统中常用。条垛堆肥系统的翻堆设备分为三类：斗式装载机或推土机、垮式翻堆机、侧式翻堆机。三种翻堆设备的比较见表 6-3。图 6.7所示为垮式翻堆机。

表 6-3 三种翻堆设备的比较

项目	斗式装载机或推土机	垮式翻堆机	侧式翻堆机
行进方式	自行推进	自行推进	拖拉机牵引
适用规模	中小	大	大
优点	便宜、操作简单	条垛间距小、占地面积小	翻堆彻底、混合均匀、条垛大小不受限制
缺点	易压实、混合不均匀、条垛间距应≥10m、可利用的堆肥场地小	条垛大小受到严重限制、处理的物料少	易损坏、翻堆能力小

(a) (b)

图 6.7 跨式翻堆机

（4）强制通风。

强制通风是通过机械通风系统对堆体强制通风供氧，可以采取鼓风或抽气方式。这两种方式各有利弊：鼓风有利于保持管道畅通，排除水蒸气，防止堆体边缘温度下降，有利于堆垛温度均衡；抽气有利于将堆体中的臭气在排入大气前统一进行处理及尽快降低堆垛的温度。一般在堆肥化前期和中期采用鼓气，后期采用抽风。强制通风堆肥系统的有机物分解和转化速度较快、堆肥周期短，而且易于操作和控制。强制通风的风量可根据满足不同目的而计算出来，如用于通风散热以控制适宜温度所需的通风量是有机物分解所需的空

气量的 9 倍。

3. 含水率

水分的主要作用是：①溶解有机物和营养物质；②参与微生物的新陈代谢，是合成微生物细胞质必不可少的物质；③通过水分蒸发时带走热量，起调节堆肥温度的作用。

图 6.8 所示是垃圾含水率与细菌生长和氧摄入量的关系曲线。从该图可以看出，微生物的生长和对氧的要求均在含水率为 50%～60%时达到峰值。所以，堆肥的最适含水率为 50%～60%，55%左右最为理想，因为此时微生物分解速率最快。若含水率过低，会导致分解速率降低，堆肥效率会下降。当含水率为 40%～50%时，微生物的活性开始下降，堆肥温度随之下降；当含水率低于 20%时，微生物的活动就基本停止。当含水率低于 12%时，微生物的繁殖就会停止。当含水率过高，水就会阻碍空气流通，使堆体内出现厌氧状态，甚至使营养物和微生物随水流出。当含水率超过 70%时，由于堆肥物料之间充满水，有碍于通风，从而造成厌氧状态，不利于好氧微生物生长，从而导致有机物分解速率降低，温度急剧下降，还会产生 H_2S、NH_3 等恶臭气体以及由于硫化物的产生导致堆料腐败发黑。

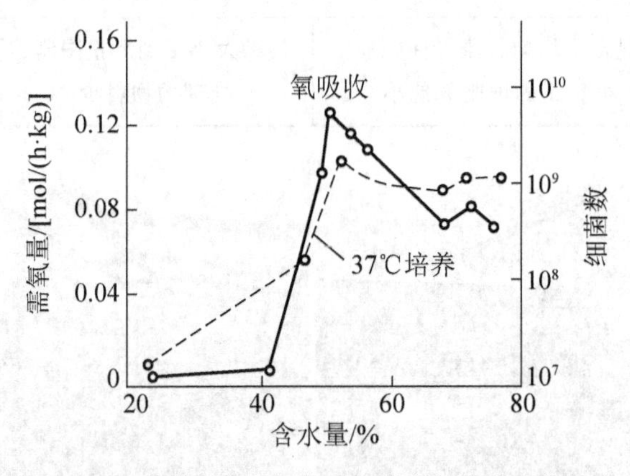

图 6.8　含水率、需氧量和细菌生长的关系曲线

不同有机质含量的物料堆肥要求不同的含水率，一般地，当堆料的有机物质含量不超过 50%时，堆肥含水率应为 45%～50%；如果有机物质含量达到 60%时，则堆肥的最佳含水率应提高到 60%。

按堆肥系统分：对于条垛系统和反应器系统，堆肥的水分不应大于 65%，对于强制通风静态垛系统水分不应大于 60%。无论什么堆肥系统，水分均不应小于 40%。

在堆肥的后熟期阶段，堆体的湿度也应保持在一定的水平，以利于细菌和放线菌的生长而加快后熟，同时减少灰尘污染。

含水率可通过对不同废物按一定比例混合来调整。若含水率过高，则可以采取的措施有：①使一定比例的堆肥产品循环使用；②若土地空间和时间允许，可将物料摊开进行搅拌，即通过翻堆促进水分蒸发；③在物料中添加松散物或吸水物(如稻草、谷壳、木屑)，以辅助吸收水分，增加其空隙率。若含水率过低，一般需添加调节剂如污水、污泥、人畜粪尿等以提高其含水率。在中温或高温阶段，若水分散失过多，则需要及时补充水分。下面用三道例题阐明如何调节堆肥物料的含水率。

【例 6－3】 回流堆肥计算某污水处理厂准备建设一套处理能力为 10t/d 干污泥的污泥处理线，拟采用条垛式堆肥工艺，以回流堆肥调节堆肥物料在堆肥过程开始时的含固率。要求堆肥物料起始的含固率为 40%，而回流堆肥的含固率为 70%。设脱水泥饼(堆肥原料)的含固率为 30%，试计算回流物料的湿基回流比，以及堆肥工程的建设规模。

解： 设每日处理的堆肥原料的湿基质量为 X_C，S_C 为堆肥原料的含固率，X_r 为回流堆肥的湿基质量，S_r 为回流堆肥的含固率，X_m 为混合堆肥物料的总湿基质量，S_m 为混合堆肥物料的含固率，则

$$X_C=\frac{10}{30\%}\approx 33.33(t/d)$$

堆肥物料的湿基回流比为

$$R_w=\frac{S_m-S_C}{S_r-S_m}=\frac{0.4-0.3}{0.7-0.4}=\frac{1}{3}$$

堆肥工程的建设规模应为每日进入堆肥系统的堆肥物料总质量为

$$X_m=X_C+X_r=X_C+X_CR_w=\frac{10}{0.3}+\frac{10}{0.3}\times\frac{1}{3}=44.4(t/d)$$

【例 6－4】 调理剂添加量计算某污水处理厂准备建设一套处理能力为 10t/d 干污泥的污泥处理线，拟采用条垛式堆肥工艺，以调理剂调节堆肥物料在堆肥过程开始时的含固率。要求堆肥物料起始的含固率为 40%，而调理剂(木屑)的含固率为 95%。设脱水泥饼(堆肥原料)的含固率为 25%，试计算调理剂的添加比以及堆肥工程的建设规模。

解： 设 S_a 为调理剂的含固率，X_a 为调理剂湿基质量，其他符号的含义见例 6－3。

$$X_C=\frac{10}{25\%}=40(t/d)$$

堆肥物料的调理剂添加比为

$$R_a=\frac{S_m-S_C}{S_a-S_m}=\frac{0.4-0.25}{0.95-0.4}=\frac{3}{11}=\frac{1}{3.7}$$

每日进入堆肥系统的调理剂总质量为

$$X_a=X_CR_a=40\times\frac{3}{11}=10.8(t/d)$$

堆肥工程的建设规模应为每日进入堆肥系统的堆肥物料总质量为

$$X_m=X_C+X_a=40+10.8=50.8t/d$$

【例 6－5】 综合计算某污泥处理线，拟在堆肥物料中添加回流堆肥和调理剂，以调节堆肥物料在过程开始时的含固率。设脱水泥饼(堆肥原料)的含固率为 25%，回流堆肥的含固率为 60%，调理剂为木屑，其含固率为 70%。脱水泥饼、回流堆肥和调理剂按 1∶0.5∶0.5 的比例混合。试计算堆肥物料的含固率。

解： ① 按每吨脱水泥饼添加 0.5t 的回流堆肥和 0.5t 的调理剂，则堆肥物料中的固体物总质量为

$$S_mX_m=S_CX_C+S_rX_r+S_aX_a=1\times 0.25+0.6\times 0.5+0.7\times 0.5=0.9(t)$$

② 混合后的堆肥物料的总质量为2.0t，则可计算得堆肥物料的含固率为

$$S_m=\frac{0.9}{2.0}=45\%$$

4. 温度

在堆肥过程中，温度的控制对于微生物的生长乃至细菌种群的繁殖和生物活性(分解有机物的速度)均有重要影响。随着物料中微生物活动的加剧，微生物分解有机物所释放出的热量大于堆肥的热耗时，堆肥温度就上升。因此，温度是堆肥系统微生物活动的反映，是影响微生物活动和堆肥工艺过程的重要因素，温升是微生物活动剧烈程度的最好参数。

对有机物的降解效率而论，一般认为高温菌所起的作用要高于中温菌，现代的快速、高温好氧堆肥正是利用这一特点，在堆肥的初期，堆体温度一般与环境温度相近，经过中温菌1～2d的作用，堆肥温度便能达到高温菌的理想温度50～65℃，此时嗜温菌受到抑制而嗜热菌进入激发状态(见表6-4)。后者的大量繁殖和温度的迅速提高促使堆肥发酵由中温进入高温，并将稳定一段时间，在此温度范围内，一方面能加速有机物的降解，另一方面有利于杀死堆肥中的寄生虫、病原菌和杂草籽，一般只需5～6d无害化过程即可完成。此间腐殖质开始形成，堆肥达到初步腐熟。

表6-4 堆肥温度与微生物生长关系

温度/℃	温度对微生物生长的影响	
	嗜温菌	嗜热菌
常温到38	激发态	不适用
38～45	抑制状态	可开始生长
45～55	毁灭态	激发态
55～60	不适用(菌群萎退)	抑制状态(轻微)
60～70	—	抑制状态(明显)
>70	—	毁灭期

在后发酵阶段(二次发酵)，由于有机物的大部分已在主发酵阶段(一次发酵)得以降解，此时的热量释放减慢，堆肥将一直维持在中温30～40℃，所生成的堆肥产物进一步稳定，最后达到深度腐熟。

堆肥作为一种生物系统，反应进行的温度是有限定范围的，温度过高或过低都会减缓反应速度。不同种类微生物的生长对温度具有不同的要求。一般而言，嗜温菌最适合的温度为30～40℃，嗜热菌发酵最适合温度是45～60℃，温度上升超过65℃其即进入孢子形成阶段，这个阶段对堆肥是不利的，因为孢子呈不活动状态，使分解速度相应变慢。因此，在堆肥过程中，堆体温度应控制在50～65℃之间，但以55～60℃时为更好。为达到杀灭病原菌的效果，对装置(反应器)式系统和强制通风静态垛系统，堆体内部温度大于55℃的时间必须达3d；而对条垛式系统，由于其中的病原菌等较之于仓式更难杀灭，因而

要求在其内部维持高于此温度的时间至少15d，且操作过程中至少翻堆5次。

温度的控制一般可通过控制通风量加以实现。通常，在堆肥初期的3～5d，通风的主要作用在于满足所需氧量，使生化反应得以顺利进行，达到提高堆体温度的目的。当堆体温度升至峰值以后，通风量的调节则以控制温度为主。在极限情况下，堆体温度可上升至80～90℃，若如此，将严重影响微生物的生长和繁殖。这时必须通过加大风量将堆体内的水分和热量带走，使堆温下降。在生产实际中，往往通过温度—供气反馈系统完成温度的自控过程。当堆体中装有此系统时，一旦其内部温度超过60℃，风机将立即自动向堆体内送风，从而达到降温的目的。在强制通风静态垛系统中，通风方式有正压鼓风和负压抽风两种，这两种通风方式与堆料温度分布的关系如图6.9所示。而对于无通气系统的条垛式堆肥，则采用定期翻堆来实现通风控温。若运行正常，且堆温持续下降，则堆肥已进入结束前的温降阶段。

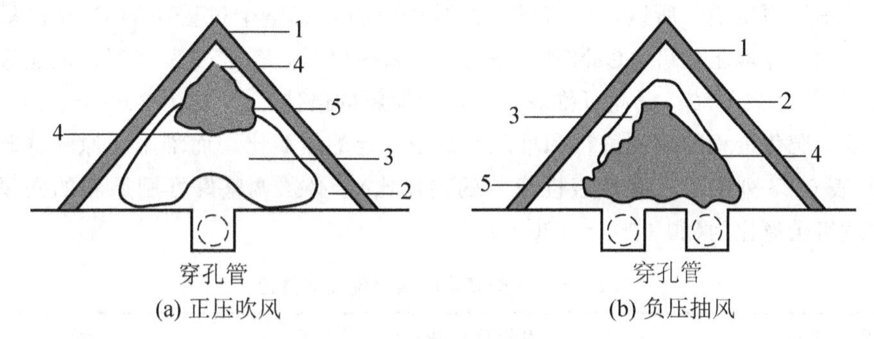

图6.9　强制通风静态垛堆肥系统的通风方式与温度分布

1—覆盖层；2—$T<45$℃；3—$T=45\sim55$℃；4—$T=55\sim65$℃；5—$T>65$℃

通风量为0.02$m^3/(min \cdot m^3)$时，堆层升温缓慢而且不均匀，上层达不到无害化的要求。

通风量为0.2$m^3/(min \cdot m^3)$时，堆层升温迅速、均匀，温度上限(70℃)由于热惯性而被突破，但通过改善池底通风性、中间补水等措施，堆温可以得到改善，此外，尽管温度突破了微生物生理上限，从分析数据和堆肥质量的感官指标上都没有发现温度过高的影响。

通风量为0.48$m^3/(min \cdot m^3)$时，由于风量过大，大量热通过水分蒸发而散失，使堆温不适当地降低，不利于反应进行，过量通风还造成一次发酵后产物水分过低(22%)现象，不利于二次发酵的进行，更主要的是过量通风使能耗大大增加，增加了堆肥成本。发酵仓的一次发酵通风量以0.2$m^3/(min \cdot m^3$堆层)为宜。

5. 碳氮比(C/N)

碳氮比是影响微生物对有机物分解的最重要因素之一。微生物所需营养物种，以碳、氮最多。碳是堆肥化反应的能量来源，是生物发酵过程中的动力和热源；氮是微生物的营养来源，主要用于合成微生物体，是控制生物合成的重要因素，也是反应速率的控制因素。在微生物的新陈代谢过程中，对碳和氮的需求量是不同的，每利用30份碳就需要1

份氮。微生物新陈代谢过程所要求的最佳碳氮比为30～35(干重比)。在理论上，物料中的可生物降解有机物的C/N比值也应控制在这个范围。不过由于大部分不含氮的有机物比含氮有机物难降解，所以以质量计算得到的C/N比值与微生物实际能够摄取到的C/N比值并不完全符合。实际所应用的C/N比值在20～50之间，而实践证明：当碳氮比为25～35时发酵最快。如果物料中C/N比值过低，会因产生大量NH_3抑制微生物的繁殖，容易造成菌体衰老和自溶，导致分解缓慢而不彻底，而且超过微生物生长需要的多余氮就会以氨的形式逸散，造成氮源浪费和酶产量下降，并可能污染环境；C/N比值过高，将影响有机物的分解和细胞质的合成，微生物的繁殖就会受到氮源的限制，导致有机物分解速率和最终的分解降低，延长发酵时间。同时，若是以C/N比过高的堆肥施入土壤后，将会发生夺取土壤中氮的现象，产生土壤的“氮饥饿”状态，从而对作物生长产生不良的影响。

在堆肥过程中，微生物以碳做能源，并构成细胞物质，随后以CO_2形式释放出来，氮则用于合成细胞原生质，所以，随着堆肥发酵的进行，其整个过程中的C/N比呈现逐渐下降趋势。物料经堆肥化后，C/N比一般减少6%～14%，有时可达27%。成品好氧堆肥的C/N比要求为10～20，据此可推算出，堆肥原料的最佳C/N比为20～35。

为保证堆肥化进程的顺利进行和堆肥产品中一定的碳氮比，而堆肥化原料的碳氮比有很大差别(表6-5列出了一些代表性废物的碳氮比)，必须调整好堆肥原料的碳氮比，适合堆肥的垃圾碳氮比为(20∶1)～(30∶1)。

表6-5　一些废物的氮含量及碳氮比

废物类型	N(干重)/%	C/N比值
水果废物	1.52	34.8
屠宰废物	6.0～10.0	2.0
马铃薯叶	1.5	25
大便	5.5～6.5	6～10
小便	15～18	0.8
牛粪	1.7	18
羊粪	2.3	22
马粪	2.3	25
猪粪	3.75	20
鸡粪		5～10
家禽粪	6.3	15
活性污泥	5.6	6.3
消化活性污泥	1.88	25
生下水污泥	4～7	11
木屑	0.13	170

续表

废物类型	N(干重)/%	C/N 比值
消化活性污泥	1.88	25.7
燕麦秆	1.05	48
小麦秆	0.3	128
玉米秆	0.75	53
稻草		70～100
稻壳		70～100
树皮		100～350
杂草		12～19
嫩草	4	12
马齿苋	4.5	8
厨余		20～25
城市固体废物		50～80
庭院垃圾	2.15	25

当堆肥物料的碳氮比已知时，混合物料的碳氮比可按下式计算：

$$C_{\mathrm{Cm}}=\frac{M_1\dfrac{C_{\mathrm{C1}}}{100}+M_2\dfrac{C_{\mathrm{C2}}}{100}+\cdots+M_{\mathrm{i}}\dfrac{C_{\mathrm{Ci}}}{100}+\cdots+M_{\mathrm{k}}\dfrac{C_{\mathrm{Ck}}}{100}}{M_{\mathrm{m}}}\times100(\%) \tag{6-16}$$

$$C_{\mathrm{Nm}}=\frac{M_1\dfrac{C_{\mathrm{N1}}}{100}+M_2\dfrac{C_{\mathrm{N2}}}{100}+\cdots+M_{\mathrm{i}}\dfrac{C_{\mathrm{Ni}}}{100}+\cdots+M_{\mathrm{k}}\dfrac{C_{\mathrm{Nk}}}{100}}{M_{\mathrm{m}}}\times100(\%) \tag{6-17}$$

$$M_{\mathrm{m}}=M_1+M_2+\cdots+M_{\mathrm{i}}+\cdots+M_{\mathrm{k}} \tag{6-18}$$

$$K=\frac{C_{\mathrm{Cm}}}{C_{\mathrm{Nm}}} \tag{6-19}$$

式中：C_{Cm}——堆肥混合物料的碳含量,%；

C_{Nm}——堆肥混合物料的氮含量,%；

C_{Ci}——某种物料的碳含量,%；

C_{Ni}——某种物料的氮含量,%；

M_{i}——某种物料的湿态质量，t；

M_{m}——堆肥物料的湿态质量，t；

k——混合物料种类；

i——添加物料序数；

K——混合物料碳氮比。

【例 6-6】 废物混合最适宜的 C/N 比计算：树叶的 C/N 比为 50，与来自污水处理厂的活性污泥混合，活性污泥的 C/N 比为 6.3。分别计算各组分的比例使混合 C/N 比达到

25。假定条件如下：污泥含水率＝75％；树叶含水率＝50％；污泥含氮率＝5.6％；树叶含氮率＝0.7％。

解：① 对于1kg的树叶：

$$m_{水}=1\times0.50\text{kg}=0.50\text{kg}$$

$$m_{干物质}=1-0.50\text{kg}=0.50\text{kg}$$

$$m_{N}=0.50\times0.007\text{kg}=0.0035\text{kg}$$

$$m_{C}=50\times0.0035\text{kg}=0.175\text{kg}$$

② 对于1kg的污泥：

$$m_{水}=1\times0.75\text{kg}=0.75\text{kg}$$

$$m_{干物质}=1-0.75\text{kg}=0.25\text{kg}$$

$$m_{N}=0.25\times0.056\text{kg}=0.014\text{kg}$$

$$m_{C}=6.3\times0.014\text{kg}=0.0882\text{kg}$$

③ 计算加入树叶中的污泥量使混合C/N比达到25

$$C/N=25=\frac{1\text{kg 树叶中的 C 含量}+x(1\text{kg 污泥中的 C 含量})}{1\text{kg 树叶中的 N 含量}+x(1\text{kg 污泥中的 N 含量})}$$

x 为所需污泥的质量

$$25=\frac{0.175+x(0.0882)}{0.0035+x(0.014)}$$

$$x=0.33\text{kg}$$

④ 物料混合后的含水率为

$$含水率=\frac{0.33\times0.75+0.50}{1+0.33}=56.39\%$$

说明：将庭院废物和污泥混合进行堆肥往往可以将C/N比和含水率调整到较合适的水平，有利于堆肥反应的进行。但是由于污泥中常含有病原微生物和重金属，所以必须对堆肥产品的质量进行仔细监测和严格控制。

6. 碳磷比(C/P)

磷是微生物必需的营养元素之一，它是磷酸核细胞核的重要组成元素，也是生物能ATP的重要组成部分，对微生物的生长也有重要的影响。有时，在垃圾中会添加一些污泥进行混合堆肥，就是利用污泥中丰富的磷来调整堆肥原料的C/P比。一般要求堆肥原料的C/P比为75～150。

7. 有机物含量和营养物含量

有机物是微生物赖以生存和繁殖的重要因素，有机质含量高低影响堆料温度与通风供氧要求。研究表明堆料最合适的有机含量为20％～80％。如有机质含量过低，分解产生的热量不足以提高堆层的温度而达到堆肥的无害化，也不利于堆体中高温分解微生物的繁殖，因而无法提高堆体中微生物的活性，可能会导致堆肥的失败。如果有机质含量过高，对氧气的需求很大，而实际供气量难以达到要求，往往造成堆体中产生厌氧状态而产生恶臭，造成堆肥不能顺利进行。

在堆肥过程中，首先被降解的是可溶性易分解的有机物质，如糖类，然后是蛋白质、纤维素等。可溶性的糖类物质的降解率一般在95%以上，而纤维素等的降解往往是逐步完成的。可采用多种参数衡量堆肥过程有机物的变化过程，目前大多采用COD(还原性物质)，挥发性物质VM(或灰分)、纤维素、糖类物质等。图6.10反映了城市垃圾堆肥中有机成分的变化过程。

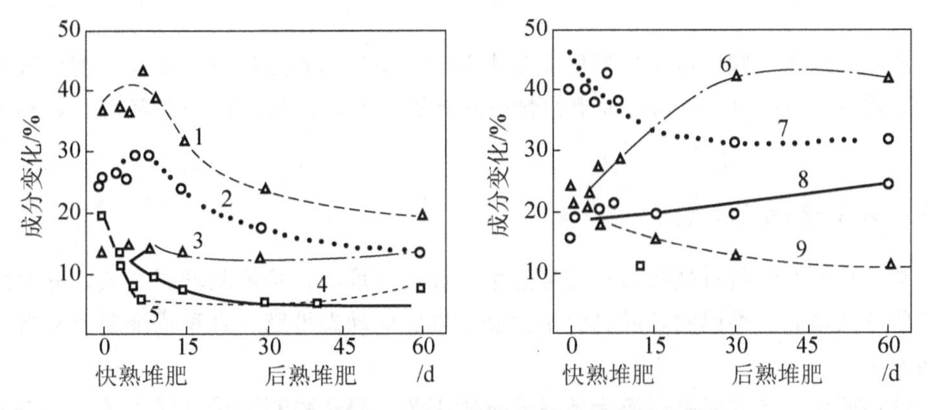

图6.10 城市垃圾堆肥中有机成分的变化曲线

1—还原性物质；2—纤维素；3—木质素；4—可溶有机物；

5—半纤维素；6—灰分；7—总碳；8—总氮；9—碳氮比

堆肥化过程中，微生物所需的大量元素有碳、磷、钾，所需要的微量元素有钙、铜、锰、镁等元素。值得注意的是，堆肥原料中存在大量的微生物不可利用的营养物质，这些物质难以被生物降解。

8. pH

pH是微生物生长的一个重要环境条件。在堆肥化过程中，pH随着时间和温度的变化而变化，其变化情况和温度的变化一样，标志着分解过程的进展，因此pH是揭示堆肥化过程的一个极好标志。

在堆肥初期，堆肥物产生有机酸，它有利于微生物生存繁殖，此时pH可下降到4.5～5.0；随着有机酸被逐步分解，pH逐渐上升，最高可达到8.0～8.5。在堆肥开始时，pH在7左右，堆肥两三天内pH便上升到8.5左右，如果出现厌氧，pH就会降到4.5左右。由此可以看出，在堆肥化过程中，尽管pH在不断变化，但能够通过自身得到调节。如果没有特殊情况，一般不必调整pH，因为微生物可在较大pH范围内繁殖。通常认为，当堆肥物料为生活垃圾时，试图在堆肥物种添加中和剂，如石灰、磷酸盐、钾盐等来改变pH是没有必要的，有时甚至会产生不良的后果。若pH降低，可通过逐步增强通风补救。

有研究表明，在堆肥早期进行pH控制，能极大地加快反应速率，可避免由于反应停滞而引起的臭味问题。适宜的pH可使微生物发挥有效作用，一般来说，pH在7.5～8.5之间，可获得最佳的堆肥效果。在堆肥初期，堆料的pH降低，低的pH有时会严重地抑制堆肥的进行。但pH过高(如超过8.5)，氮会形成氨而造成堆肥中的氮损失。

9. 接种

接种是向堆肥物料中添加适当的微生物，以加快好氧堆肥的反应效率，缩短堆肥时间。通常按1%～5%的质量比向堆肥物料中添加腐熟的堆肥产物进行接种，也可以用废水污泥来接种。

10. 时间

由堆肥化程序可知：由于好氧堆肥化主要依靠微生物来处理有机废物，需要较长的时间，一般需要30～40d，否则，堆肥物料中的有机物不能得到较彻底的降解，影响堆肥的使用。

6.2.7 好氧堆肥化工艺

通常，按堆肥物料所处状态分为静态堆肥和动态堆肥；按堆肥堆制方式，分为野积式堆肥和装置式堆肥。堆肥的发展趋势是由静态堆肥向动态堆肥、野积式堆肥向装置式堆肥的方向发展。

好氧堆肥化工艺主要有：露天条垛式堆肥工艺、静态强制通风堆肥工艺、动态密闭堆肥工艺。尽管这些工艺的通风方式并不相同，但只要设计和操作合理，都能在大致相同的时间内生产出质量相似的堆肥产品。

1. 静态强制通风堆肥工艺

静态强制通风堆肥一般采用露天强制通风垛，或是在密闭的堆肥池、堆肥箱、静态堆肥仓内进行。当一批物料堆积成垛或置入堆肥装置后，不再添加新料和翻垛，直至物料腐熟后运出。静态强制通风堆肥由于堆肥物料始终处于静止状态，有机物和微生物分布不均匀，特别是当有机物含量高于50%时，静态强制通风难以在堆肥中进行，使堆肥周期延长，影响该工艺的推广应用。图6.11为静态条垛强制通风堆肥工艺示意图。

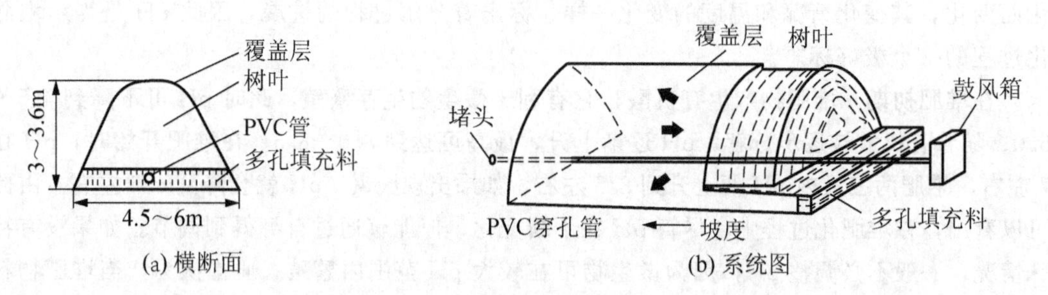

图 6.11 静态条垛强制通风堆肥工艺示意图

2. 动态密闭堆肥工艺

1) 间歇式动态堆肥工艺

间歇式动态堆肥工艺的技术路线类似于静态一次堆肥过程，其特点是堆肥周期缩短，有可能减小堆肥体积，具体操作是采用间歇翻堆的强制通风垛或间歇进出料的堆肥仓，将物料批量地进行堆肥处理。对高有机质含量的物料在采用强制通风的同时，用翻堆机械间歇对物料进行翻动，以防物料结块并保证其混合均匀，提高通风效果使堆肥过程缩短。

间歇式动态堆肥装置有长方形池式堆肥仓、倾斜床式堆肥仓、立式圆筒形堆肥仓等。各式装置均配有通风管，有的还附装有搅拌和翻堆设施。

2）连续式动态堆肥工艺

连续式动态堆肥工艺是一种堆肥时间更短的动态二次堆肥技术，采取连续进料和连续出料的方式进行，在一个专设的堆肥装置内使物料处于一种连续翻动的状态，易于使组分混合均匀，形成空隙利于通风，水分蒸发迅速，使堆肥周期得以缩短。

连续式动态堆肥工艺对处理高有机质含量的物料极为有效，正是由于具有以上的一些优点，该型堆肥工艺包括所使用的装置在一些发达国家已广为采用，如DANO(达诺)回转滚筒式堆肥器、桨叶立式堆肥器等。

6.2.8 好氧堆肥装置

1. 好氧堆肥装置的分类

堆肥装置种类繁多，除了结构形式不同外，主要差别在于搅拌物料的翻堆机不同，大多数翻堆机兼有运送物料的作用。堆肥装置的分类如图 6.12 所示。

2. 几种常见的好氧堆肥装置

1）多段竖炉式发酵塔

多段竖炉式发酵塔的整个塔身被水平分隔成多段(层)(图 6.13)。物料在各段上堆积发酵，靠重力从上向下移动。物料由塔顶的加料口进入，在最上端靠内拨旋转搅拌耙子的作用，边搅拌翻料边向中心移动，从中央落下口下落到第二段；在第二段的物料则靠外拨旋转耙子的作用从中心向外移动，从周边的落下口下落到第三段，以下依此类推。即单数段内拨自中央落下口下落，双数段外拨自周边落下口下落，可从各段之间空间强制鼓风送气，也可不设强制通风而靠排气管的抽力自然通风。塔内温度分布为上层到下层逐渐升高。前二、三段主要是物料受热到中温阶段，嗜温菌起主要作用。第四、五段后已进入高温发酵阶段，嗜热菌起主要作用。通常全塔分 5～8 段(层)，塔内每段上堆料可被搅拌器耙成垄沟型，可增加表面积，提高通风供氧效果，从而促进微生物的氧化分解活动。

多段竖炉式发酵塔的优点在于搅拌很充分，但旋转轴扭矩大，设备费用和动力费用都比较高。一般发酵周期为 5～8d。

2)达诺式发酵滚筒

达诺式发酵滚筒是世界上最广泛采用的堆肥设备之一，其主要优点是结构简单，可以处理较大粒度的物料，使预处理设备简单化，物料在滚筒内反复升高、跌落，同样可使物料的温度、水分均匀化，达到通风供氧的目的，可以完成物料预发酵的功能。

图 6.14 为使用达诺式装置的垃圾堆肥工艺流程。其主体设备为一个倾斜的卧式回转滚筒，物料由转筒的上端进入，并随着转筒的连续旋转而不断翻滚、搅和、混合，并逐步向转筒下端移动，直到最后排出。回转滚筒可自动稳定地供料、传送和排出堆肥物。与此

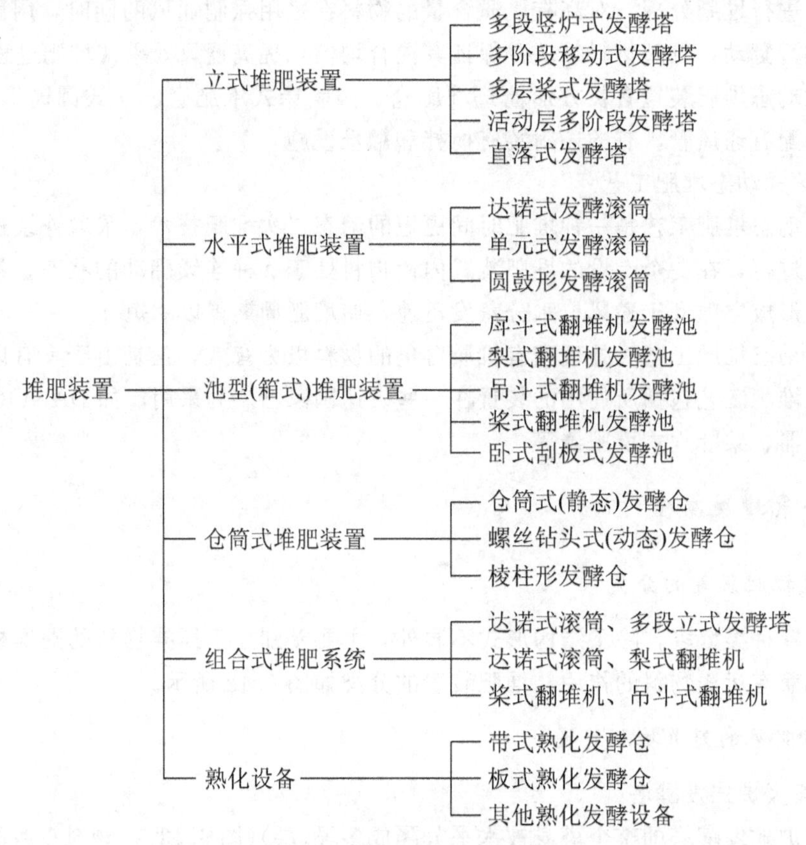

图 6.12　堆肥装置的分类

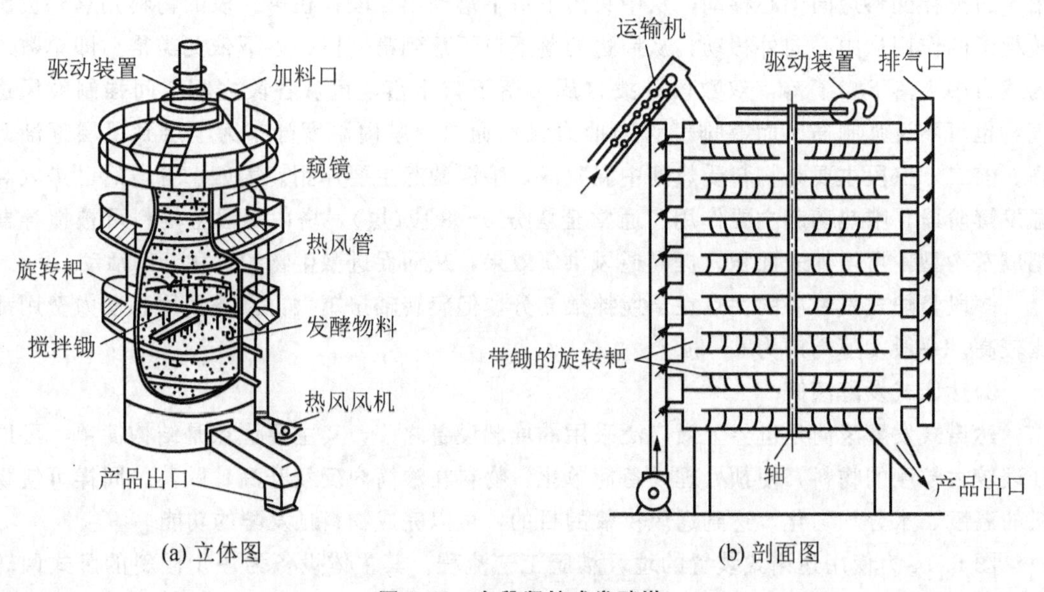

图 6.13　多段竖炉式发酵塔

同时，空气则沿转筒轴向的两排喷管通入筒内，堆肥过程中产生的废气则通过转窑上端的出口向外排放。

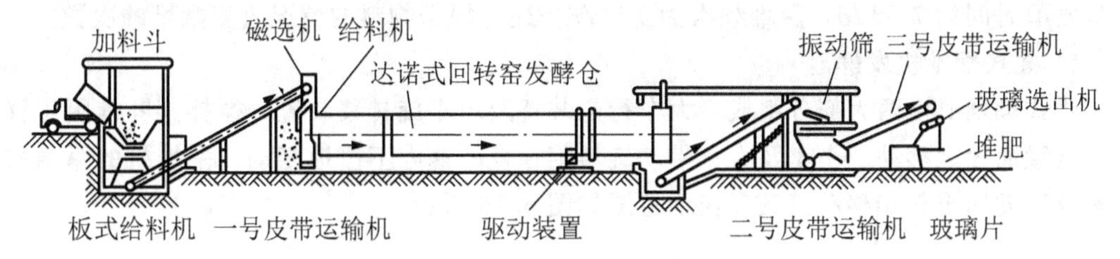

图 6.14　达诺式发酵滚筒堆肥系统

达诺滚筒的滚筒直径及长度分别是 $\phi 2.5 \sim 4.5$ m、$L20 \sim 40$m；旋转速度 0.2～3r/min。筒填充率：筒内废物量/筒容量≤80%。通常为常温 24h 连续操作，通风量为 $0.1m^3/(m^3 \cdot min)$。若仅为一次发酵，需 1.5～2d；若全程发酵，需 2～5d。

达诺式动态堆肥工艺的特点是：由于物料的不停翻动，使其中的有机成分、水分、温度和供氧等的均匀性得到提高和加速，这样就直接为传质和传热创造了条件，增加了有机物的降解速率，也即缩短了一次堆肥周期，使全过程提前完成，不仅节省投资，还能提高处理能力。

3）戽斗式翻堆机发酵池

戽斗式翻堆机也称移动链板式翻堆机，是使用较多的形式之一。戽斗式翻堆机发酵池属于水平固定型，通过安装在槽两边的翻堆机对垃圾进行搅拌，使物料水分均匀和均匀接触空气，并使物料迅速分解防止臭气的产生，其结构示意如图 6.15 所示。链板环状相连组成翻堆机，在各链板上安装附加挡板形成戽斗式刮刀，以此来搅拌和掏送物料。

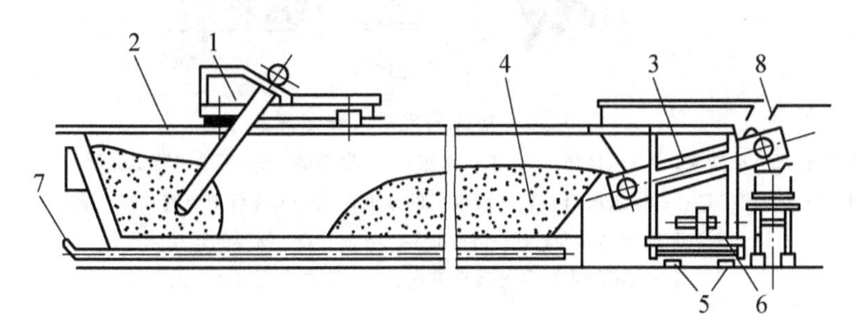

图 6.15　戽斗式翻堆机发酵池堆肥系统

1—翻堆机；2—翻堆机行走轨道；3—排料皮带机；4—发酵池；
5—活动轨道；6—活动小车；7—孔气管道；8—叶片输料机

戽斗式翻堆机发酵池堆肥操作过程如下：①翻堆机和翻堆车上安有传送带，在翻堆时传送带运行，当完成了翻堆以后，翻堆车又向后倒回到活动小车上；②翻堆机运输带采用刮板输送装置，有时有些场合并不用这种结构；③当翻堆机从一个发酵仓运动到另一个发酵仓时，通过动力油缸回转装置将搅拌机又下降到开始搅拌的最低位置；④当翻堆机从一个料仓到另一个料仓时，可采用轨道运输型活动车刮板运输机、皮带运输机或斗式提升机，刮板出料机安装在活动车上，以便取出发酵好了的堆肥并通过活动小车在发酵料仓末端把它带走；⑤在发酵过程中不断供给发酵所需的空气，从料仓的底部输入空气。

发酵时间为7～10d，翻堆频次为1次/d。还可根据物料的情况改变翻堆的次数。

4）桨式翻堆机发酵池

桨式翻堆机由两大部分组成：大车行走装置及小车旋转桨装置。搅拌桨叶依附于移动行走装置而随之移动。小车及大车带动旋转桨在发酵池内不停地翻动，翻堆机的纵横移动把物料定期向出料端移动。其工作示意图如图6.16所示。

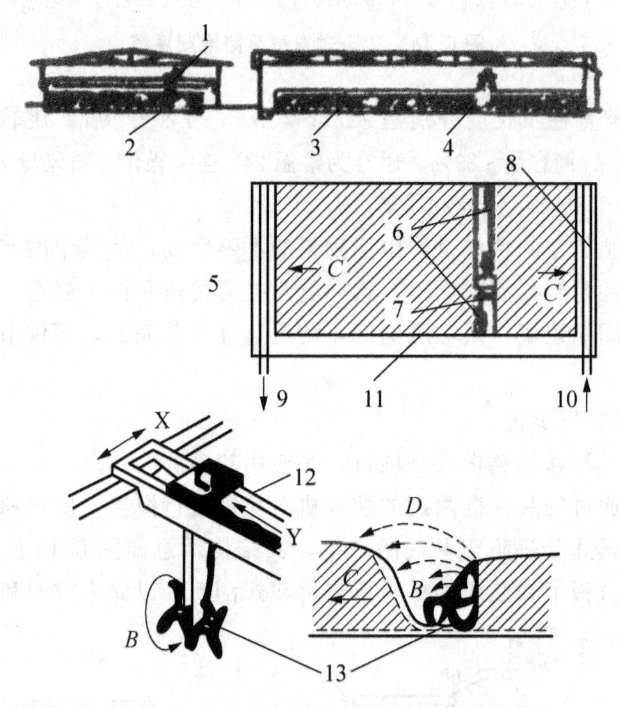

图6.16 桨式翻堆机工作示意图

1—翻堆机；2—旋转桨；3—软地面；4—工作示意；5—出料端；6—翻堆机行走路线；7—翻堆机；8—进料端；9—出料口；10—进料口；11—翻堆机的车道；12—大车行走装置；13—旋转桨翻堆状态

B—选装桨的运动方向；*C*—物料的移动方向；*D*—物料的运动轨迹线；

X—大车行走装置的运动方向；Y—翻堆机的运动方向

桨式翻堆机可以根据堆肥工艺的需要，定期对物料进行翻动、搅拌混合、破碎、输送。而且搅拌可遍及整个发酵池，可将池设计得很宽，具有较强的处理能力，因此应用广泛。

5）卧式刮板发酵池

卧式刮板发酵池(图6.17)的主要部件是一个成片状的刮板，由齿轮条驱动。刮板从左向右摆动搅拌废物，从右向左空载返回，然后再从左向右摆动推入一定量的物料。由刮板推入的物料量可调节。如一天搅拌一次时，可调节推入量为一天所需量。如果需处理的量较大，可将发酵池设计成多级结构。池体为密封负压式构造，臭气不易外逸。发酵池有许多通风孔以保持好氧状态。配备的洒水和排水设施可调节湿度。

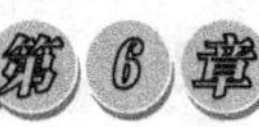

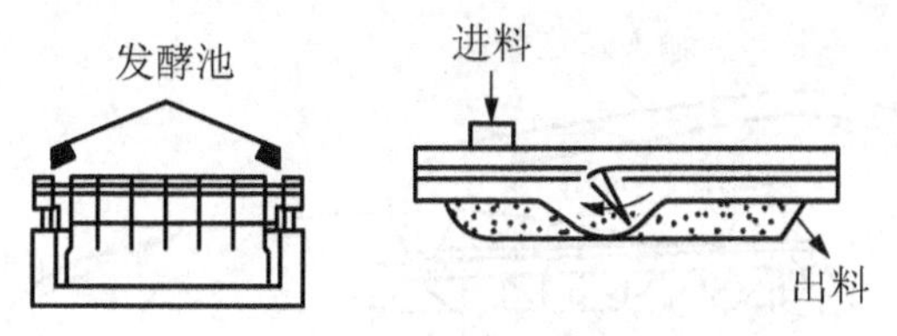

图 6.17　卧式刮板发酵池

6）筒仓式(静态)发酵仓

筒仓式发酵仓为单层圆筒状(或矩形)，发酵仓深度一般为 4～5m，大多采用钢筋混凝土构筑(图 6.18)。由仓底用高压离心风机向仓内强制通风供氧。原料从仓顶加入，为防止下料时，在仓内形成架桥起拱现象(形成穹隆)，筒仓直径由上到下逐渐变大或者需安装简单的消除起拱设施。一般经 6～12d 的发酵，由仓底出料，在筒仓的下部设置排料装置，如螺杆出料机。筒仓式发酵仓的优点是结构简单、螺杆出料较方便可靠。

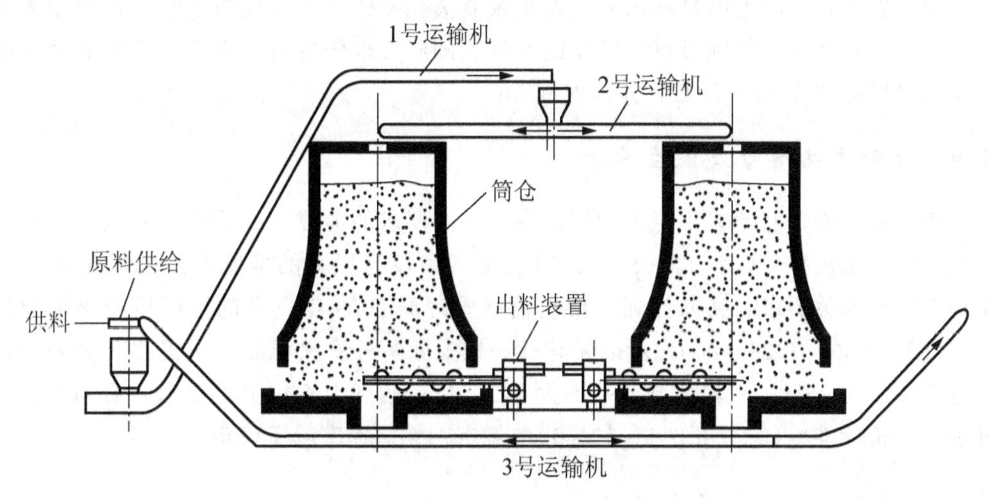

图 6.18　筒仓式发酵仓

7）螺旋搅拌式(动态)发酵仓

螺旋搅拌式发酵仓的示意图如图 6.19 所示。物料由输送机送到仓中心上方，靠设在发酵仓上部与天桥一起旋转的输送带向仓壁内侧均匀加料，用吊装在天桥下部的多个螺丝钻头来旋转搅拌，使原料边混合边掺入正在发酵的物料层内。这种混合、掺入使原料迅速升到 45℃而快速发酵，即使原料的水分高到 70%左右，其水分也能向正在发酵物料中传递而使发酵正常进行。而且，即使原料的臭味很强烈，因为被大量正在发酵物料淹没，不至于散发恶臭。

螺丝钻头自下而上提升物料“自转”的同时，还随天桥一起在仓内“公转”，使物料在被翻搅的同时，由仓壁内侧缓慢地向仓中央的出料斗移动。由于翻堆是在物料层中进行，可减少热量的损失。物料的移动速度及在仓内的停留时间可用公转速度大小来调节。

空气由设在仓底的几圈环状布气管供给。在发酵仓内，发酵进行的程序在半径方向上

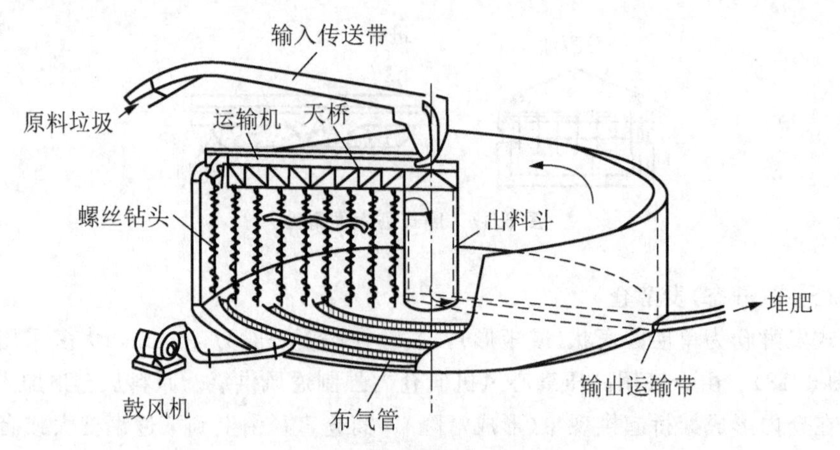

图 6.19 螺旋搅拌式发酵仓

有所不同。靠近仓壁附近的物料水分蒸发量及氧消耗量较多，该处布气管应供给较多的空气，靠近仓中心处布气管则可供给较少的空气。即应按堆肥进行的程度，合理而经济地供气。仓内温度通常为 60～70℃，停留时间 5d。

6.2.9 堆肥产品质量及卫生要求

堆肥产品的质量及无害化卫生程度在满足一定要求的前提下，才能得到利用。如《生活垃圾堆肥技术规范》（CJJ 52—2014）对以生活垃圾为原料的堆肥产品的质量及无害化卫生程度提出相关要求。又如深圳市市场监督管理局 2009 年发布的《树枝粉碎堆肥技术规范》（DB440300/T 38—2009)对以粉碎的树枝为原料的腐熟堆肥质量提出下列要求：含水率宜为 20%～35%；碳氮比(C/N)不大于 20：1；达到无害化卫生要求，必须符合《粪便处理厂评价标准》(GJJ/T 211—2014）的规定；耗氧速率趋于稳定。

6.2.10 堆肥的热灭活与无害化

好氧堆肥化能提供杀灭病原体所需的热量。病原体的热死主要是由于酶的热灭活所致。在低温下，灭活是可逆的；而在高温下，则是不可逆的。热灭活有关理论指出：

(1) 当温度超过一定范围时，以活性型存在的酶将明显降低，大部分将呈变形(灭活)型。如无酶的正常活动，细胞会失去功能而死亡。只有很少数酶能长时间的耐热，因此，微生物对热灭活作用是非常有效的。

(2) 热灭活有一种温度-时间效应关系。热灭活作用是温度与时间两者的函数，即经历高温短时间或者低温长时间是同样有效的，如表 6-6 所示。一般认为杀灭蛔虫卵的条件也可杀灭原生动物、孢子等，故可以把蛔虫卵作为灭菌程度的指标生物(它的耐热性能与其他肠道病原体大致相当)。

表 6-6　病原体热灭活的温度和时间

病原体	灭活的时间-温度	
	温度/℃	时间/min
志贺氏(杆菌)	55	60
内阿米巴溶组织的孢子	45	很短
绦虫	55	很短
微球菌属化脓菌	50	10
链球菌属化脓菌	54	10
结合分枝杆菌	66	15～20
蛔虫卵	50	60
埃希氏杆菌属大肠杆菌	55	60

(3) 好氧堆肥化无害化工艺条件。根据上述热灭活概念分析，可得出理论上好氧堆肥无害化工艺条件如下：堆层温度 55℃以上需维持 5～7d；堆层温度 70℃则需维持 3～5d。即堆肥温度较高维持时间较短时，可以达到同样的无害化要求。

但实际上由于堆肥原料不同，发酵装置性能及堆肥过程的复杂性，不能保证堆层内所有生物体受同样温度-时间影响，有下述因素会限制热灭活效率：

(1) 堆料层可能因固态细菌的凝聚现象，形成大颗粒或球状物，使其内部供氧不足而明显减少来自颗粒本身内部产生的热量。

(2) 由于传热速度低或整个堆料物没有均匀的温度场，存在局部冷的小区域，会使病原菌得到残活的可能条件(故加强翻堆、搅拌，使整个料层有均匀的温度场是必要的)。

(3) 病原菌的再生长也是限制热灭活的另一因素，即某些病原菌在有机物料一旦遇到温度降低到半致死水平时，它们就能再生长。

综上所述，实际堆肥化操作时，堆肥无害化温度-时间条件要比理论上更高一些，即在较高的温度维持较长时间，才能达到无害化要求。

6.2.11　堆肥腐熟度评价

腐熟度是衡量堆肥化进行程度的指标。堆肥腐熟度是指堆料中的有机质经过矿化、腐殖化过程最后达到稳定的程度。堆肥腐熟度包含两层含义：一是堆肥产品要达到稳定化、无害化，不对环境产生不良影响；二是堆肥产品在使用期间，不能对作物的生长和土壤的耕作能力产生影响。腐熟度判定对于堆肥理论、技术及设备的设计和评价、堆肥产品的质量控制与分级、堆肥使用后对环境的影响等具有重要意义。未腐熟的堆肥施入土壤后，能引起微生物的剧烈活动导致氧的缺乏，从而导致厌氧环境，还会产生大量中间代谢产物——有机酸及还原条件下产生的 NH_3、H_2S 等有害成分，这些物质会严重毒害植物的根系，影响作物的正常生长；未腐熟的堆肥还会散发臭味。为了避免这些问题，需要对堆肥的腐熟度进行评价，以保证堆肥产品的质量。

国内外对如何评价堆肥腐熟度进行了大量研究，提出多种评定堆肥腐熟度的指标与方法。由于堆肥物料的复杂性、堆肥方式的多样性和堆肥过程的多变性，堆肥腐熟度的评价是一个很复杂的问题，迄今为止，尚无统一通用的评价方法。

腐熟度评价指标通常分为三类：物理学指标、化学指标和生物学指标。这三类指标的特点和局限分别见表6-7～表6-9。物理学指标易于监测，但只能定性描述堆肥过程所处的状态；化学指标能定量反映堆肥过程的某方面状态，但其适用性受堆肥物料、堆肥工艺等多方面的限制；生物学指标适用范围广、有效，但测定耗时较长，工作量较大。因此，仅以一类或一个指标很难科学地评价堆肥腐熟度。目前，最为常用的方法是使用以上三大类指标中的多个指标来综合评价腐熟度。

表6-7 堆肥腐熟度评价的物理学指标

名称	腐熟堆肥特征值	特点与局限
温度	接近环境温度	易于检测；不同堆肥系统的温度变化差别显著，堆体各区域的温度分布不均衡，限制了温度作为腐熟度定量指标的应用
气味	堆肥产品具有土壤气味	根据气味可直观而定性的判定堆肥是否腐熟；难以定量
色度	黑褐色或黑色	堆肥的色度受原料成分的影响，很难建立统一的色度标准以判别各种堆肥的腐熟程度
粒度	呈现疏松的团粒结构	根据粒度可直观而定性地判定堆肥是否腐熟；不同堆肥系统的粒度变化差别显著，堆体各区域的粒度分布不均衡，限制了粒度作为腐熟度定量指标的应用
残余浊度和水电导率	—	堆肥7～14d的产品在改进土壤残余浊度和水电导率方面具有最适宜的影响；需与植物毒性试验和化学指标结合进行研究
光学特性	E665＜0.008	堆肥的丙酮萃取物在665nm的吸光度随堆肥的时间呈下降趋势；该研究只是初步的试验

表6-8 堆肥腐熟度评价的化学指标

名称	腐熟堆肥特征值	特点与局限
挥发性固体(VS)	VS降解38%以上，产品中VS＜65%	易于检测，原料中VS变化范围较广且含有难于生物降解的部分，VS指标的实用难以具有普遍意义
淀粉	堆肥产品中不含淀粉	易于检测，不含淀粉是堆肥腐熟的必要条件而非充分条件
BOD_5	20～40 g/kg	BOD_5反映的是堆肥过程中可被微生物利用的有机物的量，对于不同原料的指标无法统一，且测定方法复杂、费时
pH	8～9	测定较简单；pH受堆肥原料和条件的影响，只能作为堆肥腐熟的一个必要条件
水溶性碳(WSC)	＜6.5 g/kg	水溶性成分才能为微生物所利用，WSC指标的测定尚无统一的标准

续表

名称	腐熟堆肥特征值	特点与局限
NH_4^+-N	<0.4 g/kg	NH_4^+-N 的变化趋势主要取决于温度、pH、堆肥材料中氨化细菌的活性、通风条件和氮源条件的影响
$NH_4^+-N/NO_2^-+NO_3^-$	<3	堆肥过程中伴随着明显的硝化反应过程，$NO_2^-+NO_3^-$ 测定快速简单；硝态氮和铵态氮含量受堆肥原料和堆肥工艺影响
C/N	(15～20)：1	腐熟堆肥的 C/N 趋向于微生物菌体的 C/N 比，即 16 左右；某些原料初始的 C/N 不足 16，难以作为广义的参数使用
WSC/N－org	5～6	一些原料(如污泥)初始的 WSC/N－org<6
WSC/WSN	<2	WSN 含量较少，测定结果的准确性较差
阳离子交量(CEC)	—	CEC 是反映堆肥吸附阳离子能力和数量的重要容量指标；不同堆料之间 CEC 变化范围太大
CEC/TOC	>1.9(CEC>67)	CEC/TOC 代表堆肥的腐殖化程度；CEC/TOC 显著受堆肥原料和堆肥过程的影响
腐殖化参数	HI>3，HR 达到 1.35	应用各种腐殖化参数可评价有机废物堆肥的稳定性；堆肥过程中，新的腐殖质形成时，已有的腐殖质可能会发生矿化
腐殖化程度(DH)	—	DH 值受含水量等堆肥条件和原料的影响较大
生物可降解指数(BI)	<2.4	该指标仅考虑了堆腐时间和原料性质，未考虑堆腐条件，如通风量和持续时间等

表 6－9　堆肥腐熟度评价的生物学指标

名称	腐熟堆肥特征值	特点与局限
呼吸作用	比耗氧速率<0.5 mg O_2/g·hr VS	微生物好氧速率变化反映了堆肥过程中微生物活性的变化；氧浓度的在线监测快速、简单
生物活性试验	—	反应微生物活性的参数有酶活性和 ATP；这些参数的应用尚需进一步研究
利用微生物评价	—	不同堆肥时期的微生物的群落结构随堆温不同变化；堆肥中某种微生物存在与否及其数量多少并不能指示堆肥的腐熟程度
发芽试验	GI：80%～85%	植物生长试验应是评价堆肥腐熟度的最终和最具说服力的方法；不同植物对植物毒性的承受能力和适应性有差异

6.2.12　固体废物堆肥化处理的趋势探讨

1. 固体废物堆肥化处理的现状

自 1920 年英国人诶·雷华得将堆肥技术应用于城市生活垃圾处理以来，堆肥技术已

经经历了近百年的发展，在20世纪40—50年代，世界堆肥技术发展迅猛。我国在20世纪80年代，大力发展和推广生活垃圾堆肥，在全国各地兴建了一些生活垃圾堆肥厂，如1986年起研究、开发设计我国第一座好氧高温堆肥系统——无锡100t/d生活垃圾处理实验厂。我国曾在“七五”和“八五”期间，开展了机械化程度较高的动态高温堆肥技术研究和开发，取得了一定的成果。20世纪90年代中期相继建成了多个动态堆肥场，如常州市环境卫生综合处理厂和北京南宫堆肥厂。

但随着堆肥厂运行过程中问题的不断出现，以及其他技术的发展而造成的冲击，固体废物的堆肥化处理处于停滞甚至萎缩的状态。表6-10所示为我国2001—2010年的生活垃圾堆肥厂数量及处理能力的变化情况。

表6-10 我国生活垃圾堆肥厂数量及处理能力的变化情况

年份	堆肥厂数量/座	处理能力/(t/d)	年份	堆肥厂数量/座	处理能力/(t/d)
2001	134	25 461	2006	20	9 506
2002	78	16 798	2007	17	7 890
2003	70	16 511	2008	20	5 386
2004	61	15 347	2009	16	6 666
2005	46	11 767	2010	11	5 480

导致这一现象出现的原因有以下几方面。

1）没有直接适合堆肥的固体废物

物料的组分、有机质含量、含水率等特性影响甚至制约堆肥的进程和效果。而我国未能有效地开展生活垃圾分类收运，生活垃圾中含有石块、金属、玻璃、塑料等多种不可降解组分，须将其分选出来后才适合堆肥，而分选工艺复杂，费用很高。随着城镇污水管网普及率的不断提高，粪便多随污水进入污水处理厂处理。污泥因含水率高，须降低含水率。在污泥脱水过程中加入了絮凝剂，容易结块，不利于堆肥过程中通气供氧，而且污泥的C/N低，不利于微生物的生长，堆肥时需加入碳源调节。污泥堆肥需要添加调理剂、填充剂等，不仅占用场地，而且增加处理费用。农作物秸秆因纤维素含量高，堆肥所需时间较长，难以单独大规模采用堆肥来处理。禽畜养殖场的粪便的C/N比低，也需要添加调理剂才适合堆肥，同样存在调理剂占用场地、增加处理费用的问题。

所以，很多有机固体废物不适合直接堆肥，而要采用堆肥来处理，需要进行预处理，增加了工艺的复杂性和运行成本。

2）堆肥的设备和设施不完善

尽管国内外都对堆肥的设备和设施进行了大量的研发，但实际应用中的设备和设施仍不完善，如设备腐蚀严重，使用寿命很短。很难做到堆肥过程的自动化控制，需要工人直接面对物料来完成一些操作，如翻堆等，而规模化的堆肥厂占地和体积较大，很难有效控制臭味的产生和外逸，作业环境较为恶劣。

3）堆肥产品销路不畅

以生活垃圾为原料的堆肥产品品质差、腐熟度低，有机质含量多低于20%，远低于有机质含量大于45%的有机肥标准，且玻璃、塑料等杂质多，重金属含量也超标。目前的生活垃圾堆肥产品已不适用于农田，出路只有用于绿化、植被恢复、土地复垦、沙漠化土地治理。污泥和禽畜粪便堆肥产品常存在重金属含量过高的问题，而且堆肥产品肥效见效慢、要达到较好的肥效使用量大，且不便于施用。另外，由于化肥见效快、施用方便，所以农户更愿意施用化肥而不愿施用堆肥。这些都导致堆肥产品销路不畅。

4）受其他处理技术的冲击

对于生活垃圾，填埋处理操作简单、费用较低，焚烧处理不仅无害化程度高，还可以回收热能用于供热或发电，所以垃圾填埋仍然是国内垃圾处理的主要方式，焚烧正在快速地推广。对于污泥、粪便等，厌氧消化因其可控性强，产生的沼气的可利用性远高于堆肥产品，所以厌氧消化在污泥、粪便等的处理中，获得比堆肥更为广泛的关注和应用。

2. 堆肥化的发展趋势和方向

要改变固体废物堆肥处于停滞甚至萎缩的现状，需要调整堆肥化技术的应用方向，堆肥化的发展趋势和方向如下。

1）处理物料由单一物料向混合物料发展

由于单一物料存在诸多不适合堆肥处理的因素，而将多种物料(园林垃圾、禽畜粪便、污泥、菜市场垃圾、餐厨垃圾等)混合堆肥不仅能相互弥补单一物料的不足，如相互调整水分、C/N等，还能使多种固体废物同时得到处理。

2）研发适用生产实际的设备，提高自动化水平

研发能实现快速、密闭堆肥的设备，缩短堆肥时间，降低投资和成本，控制臭味的产生和外逸；提高堆肥的自动化控制水平，避免和减少工人与物料直接接触，改善作业环境。

3）与其他处理技术结合

将堆肥与填埋、厌氧消化等技术进行组合，把堆肥作为整个处理工艺的一个环节来使用。

4）研发适合于有机农业的堆肥产品

突出堆肥产品与化肥的区别，强化其作为有机肥的优势，着重研发适合于有机农产品的堆肥产品，提高堆肥产品的品位，调整其应用对象，避免与化肥进行竞争。

6.3 固体废物的厌氧消化处理

厌氧消化处理是指在厌氧状态下利用厌氧微生物使固体废物中的有机物转化为CH_4和CO_2的过程。厌氧消化（或称厌氧发酵）是一种普遍存在于自然界的微生物过程。凡是存在有机物和一定水分的地方，只要供氧条件差和有机物含量多，都会发生厌氧消化现象，有机物经厌氧分解产生CH_4、CO_2、H_2S等气体。由于厌氧消化可以产生以CH_4为主要成分的沼气，故厌氧消化又称为甲烷发酵。厌氧消化可以去除废物中30%～50%的有机物并

使之稳定化。

厌氧消化技术的特点：①生产过程全封闭，过程可控、降解快；②资源化效果好，可将潜在于废弃有机物中的低品位生物能转化为可以直接利用的高品位沼气；③易操作，与好氧处理相比，厌氧消化处理不需要通风动力，设施简单，运行成本低；④产物可再利用，经厌氧消化后的废物基本得到稳定，可做农肥、饲料或堆肥化原料；⑤可杀死传染性病原菌，有利于防疫；⑥厌氧过程会产生 H_2S 等恶臭气体；⑦厌氧微生物的生长速率低，常规方法的处理效率低，设备体积大。

6.3.1 厌氧消化的基本原理

1. 厌氧消化微生物

参与厌氧消化的微生物可以分为两类：不产甲烷菌和产甲烷菌。

1）不产甲烷菌

在厌氧消化过程中，不直接参与甲烷形成的微生物统称为不产甲烷菌，它包括的种类繁多，有细菌、真菌、原生动物三大群。其中，细菌的种类最多，作用也最大；按呼吸类型分为专性厌氧菌、好氧菌和兼性厌氧菌，其中以专性厌氧菌的种类和数量最多。

不产甲烷菌的作用主要是：①将复杂的大分子有机物降解为简单的小分子有机化合物，为甲烷菌提供营养基质；②为甲烷菌创造适宜的氧化还原条件；③为甲烷菌消除部分有毒物质；④和甲烷菌一起，共同维持消化的 pH。

2）产甲烷菌

产甲烷菌是一类能够将无机或有机化合物厌氧消化转化成甲烷和二氧化碳的古细菌，它是严格厌氧菌，属于水生古细菌门。到目前为止，从系统发育来看，甲烷菌分成 5 个目，分别为甲烷杆菌目、甲烷球菌目、甲烷八叠球菌目、甲烷微菌目和甲烷超高温菌目。已分离鉴定的产甲烷菌有 200 多种。

产甲烷菌的特点：①严格厌氧，对氧和氧化剂非常敏感，遇氧后会立即受到抑制，不能生长繁殖，有的还会死亡；②要求中性偏碱环境条件；③生长特别缓慢，在人工培养条件下，要经过十几天甚至几十天才能长出菌落，在自然条件下甚至更长，原因在于其可利用的底物很少，只能利用很简单的物质，如 CO_2、H_2、HCOOH 和 CH_3COOH 等，这些简单的物质必须由其他发酵性细菌把复杂有机物分解后提供给产甲烷菌，因此要等到其他细菌都大量生长以后才能生长，而且产甲烷菌的世代时间相对较长，有的 4～5d 才系列繁殖 1 代；④代谢的主要终产物都是 CH_4、CO_2 和 H_2O；⑤产甲烷菌体中有 7 种辅酶因子与所有微生物及动植物都不同，其细胞壁没有 D-氨基酸和胞壁酸。

产甲烷菌的作用主要为：①产生 CH_4；②分解脂肪酸调节 pH；③将 H_2 气转化为 CH_4，减小氢的分压。

2. 厌氧消化过程

与好氧堆肥化一样，有机物的厌氧消化也是生物化学过程，其过程也是非常复杂的，中间反应及中间产物有数百种，每种反应都是在酶或其他物质的催化下进行的，总反应式为

$$有机物+H_2O+营养物\xrightarrow{厌氧微生物}细胞物质+CH_4\uparrow+CO_2\uparrow+NH_3\uparrow+H_2\uparrow+H_2S\uparrow+\cdots+抗性物质+热量 \quad (6-20)$$

若有机物的化学组成式为 $C_aH_bO_cN_d$，合成的新细胞物质和产生的 H_2S 忽略不计，$C_wH_xO_yN_z$ 为残留有机物的化学组成式，则有机物的厌氧消化化学反应方程式可表达为

$$C_aH_bO_cN_d \longrightarrow nC_wH_xO_yN_z+mCH_4+sCO_2+rH_2O+(d-nz)NH_3 \quad (6-21)$$

式中：$r=c-ny-2s$；$s=a-nw-m$。

如果有机物被完全分解，没有任何残留物，则化学反应方程式为

$$C_aH_bO_cN_d+(a-0.25b-0.5c+0.75d)H_2O\rightarrow(0.5a+0.125b-0.25c-0.375d)CH_4+(0.5a-0.125b+0.25c+0.375d)CO_2+dNH_3 \quad (6-22)$$

一般来说，有机废物厌氧消化所产生的气体中甲烷含量为 50%～60%，1kg 可降解有机物可产生 0.63～1.0m^3的沼气。

【例 6-7】 生活垃圾厌氧消化的产气量计算。试计算在生活垃圾卫生填埋场中，单位质量填埋废物的理论产气量。假定：生活垃圾中有机组分的化学组成式为 $C_{60.0}H_{94.3}O_{36.8}N$，有机物的含量为 79.5%(包括水分)。

解：① 以 100kg 填埋废物为基准，其中有机物为 79.5kg(包括水分)。

② 计算出可降解有机物的干重，假定有机废物的含水率为 74%，有机废物中 95%为可降解有机物。

$$可降解有机物的干重=79.5\times74\%\times95\%=56.0(kg)$$

③ 按式(6-22)，确定化学反应方程式为

$$\begin{matrix} C_{60.0}H_{94.3}O_{37.8}N & + & 18.28H_2O & \longrightarrow & 31.96CH_4 & + & 28.04CO_2 & + & NH_3 \\ 1\,433.1 & & 329.0 & & 511.4 & & 1\,233.8 & & 17 \end{matrix}$$

④ 计算出所产生的 CH_4 和 CO_2 的质量为

$$CH_4=\frac{56.0\times511.4}{1\,433.1}=20.0(kg)$$

$$CO_2=\frac{56.0\times1\,233.8}{1\,433.1}=48.2(kg)$$

⑤ 计算出所产生的 CH_4 和 CO_2 的体积产量为

CH_4 密度=0.715 5kg/m^3，CO_2 密度=1.972 5 kg/m^3

$$CH_4=\frac{20.0}{0.715\,5}=27.95(m^3)$$

$$CO_2=\frac{48.2}{1.972\,5}=24.44(m^3)$$

⑥ 计算出 CH_4 和 CO_2 各自所占的体积分数(%)为

$$CH_4(\%)=\frac{27.95}{27.95+24.44}=53.3\%$$

$$CO_2(\%)=100\%-53.3\%=46.7\%$$

⑦ 计算出单位质量填埋废物的理论产气量为

以填埋废物中可降解有机物干重为基准：

$$\frac{27.95+24.44}{56.0}=0.94(m^3/kg)$$

以填埋废物为基准：

$$\frac{27.95+24.44}{100.0}=0.52(m^3/kg)$$

⑧ 说明：本例中以可降解有机物干重为基准的 $0.94m^3/kg$ 的理论产气量比一般填埋场的实际产气量要高。

有机物厌氧消化的原理如图 6.20 所示。

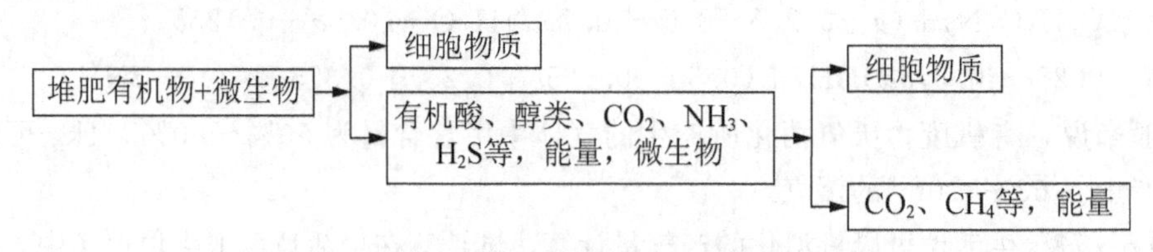

图 6.20　有机物厌氧消化原理

目前，对厌氧消化的生化过程有三种见解，即两阶段理论、三阶段理论和四阶段理论。

1）两阶段理论

厌氧消化的二阶段理论形成于 20 世纪 30 年代。该理论将厌氧消化过程分为产酸(或称酸性发酵)和产甲烷(或称碱性发酵、产气)两个阶段(图 6.21)。在有机物分解初期，产酸菌的活动占主导地位，有机物被分解成有机酸、醇类、CO_2、NH_3、H_2S 等，由于有机酸大量累积，pH 随之下降，因此把这一过程称为产酸阶段。在分解后期，产甲烷细菌占主导作用，在产酸阶段产生的有机酸和醇等被产甲烷细菌进一步分解产生 CH_4 和 CO_2 等，因此这一过程称为产甲烷(产气)阶段。又由于有机酸的分解和所产生的 NH_3 的中和作用，使得 pH 迅速上升，因此这一过程也被称为碱性发酵阶段。到产甲烷阶段后期，可降解有机物大都已经被分解，消化过程也就趋于完成。厌氧消化利用的是厌氧微生物的活动，可产生生物气体，生产可再生能源，且无须氧气的供给，动力消耗低；但缺点是发酵效率低、消化速率低、稳定化时间长。

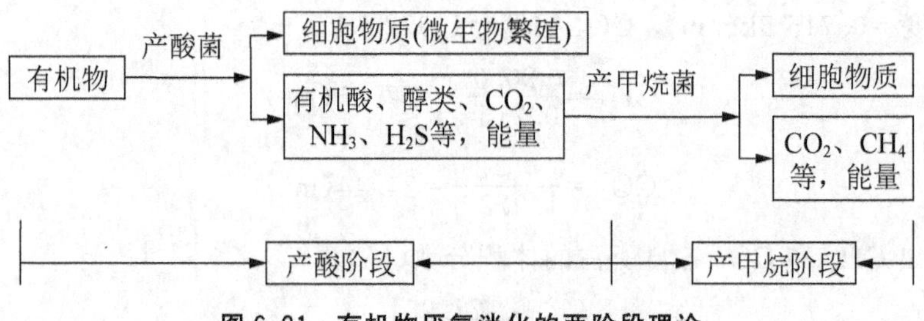

图 6.21　有机物厌氧消化的两阶段理论

两阶段理论简要描述了厌氧消化的过程，在相当长的一段时间内指导着生产实践，并被用于厌氧生物处理过程的动力学描述，但这一理论没有全面反映厌氧消化的本质，对产甲烷菌如何利用甲醇以上的醇及乙酸以上的有机酸难以解释。

2）三阶段理论

1979年，布赖恩根据对产甲烷菌和产氢产乙酸菌的研究结果，在两阶段理论的基础上，提出了三阶段理论。三阶段理论将厌氧消化过程划分为水解、产酸和产甲烷三个阶段（图6.22），三个阶段有不同的菌群。与两阶段理论不同的是，三阶段理论突出了产氢产乙酸细菌在发酵过程中的核心地位，并将其单独划分为一个阶段。在这一阶段中，产氢产乙酸菌将产甲烷菌不能直接利用的丁酸、丙酸、乙醇等转化为 H_2、CO_2 和乙酸，这较好地解决了两阶段理论的矛盾。

（1）水解阶段。

发酵细菌利用胞外酶对有机物进行体外酶解，使固体物质变成可溶于水的物质，然后，细菌再吸收可溶于水的物质，并将其分解成为不同产物。高分子有机物的水解速率很低，它取决于物料的性质、微生物的浓度，以及温度、pH等环境条件。多糖先水解为单糖，再通过酵解途径进一步发酵成乙醇和脂肪酸等；蛋白质先水解成氨基酸，再经脱氨基作用形成有机酸和氨；脂类转化为脂肪酸和甘油，再转化为脂肪酸和醇类。

（2）产酸阶段。

在产氢产乙酸细菌的作用下，把除甲酸、乙酸、甲胺、甲醇以外的第一阶段产生的中间产物，如脂肪酸（丙酸、丁酸）和醇类等水溶性小分子转化为乙酸、CO_2 和 H_2 等。

（3）产甲烷阶段。

产甲烷菌把甲酸、乙酸、甲胺、甲醇和（CO_2+H_2）等基质通过不同的路径转化为甲烷，其中最主要的基质为乙酸和（CO_2+H_2）。厌氧消化过程约有70%的甲烷来自乙酸分解，少量来源于 CO_2 和 H_2 的合成。

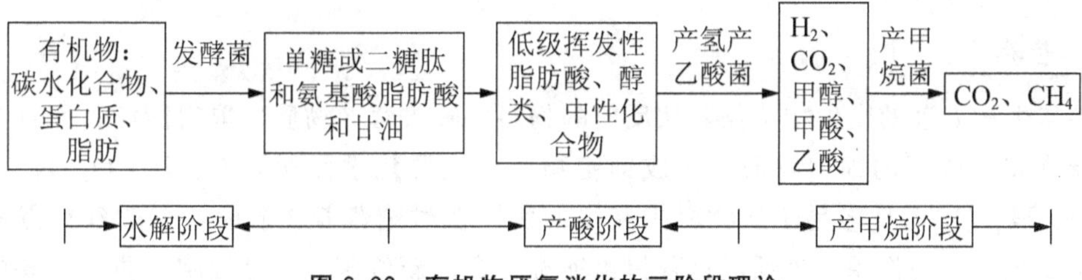

图6.22 有机物厌氧消化的三阶段理论

3）四阶段理论（四种群理论）

1979年，J. G. Zeikus提出四阶段理论（四种群理论）。四阶段理论认为除水解发酵菌、产氢产乙酸菌、产甲烷菌参与厌氧消化外，还有同型产乙酸菌，因此该理论被称为四种群理论。同型产乙酸菌可将中间代谢物的 CO_2 和 H_2 转化成乙酸。据此，将厌氧消化过程分为水解、产酸、产乙酸和产甲烷四个阶段（图6.23），因此该理论也被称为四阶段理论。四阶段理论明确每个阶段有独立的微生物菌群，各类菌群的有效代谢均相互密切关联，达到一定的平衡，不能单独分开，是相互制约和促进的过程。

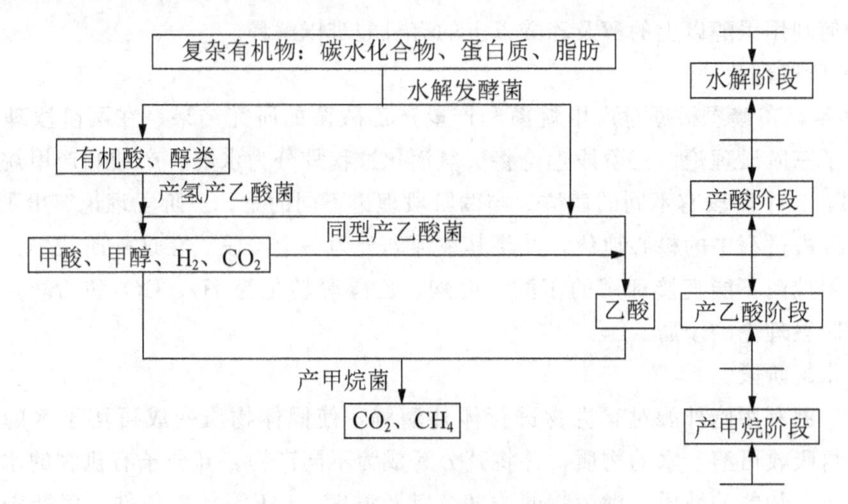

图 6.23　有机物厌氧消化的四阶段理论

6.3.2　厌氧消化的影响因素

1. 厌氧条件

厌氧消化最显著的一个特点是有机物在无氧的条件下被某些微生物分解，最终转化成 CH_4 和 CO_2。产酸阶段微生物大多数是厌氧菌，需要在厌氧的条件下才能把复杂的有机质分解成简单的有机酸等。而产气阶段的细菌是专性厌氧菌，氧对产甲烷细菌有毒害作用，因而需要严格的厌氧环境。判断厌氧程度可用氧化还原电位(Eh)表示。当厌氧消化正常进行时，Eh 应维持在－300mV 左右。

2. 营养物

参与生物处理的微生物不仅要从反应的物料中吸收营养物质以取得能源，而且要用这些营养物质合成新的细胞物质。合成细胞物质的主要化学元素为 C、H、O、N、S、P。其中 C、H、O、S 比较易于从物料中获得，所以在讨论营养物质时，一般都重点考察 N 和 P 的配比。C 的作用：为反应过程提供能源；合成新细胞。C 是细胞物质最主要的构架元素，而 N 和 P 的配比多以这个骨架元素作为基础，来确定合适的 C∶N∶P 比值。

微生物用于合成细胞的 C/N 约为 5∶1，在合成这些细胞物质时还需消耗 20 份碳素作为能源，因此，厌氧消化适宜的 C/N 以(20～30)∶1 为宜。如果 C/N 太高，细胞的氮含量不足，系统的缓冲能力低，挥发性有机酸积累，pH 容易降低，反应速率会降低。另外，C/N 过高还会导致产甲烷菌快速消耗氮源，从而影响产气量。C/N 太低，细菌增殖量降低，氮不能被充分利用，过剩的氮变成游离的 NH_3，抑制了产甲烷菌的活动，厌氧消化不易进行。在厌氧消化过程中，物料的 C/N 不断下降，原因是细菌不断将有机碳素转化为 CH_4 和 CO_2，同时一部分碳素和氮素合成细胞物质，多余的氮素则被分解以氨氮的形式溶于物料中，生成的细胞物质死亡后又可被用作原料。要保证消化器中的 C/N 在适宜的范围，进料的 C/N 可相应高一些。

一般认为，厌氧微生物对磷的需要是其对氮需要的1/7～1/5，磷含量(以磷酸盐计)一般为有机物量的1/1 000为宜。

在处理复杂有机物时，由于细菌生长较多，要求的COD∶N∶P可取大约350∶5∶1或C∶N∶P取为130∶5∶1。在处理基本完全酸化的有机物时，细菌生长率低，其COD∶N∶P可取大约1 000∶5∶1或C∶N∶P取为330∶5∶1。

所有产甲烷细菌利用有机氮源的能力较弱，但均能利用NH_4^+作为氮源，即使在环境中有氨基酸或肽等有机氮存在时，也必须经氨化细菌将这些有机氮转化为氨氮后才能保证产甲烷细菌的正常生长。有研究者指出，在厌氧生物反应器中NH_4^+-N浓度必须大于40～70mg/L，否则会减少生物体的活性。当反应器内的NH_4^+-N浓度为12mg/L，乙酸利用速率只有其最大值的54%。这说明，氨氮不仅是厌氧微生物生长所必须的基本氮源，而且还对促进厌氧微生物的活性具有重要作用。

厌氧微生物细胞中硫的含量明显高于好氧微生物细胞中硫的含量。大多数产甲烷细菌能以硫化物作为硫源，有些菌种还能利用半胱胺酸或蛋胺酸。厌氧微生物对硫的需要是独有的，产甲烷细菌最佳生长和最佳比产甲烷速率所需要的硫为0.001～1.0mg/L。目前，认为产甲烷细菌不能利用硫酸盐作为硫源，但是低浓度(0.2～0.4mmol/L)的硫酸盐能刺激某些产甲烷细菌的生长。

此外，大多数厌氧微生物不具有合成某些必要的维生素和氨基酸的功能，为了保证增殖，还需要补充某些专门的营养，钾、钠、钙等金属盐类是形成细胞或非细胞的金属配合物所必需的，而镍、铝、铬、钼等微量元素，则可提高若干酶系统的活性，使产气量增加。

3. 温度

厌氧消化过程受到温度和温度波动的影响。

对任何一种微生物，在其适宜的温度范围内，从最低生长温度开始，随着温度的上升，其生长速率逐渐上升，并在最适宜温度区达到最大值，随后生长速率随温度的上升迅速下降。

厌氧消化可在较为广泛的温度范围内进行(40～65℃)。温度过低，厌氧消化的速率低、产气量低，不易达到杀灭病原菌的目的；温度过高，微生物处于休眠状态，不利于消化。研究发现，厌氧微生物的代谢速率在35～38℃和50～65℃各有一个高峰。因此，一般厌氧消化常把温度控制在这两个范围内，以获得尽可能高的消化效率和降解效率。

厌氧生物比好氧生物对温度的变化更为敏感，产甲烷细菌比产酸细菌对温度的变化更为敏感。因此，在厌氧消化过程中，对于反应温度进行控制显得更为重要，其波动范围一般一天不宜超过±2℃，当有±3℃的变化时，就会抑制消化速度，有±5℃的急剧变化时，就会突然停止产气，使有机酸大量积累而破坏厌氧消化。此外，厌氧生物处理对温度的敏感程度随有机负荷的增加而增加，当反应器在较高负荷下运行时，应特别注意温度的控制，而在较低负荷下运行时，温度对运行效果的影响有时并不十分严重。

4. pH

厌氧消化需要一个相对稳定的pH范围。一般而言，微生物对pH变化的适应要比其对温度变化的适应慢得多。

产酸菌自身对环境pH的变化有一定的影响，而产酸菌所能适应的pH范围较宽，其最适宜的pH是在6.5～7.5之间，一些产酸菌可以在pH为5.5～8.5范围内生长良好，有时甚至可以在pH为5.0以下的环境中生长。

产甲烷微生物细胞内的细胞质pH一般呈中性。但对于产甲烷菌来说，维持弱碱性环境是十分必要的，当pH低于6.2时，它会失去活性；如果pH过高(>8.0)，产甲烷菌的生长繁殖和代谢也会受到抑制。因此，在产酸菌和产甲烷菌共存的厌氧消化过程中，系统的pH应控制在6.5～7.5之间，最佳pH范围是7.0～7.2。为提高系统对pH的缓冲能力，需要维持一定的碱度，可通过投加石灰或含氮物料进行调节。

5. 添加物和抑制物

在消化物料中添加少量的硫酸锌、磷矿粉、炼钢渣、碳酸钙、炉灰等，有助于促进厌氧消化，提高产气量和原料利用率，其中以添加磷矿粉的效果最佳。同时添加少量钾、钠、镁、锌、磷等元素也能提高产气率。但是，也有些化学物质能抑制厌氧消化微生物的生命活力，当原料中含氮化合物过多，如蛋白质、氨基酸、尿素等被分解成铵盐，从而抑制甲烷发酵。因此，当原料中氮化合物比较高的时候应适当添加碳源，调节C/N在(20～30)∶1范围内。此外，如硫化物、氨氮、重金属(铜、锌、铬等)及氰化物等含量过高时，也会不同程度地抑制厌氧消化。因此，在厌氧消化过程中应尽量避免这些物质的混入。

6. 含水率

水对于厌氧消化是至关重要的，因为微生物需要从周围环境中不断吸收水分以维持其生长代谢活动，水是进行生化反应的介质，微生物的营养物质在同化之前必须溶解在水中。水的存在不仅有助于细菌运动，而且水的多少还影响着物质在固体表面的运输以及产酸与产甲烷之间的平衡。含水量太低或太高，都对消化不利。当含水量太高时，会降低厌氧消化反应器单位容积的沼气产量；当含水量太低时，不利于甲烷菌的活动，使厌氧消化受到阻碍，产气率降低。所以，水分是否适量直接影响着厌氧消化的速度和厌氧消化的效果。

7. 有机负荷

有机负荷的高低与处理物料的性质、消化温度、所采用的工艺等有关。对于处理蔬菜、水果、厨余等易降解的有机垃圾，有机负荷一般为1～6.8kgVS/(m^3·d)，两相厌氧消化工艺允许的有机负荷高于单相工艺，单相工艺处理这类型废物时的有机负荷一般不超过5kgVS/(m^3·d)。

8. 消化时间

消化时间越长，有机物消化越完全，但其反应速率会随着消化时间的增加逐渐降低，因此存在一个最佳的消化时间，可用最少的成本获得最好的消化效果。这个最佳的消化时间与物料的性质、消化温度、有机负荷、含固量以及消化工艺等有关。中温消化的时间为10～40d，高温消化的时间比中温短，一般为10～20d。大多数干式消化的时间为14～

30d，湿式消化的时间比干式消化的时间约短 3d。消化器中挥发性固体在 10h 内可去除 64%～85%，但实现完全消化至少需 10d。减小消化时间可减小反应器容积，但也会降低有机物的去除率，在实际应用中必须平衡这两个方面。减小消化时间的方法有混合搅拌和降低含固量。混合搅拌，使物料处于完全混合状态，防止在反应器底部形成沉淀，使微生物与被消化物质的表面充分接触，缩短反应时间。混合搅拌的方式有回流出水和沼气搅拌。由于微生物参与的反应需要水以及其很容易接近液体状态的基质，因此降低含固量可减小消化时间。此外，相分离(使产酸菌与产甲烷菌各自处于最佳的生长条件)可减少消化时间。另外，对物料进行预处理，提高其可消化的能力，也可减少消化时间。

9. 接种物

厌氧消化中细菌数量和种群会直接影响甲烷的生成。不同来源的厌氧消化接种物，对产气量有不同的影响。添加接种物可有效提高消化物料中微生物的种类和数量，从而提高消化处理能力，加快有机物的分解速率，提高产气量，还可以使开始产气的时间提前。用添加接种物的方法，开始消化时，一般要求菌种量达到物料的 5%以上。

10. 搅拌

有效的搅拌可使消化原料分布均匀，增加微生物与消化基质的接触，使系统内的物料和温度均匀分布，还可以使反应产生的气体迅速排出，也可防止局部出现酸累积和排除抑制厌氧菌活动的气体，从而提高产气量。

常用的搅拌方法有三种(图 6.24)：①机械搅拌，在消化池内安装机械搅拌装置，每 1～2d 搅拌 1 次，每次 5～10min，有利于沼气的释放；②气体搅拌，将消化池内的沼气抽出来，通过输送管道从消化池下部送进去，使池内产生较强的气体回流，达到搅拌的目的；③液体回流搅拌，用泵从消化池的出料间将料液抽出，再通过进料管注入消化池内，产生较强的料液回流以达到搅拌和菌种回流的目的。

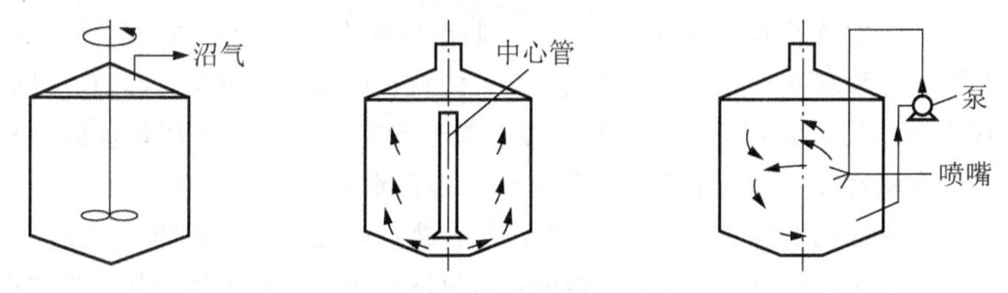

图 6.24 厌氧消化反应器常用的搅拌方法

对于流体状态或半流体状态的污泥，可以采用机械搅拌、气体搅拌、液体回流搅拌的方法。但是对于固体状态的物料，通常的搅拌方式往往难以奏效，可以通过循环浸出液的方式代替搅拌。

6.3.3 厌氧消化工艺

一个完整的厌氧消化系统包括预处理、厌氧消化反应器、消化气净化与贮存、消化液与污泥的分离、处理和利用。厌氧消化工艺类型较多，按消化温度、消化方式、消化极差的不同划分成几种类型。

1. 按消化温度划分的工艺类型

根据消化温度，厌氧消化工艺可分为自然消化、中温消化和高温消化工艺三种。

1）自然消化

自然温度厌氧消化是指在自然温度影响下消化温度发生变化的厌氧消化。目前我国农村基本上都采用这种消化类型，其工艺流程如图 6.25 所示。

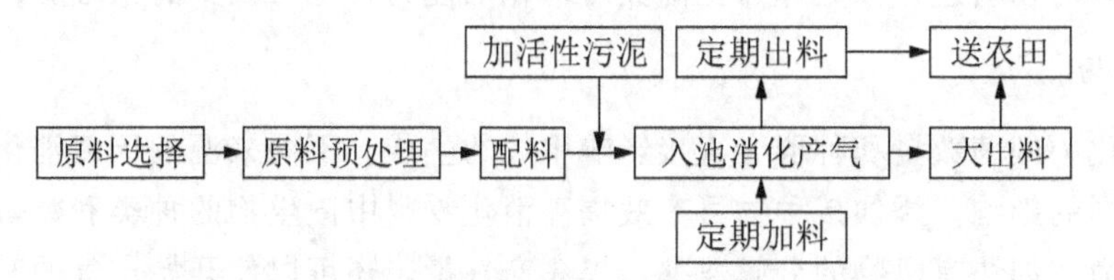

图 6.25　自然温度半批量投料厌氧消化工艺流程

自然消化工艺的消化池结构简单、成本低廉、施工容易、便于推广，但该工艺的消化温度不受人为控制，基本上是随气温变化而不断变化，通常夏季产气率较高，冬季产气率较低，故其消化周期需视季节和地区的不同加以控制。

2）中温消化

一般地，中温消化的温度范围为 30～40℃。由于中温消化系统中菌种种类多，易于培养驯化且活性高，热量消耗少，系统运行稳定，容易控制。因此，实际工程中常采用中温消化。1992 年以前，欧洲的有机垃圾厌氧消化采用的均是中温消化。

3）高温消化

高温消化的温度范围为 50～60℃，实际控制温度多在(53±2)℃之间。此时微生物特别活跃，有机物分解旺盛，消化快，产气率高，物料在厌氧池内停留时间短，可以有效地杀灭各种病原微生物，非常适用于生活垃圾、粪便和有机污泥、餐厨垃圾的处理。1992 年之后，欧洲有机垃圾的厌氧消化处理工艺中，高温消化所占的比例逐渐上升。至 2004 年，高温厌氧消化的比例约占 25%。高温消化的缺点：能耗高；温度变化的敏感性大；挥发性有机酸浓度增加使得工艺稳定性降低；氨氮浓度提高会使毒性增加，泡沫增多，臭味增加；所产气体中甲烷含量所占比例比中温消化低。

2. 按进料含水率划分的工艺类型

厌氧消化根据进料含水率的不同可以划分为湿式消化和干式消化两类。湿式消化是进料含水量超过 85%，干式厌氧消化通常指进料含水量低于 85%(一般为 60%～85%)。

1）湿式消化

湿式消化的优点：含水率高，固体含量少，界面传质阻力小，反应物和反应产物的扩散速度快，厌氧消化速度快，反应器容易实现完全混合，物料均匀，抗负荷冲击能力强，反应器运行稳定。但对含水率一般为60%～80%的城镇有机垃圾来说，采用高含水率厌氧消化(含水率>90%)，需要外加大量的水分，这一方面可以降低负荷，增加反应器容积；另一方面，在厌氧结束固液分离后续处理的废水量也大大增加。此外，采用高含水率厌氧消化，反应器内易出现分层现象，形成上部浮渣层，中部废水层以及下部污泥层，影响反应器消化效果。

2）干式消化

与湿式消化相比，干式消化的优点：外加水分少，固体含量高，可避免物料在反应器中结渣分层；有机负荷高，所需容积小；单位体积的沼气产量大；固液分离简单甚至可省去，固液分离后续处理的废水量少；能耗低。但低含水率厌氧消化，物料的输送和搅拌困难，很难使反应器内物料混合均匀。此外，含水率过低，还会影响厌氧消化的进程与效果。

3. 按进料方式划分的工艺类型

按进料方式，厌氧消化工艺可分为连续消化、半连续消化和批式消化。

1）连续消化

该工艺是从投料启动后，经过一段时间的消化产气后，每天分几次或连续不断地加入预先设计的原料，同时排出相同体积的消化物料，使消化过程连续进行的消化工艺。连续厌氧消化工艺的最大优点是“稳定”，它可以维持比较稳定的消化条件(如消化装置内物料的数量和品质基本保持稳定状态)，可以保持比较稳定的原料消化利用率，可以维持比较持续稳定的消化产气，产气量很均衡。另外，该工艺的消化装置不发生意外情况或不检修时均不需要大出料。连续厌氧消化工艺的缺点：消化装置结构和消化系统比较复杂，仅适用于大型的沼气消化工程系统；要求有充足的物料保证，否则就不能充分有效地发挥消化装置的负荷能力，也不可能使消化微生物逐渐完善和长期保存下来；要求较低的原料固形物浓度。连续厌氧消化工艺的工艺流程如图 6.26 所示。

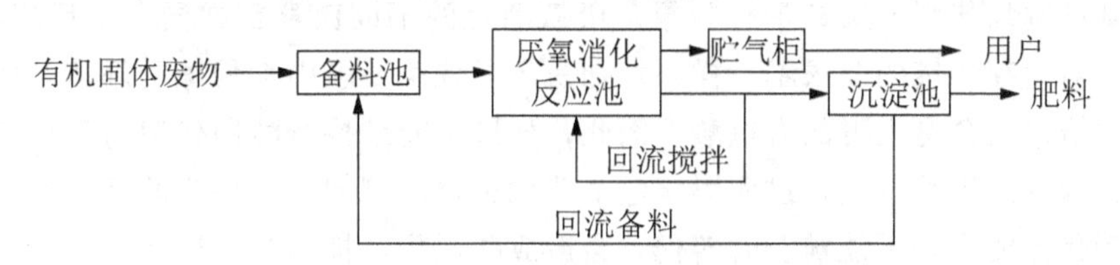

图 6.26　固体废物连续厌氧消化工艺流程

2）半连续消化

半连续厌氧消化工艺的特点：启动时一次性投入较多的消化原料(一般占整个消化周期投料总量的1/4～1/2)，当产气量趋于下降时，开始定期或不定期添加新料和排除旧料，以维持比较稳定的产气率，到一定阶段后，将大部分物料取走。半连续厌氧消化工艺是最常采用的厌氧消化工艺，其流程如图 6.27 所示。

3）批式消化

批式消化是指反应装置一次进料、接种后密闭，中途不再添加新料，待有机物完成消

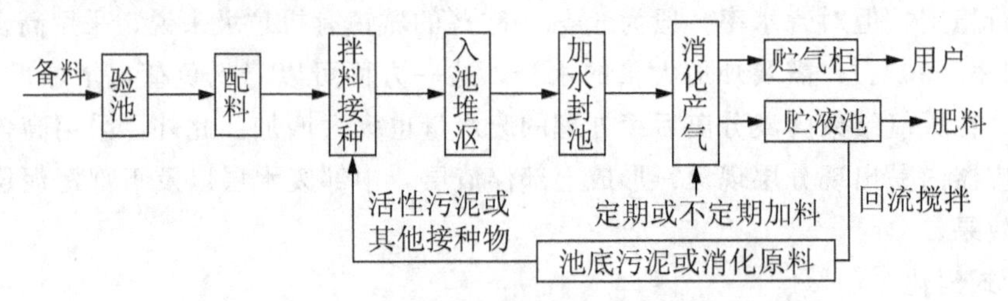

图 6.27　固体废物半连续厌氧消化工艺流程

化过程后，一次性清空反应器，并添加新一批物料重复上述过程。批式消化厌氧工艺的特点：初期产气少，随后逐渐增加，直到产气保持基本稳定，再后产气又逐步减少，直到出料。批式消化厌氧工艺的工艺流程如图 6.28 所示。

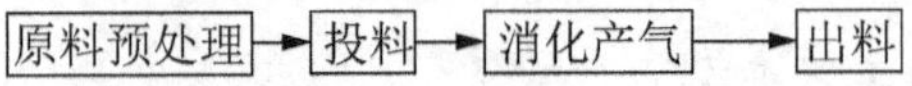

原料预处理 → 投料 → 消化产气 → 出料

图 6.28　批式厌氧消化工艺流程

批式厌氧消化具有工艺简单、造价低的优点，其主要缺点：启动比较困难，因为进料时的干物质含量较高，启动时容易产酸过多，发生有机酸积累，抑制产甲烷菌的生长和增殖。

4. 按消化阶段划分的工艺类型

根据厌氧消化的两阶段理论，按产酸和产甲烷两个消化阶段是否在同一个反应器内进行，将厌氧消化分为单相厌氧消化和两相厌氧消化。

1）单相厌氧消化

单相厌氧消化是指水解酸化与产甲烷阶段在同一反应器内进行，多种菌群在同一环境中生存。单相厌氧消化工艺的缺点：厌氧消化的所有过程都在一个反应器内进行，任何一个步骤受到抑制均能影响厌氧消化效果；厌氧消化的不同菌群都在同一个反应器内生存，而不同菌群对生存环境的要求不一样，特别是产甲烷菌要求中性偏碱的环境，而产酸菌的代谢产物中恰恰又含有大量的有机酸，因此，如果不能维持产酸菌代谢与产甲烷菌代谢的平衡，就会抑制产甲烷反应，进而影响整个消化进程。例如，如果产酸菌产生的有机酸超过产甲烷菌代谢能力，不能被及时转化，会造成酸累积，抑制产甲烷反应。

单相厌氧消化工艺将产酸与产甲烷融合在一个反应器中，具有设备简单、投资和维护费用比较小的优点，在实际应用中，如能对物料进行合适的预处理和精确控制进料的速率，也能确保系统运行过程中的生物稳定性。所以，单相厌氧消化工艺得到广泛应用，如目前在欧洲运行的处理有机废物的大型厌氧消化工程中，90%都是采用该工艺。

2）两相厌氧消化

两相厌氧消化最本质的特征是相的分离，就是将产酸和产甲烷分别在两个反应器中进行，其工艺流程如图 6.29 所示。产酸池的功能：水解和液化固态有机物为有机酸；缓冲和稀释负荷冲击与有害物质，并截留难降解的固体物质。产甲烷池的功能：保持严格的厌氧条件和 pH，以利于产甲烷菌的生长；消化、降解来自前一阶段反应器的产物，把它们转化成甲烷含量较高的消化气，并截留悬浮固体、改善出料性质。

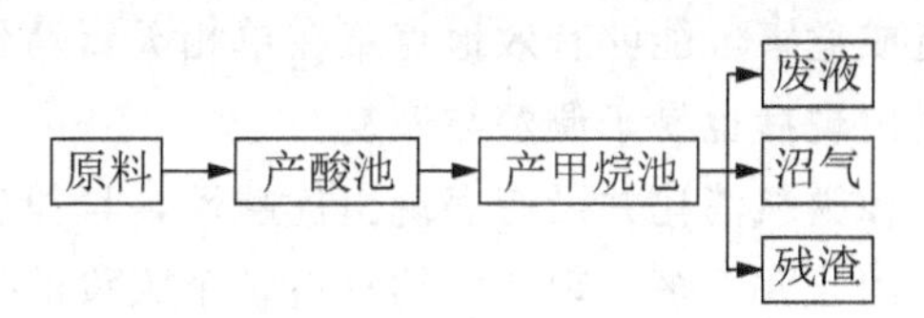

图 6.29　两相厌氧消化工艺流程

一般来说，所有相分离的方法都是根据产酸和产甲烷两大类菌群的生理生化特征的差异来实现的。目前，主要的相分离技术可以分为物理法、化学法和动力学控制法三种。

(1) 物理法：采用选择性的半渗透膜使进入两个反应器的基质有显著的差异，以实现相分离。

(2) 化学法：投加选择性的抑制剂或调整氧化还原电位及调整 pH 来抑制产甲烷菌在产酸相中的生长，以实现两大菌群的分离。

(3) 动力学控制法：利用产酸菌和产甲烷菌在生长速率上的差异，控制两个反应器的水力停留时间、有机负荷等参数，使生长速率慢、世代时间长的产甲烷菌不可能在停留时间短的产酸相中存活。

目前应用最广泛的是将动力学控制法与调整产酸相反应器的 pH 相结合。无论采用哪种方法，都只能在一定程度上实现相的分离，而不可能实现绝对的相分离。

厌氧消化的两个限速步骤为复杂底物水解和产甲烷。两相厌氧消化把两个可能的限速步骤加以分离，为产酸菌和产甲烷菌提供了各自良好的生存环境。相对于单相厌氧消化，两相厌氧消化的优点如下。

(1) 提高产甲烷反应器中产甲烷菌的活性。由于实现了相的分离，进入产甲烷相反应器的物料是经过产酸相反应器预处理的出料，其中的有机物主要是有机酸，而且主要以乙酸和丁酸为主，这样的一些有机物为产甲烷相反应器中的产氢产乙酸菌和产甲烷菌提供良好的基质；同时由于相的分离，可以将甲烷相反应器的运行条件控制在更合适于产甲烷细菌生长的环境条件下，因此可以使得产甲烷相反应器中的产甲烷菌的活性得到明显提高。有研究表明，两相厌氧消化工艺产甲烷相反应器中产甲烷细菌的数量比单相反应器中的高 20 倍，这也证实了实现相的分离后，产甲烷细菌的活性得到了一定程度的强化。

(2) 提高整个处理系统的稳定性和处理效果。厌氧发酵过程中产生的氢不仅能调节中间代谢产物的形成，也能调节中间产物的进一步降解。实现相的分离后，在产酸相反应器中由于发酵和产酸过程而产生的大量的氢不会进入到后续的产甲烷反应器中，同时产酸相反应器还能给产甲烷反应器中的产甲烷菌提供更适宜的基质，有利于产甲烷相的运行。同时产酸相还能有效地去除某些毒性物质、抑制物质或改变某些难降解有机物的部分结构，减少这些物质对产甲烷反应器中产甲烷菌的不利影响或提高其可生物降解性，有利于产甲烷相的运行，增加整个系统的运行稳定性，提高系统的处理能力。

(3) 提高系统抗有机负荷冲击的能力。为了抑制产酸相中的产甲烷菌的生长而有意识地提高产酸相的有机负荷率，提高了产酸相的处理能力。产酸菌的缓冲能力较强，因而冲击负荷造成的酸积累不会对产酸相有明显的影响，经过产酸反应器对有机负荷的缓冲，就不会对后续的产甲烷相造成危害，能够有效地克服在单相厌氧消化工艺中因有机负荷过高而出现的酸败现象，即使出现后也易于调整与恢复。

而在实际运行中，两相厌氧消化并没有表现出优越性，且投资多、维护复杂，所以实际上投入运行的两相厌氧消化并不多，现在大约只占整个厌氧消化份额的10%。两相消化的主要优点并非可以提高反应速率，而是表现在消化过程中生物稳定性更强，而单相系统运行往往是不稳定的。

6.3.4 厌氧消化反应的动力学模型

1. 厌氧消化水解动力学模型

一级反应动力学方程、Monod 方程、Contois 方程、两相模型四种动力学模型对猪粪、污泥、牛粪和纤维素降解的模拟结果发现：在确定的固体停留时间条件下，四种模型的拟合都比较好；但是，当固体停留时间变化范围较大时，Monod 方程的拟合最差，Contois 方程和两相模型较好。

水解是复杂有机物质厌氧消化的限速步骤。水解过程必须经过两个阶段，第一阶段是微生物向颗粒表面吸附并逐渐覆盖的过程；第二阶段为微生物覆盖颗粒表面后，消耗或水解掉一定的颗粒厚度。

目前，普遍认为颗粒性有机物的水解过程遵循一级反应动力学，可溶性有机物水解及降解过程遵循 Monod 模型；在整个水解过程中，颗粒性有机物的水解是整个过程的限速步骤，溶解性小分子有机物的扩散速度及其降解转化速度均很快。由此，可建立如下水解过程方程组：

$$r_S = -\frac{ds}{dt} = k_S S \tag{6-23}$$

$$r_d = k_d (S^*_{COD} - S_{COD}) \tag{6-24}$$

$$r_C = \frac{ds_{COD}}{dt} = r_S - r_a \tag{6-25}$$

$$r_a = \frac{ds_{VFA}}{dt} = \frac{v_m S_{COD}}{k_C + S_{COD}} \tag{6-26}$$

式中：r_S——颗粒性有机物水解速率；

r_d——小分子水解产物的扩散速率；

r_C——水解液中溶解性 COD 的变化速率；

r_a——水解液中产酸速率；

k_S——单位面积颗粒有机物水解常数；

S——t 时刻未溶解颗粒有机物浓度；

k_d——小分子水解产物总的扩散系数；

S^*_{COD}——t 时刻固体颗粒表面溶解性有机物浓度；

S_{COD}——t 时刻液相主体中溶解性有机物浓度；

v_m——溶解性有机物的最大降解速率；

k_C——溶解性有机物的降解半饱和常数。

2. 厌氧消化抑制动力学模型

当厌氧消化反应过程中存在抑制物质时，微生物体内酶的正常代谢受到影响，从而影响厌氧动力学，所以必须对动力学模型进行修正。对 Monod 比生长速率动力学公式修正而得出的抑制动力学模型如下：

$$\mu=\frac{\mu_{max}}{1+\frac{K_S}{S}+\frac{S}{k_i}} \tag{6-27}$$

式中：S——抑制基质浓度；

μ_{max}——在饱和浓度中的微生物最大比增长速度；

K_S——饱和常数；

k_i——抑制系数。

部分复杂有机物厌氧消化的一些参数的范围如表 6－11 所示。

表 6－11　复杂有机物厌氧消化部分参数的范围

参数 基质	过　程	K_S/(mg·COD/L)	μ_{max}/d^{-1}
碳水化合物	产酸	225～630	30～72
长链脂肪酸	厌氧氧化	105～3 180	0.085～0.55
短链脂肪酸	厌氧氧化	13～500	0.12～0.13
乙　酸	乙酸裂解产甲烷	11～421	0.08～0.7

3. 厌氧消化综合动力学模型

国际水质协会厌氧消化数学模型任务小组发展了一个通用模型(ADM1)。这个模型包括厌氧体系中的 7 大类微生物、19 个生化动力学过程、3 个气液传质动力学过程，共有 26 个组分和 8 个隐式代数变量。该模型能较好地模拟和预测不同厌氧工艺在不同运行工况下的运行效果，如气体产量、气体组成、出水 COD、VFA 以及反应器内的 pH。ADM1 还具有良好的可扩展性，可提供开放的通用建模平台，在实际应用中，可以经过简化、扩充或修正对不同实例进行模拟。

6.3.5　厌氧消化装置

厌氧消化装置的种类很多。

按消化间的结构形式，有圆形、长方形、卵形等。

按建池材料划分为：①砖、石材料；②混凝土材料；③钢筋混凝土材料(主要用于大中型沼气池)；④新型材料，即所谓高分子聚合材料，例如聚乙烯塑料、红泥塑料、玻璃钢等；⑤金属材料。

按贮气方式有水压式、浮罩式和气袋式。

1. 水压式沼气池

水压式沼气池是我国推广最早、数量最多的厌氧消化装置，是在总结“三结合”“圆、小、浅”“活动盖”“直管进料”“中层出料”等的基础上形成的。“三结合”就是厕所、猪圈和沼气池连成一体，人畜粪便可以直接打扫到沼气池里进行消化。“圆、小、浅”就是池体圆、体积小、埋深浅。“活动盖”就是沼气池顶加活动盖板。

水压式沼气池的工作过程：消化间上部气室完全封闭，随着沼气的不断产生，消化间内压力相应提高，迫使消化间内的一部分料液进到与池体相通的水压间内，使得水压间内的水位升高。直至消化间内的气压和水压间与消化间的水位差所形成的压力相等为止。产气越多，水位压就越大，压力也越大。当沼气被利用时，消化间内气体减少，气体压力降低，水压间的料液返回消化间。这样，随着气体的产生和被利用，水压间和消化间的水位差也不断变化，始终保持与消化间内气压相平衡。

图 6.30(a)是沼气池启动前的状态，池内初加新料，处于尚未产生沼气阶段。其消化间与水压间的液面处在同一水平，称为初始工作状态，消化间的液面为 $O—O$ 水平，消化间内尚存的空间(V_0)为死气箱容积。图 6.30(b)是启动后状态，此时，消化间内开始消化产气，消化间气压随产气量增加而增大，造成水压间液面高于消化间液面。当消化间内贮气量达到最大量($V_{贮}$)时，消化间液面下降到最低位置 $A—A$ 水平，水压间液面上升到可上升的最高位置 $B—B$ 水平。此时称为极限工作状态。极限工作状态时的两液面高差最大，称为极限沼气压强，其值可用下式表示：

$$\Delta H = H_1 - H_2 \tag{6-28}$$

式中：H_1——消化间液面最大下降值；

H_2——水压间液面最大上升值；

ΔH——沼气池最大液面差。

图 6.30(c)表示使用沼气后，消化间压力降低，水压间液体回流至消化间，从而使得在产气和用气过程中，消化间和水压间液面总处于初始状态和极限状态之间上升和下降。

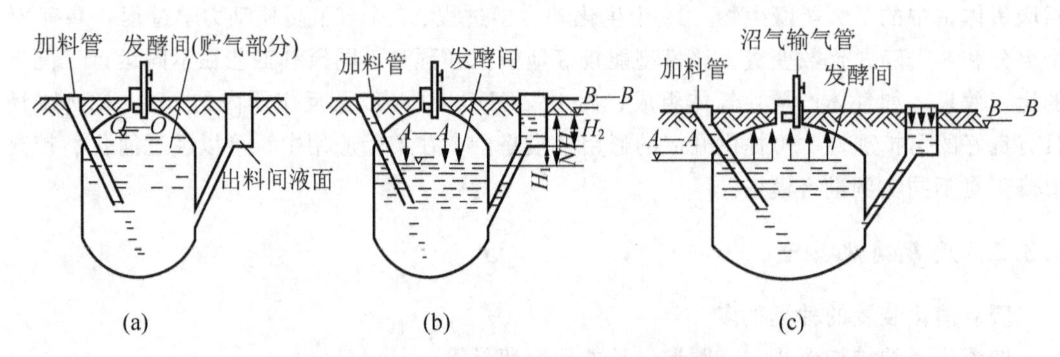

图 6.30 水压式沼气池工作过程

水压式沼气池结构简单、造价低、施工方便；但由于温度不稳定，产气量不稳定，因此原料的利用率低。

2. 立式圆形浮罩式沼气池

立式圆形浮罩式沼气池多采用地下埋设方式，它可以把消化间和贮气间分开，因而具有压力低、消化效果好、产气多等优点。产生的沼气由浮沉式的气罩贮存起来。气罩可直接安装在消化间的顶部，称为顶浮罩式，如图 6.31(a)所示。也可以安装在消化间的侧面，称为侧浮罩式，如图 6.31(b)所示。浮沉式气罩由水封池和气罩两部分组成，当沼气压力大于气罩重量时，气罩便沿水池内壁的导向轨道上升，直至平衡为止，当用气时，罩内气压下降，气罩也随之下沉。

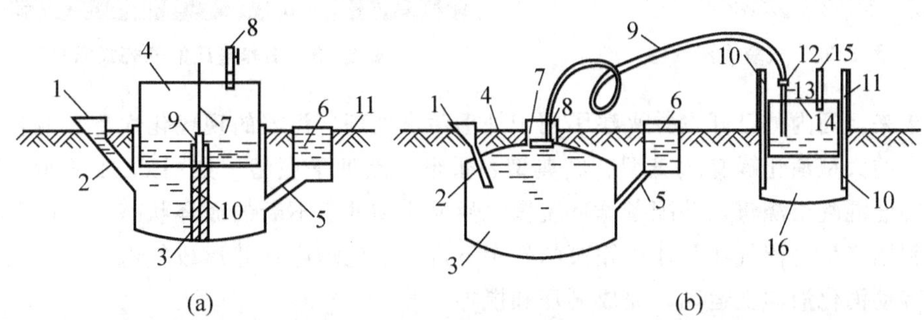

1—进料口；2—进料管；3—消化间；4—浮罩；5—出料连通管；6—出料间；7—导向轨；8—导气管；9—导向槽；10—隔墙；11—地面

1—进料口；2—进料管；3—消化间；4—地面；5—出料连通管；6—出料间；7—活动盖；8—导气管；9—输气管；10—导向柱；11—卡具；12—进气管；13—开关；14—浮罩；15—排气；16—水池

图 6.31 两种浮罩式沼气池

浮罩式沼气池的优点如下。

(1) 气压恒定、燃烧器能稳定使用。

(2) 池内气压低、对沼气消化池的防渗要求较低。

(3) 发酵池与贮气浮罩分离，沼气池可以多装料，其发酵容积比同容积的水压式沼气池增加 10%以上

(4) 产气效率高，一般比水压式池型提高 30%左右，原因：发酵液不经常出入出料间，保温效果好，利于产沼气细菌活动；浮渣大部分被池拱压入发酵液中，可以使发酵原料更好地发酵产气；装满料，混凝土池壁浸水后，气密性大为提高。

立式圆形浮罩式沼气池的缺点是占地面积大，建池成本高(比同容积的水压式沼气池型增加 30%左右)，出料困难，施工难度大，施工周期长。

3. 气袋式沼气池

气袋式沼气池的整个池体由塑料膜热合加工制成，设进料口和出料口，安装时需建槽，如图 6.32 所示。一般是半连续进料，主要用于处理禽畜粪便。某养猪场处理猪粪便的气袋式沼气池，如图 6.33 所示。

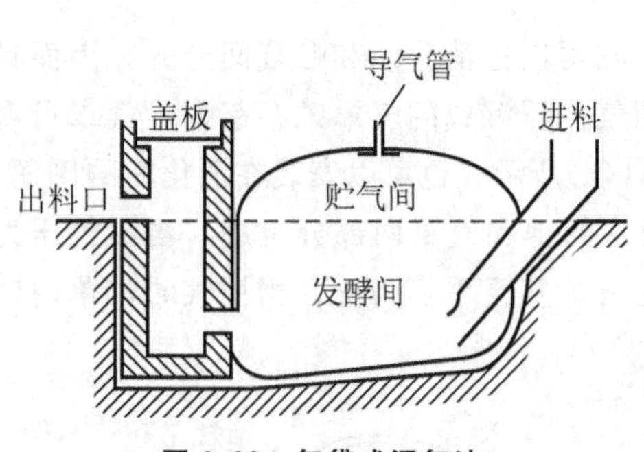

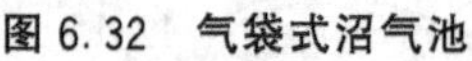
图 6.32 气袋式沼气池

图 6.33 某养猪厂的气袋式沼气池

近年来，国内外已开发并兴建了用于处理污水处理厂污泥的现代化大型工业化消化设备。常见的大型消化罐有欧美型、经典型、蛋形、欧洲平底型，如图 6.34 所示。这些消化罐用钢筋混凝土浇筑，并配备循环装置，使反应物处于不断的循环状态。在厌氧消化过程中，利用产生的沼气在气体压缩泵的作用下进入消化罐底部并形成气泡，气泡在上升的过程中带动消化液向上运动，完成循环和搅拌。

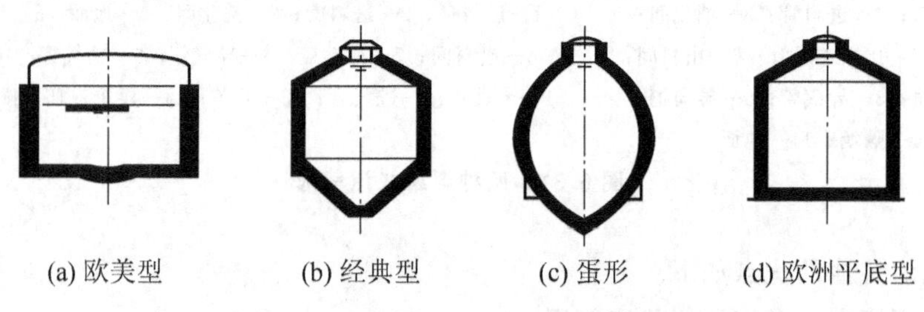

图 6.34 现代化大型工业化消化设备

6.4 蚯蚓处理有机固体废物的技术

6.4.1 蚯蚓处理有机固体废物的机理

蚯蚓是杂食性动物，它的消化能力极强，它的消化道可分泌蛋白酶、脂肪分解酶、纤维素酶、甲壳酶、淀粉酶等，除金属、玻璃、塑料及橡胶外，几乎所有的有机物质(如腐烂的落叶、枯草、蔬菜碎屑、作物秸秆、畜禽粪及生活垃圾)都可被它消化。另外，蚯蚓分布广、适应性强、繁殖快、抗病力强、养殖简单。故利用蚯蚓处理有机固体废物是一种投资少、见效快、简单易行且效益高的工艺技术。

20 世纪 80 年代以来，人们开始用人工控制的方法实现蚯蚓处理有机固体废物。蚯蚓处理有机固体废物的过程实际上是蚯蚓和微生物共同处理的过程。二者构成蚯蚓—微生物处理系统。在此系统中，蚯蚓直接吞食有机物，经消化后，可将有机物质转化为可给态物质，这些物质同蚯蚓排出的钙盐与黏液结合即形成蚓粪颗粒，蚓粪颗粒是微生物生长的理想基质。另外，微生物分解或半分解的有机物质是蚯蚓的优质食物，二者构成了相互依存的关系，共同促进有机固体废物的分解。

6.4.2 蚯蚓处理有机固体废物的蚓种选择

目前世界上生存的蚯蚓达 6 000 多种。虽然蚯蚓的品种繁多，但应用于有机废弃物堆肥处理的主要集中在正蚓科和巨蚓科的几个属种。在国内外垃圾处理实践中应用最广泛的是赤子爱胜蚓。在一般的养殖条件下，赤子爱胜蚓年繁殖率可达 1 000 倍，以重量计可达 100 倍以上。

6.4.3 蚯蚓处理有机固体废物的种类

目前被作为蚯蚓处理的对象有：①城市垃圾，其成分复杂，无机物含量高，经筛选后主要包括厨余、果类、纸类等有机成分；②禽畜粪便，含水率高(大都在 85%以上)，有机质含量高(如猪粪污水 COD 可达 $81g \cdot L^{-1}$)，主要包括牛粪、羊粪、猪粪以及其他禽类粪便；③农林废物，粗纤维含量高，蛋白及可溶性多糖低，动物适口性差，包括农作物秸秆、牧草残渣、树叶、花卉残枝、蔬菜瓜果等；④有机污泥，有机质和 N、P 养分高，易腐化发臭，包括市政污水厂产生的剩余污泥以及纺织、造纸等行业产生的各类污泥。

6.4.4 蚯蚓处理有机固体废物的影响因素

1. 有机质

有机废弃物中的有机质是蚯蚓生存的主要条件。例如，当生活垃圾中有机质成分比例小于 40%时，就会影响蚯蚓的正常生存和繁殖，所以用于蚯蚓处理的生活垃圾中的有机成分的含量需大于 40%。

2. 粒度

粒度要均匀，利于通风，一般为 15～50mm。

3. C/N

有机质的营养搭配是限制蚯蚓生长和繁殖的关键。过去认为主要决定于蛋白质和脂肪的含量，实际上食料 C/N 才是反映蚯蚓堆肥适宜性的综合指标。当 C/N=(25～40)∶1，处理效果最佳。

4. 温度

不同种蚯蚓的生存域值范围各不相同，例如，赤子爱胜蚓的温度域值较广(5～43℃)，可用于室外处理有机废物，而对于 Eudrilus eugeniae 和 P excavatus，高温成为其处理有机废物的制约因素。

5. 湿度

蚯蚓的呼吸和其他生命活动跟环境湿度密切相关。湿度过小，蚯蚓会降低新陈代谢速率，降低水分消耗，出现逃逸、脱水而极度萎缩呈半休眠状态；湿度过高则溶解氧不足，出现逃逸或窒息死亡。蚯蚓能够适应的湿度范围为30%～80%，最适宜的湿度范围为60%～80%。

6. pH

蚯蚓生存的pH范围为6～8.5，若废物的pH过高或过低，均会影响蚯蚓的活动能力，可事先用水淋洗或添加石灰进行调节以达到最佳pH范围。pH应以中性为宜。

7. 氧气

应尽量避免环境缺氧。

8. 有毒有害物质

新鲜的有机废弃物来源广泛，成分复杂，常含有对蚯蚓生长不利的因素。因此，一般投加蚯蚓前必须对其进行预处理，以杀死大量病原菌和其他有害的微生物。有机物处理过程中发生厌氧发酵时产生甲烷、CO_2等气体，对蚯蚓的存活率造成极大的威胁。如Deepanjan Majumdar等用蚯蚓堆肥处理制药厂污泥和菌渣，蚯蚓只能存活几十分钟，最长也只有200min左右。

9. 投加密度

在大规模的工程应用中，增大蚯蚓投加密度可提高单位容积的处理效率，但投加密度过高使种群内发生生存空间和食物的争夺，影响有机废弃物处理效率。有研究得出蚯蚓投加密度为$1.6\mathrm{kg \cdot m^{-2}}$、喂食速度为$1.25\ \mathrm{kg \cdot kg^{-1} \cdot d^{-1}}$时，蚯蚓的生物转化效率最高，而同样投加密度下喂食速度为$0.75\ \mathrm{kg \cdot kg^{-1} \cdot d^{-1}}$时堆肥产物稳定化效果最佳。

6.4.5 蚯蚓处理生活垃圾的工艺流程

蚯蚓处理生活垃圾的过程一般包括以下几个步骤。

(1) 预处理。主要是将垃圾粉碎，以利于分离。

(2) 分离。把金属、玻璃、塑料、橡胶等分离除去，再进一步粉碎，以增加微生物的接触面积，利于与蚯蚓一起作用。

(3) 堆放。将处理后的垃圾进行分堆，堆的大小为宽度180～200cm，长度按需要而定，高度为40～50cm。

(4) 放置蚯蚓。垃圾发酵熟化后达到蚯蚓生长的最佳条件时，在分堆10～20d后，就可以放置蚯蚓，开始转化垃圾。

(5) 检查正在转化的料堆状况。要定期检测，修正可能发生变化的所有参数，如温度、湿度和酸碱度，保证蚯蚓迅速繁殖，加快垃圾的转化。

(6) 收集堆料和最终产品的处理。在垃圾完全转化后，需将肥堆表面5～6cm的肥料层收集起来，剩下的蚯蚓粪经过筛分、干燥、装袋，即得有机复合肥。

(7) 添加有益微生物。适量的微生物将有利于堆肥快速而有效地进行，蚯蚓以真菌为食，故在垃圾处理过程中应有选择地添加真菌群落。

从收集垃圾到蚯蚓处理获得最终肥料产品的工艺流程如图 6.35 所示。

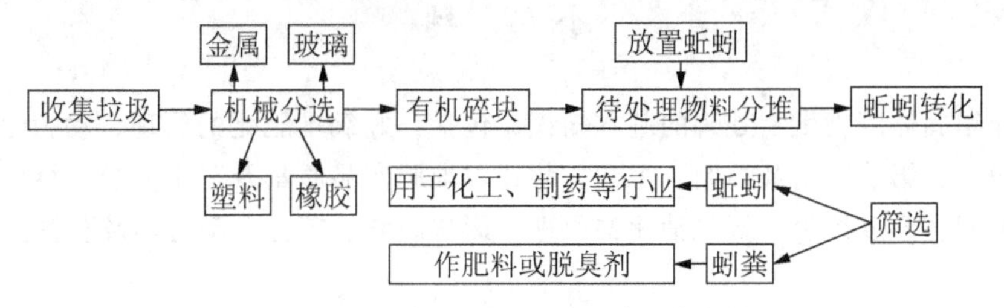

图 6.35 蚯蚓处理生活垃圾的工艺流程

6.4.6 蚯蚓处理有机固体废物的优势及局限性

1. 优势

同单纯的堆肥技术相比，废弃物的蚯蚓处理技术具有以下优点。

(1) 其过程为生物处理过程，无不良环境影响，对有机物消化完全彻底，其最终产物较单纯堆肥具有更高的肥效，所以废弃物的蚯蚓处理技术被认为是一种“生态环境友好”型技术。

(2) 使养殖业和种植业产生的大量副产物能合理地得到利用，避免资源浪费。

(3) 对废弃物减容作用更为明显，实验表明，单纯堆肥法减容效果一般为 15%～20%，经蚯蚓处理后，其减容效果可超过 30%。

(4) 除获得大量高效优质有机肥外，还可以获得大量蚯蚓蚓体。蚯蚓蚓体富含蛋白质、氨基酸、脂肪酸等营养物质，可用于饲养动物。

(5) 蚯蚓对某些重金属具有很强的富集作用。在蚯蚓处理废弃物的过程中，废弃物中的重金属可被摄入蚯蚓体内，通过消化过程，一部分重金属会蓄积在蚯蚓体内，其余部分则排泄出体外。蚯蚓对不同重金属有着不同的耐受能力，当某一种重金属元素的浓度超过蚯蚓的耐受极限时，它会通过排粪或其他方式将重金属排出体外。蚯蚓具有富集 Cu、Zn、Cr、Cd、Hg、Se 等重金属的能力。蚯蚓对各元素的富集系数 K 值排序为 Cd>Hg>As>Zn>Cu>Pb，蚯蚓对镉有明显的富集作用。有些蚯蚓组织含 Cu 量相当于体重的 0.14%。

2. 局限性

在利用蚯蚓处理废弃物的过程中，通常选用那些喜有机物质和能耐受较高温度的蚯蚓种类，以获得最好的处理效果。但即使是最耐热的蚯蚓种类，温度也不宜超过 30℃，否则蚯蚓不能生存下去。另外，蚯蚓的生存还需要一个较为潮湿的环境，理想的湿度为 60%～80%。蚯蚓处理后的蚓粪中重金属有累积作用，这样的蚓粪施入土壤后可能会引发二次污染。因此，在利用蚯蚓处理固体废弃物时，应该从技术上考虑到避免不利于蚯蚓生长的因素，才能获得最佳的生态和经济效益。

小　　结

本章介绍固体废物生物处理的基本知识，包括：好氧堆肥化的原理、动力学、过程与微生物、程序、影响因素及控制、工艺、装置，堆肥产品质量及卫生要求，堆肥热灭活与无害化，堆肥腐熟度评价；厌氧消化的原理、影响因素、工艺、动力学及装置。

思　考　题

1. 分析、比较好氧堆肥和厌氧消化的特点及适用条件。

2. 分别设计生活垃圾、污泥、禽畜粪便生物处理的工艺流程。

3. 使用一台封闭式发酵仓设备，以固体含量为50%的垃圾生产堆肥，待干至90%固体后用作调节剂，环境空气温度为20℃，饱和湿度(水/干空气)为0.015g/g，相对湿度为75%，试估算使用环境空气进行干化时的空气需要量。如将空气预热到60℃(饱和湿度为0.152 g/g)会如何?

第 7 章 固体废物的热处理

知识点

固体废物焚烧的定义、原理、影响因素，焚烧效果的评价，焚烧过程的物质和热平衡，焚烧工艺与系统，焚烧二次污染的控制；热解的定义、特点、原理、影响因素、动力学模型、工艺、设备；焙烧、熔融、热分解、烧成、干燥的基本原理、过程、设备。

重点

焚烧的原理、影响因素，焚烧效果的评价，焚烧工艺，焚烧炉系统，焚烧二次污染的控制；热解的特点、原理、影响因素、工艺、设备。

难点

焚烧过程的物质和热平衡，热解的动力学模型。

固体废物热处理是在设备中以高温分解和深度氧化为主要手段，通过改变废物的化学、物理或生物特性和组成来处理固体废物的过程。固体废物的热处理方法包括焚烧、热解(裂解)、焙烧、烧成、热分解、煅烧、烧结等。

与其他处理方法相比，固体废物热处理的优点：①减量效果好；②无害化程度高；③减轻或消除后续处置过程对环境的影响，例如，可以大大降低填埋场浸出液的污染物浓度和释放气体中的可燃及恶臭成分；④回收资源和能量，如热解生产燃料油、焚烧发电。

7.1 固体废物焚烧处理

7.1.1 固体废物焚烧处理的定义

固体废物焚烧处理是一种高温热处理技术，即以一定的过剩空气量与被处理的有机物在焚烧炉内进行氧化燃烧反应，废物中的有害有毒物质在高温下氧化、热解而被破坏，是一种可同时实现废物无害化、减量化、资源化的处理技术。

7.1.2 焚烧原理

1. 燃烧与焚烧

焚烧是通过燃烧处理废物的一种热力技术。通常把具有强烈放热效应、有基态和电子激发态的自由基出现、并伴有光、热辐射的化学反应现象称为燃烧。燃烧过程可以产生火焰，而燃烧火焰又能在一定条件和适当可燃介质中自行传播。生活垃圾和危险废物的燃烧，称为焚烧，是包括蒸发、挥发、分解、烧结、熔融和氧化还原等一系列复杂的物理变化和化学反应，以及相应的传质和传热的综合过程。

根据可燃物不同性质，有三种不同燃烧方式：①蒸发燃烧，固体受热融化成液体，继而化成蒸汽，与空气扩散混合燃烧；②分解燃烧，固体受热后首先分解，轻的碳氢化合物挥发，留下固定碳及惰性物，挥发分与空气扩散混合而燃烧，固定碳的表面与空气接触进行表面燃烧；③表面燃烧，固体燃料受热后不发生融化、蒸发、分解等过程，而是在固体表面与空气进行燃烧。由于生活垃圾含有的多种有机可燃成分，而且垃圾中碳含量较低，发热量小，所以垃圾焚烧是以有机可燃物挥发分析出和分解燃烧过程为主要过程，蒸发燃烧及表面燃烧为次要过程，比单纯气态燃料、液态燃料的燃烧过程更为复杂。

燃烧着火方式有化学自然燃烧、热燃烧、强迫点燃燃烧三种。生活垃圾和危险废物的焚烧处理属于强迫点燃燃烧。当焚烧炉在启动点火时，可用电火花、火焰、炽热物体或热气流等引燃炉内的可燃物质。而在正常燃烧过程中，高温炉料和火焰自行传播就可正常点燃可燃物质，维持正常燃烧过程。

燃烧的目的通常是获取能量。固体废物的焚烧是使固体废物进行可控制的完全燃烧，其主要目的：①实现废物减量，如生活垃圾焚烧可实现重量减量70%～85%，容积减量90%以上；②消除有害物质，焚烧过程的高温可以使废物中的有害成分得到完全分解，并能彻底杀灭病原菌，尤其是对于可燃性致癌物、病毒性污染物、剧毒性有机物等；③回收利用产生的热能。

2. 焚烧过程

固体废物在焚烧炉的焚烧过程可依次分为干燥、焚烧和燃尽三个阶段。生活垃圾焚烧过程如图 7.1 所示。

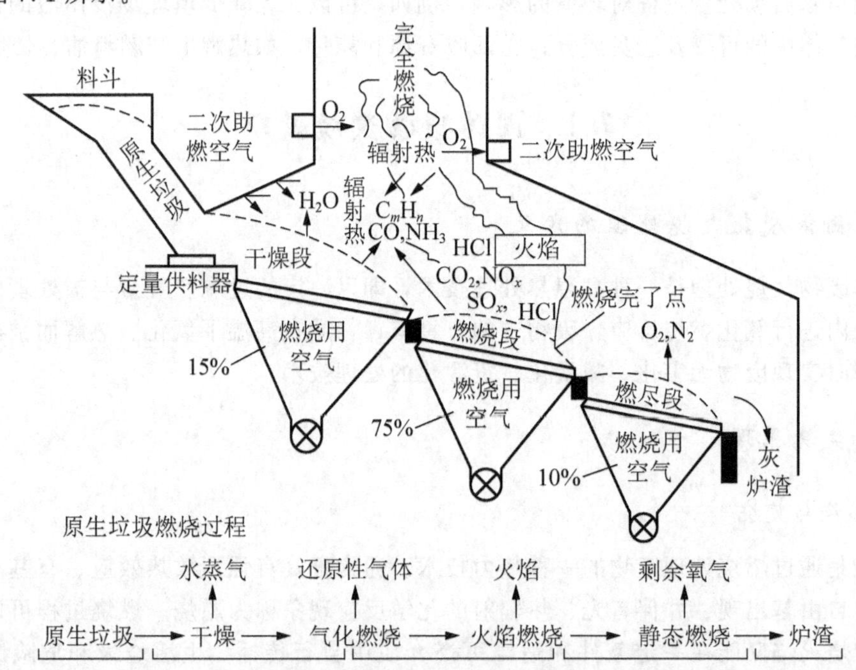

图 7.1　生活垃圾焚烧过程

1）干燥阶段

干燥是利用焚烧系统热能，使入炉固体废物水分汽化、蒸发的过程。从物料进入焚烧炉起到物料开始析出挥发分、着火这一段时间，都是干燥阶段。按热量传递的方式，可将干燥分为传导干燥、对流干燥和辐射干燥。通过高温烟气、火焰、高温炉料的热辐射和热传导，对进入焚烧炉的物料进行加热，其温度逐渐升高，表面水分逐步蒸发，当温度增高到100℃左右，相当于达到标准大气压力下水蒸气的饱和状态时，物料中水分开始大量蒸发。此时，物料温度基本稳定，随着不断加热，物料中水分大量析出，物料不断干燥。当水分基本析出完后，物料的温度开始迅速上升，直到着火进入真正的燃烧阶段。在干燥阶段，物料中水分是以水蒸气的形态析出的，水的汽化过程需要吸收大量的热。

物料含水率的高低决定了干燥阶段所需时间的长短，这在很大程度上也影响着固体废物焚烧过程。如果水分过高，造成炉温降低过多，物料着火燃烧就发生困难，此时需加入辅助燃料燃烧，以提高炉温，改善着火条件。有时也可采用将干燥段与焚烧段分开的设计，一方面使干燥段产生的大量水蒸气不与燃烧段的高温烟气混合，以维持燃烧段烟气和炉墙的高温水平，保证燃烧段良好的燃烧条件；另一方面，干燥过程所需热量是取自完全燃烧后产生的烟气，燃烧已经在高温下完成，再取其燃烧产物作为热源，就不致影响燃烧段本身。

2）燃烧阶段

物料基本上完成了干燥过程后，如果炉膛内保持足够高的温度，又有足够多的氧化剂，物料就会很顺利地进入燃烧阶段，这也是焚烧过程的主要阶段。燃烧阶段不是一个简单的氧化反应，一般包括以下三个同时发生的化学反应。

（1）强氧化反应。

物料强氧化反应是包括了产热和发光的快速氧化过程。在强氧化过程中，由于很难实现物料的完全燃烧，不仅会出现理论条件下的氧化产物，还会出现许多中间产物。

（2）热解反应。

热解是固体废物中的有机可燃物质的热力降解过程。它是在无氧或近乎无氧条件下，利用热能破坏含碳高分子化合物元素间的化学键，使含碳化合物破坏或者进行化学重组。热解既有放热反应，也可能有吸热反应。尽管焚烧要求确保有50%～150%的过剩空气量，以提供足够的氧与炉中待焚烧的物料有效地接触，但仍有部分物料没有机会与氧接触，这部分物料在高温条件下就要进行热解。

对于一般有机固体废物而言，受热后总是先进行热解，析出大量的气态可燃气体成分，如CO、CH_4、H_2或分子量较小的挥发分。挥发分析出的温度区间一般在200～800℃。同一物料在不同的温度区间下的热解过程也不同；不同物料热解析出量最大时和析出完毕的温度区间也各不一样。因此，炉温的控制应充分考虑物料的组成，特别要注意热解过程会产生某些有害成分，这些成分如果没有充分被氧化燃烧，则会成为有害的不完全燃烧产物，造成严重的二次污染。

（3）原子基团碰撞。

焚烧过程出现的火焰，实质上是高温下富含原子基团的气流，是电子能量跃迁以及分子旋转和振动产生的量子辐射，包括红外的热辐射、可见光以及波长更短的紫外线的热辐射。火焰的性状，取决于温度和气流的组成，通常温度在 1 000℃左右就能为形成火焰。气流包括原子态的 H、O、Cl 等元素，双原子的 CH、CN、OH、C_2等，以及多原子基因的 HCO、NH_2、CH_3等极其复杂的原子基团。在火焰中，最重要的连续光谱是由高温碳粒发射的。

3）燃尽阶段

燃尽阶段是生成固体残渣的阶段。物料经过燃烧阶段强烈的发热、发光、氧化反应过程之后，可燃物质的比例自然减少，同时生成惰性物质，如气态的 CO_2、H_2O 和固态的灰渣类物质。由于灰层的形成和惰性气体比例的增加，氧穿透灰层进入物料内部或飞灰深处与可燃物反应的难度增加，反应减弱，焚烧温度下降，从而进入残碳燃烧阶段，残碳燃烧阶段是炭黑类污染物生成的主要时间区段。炭黑主要是高分子有机聚合物热裂解产生的碳元素附着、凝聚在烟尘颗粒中形成的。碳氢燃料燃烧时，在还原性气氛和约 900℃以上温度下，易生成炭黑。炭黑的生成造成如下的影响：①不完全燃烧损失增大；②污染环境；③炭黑对火焰辐射有较大的影响，如焚烧炉中火焰辐射包括烟气（CO_2、SO_2等三原子气体和水蒸气）、焦炭、灰粒和炭黑辐射。

改善燃尽阶段的工况措施主要有增加过剩空气量，延长物料在炉内的停留时间，采用翻动、拨火的方法减少物料表面的灰尘等。

焚烧的这三个过程是相互联系、相互影响的，并没有明确的界限。实际焚烧过程中，同时送入炉内的垃圾部分刚开始预热干燥，部分已可能开始燃烧，甚至燃尽；即使对同一物料，当物料外表面已进入燃烧阶段时，其内部还在加热干燥。

3. 焚烧产物

在整个燃烧过程中，燃烧结果至少会有以下三种可能情况：①在第一燃烧室中，物料的主要部分被完全氧化，一部分物料被热解后进入第二燃烧室或后燃烧室达到焚烧完全；②少量废物由于某种原因，在焚烧过程中逃逸而未被销毁，或只有部分销毁，原有机有害组分一般达不到销毁率要求；③可能会产生一些中间产物，这些中间产物可能比原废物更为有害。焚烧过程应尽量避免发生后面两种情况。

可燃的固体废物主要由大量的碳、氢、氧元素组成，可能含有少量的氮、硫、磷和卤素等元素。这些元素在焚烧过程中与空气中的氧发生反应，生成各种氧化产物或部分元素的氢化物。具体产物如下：

（1）有机碳的焚烧产物是二氧化碳气体，同时可能生成少量不完全焚烧产物——一氧化碳。

（2）有机物中氢元素的焚烧产物是水。若有氟或氯存在，可能生成氟化氢或氯化氢。

（3）有机硫或有机磷在焚烧过程中生成二氧化硫、三氧化硫、五氧化二磷。

（4）有机氮化物的焚烧产物主要是气态的氮，也有少量的氮氧化物生成。由于高温时空气中的氧和氮也可结合生成一氧化氮，相对于空气中的氮来说，固体废物中的氮元素含量很少，一般可忽略不计。

（5）有机氟化物的焚烧产物是氟化氢。若体系中氢的量不足以与所有的氟结合生成氟化氢时，可能出现四氟化碳或二氟氧碳；若有其他元素存在，如金属元素存在时，它可与氟结合成金属氟化物。添加辅助燃料(天然气或油品)增加氢元素，可以防止四氟化碳或二氟氧碳的生成。

(6) 有机氯化物的焚烧产物是氯化氢。由于氧和氯的电负性相近，存在下列可逆反应：

$$2HCl+\frac{1}{2}O_2 \rightleftharpoons Cl_2+H_2O \tag{7-1}$$

当体系中氢量不足，则有游离的氯气产生。添加辅助燃料(天然气或油品)和较高温度的水蒸气(约 1 100℃)，可以使上述反应向左进行，减少废气中氯气的含量。

(7) 有机溴化物和碘化物焚烧后生成溴化氢及少量溴气以及元素碘。

(8) 根据金属元素的种类和焚烧温度不同，金属在焚烧以后可生成卤化物、硫酸盐、碳酸盐、氢氧化物和氧化物等。

7.1.3 焚烧效果的评价

1. 衡量焚烧效果的技术指标

用于衡量固体废物焚烧效果的技术指标主要有以下几种。

1) 减量比

减量比是指可燃废物经焚烧处理后减少的质量占所投加废物总质量的百分比，用于衡量焚烧处理废物的减量化效果，可按式(7-2)计算。

$$减量比=\frac{投加废物质量-焚烧残渣的质量}{投加废物质量-残渣中不可燃物质量}\times 100\% \tag{7-2}$$

2) 热灼减率

热灼减率指焚烧残渣经灼热减少的质量占原焚烧残渣质量的百分数，可按式(7-3)计算。

$$热酌减率=\frac{A-B}{A}\times 100\% \tag{7-3}$$

式中：A——干燥后原始焚烧残渣在室温下的质量，g；

B——焚烧残渣经 600℃(±25℃)3h 灼热后冷却至室温的质量，g。

3) 燃烧效率

燃烧效率指烟道排出气体中二氧化碳浓度与二氧化碳和一氧化碳浓度之和的百分比，可按式(7-4)计算。

$$燃烧效率=\frac{排气中二氧化碳的浓度}{排气中二氧化碳的浓度+排气中一氧化碳的浓度}\times 100\% \tag{7-4}$$

4) 焚毁去除率

对危险废物，验证焚烧是否可以达到预期的处理要求的指标还有特殊化学物质［有机性有害主成分(POHCS)］的破坏。

焚毁去除率(DRE)指某有机物质经焚烧后所减少的百分比，可按式(7-5)计算。

$$DRE=\frac{W_{in}-W_{out}}{W_{in}}\times 100\% \quad (7-5)$$

式中：W_{in}——进入焚烧炉的某有机物的重量；

W_{out}——烟道排放气和焚烧残余物中与W_{in}相应的有机物的重量之和。

5）烟气排放浓度限制指标

对焚烧设施排放的大气污染物控制项目主要包括四个方面：①烟尘，包括颗粒物、黑度、总碳量；②有害气体，包括SO_2、HCl、HF、CO和NO_x；③重金属元素单质或其化合物，如Hg、Cd、Pb、Ni、Cr、As；④有机污染物，如二噁英、呋喃、多氯联苯、多环芳香烃、氯苯和氯酚等其他有机碳。

2. 衡量焚烧效果的标准及要求

《生活垃圾焚烧污染控制标准》（GB 18485—2014）对生活垃圾焚烧效果的要求是：焚烧炉渣热灼减率应控制在5%以内。该标准同时还对生活垃圾焚烧的烟气排放浓度指标进行了规定（见表7-1）。

《危险废物焚烧污染控制标准》（GB 18484—2001）对危险废物焚烧炉焚烧效果的技术性能的要求如表7-2所示。该标准同时还对危险废物焚烧的烟气排放浓度指标进行了规定（见表7-1）。

《医疗废物集中焚烧处置工程建设技术规范》（HJ/T 177—2005）对医疗废物焚烧效果的要求：焚烧残渣的热灼减率<5%，设备的燃烧效率应≥99.9%。《医疗废物焚烧炉技术要求（试行）》（GB 19218—2003）对医疗废物焚烧炉烟气排放浓度指标进行了规定（见表7-1）。

表7-1　我国现有焚烧技术标准烟气排放限值

序号	项目	单位	《生活垃圾焚烧污染控制标准》（GB18485—2014）	《危险废物焚烧污染控制标准》（GB18484—2001）≥2 500/(kg/h)	《医疗废物焚烧炉技术要求（试行）》（GB19218—2003）≥2 500/(kg/h)
1	烟尘	mg/m^3	—	65	65
2	烟气黑度	格林曼黑度，级	—	1	1
3	颗粒物	mg/m^3	30(1h均值) 20(24h均值)	—	—
4	一氧化碳	mg/m^3	100(1h均值) 80(24h均值)	80	80
5	氮氧化物	mg/m^3	300(1h均值) 250(24h均值)	500	500
6	二氧化硫	mg/m^3	100(1h均值) 80(24h均值)	200	200

续表

序号	项目	单位	《生活垃圾焚烧污染控制标准》(GB18485—2014)	《危险废物焚烧污染控制标准》(GB18484—2001) ≥2 500/(kg/h)	《医疗废物焚烧炉技术要求(试行)》(GB19218—2003) ≥2 500/(kg/h)
7	氯化氢	mg/m^3	60(1h均值) 50(24h均值)	60	60
8	氟化氢	mg/m^3		5.0	5.0
9	汞及其化合物(以Hg计)	mg/m^3	0.05	0.1	0.1
10	镉、铊及其化合物(以Cd+Ti计)	mg/m^3	0.1	0.1	0.1
11	铅	mg/m^3	1.6	1.0	1.0
12	锑、砷、铅、铬、钴、铜、锰、镍及其化合物(以Sb+As+Pb+Cr+Co+Cu+Mn+Ni计)	mg/m^3	1.0	1.0	1.0
13	二噁英类	$ngTEQ/m^3$	0.1	0.5	0.5

表7-2 危险废物焚烧炉焚烧效果要求

废物类型	指标		
	燃烧效率/%	焚毁去除率/%	焚烧残渣的热酌减率/%
危险废物	≥99.9	≥99.99	<5
多氯联苯	≥99.9	≥99.999 9	<5
医院临床废物	≥99.9	≥99.99	<5

7.1.4 焚烧的影响因素

影响固体废物焚烧过程及效果的影响有许多，如固体废物性质、焚烧炉类型、物料停留时间、焚烧温度、供氧量等。其中，温度(temperature)、停留时间(time)、湍流度(turbulence)和空气过剩系数(excess air coefficient)是影响固体废物焚烧效果的主要因素，也是反映焚烧炉工况的重要技术指标，被称为“3T+1E”。

1. 固体废物性质

在很大程度上，固体废物性质是判断其是否适合进行焚烧处理以及焚烧处理效果的决定性因素。进行固体废物焚烧处理，要求固体废物具有一定的热值。热值越高，焚烧释放的热能越高，焚烧就越容易启动，焚烧系统的能量越容易实现自持；否则需添加额外的辅助燃料(如掺煤或煤油助燃)。理论上，固体废物热值高于 4 000kJ/kg 时，可以不加辅助燃料直接燃烧，但在废物的实际燃烧过程中，需要的热值比该值要高。实践表明，进入生活垃圾焚烧炉的垃圾低位热值不低于 5 000kJ/kg 是保证炉渣热酌减率和一氧化碳维持较好排放水平的基本要求。进入焚烧炉的垃圾低位热值达到 3 600kJ/kg 是实现垃圾自己持续焚烧的临界值。

固体废物焚烧组成三元图(图 7.2) 可简便地定性判断废物的焚烧是否需要添加辅助燃料。在斜线覆盖的区近似为不用辅助燃料而能维持燃烧的废物组分(水分≤50%，灰分≤60%，可燃分≥25%)，在这个区域以外的区域，表示废物水分或灰分含量太高，其焚烧必须添加辅助燃料。

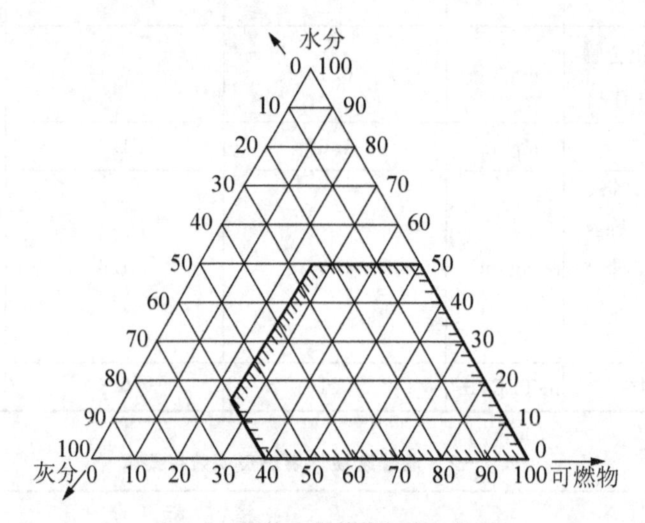

图 7.2 固体废物焚烧组成三元图

固体废物的尺寸、形状、均匀度，在焚烧时也会表现出不同的热力学、动力学、物理变化和化学反应行为，对焚烧过程产生重要影响。如物料尺寸越小，所需加热和燃烧时间就越短。另外，尺寸越小，比表面积就越大，与空气的接触越充分，就越有利于提高焚烧效率。一般来说，固体物质的燃烧时间与物料粒度的 1～2 次方成正比。

2. 焚烧温度

焚烧温度对焚烧处理的减量化程度和无害化程度有决定性的影响。焚烧温度指分解废物中有害组分直到完全破坏所需要达到的温度，一般比废物的着火温度要高很多。

焚烧温度对焚烧处理的影响，主要表现在温度的高低和焚烧炉内温度分布的均匀程度。

固体废物中的不少有毒、有害物质，必须在一定温度以上才能有效地进行分解、焚毁。焚烧温度越高，越有利于固体废物中有机污染物的分解和破坏，焚烧速率也就越快。但过高的焚烧温度(高于 1 300℃)需要添加辅助燃料，会增加烟气中金属的挥发及氧化氮的数量，会对炉体内衬耐火材料产生影响，还可能发生炉排结焦等问题。如果温度太低

(低于 700℃),则易导致不完全燃烧,产生有毒的副产物。炉膛温度最低应保持在物料的燃点温度以上。一些废物焚烧的温度要求如下:

(1) 焚烧含碳氢化合物类废物的适宜温度为 900～1 100℃,低于 900℃容易形成有害的有机副产物,低于 800℃则会产生煤灰或者炭黑。

(2) 焚烧难处理废物(如含卤素的 PCBs 废物)的适宜温度为 1 100～1 200℃,此类毒性有机物在 925℃以上开始受到破坏作用,温度越高破坏越完全。

(3) 当废物粒子在 0.01～0.51μm 之间,并且供氧浓度与停留时间适当时,焚烧温度在 900～1 000℃即可避免产生黑烟。

(4) 含氯化物的废物焚烧,温度低于 800℃会形成氯气,且难以除去;温度在 850℃以上时,氯气可转化成氯化氢,可回收利用或以水洗涤除去。

(5) 含有碱土金属的废物焚烧,一般控制在 800℃以下。因为碱土金属及其盐类一般为低熔点化合物。当废物中灰分较少不能形成高熔点炉渣时,这些熔融物容易对焚烧炉的耐火材料和金属零部件发生腐蚀而损坏衬和设备。

(6) 焚烧含氰化物的废物时,若温度达到 850～900℃,则氰化物几乎可全部分解。

(7) 焚烧可能产生 NO_x 废物时,温度应控制在 1 500℃以下,过高的温度会使 NO_x 急剧产生。

在焚烧炉里的不同位置、不同高度,温度也可能不同。所以固体废物的焚烧效果也有差异。一般来说,位于物料层上方并靠近燃烧火焰的区域内的温度最高。

3. 停留时间

物料停留时间主要是指固体废物在焚烧炉内的停留时间和烟气在焚烧炉内的停留时间。固体废物停留时间取决于固体废物在焚烧过程中蒸发、热分解、氧化、还原反应等反应速率的大小,该时间应大于理论上固体废物干燥、热分解及固定碳组分完全燃烧所需的总时间。烟气停留时间取决于烟气中颗粒状污染物和气态分子的分解、化学反应速率,其应大于气态挥发分完全燃烧需要的时间。固体废物和烟气的停留时间越长,焚烧反应越彻底,焚烧效果越好。但停留时间过长会使焚烧炉处理量减少,增加焚烧炉的建设费用。如果停留时间过短会造成固体废物和其他可燃成分的不完全燃烧。

停留时间与焚烧温度是影响焚烧效果的一对相关因素。停留时间与焚烧温度的乘积称为可燃组分的高温暴露。在满足最低高温暴露条件下,可以通过提高焚烧温度,缩短停留时间;同样可以在燃烧温度较低的情况下,通过延长停留时间来达到可燃组分的完全燃烧。实践中,不宜片面地以延长停留时间而达到降低焚烧温度的目的,因为这不仅使炉体结构庞大,增加炉子占地面积和建造费用,甚至会使炉温不够,使废物焚烧不完全;也不宜采用提高焚烧温度来缩短停留时间。

生活垃圾焚烧温度在 850～1 000℃,停留时间为 1.5h 以上;医疗废物、危险废物焚烧温度要达到 1 150℃,停留时间为 1.5h 以上。

我国对生活垃圾、医疗废物、危险废物焚烧烟气的焚烧温度和停留时间的要求如表 7-3 所示。

表 7-3　废物焚烧烟气焚烧温度及停留时间的要求

废物类型	温度/℃	烟气停留时间/s
生活垃圾	烟气出口温度≥850	≥2
	烟气出口温度≥1 000	≥1
医疗废物	焚烧炉温度≥850	≥2
医院临床废物	焚烧炉温度≥850	≥1
危险废物	焚烧炉温度≥1 100	≥2
多氯联苯	焚烧炉温度≥1 200	≥2

4. 湍流度

湍流度是指物料与空气及气化产物与空气之间的混合程度。湍流度越大，混合越充分，废物的燃烧反应就越完全，空气的利用率就越高，同时产生的污染物就越少。在焚烧炉一定时，可以通过提高助燃空气量以及适宜的空气供给方式来提高焚烧炉中的流场湍流度，改善传质与传热效果，促进废物完全燃烧。

5. 供氧量

焚烧过程的氧气是由空气提供的。空气不仅能够起到助燃的作用，同时也能起到冷却炉排、搅动炉气以及控制焚烧炉气氛等作用。在焚烧室中，固体废物颗粒很难与空气形成完全理想的混合与反应，为了保证废物与空气的完全混合燃烧，实际空气供给量要明显高于理论空气需要量，即废物焚烧所需空气量，是由废物焚烧所需的理论空气量和为了供氧充分而加入的过剩空气量两部分所组成的。实际空气量与理论空气量之比值即为过剩空气系数(α,%)，实际空气量超出理论空气量的部分与理论空气量的比值为过剩空气率。

$$\alpha = V/V_0 \tag{7-6}$$

$$\text{过剩空气率} = (\alpha - 1) \times 100\% \tag{7-7}$$

式中：V_0——理论空气量；

V——实际空气量。

过剩空气系数过低会使燃烧不完全，甚至冒黑烟，使有害物质燃烧不彻底；增大过剩空气系数可增加焚烧炉内的湍流度，有利于废物的燃烧；但过高的过剩空气系数会导致炉温降低，影响废物的焚烧效果，造成焚烧系统的排气量和热损失增加。因此，固体废物焚烧时一般应控制适当的过剩空气系数为1.5～1.9。几种废物焚烧系统的过剩空气系数如表7-4所示。

表 7-4　几种废物焚烧系统的过剩空气系数

焚烧系统	过剩空气系数
废气焚烧炉	1.3～1.5
液体焚烧炉	1.4～1.7

续表

焚烧系统	过剩空气系数
流动床焚烧炉	1.31～1.5
固体焚烧炉(旋窑，多层炉)	1.8～2.5

废气中含氧量是间接反映过剩空气多少的指标。由于过剩氧气可由烟囱排气测出，可根据过剩氧气量估计燃烧系统中的过剩空气系数。废气中含氧量通常以氧气在干燥排气中的体积分数表示，假设空气中氧含量为21%，则过剩空气比可粗略表示为

$$过剩空气比=\frac{21\%}{21\%-过剩氧气体积分数} \tag{7-8}$$

通常要求焚烧炉出口的烟气含氧量在6%～10%(体积百分数)。

6. 其他影响因素

固体废物料层厚度、运动方式、空气预热温度、进气方式、燃烧器性能、烟气净化系统阻力等，也会影响固体废物焚烧过程的进行，也是在实际生产中必须严格控制的基本工艺参数。

7. "3T+1E"参数的关系

气体停留时间由燃烧室几何形状、供应助燃空气速率及废气产率决定。过量空气率由进料速率及助燃空气供应速率决定。助燃空气供应量将直接影响到燃烧室中的温度和流场混合程度，燃烧温度则影响焚烧效率。在废物焚烧系统中，焚烧温度、停留时间、湍流度、过剩空气系数相互依赖、相互制约，这四个参数的互动关系如表7-5所示。

表7-5 焚烧四个控制参数的互动关系

参数变化	搅拌混合程度	气体停留时间	燃烧室温度	燃烧室负荷
燃烧温度上升	可减少	可减少	—	会增加
过量空气率增加	会增加	会减少	会降低	会增加
气体停留时间增加	可减少	—	会降低	会降低

7.1.5 焚烧过程的物质平衡

1. 焚烧过程的物质转化

在固体废物焚烧的过程中，输入焚烧系统的物料包括固体废物、空气、烟气净化所需要的化学物质以及大量的水，如图7.3所示。焚烧产物大部分为气体(质量百分比为70%～80%)，相当一部分以炉渣排出(质量百分比为20%～30%)，飞灰所占比重相对较少(质量百分比约为3%)。

根据质量守恒定律，固体废物焚烧系统的物料平衡可表示为

$$M_{1入}+M_{2入}+M_{3入}+M_{4入}=M_{1出}+M_{2出}+M_{3出}+M_{4出}+M_{5出} \tag{7-9}$$

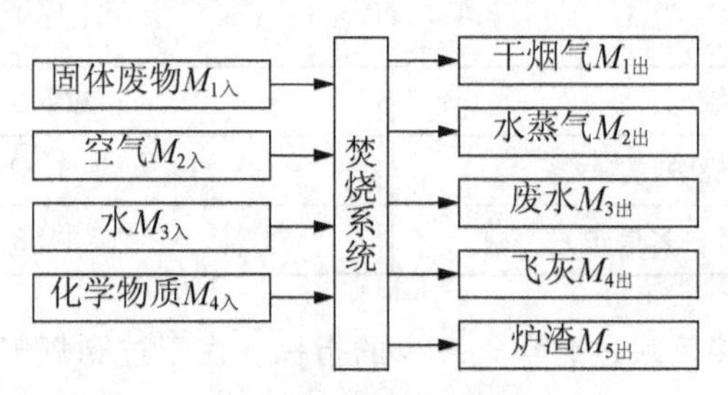

图 7.3 焚烧系统物料的输入与输出

式中：$M_{1入}$——进入焚烧系统的固体废物量；

$M_{2入}$——进入焚烧系统的实际空气量；

$M_{3入}$——进入焚烧系统的用水量；

$M_{4入}$——烟气净化系统所需的化学物质的量；

$M_{1出}$——排出焚烧系统的干烟气量；

$M_{2出}$——排出焚烧系统的水蒸气的量；

$M_{3出}$——排出焚烧系统的废水量；

$M_{4出}$——排出焚烧系统的飞灰量；

$M_{5出}$——排出焚烧系统的炉渣量。

2. 焚烧需要空气量

1）理论空气需求量计算

理论空气需求量(V_0)是指废物(或燃料)完全燃烧时所需要的最低空气量。固体废物中可燃组分可用$C_xH_yO_zN_uS_vCl_w$表示，式(7-10)表示其完全燃烧的化学反应，按该式计算理论空气需求量。其中由于氯会与氢反应生成氯化氢，从而减少了与氢反应的氧气量，即减少了空气需求量。因此，在计算含氯量较高的固体废物焚烧需要的空气量时，应充分考虑氯元素的影响。在理论空气需求量的计算过程中包含了几点假设：物料中所有的C都氧化成CO_2，所有的S都氧化成SO_2，所有的N均以N_2的形式存在于烟气中，所有的Cl都与H反应生成HCl。

$$C_xH_yO_zN_uS_vCl_w+\left(x+v+\frac{y-w}{4}-\frac{z}{2}\right)O_2\longrightarrow xCO_2+wHCl+\frac{u}{2}N_2+vSO_2+\frac{y-w}{2}H_2O \tag{7-10}$$

在标准状态下，1kg固体废物完全燃烧所需要的理论氧气量(V_{O_2})计算式如下。

(1) 用体积(m^3/kg)表示为

$$V_{O_2}=22.4\left(\frac{C}{12}+\frac{H}{4}+\frac{S}{32}-\frac{O}{32}-\frac{Cl}{71}\times\frac{1}{2}\right)=1.867C+5.6(H-0.0282Cl)+0.7S-0.7O \tag{7-11}$$

式中：C、H、Cl、S、O分别为固体废物中碳、氢、氯、硫、氧的含量。

(2) 用质量(kg /kg)表示为

$$V_{O_2}=32\left(\frac{C}{12}+\frac{H}{4}+\frac{S}{32}-\frac{O}{32}-\frac{Cl}{71}\times\frac{1}{2}\right) \\ =2.667C+8H-0.2254Cl+S-O \quad (7-12)$$

空气中氧气的体积分数为21%，质量分数为23%，则1kg固体废物完全燃烧所需要的理论空气量的计算式为

$$V_{体0}=\frac{1}{0.21}(1.867C+5.6(H-0.0282Cl)+0.7S-0.7O) \\ =8.89C+26.67(H-0.0282Cl)+3.33S-3.33O \quad (m^3/kg) \quad (7-13)$$

$$V_{质0}=\frac{1}{0.23}\times 2.667C+8H-0.2254Cl+S-O \quad (kg/kg) \quad (7-14)$$

以上计算的 V_0 是指不含水蒸气的理论干空气体积或质量。若需计算湿空气量，只需在干空气质量上加水蒸气量即可。

2) 实际空气需求量计算

实际空气需求量 V 是理论空气需求量与空气过剩系数的乘积。

$$V=\alpha V_0 \quad (7-15)$$

3. 焚烧烟气量及组成

1) 理论烟气量

固体废物在理论条件下完全燃烧生成的烟气量称为理论烟气量。在计算理论烟气量的过程中同样包含了理论空气需求量计算过程中的几点假设。假定固体废物中可燃组分用 $C_xH_yO_zN_uS_vCl_w$ 表示，则1kg固体废物完全燃烧产生的理论湿烟气量的计算式表示为

$$V^0_{湿烟}=0.79V_{体0}+1.867C+0.8N+0.7S+0.631Cl+ \\ 11.2(H-0.0282Cl)+1.2444W \quad (m^3/kg) \quad (7-16)$$

$$V^0_{湿烟}=0.77V_{质0}+3.67C+N+2S+1.03Cl+ \\ 9(H-0.0282Cl)+W \quad (kg/kg) \quad (7-17)$$

式中：C、H、Cl、S、N、W——固体废物中碳、氢、氯、硫、氮、水分的含量；

V_0——理论干空气需求量。

相应地，理论干烟气量计算式为

$$V^0_{干烟}=0.79V_{体0}+1.867C+0.8N+0.7S+0.631Cl \quad (m^3/kg) \quad (7-18)$$

$$V^0_{干烟}=0.77V_{质0}+3.67C+N+2S+1.03Cl \quad (kg/kg) \quad (7-19)$$

2) 实际烟气量

实际烟气量是对应于实际燃烧过程中，在过剩空气系数 $\alpha>1$ 的情况下完全燃烧时产生的烟气量。它等于理论烟气量与过剩空气量之和，1kg固体废物完全燃烧产生的实际湿烟气量为

$$V^1_{湿烟}=V^0_{湿烟}+(\alpha-1)V_0 \quad (7-20)$$

实际干烟气量为

$$V^1_{干烟}=V^0_{干烟}+(\alpha-1)V_0 \quad (7-21)$$

3）烟气组成

固体废物焚烧烟气组成，可依表 7-6 所示方法计算。

表 7-6　焚烧干、湿烟气百分组成计算表

组成	体积百分组成		质量百分组成	
	湿烟气	干烟气	湿烟气	干烟气
CO_2	$1.867C/V^1_{湿烟}$	$1.867C/V^1_{干烟}$	$3.67C/V^1_{湿烟}$	$3.67C/V^1_{干烟}$
SO_2	$0.7S/V^1_{湿烟}$	$0.7S/V^1_{干烟}$	$2S/V^1_{湿烟}$	$2S/V^1_{干烟}$
HCl	$0.631Cl/V^1_{湿烟}$	$0.631Cl/V^1_{干烟}$	$1.03Cl/V^1_{湿烟}$	$1.03Cl/V^1_{干烟}$
O_2	$0.21(\alpha-1)V_0/V^1_{湿烟}$	$0.21(\alpha-1)V_0/V^1_{干烟}$	$0.23(\alpha-1)V_0/V^1_{湿烟}$	$0.23(\alpha-1)V_0/V^1_{干烟}$
N_2	$(0.8N+0.79\alpha V_0)/V^1_{湿烟}$	$(0.8N+0.79\alpha V_0)/V^1_{干烟}$	$(N+0.77\alpha V_0)/V^1_{湿烟}$	$(N+0.77\alpha V_0)/V^1_{干烟}$
H_2O	$[11.2(H-0.0282Cl)+1.244W]/V^1_{湿烟}$		$[9(H-0.0282Cl)+W]/V^1_{湿烟}$	

7.1.6　焚烧过程的热平衡

1. 焚烧过程热量平衡关系

从能量转化的观点来看，固体废物焚烧系统是一个能量转换设备，它将废物中蕴含的化学能通过燃烧过程转化成烟气的热能，烟气再通过辐射、对流、导热等基本传热方式将热能分配交换给工质或排放到大气环境。焚烧系统热量的输入与输出可用图 7.4 简单地表示。

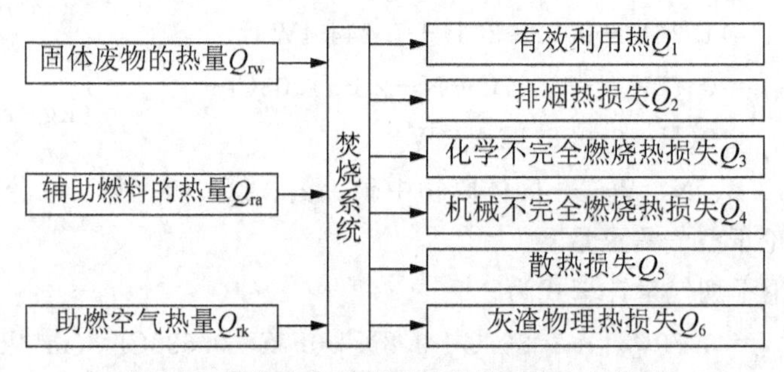

图 7.4　固体废物焚烧系统热量的输入与输出

在稳定工况条件下，焚烧系统输入、输出的热量是平衡的，即

$$Q_{rw}+Q_{ra}+Q_{rk}=Q_1+Q_2+Q_3+Q_4+Q_5+Q_6 \tag{7-22}$$

2. 输入热量

输入焚烧炉的热量包括固体废物的热量 Q_{rw}、辅助燃料的热量 Q_{ra} 及送入炉内的助燃空气的热量 Q_{rk}。

1）固体废物的热量

在不计固体废物的物理显热的情况下，固体废物的热量 Q_{rw} 等于送入炉内废物量 W_{rw} 与其热值 R_{rw} 的乘积，即

$$Q_{rw}=W_{rw}\times R_{rw} \tag{7-23}$$

2）辅助燃料的热量

若辅助燃料只是在启动点火或焚烧炉工况不正常时才投入，则辅助燃料的输入热量不必计入。只有在运行过程中维持高温，一直需要添加辅助燃料帮助固体废物的燃烧时才计入。辅助燃料的热量 Q_{ra} 等于辅助燃料量 W_{ra} 与其热值 R_{ra} 的乘积，即

$$Q_{ra}=W_{ra}\times R_{ra} \tag{7-24}$$

3）助燃空气热量

助燃空气热量按入炉固体废物量乘以送入空气量的热焓计算，即

$$Q_{rk}=W_{rw}\times\alpha\times(I_{rk}-I_{vk}) \tag{7-25}$$

式中：α——空气过剩系数；

I_{rk}、I_{vk}——入炉的理论空气量在热风和自然状态下的焓值。

助燃空气热量只有用外部热源加热空气时才能计入。若助燃空气在加热时产生焚烧炉本身的烟气热量，则该热量实际上是焚烧炉内部的热量循环，不能作为输入炉内的热量。对采用自然状态下的空气助燃，此项为零。

3. 输出热量

固体废物在焚烧炉内燃烧产生热能后，即向外界输出。输出的热量包括能量回收利用系统的有效利用热量、烟气排放系统的热损失、化学不完全燃烧的热损失、机械不完全燃烧的热损失、焚烧系统散热损失和灰渣物理热损失等。

1）有效利用热

有效利用热 Q_1 是其他工质被焚烧炉产生的热烟气加热时所获得的热量。一般被加热的工质是水，它可产生蒸汽和热水。

$$Q_1=D(h_2-h_1) \tag{7-26}$$

式中：D——工质输出量；

h_2、h_1——出、进焚烧炉的工质热焓。

2）排烟热损失

排烟热损失 Q_2 指由焚烧炉排出烟气所带走的热量，其值为排烟容积 V_{py} 与烟气单位容积的热容之积，即

$$Q_2=V_{py}(C_{py}T_{py}-C_0T_0)\times(1-q_4) \tag{7-27}$$

式中：C_{py}、C_0——排烟温度 T_{py} 和环境温度 T_0 下烟气单位容积的热容量；

$1-q_4$——因机械不完全燃烧引起实际烟气量减少的修正值。

3）化学不完全燃烧热损失

化学不完全燃烧热损失 Q_3 是由于炉温低、送风量不足或混合不良等导致烟气成分中一些可燃气体(如 CO、H_2、CH_4 等)未燃烧所引起的热损失。

$$Q_3 = W_{rw}(V_{CO}Q_{CO} + V_{H_2}Q_{H_2} + V_{CH_4}Q_{CH_4} + \cdots)(1-q_4) \tag{7-28}$$

式中：V_{CO}、V_{H_2}、V_{CH_4}——单位质量固体废物焚烧产生的烟气所含未燃烧可燃气体容积；

Q_{CO}、Q_{H_2}、Q_{CH_4}——CO、H_2、CH_4 的发热量。

4）机械不完全燃烧损失

机械不完全燃烧损失 Q_4 是指未燃烧或未完全燃烧的固定碳所引起的热损失。

$$Q_4 = 32\,700 \times W_{rw} \times A \times C_{1z} \tag{7-29}$$

式中：32 700——碳的热值；

A——固体废物中灰分的百分比含量；

C_{1z}——炉渣的最大碳含量。

5）散热损失

散热损失 Q_5 是指焚烧炉表面通过辐射和对流向四周空间散失的热量，其值与焚烧炉的保温性能、焚烧量比表面积有关。焚烧量小，比表面积越大，单位物料的散热损失越大；焚烧量大，比表面积越小，单位物料的散热损失越小。一般按经验取为1%～2%，对于焚烧生活垃圾量为1～10t/h的一般焚烧炉的散热损失为2%～5%。

6）灰渣物理热损失

灰渣物理热损失 Q_6 是指焚烧后的炉渣物理显热。对于高灰分物料和采用液态排渣的纯氧热解炉，灰渣的物理热损失不可忽略。

$$Q_6 = W_{rw} \times A \times C_{hz} \times (T_{hz} - T_0) \tag{7-30}$$

式中：C_{hz}——炉渣的比热容；

T_{hz}——炉渣温度。

4. 热效率

热效率指锅炉有效利用的热量占输入热量的分数。热效率有两种计算方法：①正平衡法，分别算出输入总热量和有效利用的热量，计算二者的比值从而得到锅炉热效率；②反平衡法，分别计算输入总热量 $Q_{输入}$ 和锅炉损失的热量 $Q_{损失}$，按式(7-31)计算锅炉热效率：

$$\eta = 1 - \frac{Q_{损失}}{Q_{输入}} \tag{7-31}$$

式(7-31)表明：减少热损失可提高热效率；若焚烧过程需加入辅助燃料，减少热损失则意味着在一定的热效率下可减少辅助燃料的投加量。

7.1.7 焚烧工艺

就不同时期、不同固体废物种类和处理要求而言，焚烧工艺也各不相同。就生活垃圾而言，现代大型焚烧厂的处理过程大体相同(图7.5)。现代化生活垃圾焚烧工艺流程主要由前处理系统、进料系统、焚烧炉系统、空气系统、烟气系统、灰渣系统、余热利用系统及自动化控制系统组成。

1. 前处理系统

前处理系统主要指废物的接收、贮存、分选和破碎。其主要设备、设施和构筑物包括车辆、汽车衡、控制间、垃圾池、吊车、抓斗、破碎和筛分设备、磁选机，以及臭气和渗滤液收集、处理设施等。

废物由运输车运入焚烧厂，经汽车衡称量后运往卸料平台，然后根据信号指示灯，倒车至卸料门前车挡处，卸料门自动开启，废物倒入贮坑内。卸料平台的进出口处设置有风幕机，防止臭气外逸以及苍蝇、飞虫飞入。

贮坑一般为钢筋混凝土结构，并满足防腐、防渗方面的要求，其容积一般应能贮存5～7d的处理量。贮坑上部设有抽气系统，以控制甲烷和恶臭的聚集，使贮坑处于微负压状态。抽除的气体直接引入焚烧炉作为一次助燃空气。贮坑底部具有一定坡度，并在最低位置设有渗滤液收集池及导排设施。

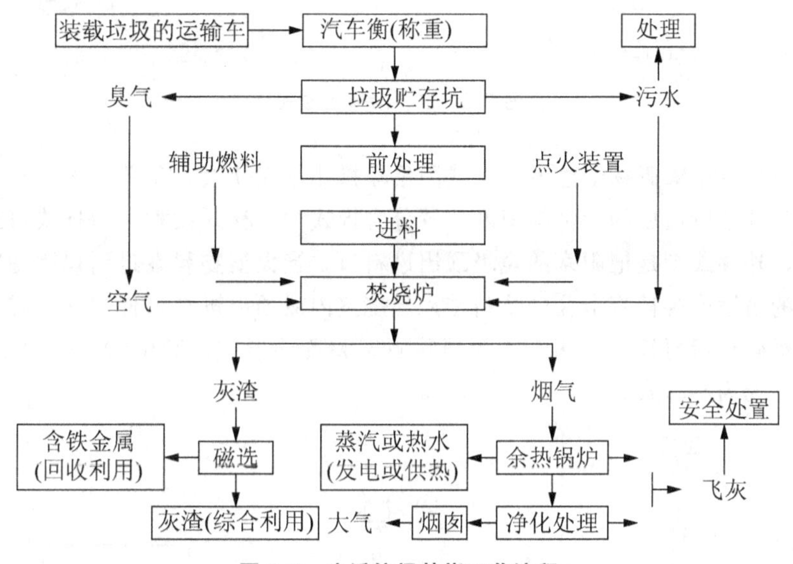

图 7.5 生活垃圾焚烧工艺流程

吊车和抓斗位于贮坑的上方，其作用：①定时抓送贮坑垃圾进入进料斗；②定时抓匀贮坑垃圾，使其组成均匀，堆积平顺；③定时筛捡是否有巨大废物，若发现，则送往破碎机处理。抓斗至少有两个，一用一备，并且具有自动计量功能。操作人员在控制间中对抓斗进行控制，完成物料的堆垛、取料、投料过程。控制间内须保持良好的通风条件，持续鼓入新鲜空气。

对于采用流化床焚烧炉的焚烧厂还必须设置破碎设备，将物料破碎到一定粒径再送入焚烧炉中。

2. 进料系统

进料系统的作用是向焚烧炉定量给料，同时要将贮坑中的废物与焚烧炉的高温火焰和高温烟气隔开、密闭，以防止焚烧炉火焰通过进料口向贮坑物料反烧和高温烟气反窜。

进料系统包括进料漏斗、滑道、消除阻塞装置、进料器等。进料漏斗是暂时贮存吊车投入的废物，并将其连续送入炉内燃烧。漏斗与滑道相连，并附有单向开关盖，在停机及漏斗未盛满物料时可遮断外部侵入的空气，避免炉内火焰的窜出。为防止阻塞现象，还可附设消除阻塞装置。滑道有垂直型及倾斜型两种形式(图 7.6)。

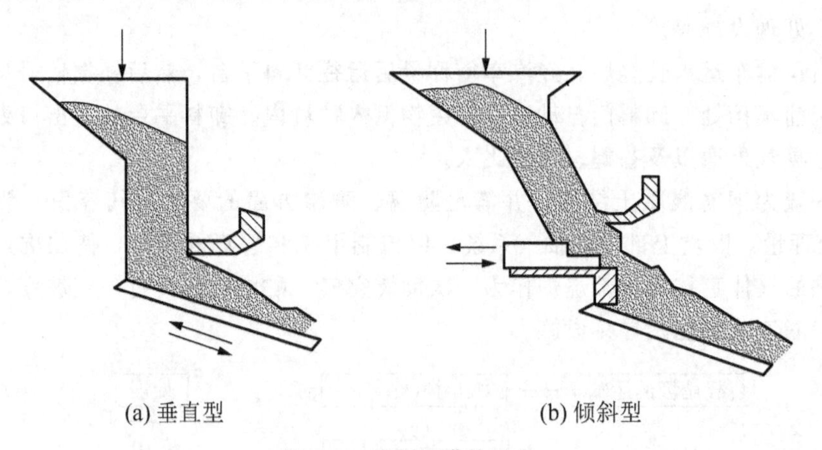

图 7.6　进料滑道的形式

进料阻塞是由于障碍物卡注滑道，或因吊车操作错误使投入位置偏离，在滑道入口处形成局部压实现象所造成的。消除阻塞装置分内推式和外移式两种，内推式可把阻塞的垃圾推进炉内，外移式则是把阻塞的垃圾顶出进料口。当大型物料在进料口阻塞时，通常可用预先设置的吊锤或推杆将卡住的物料推入燃烧室内或顶出进料口使之落回贮坑，待用抓斗送往破碎机破碎后再投入。图 7.7 为消除阻塞装置的形式，其中①、②为吊挂式；③、④为推杆式；⑤为旋转式。

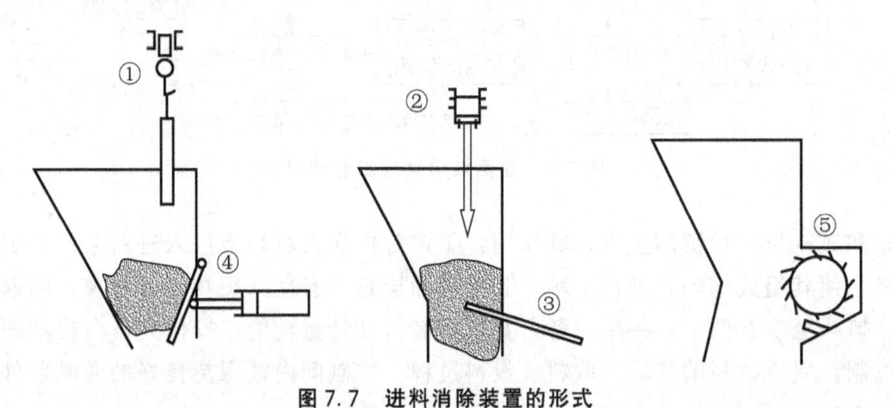

图 7.7　进料消除装置的形式

进料器的作用：①连续将垃圾供给到焚烧炉内；②根据物料性质及炉内燃烧状况的变化，适当调整进料速度；③在供料时松动漏斗内被自重压缩的物料，使其呈良好通气状态；④如采用流化床式焚烧炉，还应保持气密性，避免因外界空气流入或气体吹出而导致炉压变动。

目前应用较广的进料器有推入器式、炉床并用式、螺旋进料器式、旋转进料器式等几种形式(图 7.8)。机械炉排焚烧炉多采用推入器式、炉床并用式进料器，流化床焚烧炉则采用螺旋式进料器、旋转式进料器。

推入器式：通过水平推入器的往返运动，将漏斗滑道内的物料供至炉内。可通过改变

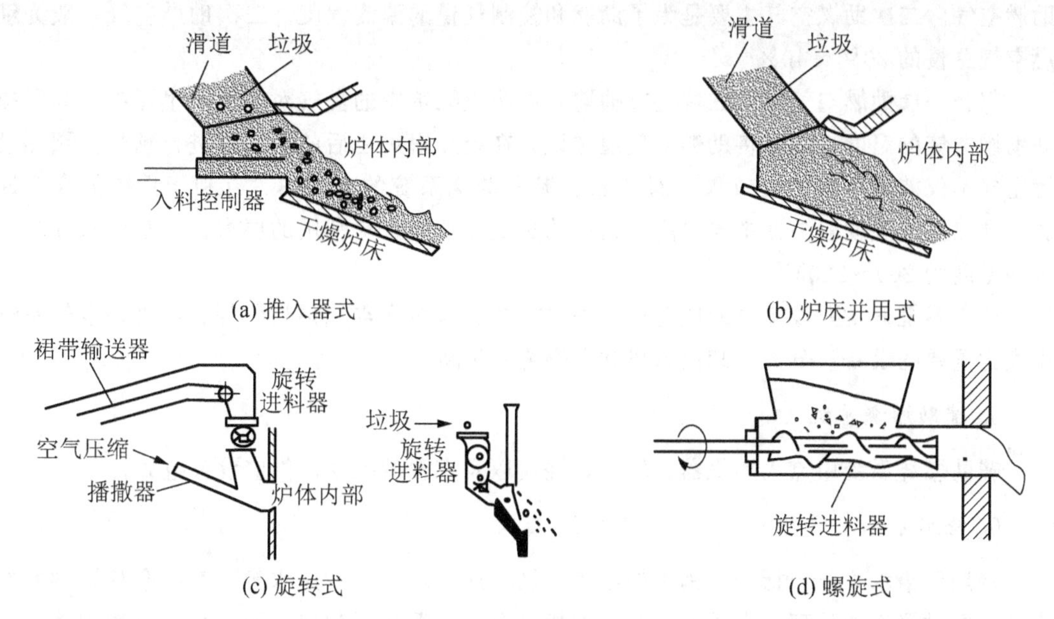

图 7.8 进料器的形式

推入器的冲程、运动速度及时间间隔来调节物料供给量，驱动方式通常采用油压式。

炉床并用式：将干燥炉床的上部延伸到进料漏斗下方，使进料装置与炉床成为一体，依靠干燥炉床的运动将漏斗通道内的物料送入焚烧炉，但无法调整进料量。

螺旋进料器式：螺旋进料器可维持较高的气密性，并兼有破袋与破碎的功能，通常以螺旋数来控制物料供给量。

旋转进料器式：旋转进料器气密性高，排出能力较大，供给量则可变换进料输送带的速度来控制，而旋转数也能与进料输送带做同步变速，一般设置在进料输送带的尾端。但是只能输送破碎过的物料，并须在旋转进料器后装设播撒器使物料均匀分散进入炉内。

3. 焚烧炉系统

焚烧炉系统是整个工艺系统的核心系统，是固体废物进行蒸发、干燥、热分解和燃烧的场所。焚烧炉为物料提供焚烧的场所，所以焚烧炉系统的核心装置是焚烧炉。焚烧炉包括炉床及燃烧室，燃烧室一般位于炉床的正上方。

4. 空气系统

空气系统，即助燃空气系统，是焚烧厂非常重要的组成部分。空气系统除了为废物的正常焚烧提供必需的助燃氧气外，还有冷却炉排、混合炉料和控制烟气气流等作用。助燃空气主要包括一次助燃空气、二次助燃空气(二次燃烧室送入)、辅助燃油所需要的空气以及炉墙密封冷却空气等。一次助燃空气是指由炉排下送入焚烧炉的助燃空气，即火焰下空气。一次助燃空气占助燃空气总量的60%～80%，主要起助燃、冷却炉排、搅动炉料的作用。一次助燃空气分别从炉排的干燥段(着火段)、燃烧段(主燃烧段)和燃烬段(后燃烧段)送入炉内，气量分配约为15%、75%和10%。火焰上空气和二次燃烧室的空气属于二次助燃空气。二次助燃空气主要是为了助燃和控制气量的湍流程度。二次助燃空气一般为助燃空气总量的20%～40%。

部分一次助燃空气可从贮坑上方抽取，以防止贮坑中的臭气对环境产生污染。为了提高助燃空气的温度，常常将助燃空气通过设置在余热锅炉之后的换热器进行预热。预热助燃空气不仅能够改善焚烧效果，而且能够提高焚烧系统的有用热，有利于系统的余热回收。预热空气温度的高低主要取决于物料的热值和烟气余热利用的要求，通常要求预热空气的温度为200～280℃。

空气系统的主要设施是通风管道、进气系统、风机和空气预热器等。风机是空气系统中最为重要的设备，分为冷却用风机和助燃烧用风机。

5. 辅助燃烧系统

辅助燃烧系统由点火燃烧器、辅助燃烧器以及燃料的贮存、供应设备组成。

6. 给水系统

焚烧厂给水主要包括余热锅炉补给水、循环冷却水、生活用水等。其中余热锅炉补给水必须经过严格的处理，水质要求要达到相关标准；循环冷却水水源宜采用自然水体或地下水，条件许可的地区还可采用市政再生水；生活用水则适合采用单独的供水系统。

7. 余热利用系统

我国城市生活垃圾焚烧厂多采用余热发电的热能利用方式，余热锅炉、蒸汽轮机和发电机构成了余热利用系统的主体设备。同时，利用烟气余热对助燃空气以及锅炉给水进行加热的预热器也是余热利用的主要设备。

8. 烟气系统

焚烧炉烟气是固体废物焚烧炉系统的主要污染源。焚烧炉烟气含有大量颗粒状污染物和气态污染物质。设置烟气系统的目的就是去除烟气中的这些污染物质，使之达到相关标准的要求，最终排入大气。烟气净化处理是防止固体废物焚烧造成二次环境污染的关键。烟气系统的主要设备和设施有沉降室、旋风除尘器、洗涤塔、布袋除尘器等。

9. 灰渣系统

灰渣系统主要包括灰渣收集、冷却、输送、磁选、贮存等。主要设备和设施有灰渣漏斗、渣池、排渣机械、滑槽、水池和喷水器、抓提设备、输送机械、磁选机等。灰渣系统的典型工艺流程如图7.9所示。垃圾焚烧炉排除的炉渣一般采用水冷的冷却方式，再经磁选后进行综合利用。

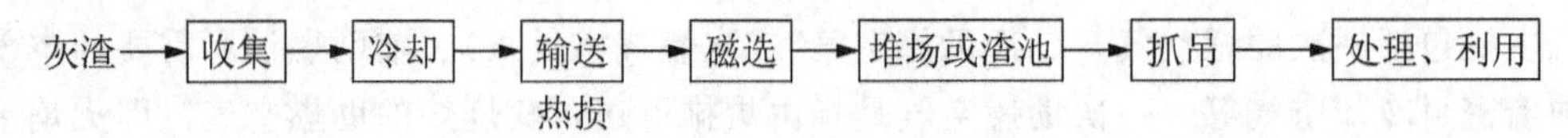

图7.9　灰渣系统的工艺流程

10. 污水处理系统

对于生活垃圾焚烧厂，废水主要来自垃圾渗滤液、洗车废水、垃圾卸料平台地面清洗水、灰渣处理产生的废水、锅炉排污水等。根据污水来源、性质、数量及处理后的用途和排放途径采用不同的污水处理系统和工艺或合并处理。

11. 自动控制系统

1）自动控制系统的组成

自动控制系统是通过监视焚烧设备的运行，将各种操作信息迅速集中，并做出在线反馈，为各设备的运行提供最佳的条件。

以计算机为基础的集散型控制系统(Distributed Control System，DCS)是现代化大型垃圾焚烧厂的主流控制系统，主要由以下三部分组成。

(1) 上级计算机和操作控制平台，作用是将下级计算机或控制单元的数据集中、加工、显示并对下级计算机进行监视发出指令。

(2) 下级自动控制计算机系统，包括锅炉、公用设备、发电、变送电、动力监视、污水处理用自动控制计算机，作用是对中央控制室上级计算机系统传送数据并对现场可编程控制器(PLC)进行输入和输出控制并监视其运行状况。

(3) 现场自动控制计算机系统，包括垃圾吊车、灰渣吊车及称量、车辆管理自动运行系统，作用是与现场 PLC 交换数据、监视运行，通过现场控制盘与上级计算机进行数据交换。

2）自动控制的对象

(1) 汽车衡：在于正确记录进厂垃圾量、出厂灰渣量，汽车衡应能记录每一笔过衡资料，建立完整数据库并与中央控制系统连接。

(2) 卸料：主要控制卸料门动作及卸料操作，运输车辆进入卸料区后，应有信号灯作为引导标志。

(3) 吊车：自动控制系统应能切换成手动、半自动及全自动的模式，必要时可由人工控制。

(4) 抓斗：依照垃圾抓斗的填满程度(可在料斗两侧装感应装置)实现自动控制，灰渣抓斗则是依据灰渣运输车辆的运载频率与装车容量予以控制。

(5) 燃烧操作：依据垃圾热值和给料量，以调整燃烧室空气量及垃圾移动速度实现自动控制。应能保证烟气有足够的停留时间及垃圾可完全燃烧，必要时可投入燃油助燃，以维持稳定的燃烧。在超出系统控制范围时，应能转化至人工控制。

焚烧炉的自动启动及停炉控制：因为焚烧炉的启停炉往往有较多的不确定因素，自动控制的实现比较困难，操作人员的操作经验依然起决定作用。

7.1.8 焚烧炉系统

1. 固体废物焚烧炉分类

1）按焚烧室数量分类

(1) 单室焚烧炉。

焚烧的所有过程(干燥、热分解、表面燃烧，挥发分、固定碳、臭气、有害气体的完全燃烧等)都在一个燃烧室内完成。单室焚烧炉一般用于处理工业固体废物。生活垃圾由于其挥发分含量高、热分解速度快且在焚烧过程中容易产生臭气和有害气体的特点，利用单室焚烧炉容易产生不完全燃烧现象。

(2) 多室焚烧炉。

生活垃圾焚烧处理多采用多室焚烧炉，其主要特点是空气分多次供给。在一次燃烧过程中，只供应能将固定碳燃烧的空气，同时依靠辐射、对流、传导等方式将垃圾干馏；在二次或三次燃烧过程中将干馏气体、臭气、有害气体等完全燃烧。

2) 按焚烧方式分类

(1) 炉排炉(又称层燃炉、火床炉)：将物料层铺在炉排上进行燃烧的焚烧炉。

(2) 流化床焚烧炉(又称沸腾炉)：物料在炉膛中被从下面喷入的气流托起，并随介质上下翻腾而进行燃烧的焚烧炉，是利用床层中介质的热容来保证物料的着火燃烧。

(3) 回转窑焚烧炉：将物料由倾斜的炉体一端加入，物料随着炉体慢慢旋转而进行燃烧的焚烧炉。

(4) 热解气化焚烧炉：物料中的有机物在缺氧或非氧化气氛及一定的温度(500～600℃)下分解为气体，再将热分解气体引入燃烧室内燃烧。

(5) 等离子体焚烧炉：采用等离子体技术对空气进行电离，在1/1 000s内使温度达到3 000～10 000℃。当废物投入炉内时，有机物会快速脱水、热解、裂解，产生以 H_2、CO和部分有机气体等为主要成分的混合性可燃气体，再进行二次燃烧。

(6) 室燃炉(又称悬燃炉)：将物料随空气流喷入炉膛，并使物料呈悬浮状燃烧的焚烧炉。按照燃烧室又可分为单室炉和多室炉。

炉排炉、流化床焚烧炉、回转炉、热解气化焚烧炉在生活垃圾焚烧领域中应用最为广泛，其相互比较如表7-7所示。

表7-7 常见生活垃圾焚烧炉的比较

比较项目	炉排炉	流化床焚烧炉	回转窑焚烧炉	热解气化焚烧炉
焚烧原理	将物料供到炉排上，助燃空气从炉排下供给，在炉排作用下，废物在炉内干燥、燃烧和燃烬	物料从炉膛上部供给，助燃空气从下部鼓入，废物在炉内与流动的热砂接触进行快速燃烧	物料从一端供入且在炉内翻动燃烧，燃烬的炉渣从另一端排出	先将废物进行热解产生可燃性气体和固体残渣，然后进行燃烧和熔融；或将气化和熔融、燃烧合在一起
单炉最大处理能力/(t/d)	1 200	150	200	200
物料适应性	适应性广	受到限制	受到限制	适应性较广

续表

比较项目	炉排炉	流化床焚烧炉	回转窑焚烧炉	热解气化焚烧炉
前处理	除大件垃圾外一般不分类破碎	需要分类粉碎至5cm以下	除大件垃圾外不分类破碎	无法处理大件垃圾
炉内停留时间	固体废物在炉中停留1～3h、气体在炉中约几秒钟	固体废物在炉中停留1～2h、气体在炉中约几秒钟	固体废物在回转窑内停留2～4h、气体在燃烬室约几秒钟	固体废物在第一燃烧室3～6h、气体在第二燃烧室约几秒钟
空气过剩系数	大	中	小	大
炉内温度	物料层表面温度800℃、烟气温度800～1 000℃	流化床内燃烧温度800～900℃	回转窑内600～800℃、燃烬室温度为1 000～1 200℃	第一燃烧室600～800℃、第二燃烧室800～1 000℃
燃烧空气供给	易调节	较易调节	不易调节	不易调节
垃圾运动方式	取决于炉排的运动	炉内翻滚运动	回转窑内回转滚动	推进器推动
燃烧介质	不用	惰性材料	不用	不用
燃烧方式	层状燃烧	混合燃烧	翻滚燃烧	气化燃烧
燃烧性能	燃烧可靠、余热利用较好、燃烧稳定性好、燃烧速度较快、燃烬率高	燃烧温度较低、燃烧效率较佳、燃烧稳定性一般、燃烧速度较快、燃烬率高	可高温安全燃烧、残灰颗粒小、燃烧稳定性一般、燃烧速度一般、燃烬率较高	先热解、气化、再燃烧、燃烧稳定性较好、燃烧速度较慢、燃烬率高
炉体结构	瘦高型、体积大	瘦高型、体积大	长圆形、体积大	紧凑型、体积较大
对高温腐蚀的防治	较难、尚无有效方法	较难、尚无有效方法	较难、尚无有效方法	较难、尚无有效方法
设计、制造水平	已成熟	生产供应商有限	生产供应商有限	生产供应商有限
烟气处理	烟气含飞灰较高，除二噁英外，其余易处理	烟气中含有大量灰尘，烟气处理较难	除二噁英外，其余易处理	烟气含二噁英少，易处理
二噁英控制	燃烧温度低，易产生二噁英	较易产生二噁英	较易产生二噁英	不易产生二噁英
炉渣处理设备	简单	复杂	简单	简单
燃烧管理	比较容易	难	比较容易	因炉型而异
减量比	10∶1	10∶1	10∶1	12∶1
减容比	37∶1	33∶1	40∶1	70∶1

续表

比较项目	炉排炉	流化床焚烧炉	回转窑焚烧炉	热解气化焚烧炉
设备占地	大	小	中	中
维修	方便	较难	较难	较难
投资	大	较大	大	较大
运行费用	较低	较高	较低	较高
缺陷	操作运转技术高、炉排易损坏	操作运转技术高、需添加流动媒介、进料颗粒较小、单位处理量所需动力高、炉床材料易损坏	连接传动装置复杂，炉内耐火材料易损坏，焚烧热值较低、含水分高的垃圾时有一定的难度	对氧量、炉温控制有较高要求、对于高水分的垃圾在无油助燃时不能稳定燃烧

2. 炉排炉

炉排炉是开发和应用最早的焚烧炉。炉排炉具有技术成熟，运行稳定、可靠，适应性广(对物料的预处理要求不高，对物料热值适应范围广)，维护简便等优点，得到广泛应用，占全世界垃圾焚烧市场总量的80%以上。但对大件生活垃圾、含水率特别高的污泥不适宜直接使用炉排炉进行处理。炉排炉由进料斗、炉排、炉膛以及炉排液压连杆机构等组成，炉排炉结构如图 7.10 所示。

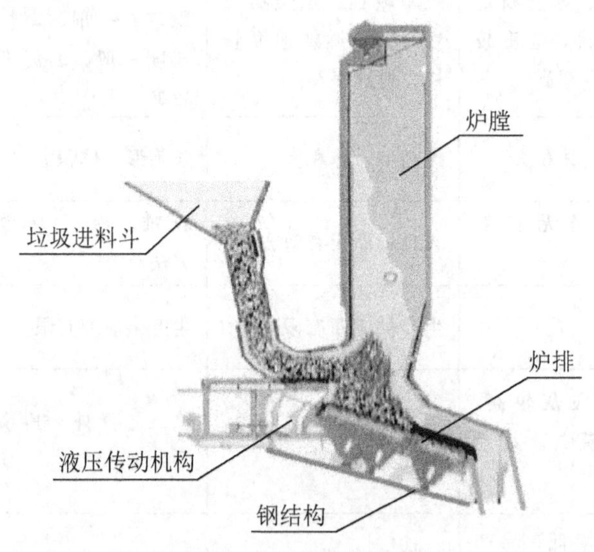

图 7.10　炉排炉的结构

炉排炉形式很多，按炉排形式主要有固定炉排(主要是小型焚烧炉)、运动炉排(倾斜往复式炉排、水平往复式炉排、滚筒式炉排、链条式炉排、并列摇动式炉排、阶梯往复式炉排等)。

炉膛位于炉排上方，物料在炉排上燃烧产生的烟气上升进入炉膛内，与由炉膛侧壁送

入的燃烧空气充分搅拌、混合并完全燃烧后进入布置在炉膛后部烟道中。由炉排下方送入炉膛助燃的空气称为一次风；由炉膛侧壁送入用以搅拌烟气从而达到完全燃烧效果的燃烧空气称为二次风。

根据一次风与物料在炉排上的运动方向之间的关系，炉膛内的气流模式分为逆流式、顺流式、交流式、复流式(图 7.11)。逆流式的一次风进入炉排后与物料的运动方向相反，可以使物料受到充分的干燥，因此适合于焚烧热值低、含水量高的物料。顺流式的一次风进入炉排后与物料的运动方向相同，一次风与炉排上物料的接触效果低，因此适合于焚烧热值高、含水量低的物料。交流式是顺流式与逆流式之间的一种过渡形态，物料移动方向与一次风的流向相交，适用于焚烧中等发热量的固体废物。复流式在炉膛中设置有辐射隔板隔开，使燃烧室成为两个烟道，靠近干燥段一次风与物料流动方向基本相反，为逆流式；靠近燃烬段则为顺流式。复流式气流适合于焚烧热值变化较大的废物。

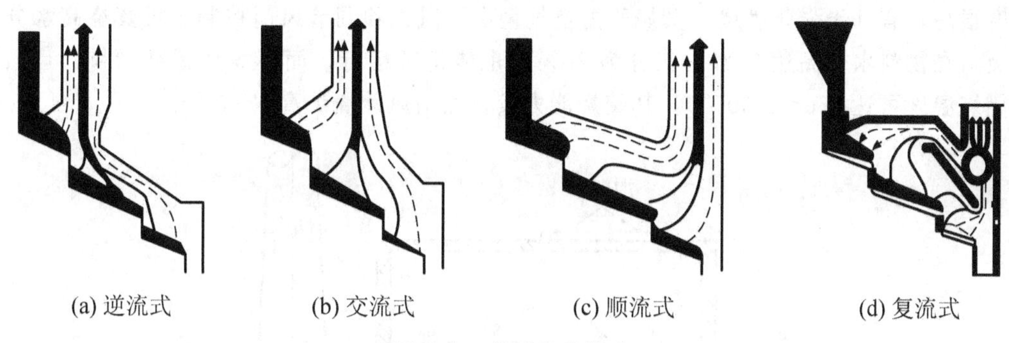

图 7.11 炉膛气流模式

1) 简易固定炉排焚烧炉

简易固定炉排焚烧炉分为固定炉排自然引风炉和固定炉排机械引风炉。固定炉排自然引风炉工作时，物料从炉顶上部的加料口间歇性地加入，在固定炉排上形成一定厚度的燃烧层。一般料层厚度都大于 500mm，燃烧所需空气主要从炉排下部靠自然引风补给(见图 7.12)。

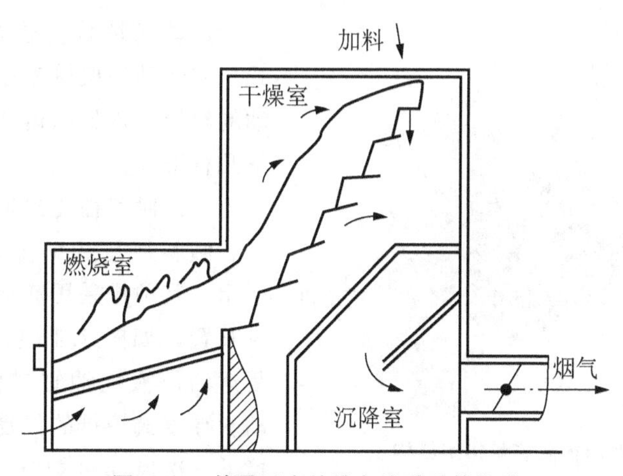

图 7.12 简易固定炉排自然引风焚烧炉

简易固定炉排自然引风焚烧炉的不足之处：①靠自然引风的焚烧方式，其燃烧能力低，受自然引风能力的限制。②焚烧炉的燃烧面积不能太大。一般来说，燃烧面积不能大于 $4m^2$，否则人工操作起来要做到均匀燃烧，其劳动强度很大。③难以做到使料层的通风阻力均匀，而燃烧的不均匀又极易造成多处火口，炉内过剩空气系数偏高，从而影响炉温，造成可燃性气体的不完全燃烧。④由于这种燃烧方式的炉温不高，烟气中含有不完全燃烧的和有害的气体成分。⑤最大的问题是，当垃圾含水率太高时，炉子不能正常运行。燃烧层产生的高温烟气在通过湿垃圾时，将产生大量的水蒸气。特别是料层较厚时，这些水蒸气又凝结在料层里，造成炉温下降，使可燃气体无法在炉膛上部燃烧。

为解决简易固定炉排自然引风焚烧炉的不足，固定炉排机械引风炉采用机械引风和分段燃烧的方式(图 7.13)。固定炉排机械引风炉将燃烧过程分成干燥段和燃烧段两段进行。固体废物首先进入干燥段干燥，然后进入燃烧段燃烧。燃烧段的空间很低小，因此该区段温度很高，有利于强化燃烧。焚烧所需空气量由引风机和调节风门控制。可焚烧高水分的垃圾，在物料水分高达 50%、灰分为 20%时也能正常运行，而不需加辅助燃料，且燃烧段燃烧温度可达 950～1 000℃。其焚烧能力较自然引风焚烧炉高 4～5 倍。

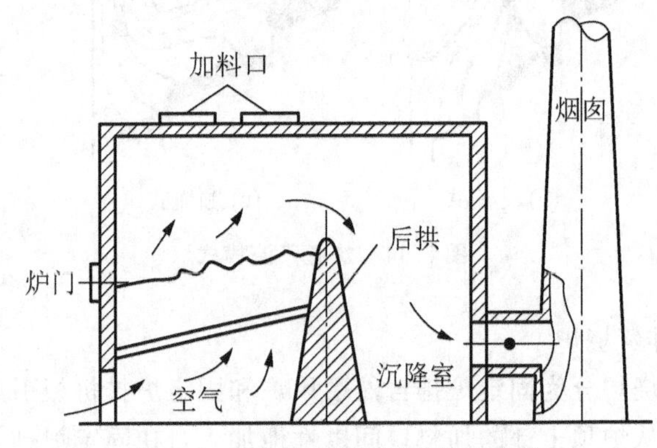

图 7.13　固定炉排机械引风焚烧炉

2）运动式炉排焚烧炉

运动式炉排焚烧炉采用厚料层燃方式，靠运动的机械输送物料，构成一个运动的料层。常见的运动式炉排焚烧炉有以下几种形式。

(1) 倾斜往复式炉排炉。

倾斜往复式炉排炉的结构如图 7.14 所示。其炉排采用活动炉排与固定炉排间隔布置，如图 7.15 所示。活动炉排的往复运动由液压油缸或由其他机械方式推动。往复式炉排的往复运动能将燃料层翻搅。一次风通过炉排片之间的孔洞注入，

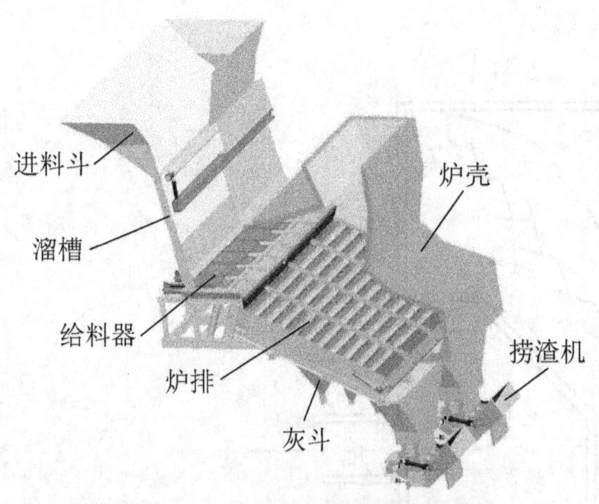

图 7.14　倾斜往复式炉排炉结构

使空气与垃圾燃料充分接触，得到较好的燃烧效果。按炉排运动方向，分为倾斜顺推往复式和倾斜逆推往复式。

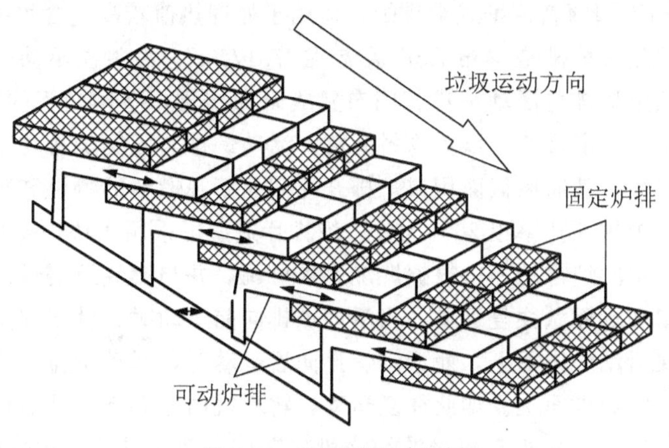

图 7.15 倾斜往复式炉排

① 倾斜顺推往复式炉排炉。

倾斜顺推往复式炉排(图 7.16) 的运动方向与垃圾的运动方向一致，为保证垃圾在炉内有充分的停留时间，炉排通常较长，并设计成分段阶梯式，各段均配有独立的运动控制调节系统，炉排的倾角也较逆推式的小。

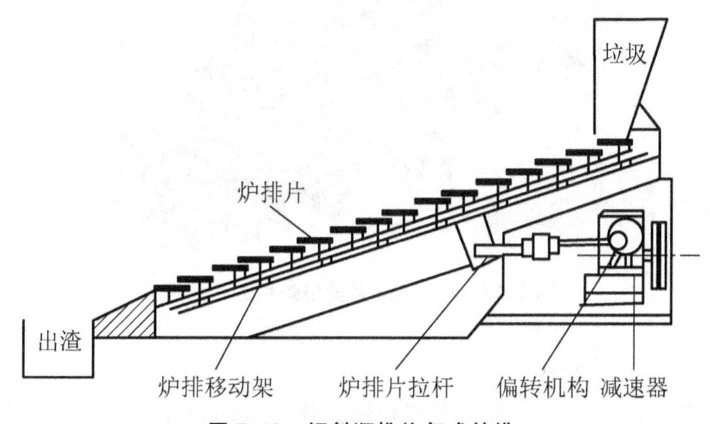

图 7.16 倾斜顺推往复式炉排

物料由机械给料装置送入炉膛后，随炉排稳定前进，依次经过干燥和引燃区、主燃烧区以及燃烬区，同时借助炉排的倾角和运动，发生搅动，达到燃烧完全。燃烧空气量及其分布均可调节，以适应焚烧量、物料种类以及成分的变化。

倾斜顺推往复式炉排的特点如下。

a. 燃烧空气从炉底吹入并从炉排块的缝隙中吹出，对炉排有良好的冷却作用。

b. 炉排推动时，可以使黏结在炉排通风口上的一些低熔点物质被吹走，保持良好的通风条件。

c. 垃圾的横向及跌落运动，使垃圾的翻转与搅拌比不分段的炉排和滚动炉排要更加充分，能保证新进入炉膛的垃圾及未燃烧的垃圾暴露在燃烧空气之中，得到充分燃烧。

d. 可对炉排运动进行分段调节，对燃烧工况的控制更方便。

e. 物料的搅动不如倾斜逆推式炉排炉，适用于处理热值较高、含水率较低的废物。

典型的顺推往复式炉排是 Von Roll 系统(图 7.17)，它由独立驱动的三段分离炉排组成。每段炉排由固定炉排与活动炉排相间布置成阶梯结构，整体向下的坡度约为 15°，活动炉排与固定炉排有一定重叠，以免物料漏落。活动炉排与固定炉排均有通风截面，以保证燃烧所需的供风量，其通风截面积或炉排开孔截面率视燃料的特性和料层高度而定，一般焚烧生活垃圾的炉排开孔率以 20%为宜。炉排片造型可采用大块炉排片结构，也可采用小块镶嵌式结构，每段炉排的速度根据燃烧要求可调，并与燃烧所需送风量相配合。活动炉排按一定的频率和行程做往复运动。当活动炉排向前运动时，处于固定炉排上的固体废物被推在下面一块活动炉排面上，而活动炉排向后运动时，活动炉排上的物料就被固定炉排挤落在下一级固定炉排面上。如此往复运动，物料就由上到下、从后向前不断推进。整个燃烧过程分三个独立且又相互衔接的炉排段来完成，即干燥段、主燃烧段和后燃烧段。在主燃烧段还装设了许多“活动刀子”用于拨火，以保证垃圾的完全燃烧。

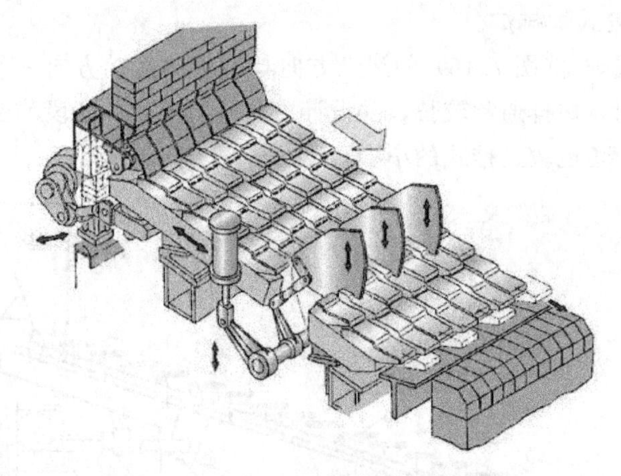

图 7.17　Von Roll 型焚烧炉构造示意图

② 倾斜逆推往复式炉排炉。

逆推往复式炉排的运动方向看起来与物料的移动方向相反，由于倾斜和逆推作用，底层物料上行，上层物料下行，进而不断地进行翻转和搅动，与空气充分接触(图 7.18)，因而获得较好的燃烧条件，可实现垃圾的完全燃烧。

逆推往复式炉排与顺推往复式相似，但逆推往复式炉排倾角更大，达 26°(图 7.19)。逆排往复式炉排的特点如下。

a. 燃烧空气从炉底部送入并从炉排块的缝隙(不同的炉排技术使缝隙位置不同，一般位于炉排块前端)中吹出，对炉排有良好的冷却作用。

b. 炉排推动时，包括固定炉排均能做到四周呈相对运动，每一块炉排约有 20mm 的错动动作，可使黏结在炉排通风口上的一些低熔点(铅、铝、塑料、橡胶等)物质被吹走，保持良好的通风条件。

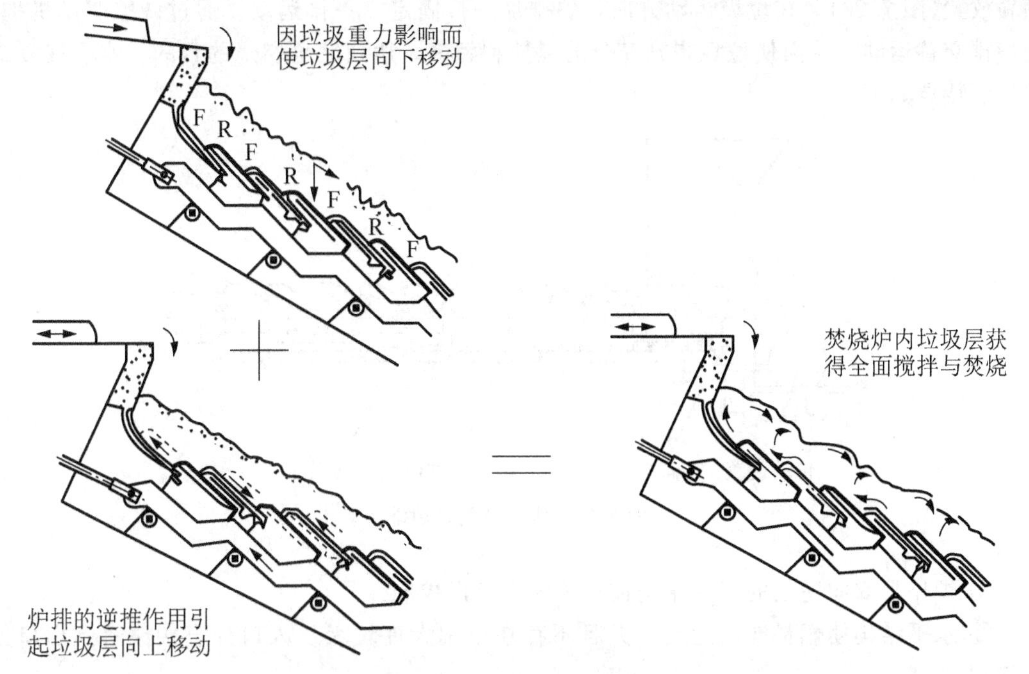

图 7.18 垃圾在倾斜逆推往复式炉排上的运动分析

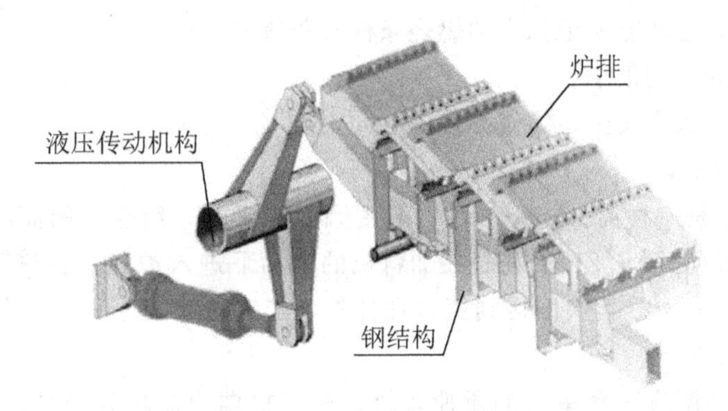

图 7.19 倾斜逆推往复式炉排

c. 其运动速度可以任意调节，以便根据垃圾的性质及燃烧工况调整垃圾在炉排上的停留时间；由于逆向推动可相应延长垃圾在炉内的停留时间，因此在处理能力相同的情况下，通常炉排面积可小于顺推炉排；同时，还可以使主燃烧区域的灼热灰渣与干燥引燃区的垃圾充分混合，有利于垃圾的引燃。

倾斜逆推往复式炉排炉适用于水分高、热值低的废物。该类炉排技术的典型代表是MARTIN(马丁)炉排。

(2) 水平往复式炉排炉。

水平往复式炉排没有倾斜角度，物料无自然下滑的力，所以都采用逆推的方式，但与倾斜逆推往复式炉排不同，其炉条搁置方向仍为顺向，从长度方向上炉排片向上呈锯齿状倾斜放置(图 7.20)。在垃圾运动方向，炉排片一排固定，一排运动。通过调整驱动机构，使炉排交替运动，从而使垃圾得到充分的搅拌和翻滚，达到完全燃烧的目的。水平往复式炉排的特点如下。

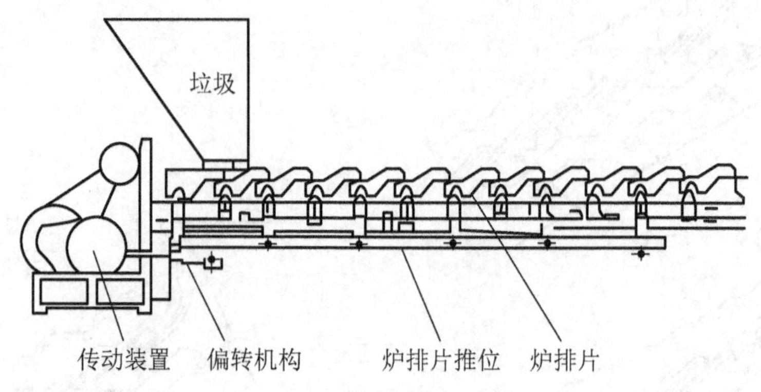

图 7.20 水平往复式炉排

① 炉排片双向逆动的机械结构使垃圾输送可以控制。

② 水平结构使燃料向前运动，并且不存在个别大件垃圾从入口处直接滚落到出口处的问题。

③ 紧凑的炉排使整个炉排上的燃烧空气分布均匀。

④ 成熟的燃烧控制能保证稳定的燃烧条件和灰渣的燃尽。

⑤ 炉排漏灰的比例很小。

⑥ 可用率高、操作安全、维修方便。

(3) 滚动式炉排炉。

滚动式炉排也是一种前推式炉排，一般由倾斜布置的一组空心圆筒组成，滚筒呈 20°倾斜，自上而下排列(图 7.21)。物料在加料机的推动下进入炉膛，在滚筒的旋转作用下，慢慢前行，由于滚筒面的起伏而得到翻转和搅拌，与来自滚筒下面的空气充分接触燃烧。滚动式炉排的特点如下。

① 每个滚筒都配有一套单独的调速系统，进风根据滚筒单独分区，通过调整滚筒转速和进风量，控制垃圾在该阶段的驻留和燃烧。因此，在处理不同种类的垃圾时，适应范围较广。

② 滚筒炉排旋转的工作形式，使圆筒处于半周工作、半周冷却的状态，可以用一般的铸铁材料制造，因此费用低，使用寿命长。

③ 受热面上没有移动部件，可以减少磨损和被垃圾中的铁器卡住的现象。

④ 进风阻力较小，进风压力较低，节省风机的能耗，同时减少了炉膛出口的飞灰及相应造成的随后对受热面的磨损。

(4) 链条式炉排炉。

链条式炉排结构简单，(图 7.22) 对物料并没有搅拌和翻动。物料只有从一炉排落到下一炉排时有所扰动，容易出现局部物料烧透、局部物料又未燃尽的现象，这种现象对于大型焚烧炉尤为突出。链条式炉排不适宜焚烧含有大量粒状废物及塑料等废物，仅适用于中小型焚烧炉使用。

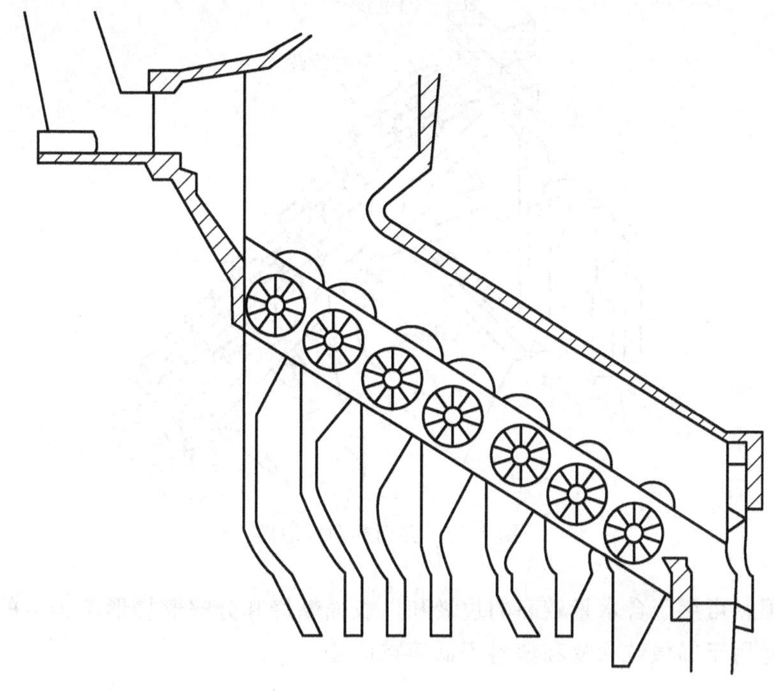

图 7.21　滚筒式炉排

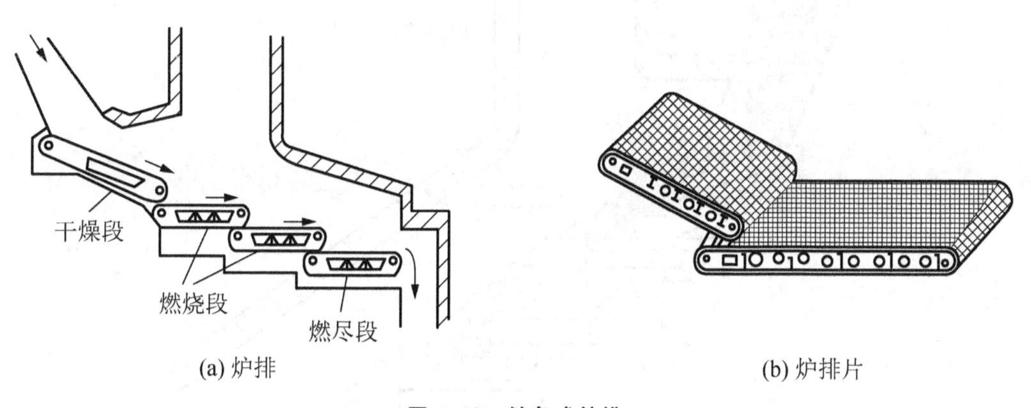

(a) 炉排　　(b) 炉排片

图 7.22　链条式炉排

（5）并列摇动式炉排炉。

并列摇动式炉排由一系列固定在转轴上的平行的炉排片组成，炉排片由传动系统依次推动而上下运动，从而将物料推动向前运动(图 7.23)。在运动过程中不断翻动物料，保证了空气与物料的良好接触。其适用于小型焚烧炉使用。

（6）阶梯往复式炉排炉。

这种炉排上的固定和活动炉排交替放置(图 7.24)。活动炉排的往复运动能将料层翻动扒松，使燃烧空气与之充分接触，其性能较链条式炉排好。阶梯往复式炉排炉对处理废物

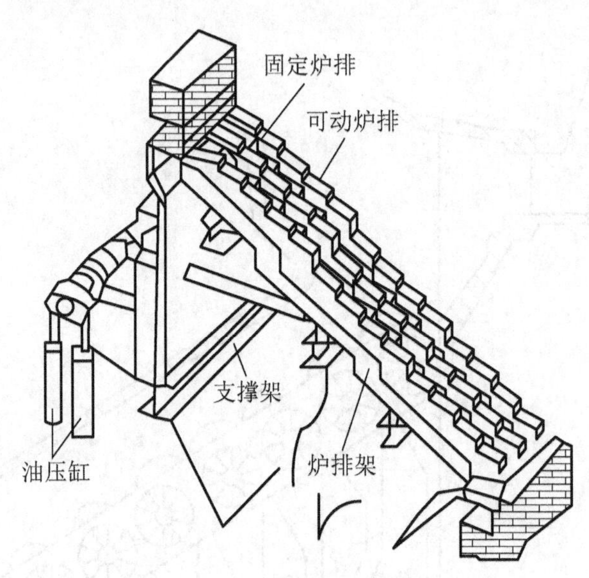

图 7.23 并列摇动式炉排

的适应性较强，可用于含水量较高的垃圾和以表面燃烧和分解燃烧形态为主的固体废物的焚烧，但不适用于细微粒状物和塑料等低熔点废物。

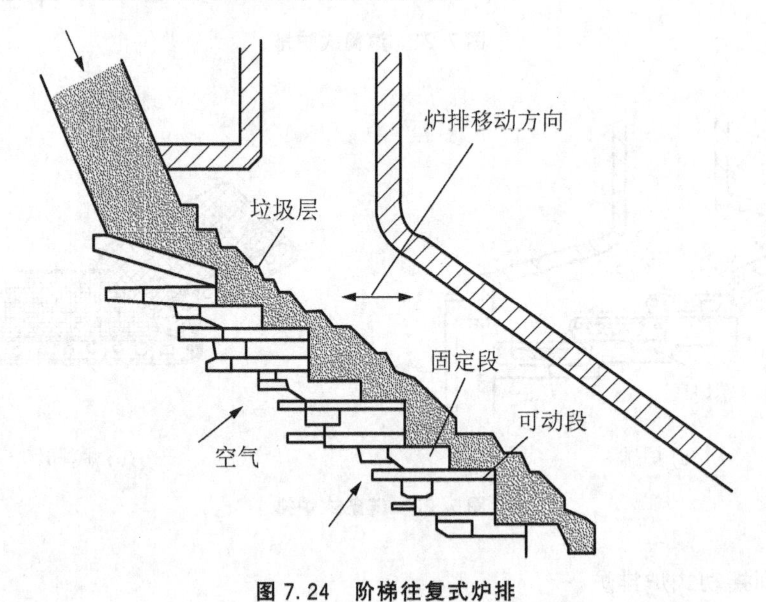

图 7.24 阶梯往复式炉排

3. 流化床焚烧炉

可用于处理废物的流化床的形态有五种：气泡床、循环床、多重床、喷流床及压力床。气泡床多用于处理生活垃圾及污泥，循环床多用于处理有害工业废物。

气泡式流化床焚烧炉的主体设备是一个圆柱形塔体(图 7.25)，塔内壁衬是耐火材料，下部设有分配气体的布风板，板上装有载热的惰性颗粒(如石英砂)。布风板通常设计成倒锥体结构，风帽为L形。一次风经由风帽通过布风板送入流化层，二次风由流化层上部送入。采用燃油预热料层，当料层温度达到600℃左右时可以投入垃圾焚烧。物料由炉顶或炉侧进入炉内，与高温载热体及气流交换热量而被干燥和燃烧，产生的热量被贮存在载热体中，并将气流的温度提高。焚烧残渣可以在焚烧炉的上部与焚烧废气分离，也可以另设置分离器，分离出载热体再回炉内循环使用。

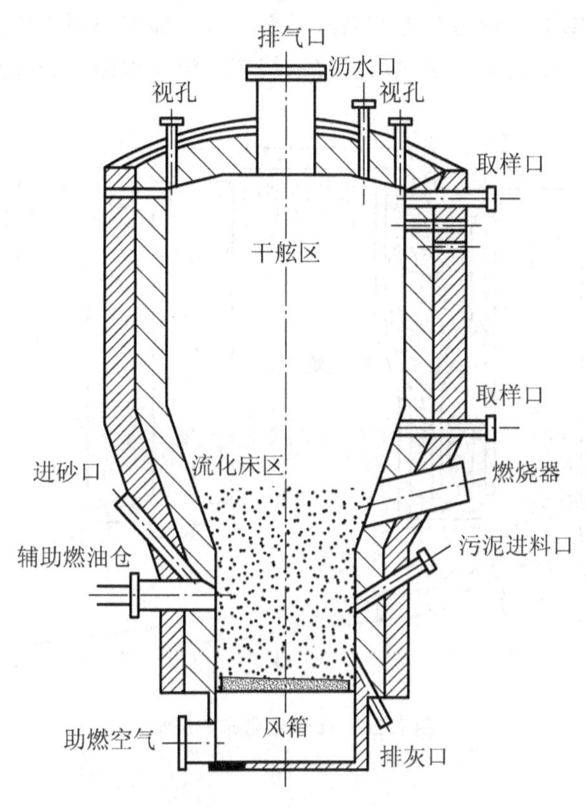

图7.25　气泡式流化床焚烧炉

气泡式流化床焚烧炉具有以下特点。

(1) 无机械转动部件，不易产生故障。

(2) 炉床单位面积处理能力大，炉子体积小，且床料热容量大，启停容易，垃圾热值波动对燃烧的影响较小，又由于其热强度高，更适宜燃烧发热值低、含水分高的垃圾。

(3) 由于其炉内蓄热量大，在燃烧垃圾时基本上可以不用助燃。

(4) 炉内床层的温度均衡，避免了局部过热。

(5) 空气污染控制系统通常只需装置静电集尘器或滤袋集尘器进行悬浮微粒的去除即可。在进料口加一些石灰粉或其他碱性物质，酸性气体可在流化床内直接去除。

(6) 燃烧速度快，燃烧空气平衡较难，容易产生CO，为使燃烧各种不同垃圾时都保持较合适的温度，必须随时调节空气量和空气温度。

(7) 垃圾颗粒在炉内悬浮燃烧，为了保证入炉垃圾的充分流化，要求垃圾在入炉前进行一系列筛选及粉碎等处理，使其颗粒尺寸均一化（一般破碎到≤15cm)，同时要进料均匀。

(8) 废气中粉尘较其他类型的焚烧炉要多，后期处理工作较重。

(9)对操作运行及维护的要求高，操作运行及维护费用也高，垃圾预处理设备的投资成本较高；并且预处理中容易造成垃圾臭气外逸。

与气泡式流化床相比，循环流化床是在燃烧室的后面增加旋风分离器，惰性颗粒及未完全燃烧的粗大物料颗粒由此分离器重新进入燃烧室，即实现回收惰性颗粒，又实现物料的多次循环燃烧。循环流化床生活垃圾焚烧系统工艺流程如图 7.26 所示。

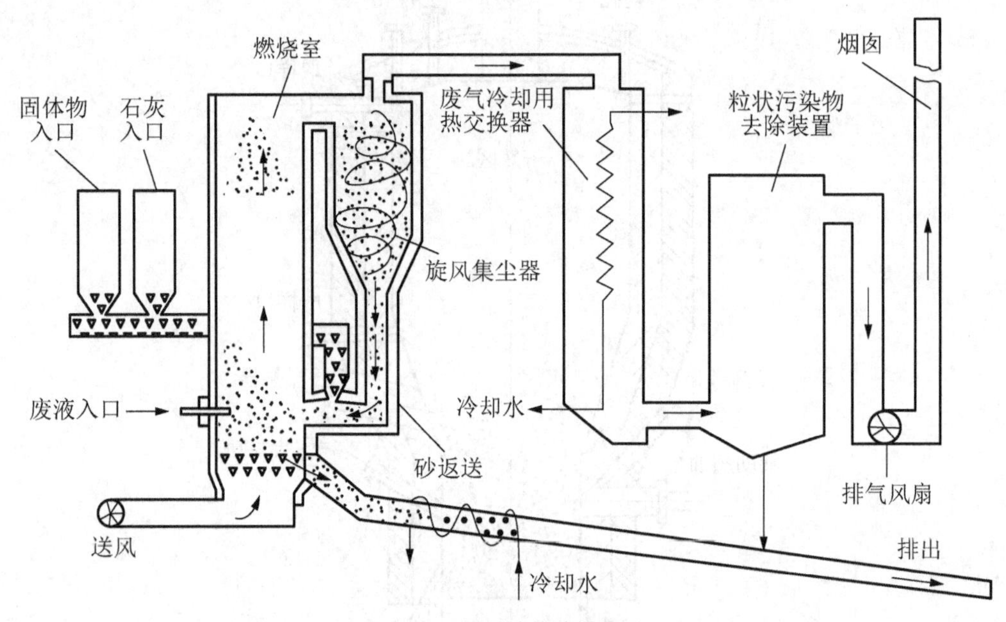

图 7.26 循环流化床焚烧炉

4. 回转窑焚烧炉

回转窑焚烧炉主体是一个钢制的滚筒，其内壁可采用耐火砖砌筑，也可采用管式水冷壁，以保护滚筒。它是通过炉体滚筒连续、缓慢转动，利用内壁耐高温抄板将物料由筒体下部在筒体滚动时带到筒体上部，然后靠自重落下。由于物料在筒内翻滚，可与空气得到充分接触，经过着火、燃烧和燃尽三个阶段进行较完全的燃烧。物料由滚筒的一端送入，热烟气对其进行干燥，使其在达到着火温度后燃烧，然后随着筒体滚动，物料得到翻滚并下滑，一直到筒体出口排出灰渣。当物料含水量过大时，可在筒体尾部增加一级炉排，用来满足燃尽，滚筒中排出的烟气，进入一个垂直的燃尽室(二次燃烧室)。燃尽室内送入二次风，烟气中的可燃成分可在此得到充分燃烧。燃尽室温度一般为 1 000～1 200℃。在筒体的一段常设有辅助燃烧器以维持窑内的较高炉温，这对焚烧污泥类的废物是必不可少的。送风和烟气流向与物料的走向可以是顺流也可以是逆流。回转窑焚烧炉的优点：设备费用低，用电耗与其他燃烧方式相比也较少，焚烧能力强，能量回收率高，操作维修方便。回转窑焚烧炉的缺点：处理量小，飞灰处理难，燃烧不易控制，很难适应发电的需

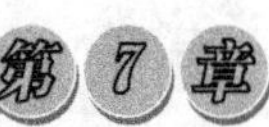

要。回转窑焚烧炉在生活垃圾焚烧中应用较少，但广泛应用于工业废物和污泥的焚烧。回转窑焚烧生活垃圾的工艺流程如图 7.27 所示。

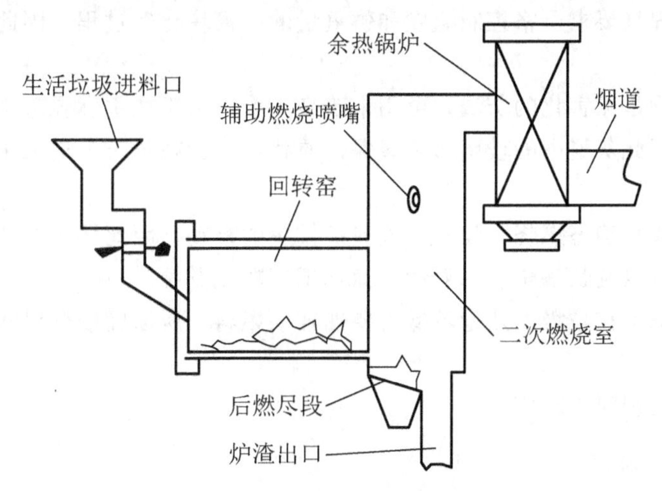

图 7.27　回转窑生活垃圾焚烧工艺流程

5. 热解气化焚烧炉

热解气化焚烧炉(又称控气式焚烧炉)是一种控制空气燃烧技术。热解气化焚烧一般分为两个阶段，热分解和氧化分别在两个不同的室内完成。废物进入第一燃烧室中，通入少量空气，废物停留很长时间，在一定温度下(500～550℃)，废物部分气化，部分分解，部分燃烧。灰渣和不能热分解的物体(如金属、玻璃等)经过自动清灰系统被排出炉外。产生的可燃烟气进入上部的第二燃烧室，再配以空气，在超过 1 000℃的高温下经过 2s 的充分燃烧后排出。典型的垃圾热解气化焚烧炉如图 7.28 所示。

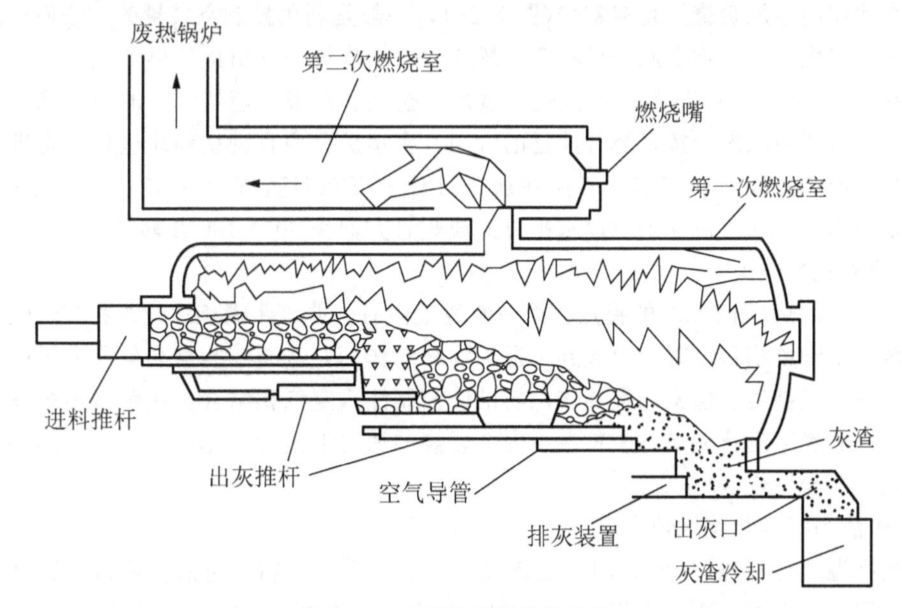

图 7.28　垃圾热解气化焚烧炉

热解气化焚烧炉的特点如下。

(1) 设备结构较炉排炉简单，在同样的处理能力下，占地面积小，厂房高度低。

(2) 燃烧过程是要求严格控制温度和供氧量的“模块化”过程，因此要求较高的自动化程度。

(3) 最终产物是无害化的灰渣，可用来改良土壤，由于在主燃烧室中维持较低的燃烧温度与供氧量，因此灰渣中的玻璃与金属保持原状，不会在炉排上造成熔堵现象，并可作为有价物质回收。

(4) 燃烧方式是静态燃烧，没有空气或炉排块的搅动，因此尾气中的含灰量比炉排中的低很多，从而可以延长锅炉使用寿命，简化烟气净化系统。

(5) 第二燃烧室在垃圾发热量较低时要加辅助燃料，所以辅助燃料的消耗量比炉排炉要多。

(6) 适用的处理对象较广。

6. 其他类型焚烧炉

1) 等离子体焚烧炉

等离子体焚烧炉的特点如下。

(1) 废物焚烧彻底，不污染空气、水源及周边环境；由于炉温高，有机物、病菌及其他有害物质全部裂解、分解，产生的气体、灰烬等完全无毒；焚烧后灰烬体积大大减小，为传统炉灰烬体积的1/5，无黑烟，不产生二噁英。

(2) 不使用煤、油、气作燃料，只用电和水，清洁卫生，操作简单，安全可靠，可全部实现自动控制。

(3) 运行成本低，比传统炉节约运行费用40%。

2) 室燃式焚烧炉

现在使用的室燃焚烧炉是多室炉(图7.29)，一般是利用控制空气量的方法使一次燃烧室处于较低温度，被燃物在此进行不完全燃烧，由一次燃烧室引出的燃烧气再进入二、三次燃烧室，在1 000～1 200℃再次燃烧。过量的空气和高温使燃烧气中的热解气体和固体粒子达到完全燃烧状态。按燃烧气前进的方向，多室炉分为直进型和曲进型。直进型是指燃烧气的气流以直线方向前进，气流在前进过程中仅在竖直方向以90°～180°弯曲流动。曲进型是指燃烧气的气流在炉内以水平方向或竖直方向呈90°～180°旋转流动。

3) 螺旋式焚烧炉

螺旋式焚烧炉(图7.30)的特点：第一燃烧室内有一非等距螺旋推动废物在燃烧室内移动，在螺旋推动废物移动时，也起到了搅拌物料的作用，从而使废物物料最大限度地与注入燃烧室的空气接触。螺旋的搅拌作用与准确控制注入空气相结合，使第一燃烧室在均匀的中等气体温度下运行烧烧，废物在不完全燃烧的情况下接近气化。气体通过热导管进入第二燃烧室完全燃烧。

4) 熔渣高温气化焚烧炉

熔渣高温气化焚烧炉(图7.31) 由燃气发生器和后续二燃室组成。物料依靠重力落入燃气发生器，自上而下通过烘干区、热解区和燃烧/熔融区。预热空气从炉底吹入燃气发

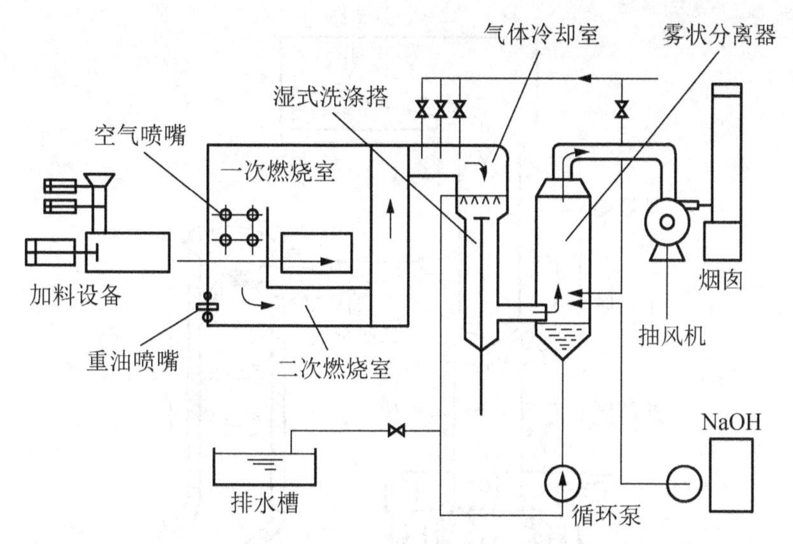

图 7.29 室燃式焚烧炉工艺流程

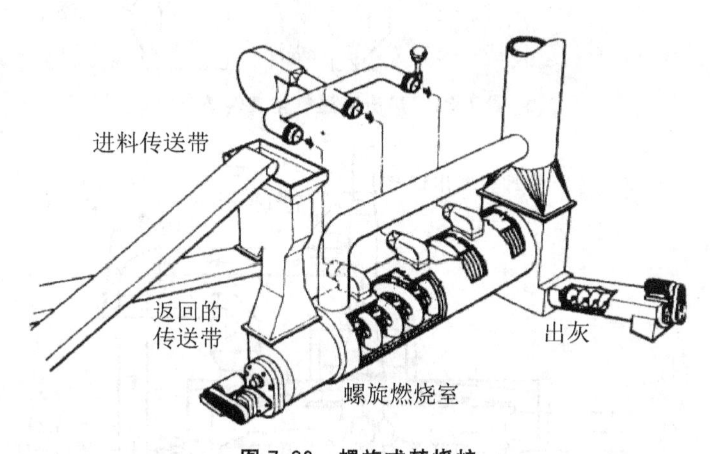

图 7.30 螺旋式焚烧炉

生器，它使热解后残留的炭燃烧，产生的热量使惰性物质熔化，使往下落的物料热解。高温产生的熔渣在炉底连续地从渣口流出。燃气发生器的热解气体进入二燃室与空气进行充分的燃烧。

5）多层炉

多层炉的炉体是一个垂直的内衬耐火材料的钢质圆筒，内部分很多层，每层是一个炉膛(图 7.32)。炉体中央装有一顺时针方向旋转的双筒、带搅动臂的中控中心轴，搅动臂的内筒与外筒分别与中心轴的内筒和外筒相连。搅动臂上装有多个方向与每层落料口的位置相配合的搅拌齿。炉顶有固体加料口，炉底有排渣口，辅助燃烧器及废液喷嘴则装置于垂直的炉臂上，每层炉壳外都有一环状空气管线以提供二次空气。

物料由炉顶送入，落入最上段的外围处，然后由耙齿耙向中央的落口，落入下一层，再由下层的耙齿耙向炉壁，由四周的落料口落入第三层。以后依次向下移动，物料在炉膛

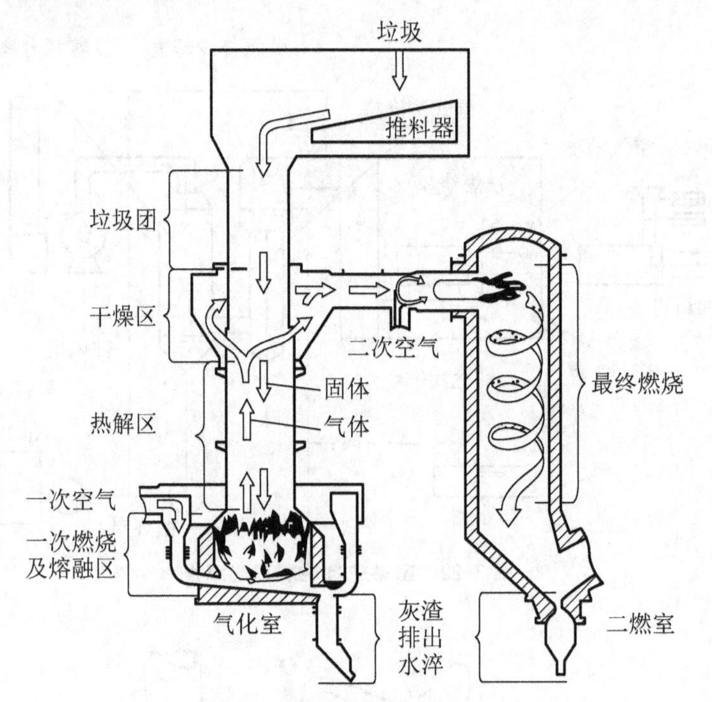

图 7.31　炉渣高温气化焚烧炉

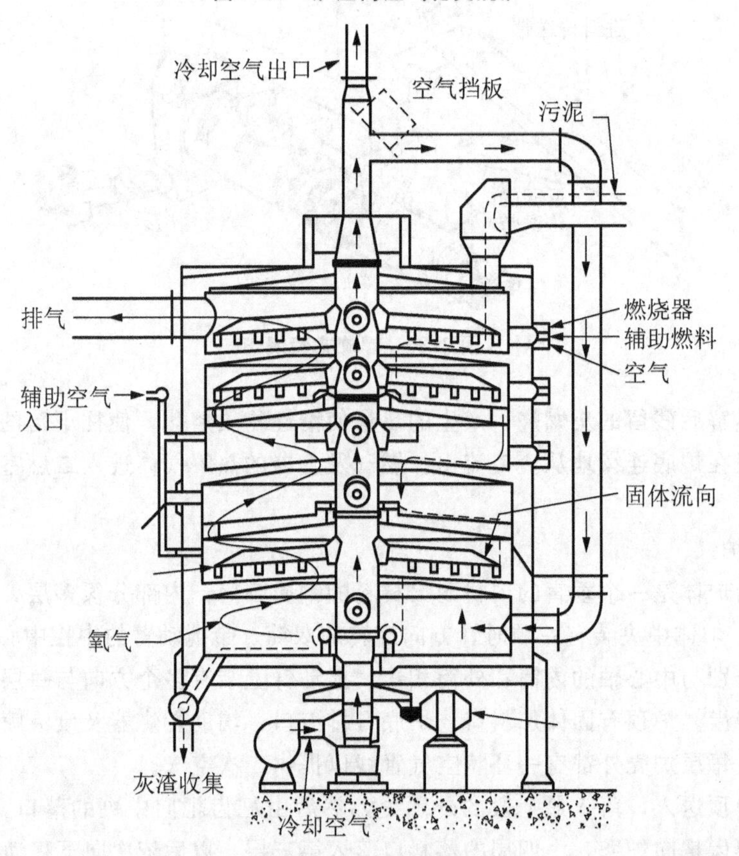

图 7.32　多层炉构造

内呈螺旋形运动，物料在各段的移动与落下过程中进行搅拌、破碎，同时受到干燥和焚烧处理。燃烧后的灰渣一层一层地掉至底部，经灰渣排除系统排出炉外。助燃空气由中心轴的内筒下部进入，然后进入搅动臂的内筒流至臂端，由外筒回到中心轴的外筒(见图7.33)，集中于筒的上部，再由管道送至炉底空气入口处进入炉膛。入口空气已被预热到150～200℃。进入炉膛的空气与下落的灰渣逆流接触，进行热量交换，既冷却了灰渣又加热了空气。

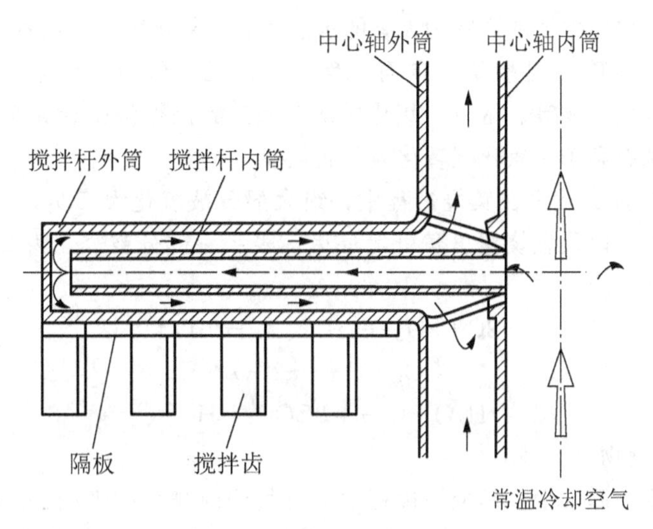

图7.33 多层炉中心轴剖面

多层炉由上至下可分成三个区域：干燥区、燃烧区和冷却区。上部几层为干燥区，平均温度在430～540℃之间，其主要作用为蒸发废物中的水分。中间几层的温度在760～980℃之间，物料的燃烧主要发生于此。燃烧后的灰渣进入下部的冷却区(150～300℃)与进来的冷空气进行热交换，冷却到150℃排出炉外。

多层炉的特点：废物在炉内停留时间长，能挥发较多水分。适合处理含水率高、热值低的废物，如污泥，70%以上的污泥焚烧设备是多层炉。多层炉的缺点：物料在炉内停留时间长，调节温度时较为迟缓，控制辅助燃料的燃烧比较困难；燃烧器结构繁杂、移动零件多、易出故障、维修费用高；排气温度较低，易产生恶臭，排气需要脱臭或增加燃烧器燃烧。

7.1.9 焚烧二次污染控制

二次污染控制技术已经成为焚烧处理固体废物不可缺少的环节，它的成败直接影响到焚烧技术的发展。固体废物焚烧产生的污染物包括烟气、污水、残渣、噪声、恶臭。相应地，焚烧二次污染控制技术主要包括废气、废水、残渣的处理技术以及噪声、臭气的防治技术。其中，焚烧废气处理技术难点多，工艺复杂，处理成本大。

1. 焚烧烟气中的污染物及形成机理

固体废物焚烧产生的烟气中除包括过量的空气和二氧化碳外，还含有对人体和环境有直接或间接危害的成分，即焚烧烟气污染物。一般地，烟气的主要成分是由 N_2、O_2、CO_2和 H_2O 四种无害物质组成，它们占烟气容积的 99%，污染物约占 1%。根据化学、物理性质的不同，焚烧烟气污染物可分为不完全燃烧产物、颗粒状污染物、酸性污染物、重金属污染物和有机污染物。焚烧烟气中所含污染物种类及含量，与进行焚烧的固体废物的成分、焚烧烧条件、焚烧炉结构形式等有着密切关系。

1）不完全燃烧产物

碳氢化合物燃烧后主要的产物为无害的水蒸气和二氧化碳，可以直接排入大气中；不完全燃烧产物(简称 PIC)是燃烧不良而产生的副产品，包括一氧化碳、炭黑、烃、烯、酮、醇、有机酸及聚合物等。常以一氧化碳的含量来判断燃烧是否完全。氧气含量越高，燃烧温度越高，越有利于一氧化碳转化为二氧化碳。

有机可燃物中的 C 元素在焚烧过程中，绝大部分被氧化为 CO_2，但由于局部供氧不足、风量分配不当，以及燃烧温度偏低等原因，极小一部分被氧化为 CO。CO 的产生涉及如下几种不同的反应：

$$3C+2O_2 \longrightarrow CO_2\uparrow+2CO\uparrow \tag{7-32}$$

$$CO_2+C \longrightarrow 2CO\uparrow \tag{7-33}$$

$$H_2O+C \longrightarrow 2CO\uparrow+H_2\uparrow \tag{7-34}$$

2）颗粒状污染物

颗粒状污染物，即烟尘，是焚烧过程中与废气同时排出的烟(粒径 1μm 以下)和粉尘(粒径 1～200μm)的总称。烟气中颗粒状污染物主要来源是：①被燃烧空气和烟气吹起的小颗粒灰分；②未充分燃烧的炭等可燃物；③因高温而挥发的盐类和重金属等在冷却净化过程中又凝缩或发生化学反应而产生的物质。前两种可认为是物理原因产生的，第三种则是热化学原因产生的。表 7-8 列出了烟尘产生的机理。

表 7-8　粉尘产生机理

	炉室	燃烧室	锅炉室、烟道	除尘器	烟囱
无机烟尘	①由燃烧空气卷起的不燃物、可燃灰分；②高温燃烧区域中低沸点物质气化；③酸性气体去除时，投入的 $CaCO_3$ 粉末引起的反应生成物和未反应物	气—固、气—气反应引起的粉尘	①烟气冷却引起的盐分；②为去除酸性气体而投入的 $Ca(OH)_2$，反应生成物和未反应物		微小粉尘（<1μm)，碱性盐占多数
有机烟尘	①纸屑等的卷起；②不完全燃烧引起的未燃碳分	不完全燃烧引起的纸灰		再度飞散的粉灰	
粉尘浓度(标态)/$g\cdot m^{-3}$		1～6	1～4		0.01～0.04(使用除尘器的场合)

3）酸性气体

焚烧产生的酸性气体主要包括卤化氢、SO_x、NO_x 等。

（1）氯化氢和其他卤化氢。

氯化氢不仅对人体、动植物危害很大，同时会对余热锅炉的过热器造成高温腐蚀和尾部受热面的低温腐蚀。据全球污染排放评估组织(GEIA)的测算，全世界每年由生活垃圾焚烧向环境排放的氯化氢气体达 2×10^9kg。按人口折算，相当于人均每年通过焚烧生活垃圾向大气排放了 0.42kg 氯化氢气体。

焚烧烟气中的氯化氢来源有两个方面：一是固体废物中的有机氯化物(如 PVC 塑料、橡胶、皮革)的分解生成氯化氢；二是废物中的无机氯化物(如餐厨垃圾中的 NaCl、纸、布)在焚烧过程中与其他物质反应生成氯化氢。就生活垃圾而言，无机氯化物(主要是 NaCl)不仅数量大，而且是焚烧烟气中氯化氢的一个主要来源。以 NaCl 为例，产生氯化氢的机理为

$$2NaCl+nSiO_2+Al_2O_3+H_2O\longrightarrow 2HCl\uparrow+Na_2O(SiO_2)_nAl_2O_3 \tag{7-35}$$

$$NaCl+mSiO_2+H_2O\longrightarrow 2HCl\uparrow+Na_2O(SiO_2)_m \tag{7-36}$$

式中：$n=4$，$m=4$ 或 2。

当废物中 NaCl、N、S、水分含量较高时，氯化氢的产生机理为

$$2NaCl+SO_2+0.5O_2\uparrow+H_2O\longrightarrow 2HCl\uparrow+Na_2SO_4 \tag{7-37}$$

$$2HCl+0.5O_2\uparrow\longrightarrow Cl_2\uparrow+H_2O \tag{7-38}$$

聚氯乙烯(PVC)焚烧时生成氯化氢的机理为

$$C_xH_yCl_z+O_2\uparrow\longrightarrow CO_2\uparrow+H_2O\uparrow+2HCl\uparrow+\text{不完全燃烧产物} \tag{7-39}$$

PVC 的性质之一是热稳定性和耐火性较差，在 140℃时，可分解放出氯化氢气体。这是由于 Cl 原子与相邻的 C 原子上的 H 原子发生了脱除而生成的。

氟化氢以及其他卤化氢的生成机理与氯化氢类似。

（2）硫氧化物。

燃烧产生的硫氧化物(SO_x)包括 SO_2、SO_3、硫酸雾和酸性尘。其中，SO_3 的浓度很低，约占生成量的百分之几。当废气的温度下降时，部分 SO_3 将和水蒸气反应而形成硫酸雾滴。硫氧化物主要源于有机硫分，也有部分源于无机硫。

有机硫燃烧产生 SO_x 的机理可用下式表示：

$$C_xH_yO_zS_p+O_2\uparrow\longrightarrow CO_2\uparrow+H_2O\uparrow+SO_2+\text{不完全燃烧物} \tag{7-40}$$

$$SO_2+O_2\uparrow\longrightarrow 2SO_3 \tag{7-41}$$

无机硫燃烧产生 SO_x 的机理可用下式表示：

$$S+O_2\uparrow\longrightarrow SO_2\uparrow \tag{7-42}$$

燃烧时，当过量空气系数小于 1.0 时，有机硫将分解，除 SO_2 外，还产生 H_2S、S、SO 等；当过量空气系数大于 1.0 时，95%以上生成物为 SO_2，有 0.5%～2%的 SO_2 进一步氧化而生成 SO_3。

研究表明，SO_3 的生成量主要决定于火焰中生成的氧原子浓度［O］，即火焰温度越高，火焰中原子氧的浓度就越大，SO_3 的生成量也增加。此外，火焰中心温度越高，烟气

的停留时间越长，SO_3的生成量也越多。

(3) 氮氧化物。

废物焚烧产生的氮氧化物来源主要有两方面：一是高温下空气中的N_2与O_2反应形成热力型氮氧化物。焚烧温度越高，热力型氮氧化物的生成量越多。二是废物中的氮组分被氧化为燃料型氮氧化物，其生成量取决于废物中有机氮化合物含量的多少。空气中的氮需在氧化气氛和1 200℃高温条件下转化为NO_x，而固体废物焚烧炉内一般不具备这种条件，故固体废物焚烧过程中，90%的氮氧化物生成是以燃料型为主。

NO_x有NO、NO_2、N_2O、N_2O_3、N_2O_7等多种形式，废物焚烧烟气中的NO_x以NO为主，其浓度随温度提高而迅速增加且高温区烟气停留时间越长，NO生成量越多。低温则有利于NO_2的生成。虽然NO_x通常以95%NO和5% NO_2组成，但一般都按NO_2考虑，这是因为在小于200℃的温度条件下，NO可通过光化学反应转化成NO_2。氮氧化物的产生机理可用下式表示：

$$2N_2+3O_2 \longrightarrow 2NO+2NO_2 \tag{7-43}$$

$$C_xH_yO_zN_w+O_2 \longrightarrow CO_2+H_2O+NO+NO_2+\text{不完全燃烧物} \tag{7-44}$$

可燃性含氮化合物向NO_x的转换率在温度(700±100)℃的范围内最高，超过900℃时急剧降低，具有中温生成特性。另一个影响燃料型NO_x量的重要因素是炉膛内过剩空气系数的大小。

生活垃圾中的硫含量一般均很低(<0.1%)，故其焚烧烟气中的硫氧化物含量较低，氯化氢、卤化氢和氮氧化物则是酸性气态污染物的主要成分。

4) 重金属类污染物

重金属类污染物主要来源于固体废物中含有的废旧电池、废旧电子元件及各种重金属废料所含的部分重金属及其化合物在焚烧过程中的蒸发。含重金属物质经高温焚烧后，除部分残留于灰渣中外，其他会在高温下气化挥发进入烟气。这些蒸发的物质一部分在高温下直接变为气态，以气相的形式存在于烟气中；还有一部分与焚烧烟气中的颗粒物结合，以固相的形式存在于烟气中；另有相当一部分重金属分子进入烟气后被氧化，并凝聚成很细小的颗粒物。不同种类重金属及其化合物的蒸发点差异较大，所以它们在烟气中气相和固相存在形式的比例分配上也有很大差别。以汞为例，由于其蒸发点很低，故它在烟气中以气相形式存在。而对于蒸发点较高的重金属(如铁)，则主要以固相附着的形式存在于烟气中。

有研究表明：生活垃圾焚烧烟气中的汞主要来源于塑料上的颜料、温度计、电子原件和电池；铅来源于颜料、塑料(稳定剂)和蓄电池及一些合金物；镉来源于涂料、电池、稳定剂和软化剂。

高温挥发进入烟气中的重金属物质随烟气温度降低，部分饱和温度较高的元素态重金属(如汞)会因达到饱和而凝结均匀的小粒状物或凝结于烟气中的烟尘上。饱和温度较低的重金属元素无法充分凝结，但飞灰表面的催化作用会使其形成饱和温度较高且较易凝结的氧化物或氯化物，或因吸附作用易附着在烟尘表面。仍以气态存在的重金属物质，也有部分会被吸附于烟尘上。重金属本身凝结而成的小粒状物粒径都在1μm以下，而重金属凝

结或吸附在烟尘表面也多发生在比表面积大的小粒状物上，因此小粒状物上的金属浓度比大颗粒要高，从焚烧烟气中收集下来的飞灰通常被视为危险废物。

5）二噁英类物质

（1）二噁英类物质的结构和物理化学性质。

二噁英类物质是目前发现的无意识合成的副产品中毒性最强的化合物。环境中的二噁英 80%～90%来自垃圾焚烧。

二噁英类物质是三环芳香族有机物，包括多氯二苯并二噁英(简称 PCDDs)、多氯二苯并呋喃(简称 PCDFs)和多氯联苯(Co-PCB)。

PCDDs 是由两个苯环和两个氧原子结合，且苯环中的一部分氢原子被氯原子取代后所产生(其分子结构见图 7.34)；PCDFs 则是由一个氧原子连接两个被氯原子取代的苯环所产生(其分子结构见图 7.35)。由于每个苯环上都可以取代 1～4 个氯原子，所以共有 75 种 PCDDs 异构体、135 种 PCDFs 异构体 29 种 Co-PCB 异构体，共计 239 种物质。

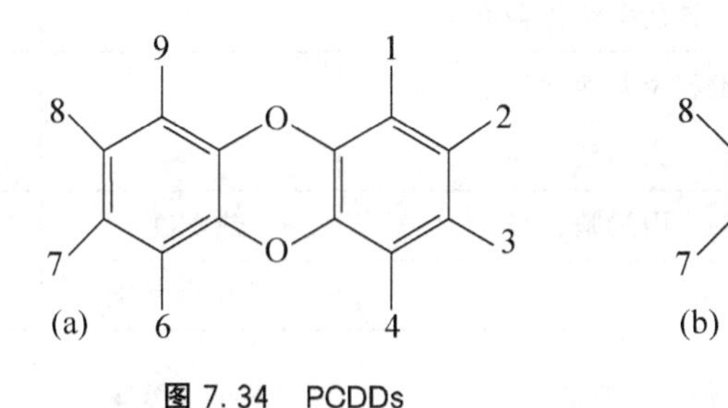

图 7.34 PCDDs　　图 7.35 PCDFs

二噁英类物质的结构(水平和垂直)非常对称，在标准状态下呈固体，熔点为 303～305℃；化学性质较稳定，几乎不发生酸碱中和反应及氧化反应，二噁英在环境中的半衰期长达 5～10 年；难溶于水(溶解度为 7.2×10^{-6} mg/L)，在二氯苯中的溶解度达1 400 mg/L，这说明二噁英类物质易溶于脂肪。

二噁英类物质在 705℃以下时是相当稳定的，在 800℃及以上环境，二噁英类物质则易分解。

（2）二噁英类物质的毒性。

二噁英的毒性与其异构体结构有很大的关系，其中毒性最大的为 2，3，7，8-四氯二苯并二噁英(2，3，7，8-TCDDs)，总计有 22 种。2，3，7，8-TCDDs 的毒性是氰化钾的 1 000 倍以上，是马钱子碱的 500 倍，是沙林的 2 倍。

二噁英各异构体浓度的综合毒性评价方法一般以 2，3，7，8-TCDDs 为基准，利用 2，3，7，8-TCDDs 的毒性当量(TEQ)来表示各异构体的毒性，称为毒性当量因子(TEF)。有 29 种二噁英异构体为含有强毒物质，有 7 种 PCDDs、10 种 PCDFs 和 12 种Co-PCB。

（3）二噁英类物质的生成途径。

有氯和金属存在条件下的有机物燃烧均会产生二噁英类物质。固体废物在焚烧过程中，二噁英类物质的生成机理相当复杂，主要产生于物料焚烧过程和烟气冷却过程，可能的生成途径有：固体废物自身含有的具有热稳定性的微量或痕量二噁英类物质，在焚烧过程中以炉渣或炉排下灰的形式排放出来；含氯有机物(如多氯联苯、五氯苯酚、聚氯乙烯)在焚烧过程中，多在300～500℃环境，因不完全燃烧，导致重排、自由基缩合、脱氯或其他化学反应过程生成；燃烧不充分而在烟气中产生过多的未燃烬物质，在铜等催化物质及300～500℃的温度环境下，高温燃烧中已经分解的二噁英类物质将会再生成。

(4) 影响二噁英类物质合成反应的因素。

主要影响因素有：前驱物、HCl、O_2等的存在；在200～500℃范围内的停留时间；$FeCl_3$、$CuCl_2$等催化剂的存在。

6) 焚烧烟气中污染物产生情况总结

焚烧烟气中污染物来源、产生原因及存在形态归纳如表7-9所示。

表7-9 烟气中污染物来源、产生原因及存在形态

污染物		来源	产生原因	存在形态
酸性气体	HCl	PVC、其他氯代碳氢化合物		气态
	HF	氟代碳氢化合物		气态
	SO_2	橡胶及其他含硫组分		气态
	HBr	火焰延缓剂		气态
	NO_x	丙烯腈、胺	热NO_x	气态
CO与碳氢化合物	CO		不完全燃烧	气态
	未燃烧的碳氢化合物	溶剂	不完全燃烧	气、固态
	二噁英、呋喃	多种来源	化合物的离解及重新合成	气、固态
烟尘		粉末、沙	挥发性物质的凝结	固态
重金属	Hg	温度计、电子元件、电池		气态
	Cd	涂料、电池、稳定剂、软化剂		气、固态
	Pb	多种来源		气、固态
	Zn	镀锌原料		固态
	Cr	不锈钢		固态
	Ni	不锈钢、Ni-Cd电池		固态
其他				气、固态

2. 烟气处理技术的发展

目前，废气处理系统的投资占固体废物焚烧处理设施总投资的一半乃至三分之一以上。在发达国家，焚烧发展过程很大程度上就是焚烧废气净化处理技术的发展过程。废气处理技术的发展经历了由低级向高级、由落后向先进的过程，大致可分为以下四个阶段。

1）废气直接排空阶段

最初的焚烧炉没有设置废气处理系统，固体废物焚烧时产生大量的黑烟直接排入大气，严重污染了环境。这制约了固体废物焚烧技术的发展，使早期的固体废物焚烧仅用于处理特种固体废物。后来通过对焚烧炉进行改造以及采用了喷淋装置，这才使烟尘得到了一定的控制。

2）单纯烟尘处理阶段

从20世纪50年代发展起来的新一代固体废物焚烧设施，把二次污染控制系统作为其重要的组成部分。当时主要是以防治烟尘为主，与其相适应的防治技术是采用旋风除尘。后来为提高除尘效果，采用了多管旋风除尘设备，除尘效果有了一定的提升。但旋风除尘方式的烟尘去除率只能达到70%左右。到了20世纪60年代中期，随着科学技术的不断进步，静电除尘设备逐渐取代了旋风除尘设备，静电除尘设备的除尘效果可达到99%。

3）硫氧化物和氯化氢等有害物质的去除阶段

20世纪60年代后期，各国大气污染防治法规中的污染防治对象物质有了增加，不仅包括烟尘，还增加了硫氧化物和氯化氢等，排放浓度的限制也更加严格。这时出现了去除氯化氢等物质的干式有害气体去除装置。它与静电除尘设备相组合，大大提高了废气的处理效率，使废气处理系统的发展有了一个很大的飞跃。进入20世纪70年代后，静电除尘器又发展成为高性能的新一代静电除尘器。到了20世纪80年代，各国大气污染法中防治对象物质又进一步增加，标准也进一步严格，与之相适应的湿式有害气体去除装置和脱硝设备开始发展起来。

4）二噁英类有毒物质去除阶段

20世纪80年代后期，二噁英类物质的致癌作用为人们所认识。各国的大气污染防治法规中又相继增加了二噁英、呋喃等有害物质的污染防治条例，污染排放标准更加严格。废气处理设备也相应发生了很大的变化，袋式除尘设备开始广泛应用于焚烧废气治理，同时出现了多种处理工艺技术相组合的废气治理方式。袋式除尘器不仅可以去除烟尘、氯化氢、硫氧化物等有害物质，还可有效地去除汞、二噁英等有毒有害物质。因此，欧洲、美国及日本此时都开始普遍采用袋式除尘设备。20世纪90年代新建的固体废物焚烧厂，大都用了袋式除尘设备来取代静电除尘设备，废气处理工艺流程也采用了复杂的多种废气处理方式的组合形式，如袋式除尘设备与脱硝设备组合，干式反应装置与袋式除尘设备组合，以及其他多种处理设备组合的综合处理方式，有效地提高了废气处理效率。但是，焚烧废气处理工艺越来越复杂，设备费用也越来越高，固体废物焚烧处理的成本也越来越高。

3. 焚烧烟气污染的控制

1）颗粒污染物的控制

焚烧烟气中颗粒污染物的控制一般采用机械式除尘器(重力沉降室、旋风除尘器、惯性除尘器)、静电除尘器、袋式除尘器，其中机械式除尘器除尘效果差，仅被作为焚烧烟气除尘的前处理设备。焚烧烟气中的颗粒物一般均很细小，静电除尘器和布袋除尘器的除尘效率大于99%，且对小于0.5μm的颗粒有很高的捕集效率，因而在废物焚烧烟气处理中得到广泛应用。与静电除尘器相比，袋式除尘器的除尘效率更高，且能净化其他污染物并截留二噁英，对进气条件的变化不敏感，不受颗粒物比电阻和原始浓度的影响，因而大规模现代化的固体废物焚烧厂更多的采用袋式除尘器。

2）酸性气体的控制

（1）干式洗烟法。

干式洗烟法是将消石灰粉直接通过压缩空气喷入烟管或烟管上某段反应器内，使碱性消石灰与酸性气体充分接触而达到中和及去除酸性气体的目的。

（2）湿式洗烟法。

通常接于静电除尘器或布袋除尘器之后，废气在颗粒物先被去除后，再进入湿式洗烟塔上端，首先需喷入足量的液体使废气降到饱和度，再使饱和的废气与喷入的碱性药剂在塔内的填充材料表面进行中和作用。湿式洗烟法的优点是酸性气体的去除效率高，对 HCl 去除率达 98%，SO_x 去除率为 90%以上，并附带有去除高挥发性重金属物质(如汞)的潜力。湿式洗烟法的缺点是造价较高、用电和用水量高，此外为避免废气排放后产生白烟现象，需要将废气再加热，废水也需加以妥善处理。目前，改进的湿式洗烟法是分两段洗烟，第一段针对 SO_2，第二段针对 HCl，主要原因是二者在最佳去除效率时的 pH 不同。

（3）半干式洗烟法。

半干式洗烟法与干式洗烟法最大的不同在于喷入的碱性药剂为乳泥状，而非干粉。该法所采用的碱性药剂一般为石灰系物质，如颗粒状的生石灰或粉状消石灰。

乳剂喷入后与废气接触并进行中和作用，当单独使用时对酸性气体去除效率在 90%左右，通常其后需再接布袋除尘器，以提高反应药剂在滤布表面进行二次反应的机会，整体系统对酸性气体的去除效率也随之提高(HCl 98%，SO_x 90%以上)。该法最大的特点是结合了干式法与湿式法的优点，较干式法的去除效率高，也免除了湿式法产生过多废水的困扰。

3）氮氧化物的控制措施

（1）燃烧控制法。

焚烧时控制 NO_x 产生的措施主要有：①控制过剩空气量，降低氧气浓度；②控制炉膛温度，使反应温度在 700～1 200℃之间；③缩短垃圾在高温区的停留时间；④发生自身脱硝作用，即经燃烧生成的 NO_x 在炉内可被还原为 N_2。一般认为，在此反应中，作为还原性物质是由炉内干燥区产生的氨气、一氧化碳及氰化物等热分解物质。要使这种反应能有效进行，除必须促进热分解气体的发生外，也必须维持热分解气体与 NO_x 的接触，并使炉内处于低氧状况，以避免热分解气体发生急剧燃烧。

（2）湿式法。

去除 NO_x 的湿式法有氧化吸收法和吸收还原法等。氧化吸收法是基于 NO_x 中大部分的 NO 不易被碱性溶液吸收，而以臭氧、次氯酸钠、高锰酸钾等氧化剂将 NO 氧化成 NO_2 后，再以碱性液中和、吸收，以去除 NO_x，同时可去除 HCl 和 SO_x、Hg 等。吸收还原法是加入 Fe^{2+}，Fe^{2+} 将 NO 包围，形成 EDTA 化合物，再与亚硫酸根或亚硫酸氢根反应，生成氮气和硫酸根，以去除 NO_x。湿式法的缺点是氧化剂的成本较高、排出液较难处理，因此很少被应用。

(3) 选择性非催化还原(SNCR)法。

选择性非催化还原法是在高温(800～1 000℃)和氧共存的条件下利用尿素或氨将 NO_x 还原为氮气。该法不需要催化剂，可避免催化剂堵塞或毒化问题。选择性非催化还原法需要在高温下进行，一般在焚烧炉膛内完成。

喷入氨的反应为

$$4NO+4NH_3+O_2 \longrightarrow 4N_2+6H_2O \tag{7-45}$$

喷入尿素干粉的反应为

$$2(NH_2)_2CO+4NO+O_2 \longrightarrow N_2+4H_2O+2C_2O \tag{7-46}$$

喷入尿素溶液的反应为

$$2(NH_2)_2CO+H_2O \longrightarrow 2NH_3+CO_2 \tag{7-47}$$

$$4NO+4NH_3+O_2 \longrightarrow 4N_2+6H_2O \tag{7-48}$$

选择性非催化还原法对 NO_x 的去除率多在60%以下，若为了提高 NO_x 的去除率而增加药剂喷入量时，氨的漏失率相应增加，剩余的氨和氯化氢及三氧化硫化合成氯化铵及硫酸氢氨而沉淀在锅炉尾部受热面，导致余热锅炉尾部受热面结垢和堵塞，并使烟囱排气形成白烟。尽管如此，氨或尿素喷入法的投资及操作维护成本较催化还原法及湿式吸收法低廉得多，且无废水处理问题，因而实际应用很多。

(4) 选择性催化还原(SCR)法。

SCR 法是在催化剂存在、烟气温度为200～400℃、有一定 O_2 含量的条件下，利用还原剂(一般为氨)将 NO_x 还原为氮气。

为防止烟气中氯化氢与硫氧化物可能造成催化剂活性降低及粒状物堆积于催化剂床而造成堵塞，脱氮反应塔多设置在除酸和除尘设备之后。实践证明，SCR 法是一种很有效的 NO_x 去除方法，但目前的应用中还存在一些问题，如催化剂长期运行工况不明、催化剂劣化、氨泄漏。

SCR 法反应方程式为

$$4NO+4NH_3+O_2 \longrightarrow 4N_2+6H_2O \tag{7-49}$$

$$2NO_2+4NH_3+O_2 \longrightarrow 3N_2+6H_2O \tag{7-50}$$

$$6NO+4NH_3 \longrightarrow 5N_2+6H_2O \tag{7-51}$$

$$6NO_2+8NH_3 \longrightarrow 7N_2+12H_2O \tag{7-52}$$

(5) 活性炭吸附法。

活性炭吸附法是在烟气中加入 NH_3 后，通过特定品种的活性炭可吸附 NO_x，同时可将 NO_x 还原成 N_2，基本反应方程式为

$$2NO+C \longrightarrow N_2+CO \tag{7-53}$$

$$2NO_2+2C \longrightarrow N_2+2CO_2 \tag{7-54}$$

当温度为250℃左右时，NO_x 的去除效率可达到85%～90%。在活性炭里添加 Cu、V、Cr 等金属化合物，可提高 NO_x 的去除效率。

(6) 电子束法。

电子束法是在烟气中加入 NH_3 后，通过电子束照射使之产生—O—H—、—O—、

—O—H—O—等自由基。这些自由基将 NO_x 和 SO_x 分别氧化为硝酸和硫酸，再和添加的 NH_3 反应生成硝铵和硫氨。

4）重金属类污染物控制措施

重金属类污染物的净化处理主要采取降低烟气温度、活性炭吸附、滤袋除尘器捕集等措施。重金属类污染物以固态、气态的形式存在于烟气中，当烟气温度降低时，部分气态物质转变为可被滤袋除尘器捕集的固态或液态颗粒，对于挥发性强的重金属，即使烟气净化系统以最低温度运行，仍有部分以气态的形式存在于烟气中，这就要靠活性炭吸附，最终由滤袋除尘器除去。烟气净化系统越在控制温度的下限运行时，重金属类污染物的净化处理效果越好。

5）二噁英类物质的控制措施

控制或减少二噁英类物质的措施主要有以下四个方面。

（1）控制物料的组成或促进其生成的组分，如减少物料中的芳香族化合物（如甲苯、苯）或聚氯联苯的含量。

（2）抑制燃烧过程及燃后区域中二噁英类物质的生成。如合理控制炉内的烟气温度（850℃以上）、停留时间（大于2s）时，烟气中的二噁英分解率超过99%；控制烟气含氧量在6%～12%，即空气过剩系数为1.6～2.0时，有利于抑制二噁英类物质的生成；控制烟气中CO浓度低于 $100mg/Nm^3$，最好不高于 $62.5mg/Nm^3$，以使物料充分燃烧；避免炉外低温区二噁英再生成，如采用急冷措施，缩短燃烧烟气温度处于200～400℃范围内的时间，采用袋式除尘器与活性炭喷射装置，控制除尘器入口处的烟气温度低于220℃。

（3）在二噁英已经生成后，脱除或减少尾气和飞灰的二噁英类物质排放。如采用活性炭吸附可降低烟气中二噁英物质的排放量。

（4）采用完善和可靠的全厂性自动控制系统，优化焚烧参数，保证焚烧和烟气净化工艺取得预期效果。可考虑通过氯苯等可替代化合物的在线监测预测二噁英类物质的生成。

6）烟气净化工艺

焚烧烟气中各种污染物的去除方法和技术路线均比较复杂，无法采用单一的装置将它们同时去除，因此，实际中的烟气净化系统都是根据这些污染物的净化原理进行组合、优化构建而成。烟气净化系统主要包括烟气除尘和烟气吸收净化两个部分。除尘器主要用于去除颗粒物，而其他污染物主要依靠烟气吸收净化装置去除。根据HCl等酸性气体所采用的控制方式的不同，将烟气净化工艺分为湿式、半干式、干式三类。

4. 灰渣的处理

焚烧灰渣主要分为两部分：一部分是飞灰，是由除尘器等捕集下来的烟气中的颗粒物质；另一部分是炉渣，是从炉排下收集的焚烧炉渣。在我国，炉渣按一般固体废物处理，飞灰按危险废物处理，其他尾气净化装置排放的固体废物按《危险废物鉴别标准　浸出毒性鉴别》（GB 5085.3—2007）判断是否属于危险废物，如属于危险废物，则按危险废物处理。

5. 污水的处理

焚烧厂的污水包括：堆酵渗滤液（物料在堆放过程中受挤压作用而排出的水分与物料

中的有机组分经厌氧消化而生成的水分共同形成的一种组成复杂的高浓度有机废水)；生产废水(包括洗车废水、卸料场地冲洗废水、除灰渣废水、灰渣贮槽废水、锅炉废水、实验室废水)；生活污水。

生活污水可经市政管网收集至生活污水处理厂处理。生产废水则宜在厂区内处理后回用。

堆酵渗滤液处理主要有四种方式：①直接输送至城市污水处理厂进行合并处理；②经预处理后再输送至城市污水处理厂进行合并处理；③回喷处理，即回喷至焚烧炉进行高温氧化处理；④单独处理。

6. 噪声的控制

焚烧厂的主要噪声源包括：余热锅炉蒸汽排空管、高压蒸汽吹管、汽轮发电机组、风机、空压机、水泵、管路系统、运输车辆、吊车、烟气净化器等。控制措施包括：①选用噪声低的设备；②从布局上减轻噪声的不良影响；③合理布置通风、通气和通水管道，采用正确的结构，防止产生振动和噪声；④采取消声、隔振、隔声、吸声等措施；⑤减少交通噪声，降低车速，少鸣或不鸣喇叭。

7. 恶臭的控制

恶臭的控制主要依靠隔离和抽气的方法，常用的措施有：①采用封闭式运输车；②在卸料平台的进出口处设置风幕门；③在物料贮坑上方抽气作为助燃空气，使贮坑内形成负压，以防止恶臭外溢；④定期清理物料贮坑；⑤设置自动卸料门，使贮坑密闭化。

7.1.10 废物焚烧处理的优点、缺点及有待改进的地方

废物焚烧处理的优点、缺点及需要改进的地方如表7-10所示。

表7-10 固体废物焚烧处理的优点、缺点及有待改进的地方

优　　点	缺　　点	有待改进的地方
① 无害化，经焚烧处理后，废物中的病原体被彻底消灭； ② 减量化，经过焚烧，废物中的可燃成分被高温分解后，一般可减重80%、减容90%以上； ③ 资源化，焚烧产生的热能可用于发电或供热，还可从炉渣中回收铁磁性金属； ④ 实用性，焚烧处理可全天候操作，不易受天气影响； ⑤ 经济性，焚烧厂占地面积小，可靠近市区建设，即节约用地又缩短废物运输距离	① 投资大，焚烧产生的烟气、飞灰等污染物的净化和处理成本高； ② 对废物的热值有要求，限制了其应用范围； ③ 会产生强制癌物——二噁英	① 目前焚烧炉渣的热酌减率一般为3%～5%，尚有潜力可挖； ② 气相中亦残留有少量以CO为代表的可燃组分； ③ 气相不完全燃烧为高毒性有机物(以二噁英为代表)的再合成提供了潜在的条件； ④ 未燃尽的有机质和不均匀的品相条件，不能完全避免灰渣中有害物质的再溶出； ⑤ 焚烧的经济性和资源化仍有改善的余地

7.2 固体废物热解处理

20世纪60年代，人们才开始关注固体废物的热解处理。热解适用于处理包括城市生活垃圾、污泥、废塑料、废树脂、废橡胶、人畜粪便等工业和农业废物在内的具有一定能量的有机固体废物。

7.2.1 热解的定义

热解是指有机物在无氧或缺氧条件下加热，分解生成气态、液态和固态可燃物质的化学分解过程。热解也称干馏。

7.2.2 热解的特点

热解与焚烧的区别：焚烧是需氧氧化反应过程，热解是无氧或缺氧反应过程；焚烧是放热的，热解是吸热的；焚烧产物主要是 CO_2 和 H_2O，热解产物主要是可燃的低分子化合物；焚烧产生的热能量大时可用于发电，热能量小时可作热源或产生蒸汽而就近利用，热解产生的贮存性能源产物(如可燃气、油、炭黑)可以贮存及远距离输送。

与焚烧相比，固体废物热解的主要特点：①可将固体废物中的有机物转化为以燃料气、燃料油和炭黑为主的贮存性能源；②由于是无氧或缺氧分解，排气量少，有利于减轻对大气环境的二次污染；③残渣量较少，不熔出重金属，废物中的硫、重金属等有害成分大部分被固定在炭黑中；④由于保持还原条件，Cr^{3+} 不会转化为毒性更强的 Cr^{6+}；⑤反应温度较焚烧低，产生的 NO_x 的量较少；⑥热解处理设备构造比焚烧炉简单，投资费用较低。

与焚烧相比，固体废物热解的不足：①热解的温度低，并且是还原性反应，在彻底减容和无害化方面比焚烧差；②应用范围比焚烧小，几乎所有的有机物都可进行焚烧处理，而并非所有的有机物都适合用热解进行处理，如纸类、木材、纤维素、动物性残渣等用焚烧处理更加有效和经济。

7.2.3 热解原理

1. 热解反应

固体废物的热解是一个极其复杂的化学反应过程，包含了大分子键的断裂、异构化和小分子的聚合等反应，最后生成较小的分子。热解反应过程可用式(7-55)表示。

$$\begin{aligned}&\text{有机固体废物}\xrightarrow{\triangle}\text{气体}(H_2、CH_4、CO、CO_2、H_2O、SO_2\text{等})+\\&\text{有机液体(焦油、芳烃、煤油、有机酸、醇、醛类等)}+\\&\text{固体(炭黑、灰渣)}\end{aligned} \tag{7-55}$$

有机物的热稳定性取决于组成分子各原子的结合键的形式及键能的大小，键能大的难断裂、热稳定性高；键能小的易分解、热稳定性差。热解时键的断裂方式主要有：①结构单元之间的桥键断裂生成自由基，其主要是—CH_2—、—CH_2—CH_2—、—CH_2—O—、—O—、—S—、—S—S—等，桥键断裂后易成自由基碎片；②脂肪侧链受热易裂解，生成气态烃；③含氧官能团的裂解；④低分子化合物的裂解，是以脂肪化合物为主的低分子化合物的裂解，其受热可分解成挥发性产物。

固体废物热解时产生的一次产物，在析出过程中可能发生裂解、脱氢、加氢、缩合、桥键分解等二次热解反应。热解前期以裂解反应为主，后期以缩聚反应为主。缩聚反应对废物热解生成固态产品(半焦)影响较大。胶质体固化过程的缩聚反应主要是热解生成的自由基之间的缩聚，其结果是生成半焦。热解反应主要流程如图 7.36 所示。

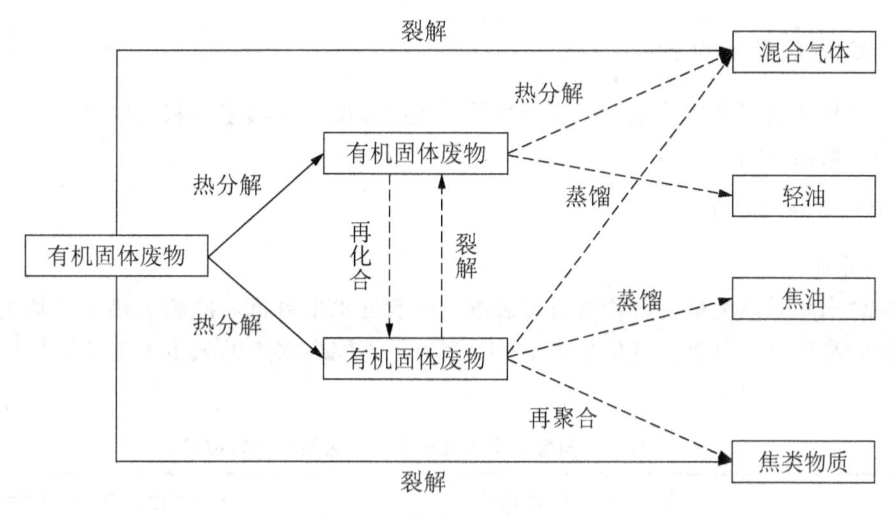

图 7.36 热解反应主要流程

2. 热解产物

热解过程的主要产物有可燃气体、有机液体和固体残渣三部分。

1) 可燃气体

可燃气体主要成分为 H_2、CH_4、CO、CO_2 及其他各种气体，其热值可达 6 390～10 230kJ/kg(固体废物)。

2) 有机液体

有机液体由含乙酸、丙酮、酒精和复合碳水化合物的液态焦油和油的化合物组成，通过适当的加工处理，可转换成具有使用价值的燃料。

3) 固体残渣

固体残渣包括炭及废物本身含有的惰性物质。

固体废物热解能否得到高能量产物，取决于原料中 H 转化为可燃气体与水的比例。表 7-11 对比了用 $C_6H_xO_y$ 表示的各种固体燃料组成，其中最后一栏表示原料中所有的氧与氢结合成水以后，余下氢元素与碳元素原子的个数比值(即 H/C)。

表 7-11 不同固体废物的 $C_6H_xO_y$ 组成及 H/C

固体废物	$C_6H_xO_y$	H/C	$H_2+\frac{1}{2}O_2\longrightarrow H_2O$ 完全反应后的 H/C
城市垃圾	$C_6H_{9.64}O_{3.75}$	1.61	2.14/6=0.36
城市垃圾	$C_6H_{9.12}O_{3.75}$	1.52	1.2/6=0.20
城市垃圾	$C_6H_{10.4}O_{1.06}$	1.73	8.28/6=1.38
城市垃圾	$C_6H_{9.93}O_{2.97}$	1.66	4.0/6=0.67

7.2.4 热解的影响因素

热解过程及热解产物受原料成分及性质、热解温度、加热速率和反应时间、反应器类型等多种因素的影响。

1. 原料成分及性质

1）含水率

原料含水率对热解最终产物有直接影响，一般含水率越低，原料加热速度越快，越有利于得到较高产率的可燃性气体。表 7-12 列出了不同含水率的城市生活垃圾热解产气的情况。

表 7-12 不同含水率的城市生活垃圾热解产氢情况

含水率/%	气体平均体积分数/%						平均高位热值/(kJ/m³)	气体热含量/(kJ/kg)
	CO	C_nH_m	CH_4	H_2	O_2	CO_2		
60	24	6	16	37	2	15	16 253	2 875
50	20.5	5.5	19	35	3	17	16 352	3 082
40	18	4.4	23	32.4	2.2	20	16 489	3 314

2）有机物含量

有机物成分比例越大、热值越高的废物，其可热解性相对越好、产品热值越高，且产生的残渣也较少。

3）粒径

有研究表明：在 600℃ 时，生活垃圾粒径从 30mm 降到 5mm，热解产气量则从 0.43m³/kg 上升到 0.66m³/kg，焦油和焦炭量从 25%下降到 17%。故在温度相同的情况下，随着生活垃圾粒径的减小，垃圾热解的产气量不断上升，焦油和焦炭残留量逐渐下降。原因：①从传热过程来看，热量是从气态流体传到颗粒表面的，粒径越小，比表面积越大，与气态流体有效接触面积越大，提高了传热效率。在垃圾颗粒内部，粒径越小颗粒的温度梯度越小，增加了传热的速度和效率。反之，粒径越大，气态流体向颗粒表面的传质速度越慢，颗粒内部的温度梯度越大，热量传递阻力就越大，降低了垃圾的热解速度和程度，导致垃圾分解不完全以及生成大量的焦炭和焦油等残留物。②从反应过程来看，反应是从垃圾颗粒表面开始的，通过固体间的接触来进行热量传递的，粒径越大，温度传递越慢，在低温区反应生成的有机分子由于难以扩散到粒径外，因而重新结合成稳定难分解的有机固体使得反应残留的焦炭增加。而粒径越小，生成的大分子有机物和焦油在反应器的高温环境中停留时间越短，二次分解越彻底，从而使得产气量增加，焦油产量减少。③从传质过程来看，热解生成的气体物质受到颗粒表面灰分的阻碍难扩散出去，因此粒径越小，气体扩散过程越快，反应进行的就越快越彻底。

因此，在热解前，对原料进行破碎，使其粒度即细小又均匀，以提高热解效率。但当温度增加到一定的程度时(如热解生活垃圾时，温度为 900℃)，粒径对反应生成物的影响就不再那么明显了，因为温度升高辐射传热增强，有效导热系数增加，粒径对传热的影响程度相对减弱。

2. 热解温度

温度是热解过程的关键控制参数。热解温度与气体产量成正比，而各种酸、焦油、固体残渣则随热解温度的增加呈现相应减少的趋势；温度对热解气体质量也会产生影响。所以，应根据预期的回收目标确定控制适宜的热解温度。表 7 - 13 和表 7 - 14 分别列出了温度对固体废物热解产物收率和热解气体成分的影响。

表 7 - 13　固体废物热解产物收率　　单位:%

产物成分	生活垃圾		工业垃圾	
	热解温度 750℃	热解温度 900℃	热解温度 750℃	热解温度 900℃
残留物	11.5	7.7	37.5	37.8
气体	23.7	39.5	22.8	29.5
焦油与油	2.1	0.2	1.6	0.8
氨	0.3	0.3	0.3	0.4
水溶液	55	47.8	30.6	21.8

表 7 - 14　温度对气体成分的影响　　单位:%

气体成分	温度/℃			
	480	650	815	925
H_2	5.56	16.58	27.55	32.48
CH_4	12.43	15.91	13.73	10.45
CO	33.5	30.49	34.12	35.25
CO_2	44.77	31.78	20.59	17.31
C_2H_4	0.45	2.18	2.24	2.43
C_2H_6	3.03	3.06	0.77	1.07
总计	99.74	100.00	100.00	99.99

3. 加热速率

在低温、低速率加热条件下，有机物分子有足够的时间在其最薄弱的接点处分解，重新结合为热稳定性固体，而难以进一步分解，因而产物中固体物含量增加；而在高温、高速加热条件下，有机物分子结构发生全面裂解，产生大范围的低分子有机物，热解产物中气体量随着加热速率的增加而增加，水分、有机液体含量及固体残渣相应减少，且加热速度对气体成分也有影响。

4. 停留时间

停留时间主要对固体废物热解的充分性和装置的处理能力产生影响。固体废物由初温上升到热解温度，以及固体废物的热解均需一定的时间。若停留时间不足，则热解不完全；而停留时间过长，则会导致装置处理能力下降。

5. 反应器类型

反应器是热解反应进行的场所。不同反应器有不同的热解床条件和物流方式。一般来说，固定热解床处理量大，而流态化热解床温度可控性能好。气体与物料逆流进行有利于延长物料在反应器内的滞留时间，从而提高有机物的转化率；气体与物料顺流进行可促进热传导，加快热解过程。

另外，需要说明的是，以上这些因素实际上是相互影响的，比如在800℃时，高水分含量的城市生活垃圾经热解得到的产气量反而高，可燃气成分如CO、CH_4及H_2的含量相应增大，产气热值也增加。表7－15列出多种影响因素对热解的综合影响。

表7－15　垃圾热解产物及所占比例

	停留时间	热解速率	温度/℃	主要产物
碳化	几小时～几天	极低	300～500	焦炭
加压碳化	15min～2h	中速	450	焦炭
常规热解	几小时	低速	400～600	焦炭、液体、气体
	5～30min		700～900	焦炭、气体
减压热解	2～30s	中速	350～450	液体
快速热解	0.1～2s	高速	400～650	液体
	小于1 s	高速	650～900	液体、气体
	小于1 s	极高	1 000～3 000	气体

7.2.5　热解动力学模型

热重法是在程序控制温度下借助热天平以获得物质的质量与温度关系的一种技术。

有机可燃物的热解反应可以描述为

$$A_{(固)} \longrightarrow B_{(固)} + C_{(气)} \tag{7-56}$$

相应地，有机可燃物的总体热解速率可表示为

$$\frac{\mathrm{d}\alpha}{\mathrm{d}t}=k(1-\alpha)^n=Ae^{-\frac{E}{RT}}(1-\alpha)^n \tag{7-57}$$

式中：α——热解反应过程中的失重率；

t——反应进行的时间；

k——反应速率常数；

n——反应级数；

A——频率因子，min^{-1}；

E——活化能，kJ/mol；

R——摩尔气体常数，8.314J/(mol·K)；

T——反应温度，K。

若热解过程为恒速升温，升温速率为 $\phi=\frac{\mathrm{d}T}{\mathrm{d}t}$，代入式(7-57)并变形得

$$\ln\left[\frac{\frac{\mathrm{d}\alpha}{\mathrm{d}T}}{(1-\alpha)^n}\right]=\ln\frac{A}{\phi}-\frac{E}{RT} \tag{7-58}$$

以 $\ln\left[\frac{\frac{\mathrm{d}\alpha}{\mathrm{d}T}}{(1-\alpha)^n}\right]$ 对 $\frac{1}{T}$ 作图，取 n 为 1，发现所获得的直线线性很好，由此可认为一级反应可正确地描述可燃物的热解行为，通过直线斜率和截距可得到动力学参数 E 和 A 的值。表 7-16 为不同可燃固体废物的热解动力学参数。

表 7-16 不同可燃固体废物热解动力学参数

物料	温度范围/K	E/(kJ/mol)	A/min^{-1}
废纸	525～690	74.89	2.45×10^6
布	483～628	81.95	1.34×10^6
草木	424～674	37.78	309.67
厨余	387～624	24.67	1.13
	920～1 001	327.35	2.49×10^{15}
塑料	420～550	49.06	3 660
	687～764	278.23	5.45×10^{19}
橡胶	690～860	114	5×10^5
落叶	480～920	6.363	0.217
瓜皮	400～970	3.312	0.166
化纤	390～880	1.923	0.253
皮革	490～940	2.423	0.222

7.2.6 热解工艺

1. 按热解温度分类

按热解温度的不同，热解工艺可分为低温热解、中温热解、高温热解、等离子高温热解。

低温热解的热解温度一般在600℃以下。农业、林业产品加工后的废物可用低温热解来生产低灰、低硫的炭，生产出的炭视其原料和加工的深度不同，可做不同等级的活性炭和水煤气原料。

中温热解的热解温度一般在600～700℃之间，主要用在比较单一的物料做能源和资源回收的工艺上，如废轮胎、废塑料转化成类重油物质的工艺。所得到的类重油物质既可做能源，也可做化工初级原料。

高温热解的热解温度一般都在1 000℃以上，高温热解采用的加热方式几乎都是直接加热法，如果采用高温纯碱热解工艺，反应器中的氧化—熔渣的温度可高达1 500℃，从而将热解残留的惰性固体(金属盐类及其氧化物和氧化硅等)熔化，以液态渣形式排出反应器，清水淬冷后粒化。这样可大大减少固态残余物的处理困难，而且这种粒化的玻璃态渣可做建筑材料的骨料。

等离子高温热解温度一般在3 000～5 000℃，利用一个或多个等离子体炬喷射器产生高温，在这样的极度高温下，有机垃圾被分解成一种含有氢气和一氧化碳的可燃气体，无机垃圾则成为一种惰性的玻璃状熔渣，可做各种建筑材料和填充材料。等离子高温热解的主要设备如图7.37和图7.38所示。

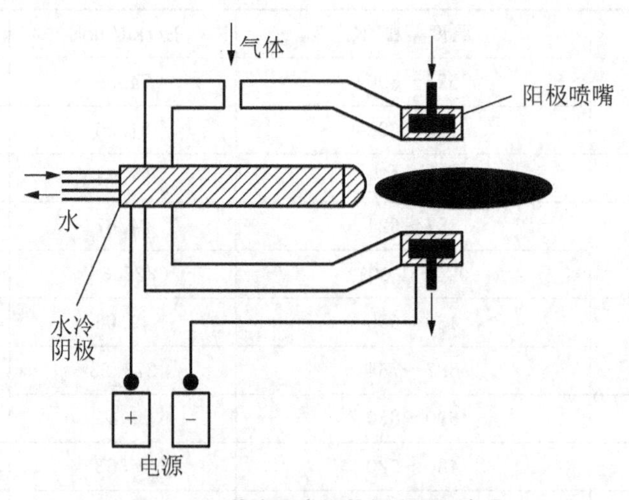

图7.37 等离子高温热解主要设备Ⅰ

2. 按加热方式分类

按加热方式的不同，热解工艺可分为直接加热式、间接加热式。

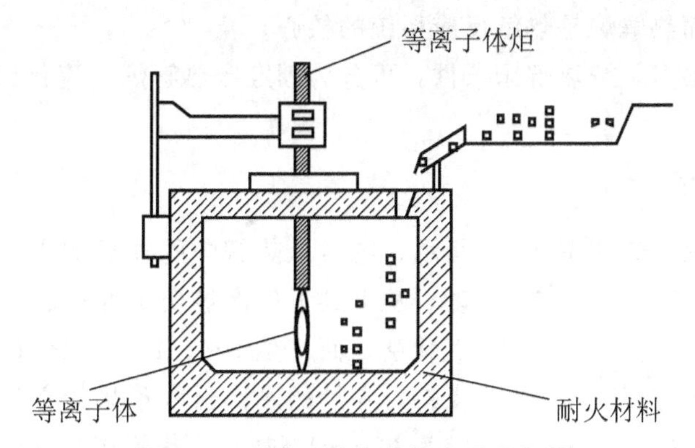

图 7.38　等离子高温热解主要设备Ⅱ

1）直接加热式

热解过程所需的热量是由被热解物部分直接燃烧或者向热解反应器提供补充燃料时所产生的热。由于燃烧需提供 O_2，燃烧过程会产生 CO_2、H_2O 等气体混在可燃气中，这就稀释了可燃气，会降低热解气的热值。如果采用空气做氧化剂，热解中还含有大量的 N_2，就更稀释了可燃气，使热解气的热值大大降低。因此，采用的氧化剂不同(如空气、富氧、纯氧)，其热解可燃气的热值也不相同。有研究表明：以空气做氧化剂对混合城市垃圾进行热解时，热解气态产物的热值一般为 5 500kJ/m^3，而采用纯氧时，热解气的热值可达 11 000kJ/m^3。

直接加热式热解的设备简单，可进行高温热解，处理量和产气率也较高，但由于所产气热值不高，不能作为单一燃料直接利用。

2）间接加热式

间接加热式热解是将被热解的物质与热介质在热解反应器(或热解炉)中分开的一种热解过程。可利用间壁式导热或某种中间介质(热砂或熔化的某种金属床层)来传热。间壁式导热方式由于热阻大，熔渣可能会出现包覆传热壁面或腐蚀等问题，以及不能采用更高的热解温度等而受限；采用中间介质传热，虽然可能出现固体传热或物料在中间介质的分离问题，但两者综合比较起来，后者还是要比前者导热方式好一些。

间接加热热解的主要优点：热解气态产物的热值较高，可作为燃料来使用。但其产气率和产气量比直接加热热解要低得多。

3. 其他分类

(1) 按热解炉结构：分为固定床、移动床、流化床和旋转炉等。

(2) 按热解产物的物理形态：分为气化式、液化式、炭化式。

(3) 按热解过程是否生成炉渣：分为造渣型和非造渣型。

7.2.7　热解设备

完整的热解系统包括进料系统、热解反应器(或热解炉)、回收净化系统、控制系统等。热解炉是发生热解反应的场所，不同的热解炉往往决定了整个热解反应的方式以及热解产物的成分，因而热解炉是热解反应系统的核心。

热解炉的种类很多，按热解床条件，可分为固定床热解炉、流化床热解炉、回转窑式热解炉。

1. 固定床热解炉

典型的固定床热解炉如图 7.39 所示。物料从热解炉的顶部加入，通过热解床向下移动，从上到下依次经历干燥层、热分解层、还原层和氧化层，而产生CO、H_2、CH_4等，整个床层由炉箅支持。在炉的底部引入预热的空气或氧，此处温度通常为 980～1 650℃。热解产生的气体由上部导出，熔渣或灰渣从底部排出。

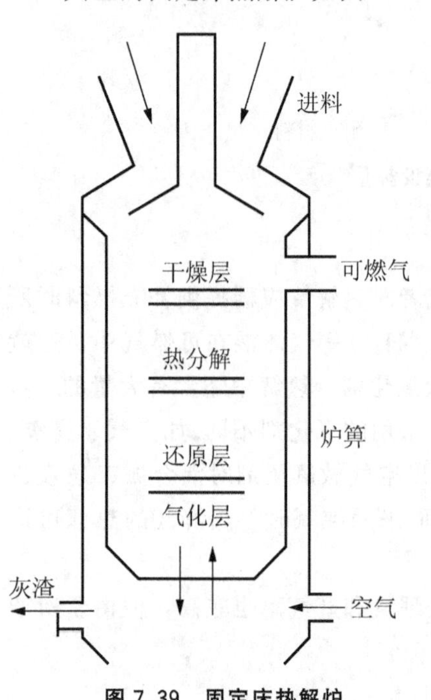

图 7.39 固定床热解炉

在固定床热解炉中，维持反应进行的热量是由部分废物燃烧所提供的。由于采用物料与气流逆流的方式，所以物料在炉内的滞留时间长，从而保证了废物最大限度地转换成燃料。炉内的气体流速较低，在产生的气体中夹带的颗粒物比较少，固体物质损失少，加上高的燃料转换率，使得未气化的燃料损失减到最少，并且减少了对空气潜在的污染。热气体通过整个床层时，其显然对物料有干燥和加热作用，气体离开热解炉时温度较低，热损失较少，系统的热效率较高。固定床热解炉的缺点：①未粉碎的物料在炉内会使气流成为槽流，使气化效果变差，并使气体带走较大的固体物料，因此如有黏性的物料(如污泥)需进行预处理后才能进入，预处理一般是将物料烘干并进一步破碎；②气体中易夹带挥发性物质，如焦油、蒸汽等物质，易堵塞气化部分管道。

2. 流化床热解炉

典型的流化床热解炉如图 7.40 所示。在流化床热解炉中，气体与物料同流向相接触。由于炉内气体流速高到可以使颗粒悬浮、固体废物颗粒不再像固定床热解炉中那样连续地靠在一起，所以热解性能更好，热解速率更快。在流化床热解炉运行的工艺控制中，要求废物颗粒可燃性好，还未适当气化之前就随气流逸出。另外，温度应控制在避免灰渣熔化的范围内，以防止灰渣熔融结块。

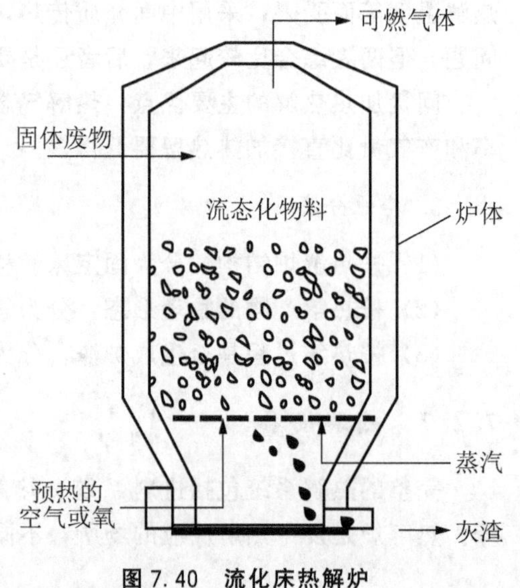

图 7.40 流化床热解炉

流化床热解炉适用于含水率高或含水率波动大的废物，且设备尺寸比固定床热解炉小，但流

化床热解炉热损失大，气体中不仅会带走大量的热，还会带走较多未反应的固体燃料粉末，所以在固体废物本身热值不高的情况下，需提供辅助燃料以保持设备正常运行。

3. 回转窑式热解炉

回转窑式热解炉适用于各种废物的热解，按供热方式可分为外热式和内热式两种类型。

外热式回转窑热解炉如图 7.41 所示，其主体为一个稍微倾斜的圆筒，它的旋转使物料移动并通过蒸馏容器到卸料口。热解产生的气体一部分在蒸馏容器外壁与燃烧室内壁之间的空间燃烧，这部分热量用来加热废料。因没有空气流入炉内，是在还原气氛中进行热解的，所以炭黑等产品没有被氧化，品质较好，分解的燃气没有 CO_2 和氮产生，因此热解气具有较高的热值。采用外热式加热，能做到均匀加热，并且温度沿转炉轴向合理分布，能使物料在最合适的温度下进行热解。投入的物料也不需细粒化，粗破碎片也能分解。

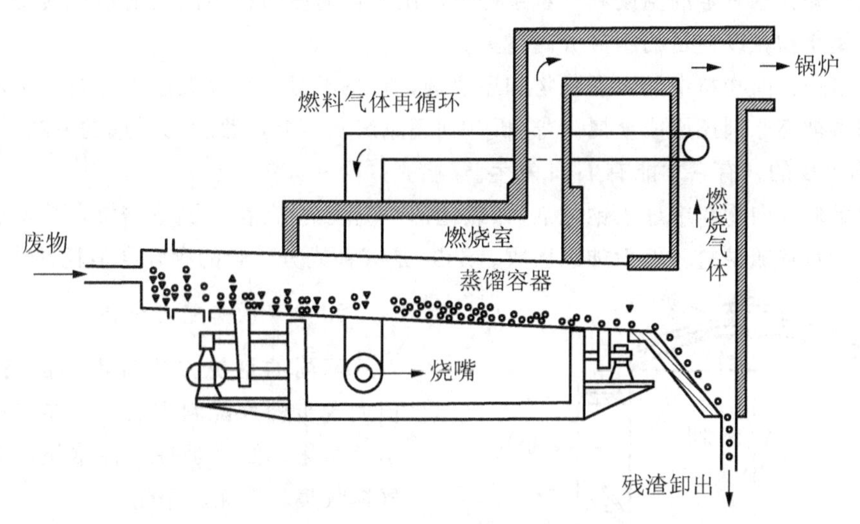

图 7.41 外热式回转窑热解炉

采用内热式回转窑热解炉热解废物时，需要的热量由部分废物和热解生成的固态残留物的燃烧所提供。高温热解时产生以 H_2、CO、CH_4 为主的可燃气，液状物极少，由于炉内发生部分燃烧，所以产生的燃气被稀释，与其他热解法相比，其热解气热值低，利用和贮存较困难。

7.3 固体废物的其他热处理方法

7.3.1 焙烧

1. 焙烧的定义与分类

焙烧是在低于熔点的温度下热处理废物的过程，目的是改变废物的化学性质和物理性质，以便后续的资源化利用。焙烧后的产品称为焙砂。按焙烧过程主要化学反应性质的不同，可将固体废物的焙烧分为烧结焙烧、分解焙烧、氧化焙烧、还原焙烧、硫酸化焙烧、氯化焙烧、离析焙烧和钠化焙烧等。

烧结焙烧：将粉末或粒状物料在高温下烧成块状或球团状物料，以提高其致密度和机械强度，有时要加入石灰石或其他辅助原料。

分解焙烧(也称煅烧)：物料在高温下发生分解，以脱除 CO_2 及结合水。

氧化焙烧：在氧化气氛下进行，适用于对硫化物的氧化，以脱硫。

还原焙烧：在低于物料熔点和还原气氛下进行，使金属氧化物转变为低价金属氧化物或金属。

硫酸化焙烧：往往用沸腾炉对 CuS 矿进行硫酸化焙烧，获得可溶性的 $CuSO_4$，然后用水浸出回收 $CuSO_4$。

氯化焙烧：在一定的温度和气氛条件下，用氯化剂使物料中的目的组分转变为气相或凝聚相的氯化物，以使目的组分分离富集。

离析焙烧：向物料中加入氯化物和还原剂，在高于氯化焙烧温度下进行，生成的挥发性氯化物再被还原剂还原成金属，“离析”到还原剂表面上，然后用浮选的方法回收金属。SiO_2 是不可少的，有它才能有 HCl 发生。

钠化焙烧：向物料中加入钠化剂(如氯化钠、硫酸钠)，在高温下焙烧，能形成溶于水的钠盐或能水解成钠盐，然后加以回收。SiO_2 是有害成分，它的存在会消耗钠化剂。

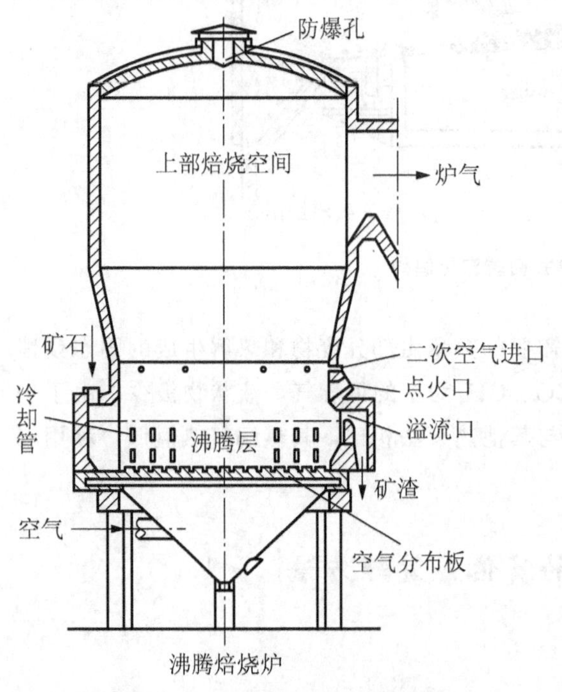

图 7.42 沸腾焙烧炉结构示意图

2. 焙烧的工艺与设备

不同的焙烧方法有不同的焙烧工艺，但大致步骤为配料混合、焙烧、冷却、浸出、净化。如果是挥发性焙烧，则是挥发气体收集、洗涤、净化。

常用的焙烧设备有沸腾焙烧炉、竖炉、回转窑等。硫铁矿烧渣磁化焙烧通常采用沸腾焙烧炉(图 7.42)。沸腾焙烧炉炉体为钢壳内衬保温砖再衬耐火砖构成。为防止冷凝酸腐蚀，钢壳外面有保温层。炉子的最下部是风室，设有空气进口管，其上是空气分布板。空气分布板上是耐火混凝土炉床，埋设有许多侧面开小孔的风帽。炉膛中部为向上扩大的圆锥体，上部焙烧空间的截面积比沸腾层的截面积大，以减少固体粒子吹出。沸腾层中装有废热锅炉的冷却管，炉体还设有加料口、矿渣溢流口、炉气出口、二次空气进口、点火口等接管。炉顶有防爆孔。

7.3.2 熔融

1. 熔融的定义与分类

固体废物熔融处理技术分为熔融固化和气化熔融。熔融固化的对象是危险废物、无机废物(如焚烧灰渣)，见第 5 章第 3 节。气化熔融能对废物的有机成分加以利用的同时，可对无机成分进行稳定无害处理甚至资源化利用。气化熔融的对象是污泥、生活垃圾等，往往需要在熔融之前结合热解气化处理工艺。气化熔融的原理是物料进入气化炉，在贫氧(或缺氧)的还原性气氛下进行热解和气化，接着含有较高可燃物的灰渣进入熔融炉进行高温熔融，生成结构致密、浸出毒性低、性能稳定的玻璃态熔渣。气化熔融具有彻底的无害化、显著的减容性等优势。

2. 熔融的工艺过程

固体废物熔融处理的工艺因处理对象的不同而略有差异，都包括前处理、熔融、废热回收、废气处理(或可燃气回收利用)、熔渣形成等工艺单元。

1) 前处理单元

前处理单元的目的和方法如表 7－17 所示。

表 7－17　前处理单元的目的和方法

目　　的	方　　法
水分、粒度调整	焚烧(热解气化)，干燥
粒度调整	造粒、分级
成分调整	碱性调整等

2) 熔融单元

由于熔融过程的温度很高，熔融过程需要在耐热性很高的熔融炉内完成。

3) 废热回收单元

废热回收的对象是废气和冷却媒介所含的热能。回收的热量基本上用于熔融过程，也可用于熔融之外。

4) 废气处理单元

废气主要来自干燥和熔融。废气中可能还有 HCl、重金属、二噁英类物质，需要净化处理后才能排放。

图 7.43 为典型的飞灰熔融工艺流程。

3. 熔融的主要设备

固体废物熔融处理的主要设备是熔融炉。根据热源的不同，熔融炉大致可分为：燃料热源熔融炉和电热源熔融炉。根据所使用的炉型差异，这两类熔融炉又可进一步分为不同的种类，如图 7.44 所示。

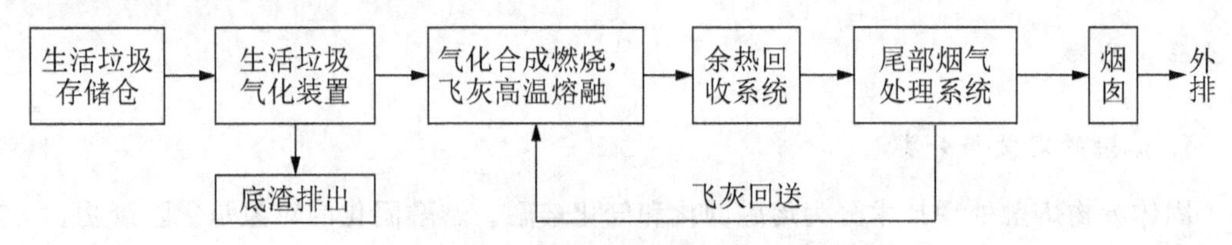

图 7.43　典型的飞灰熔融工艺流程

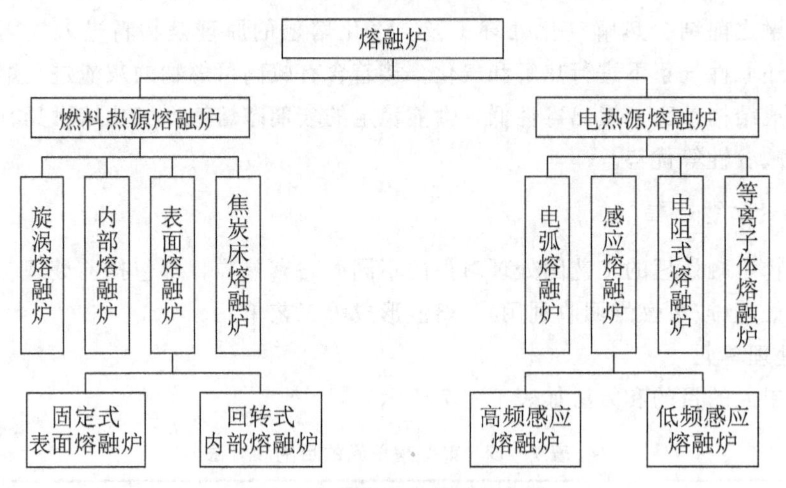

图 7.44　固体废物熔融炉分类

1）表面熔融炉

表面熔融炉用燃烧器燃烧燃料所放出的热量熔化废物，按其结构的不同分为固定式和回转式两种。

固定式表面熔融炉主要由供给漏斗、燃烧室、二次燃烧室、熔融渣沉降室等构成(图7.45)。以重油和燃气为燃料通过炉内燃烧器使炉内温度加热至 1 400～1 500℃，将灰体表面逐渐融化，并从排渣口流出。二次燃烧室不供给燃料，只供给助燃空气，以使烟气中的可燃物在排放前完全燃烧。为保证熔融渣沉降室的温度，保持熔融渣的良好流动性能，

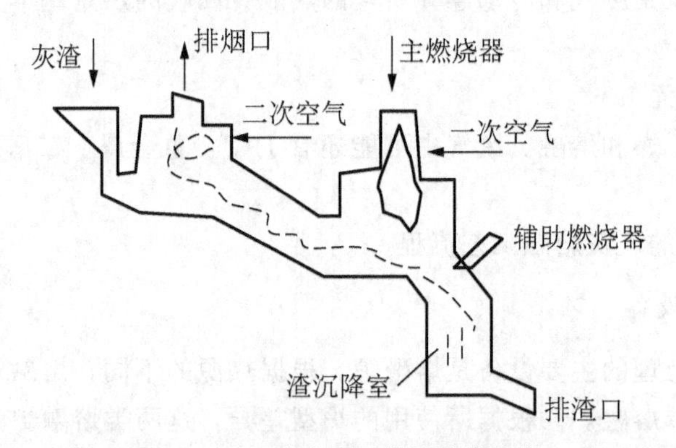

图 7.45　固定式表面熔融炉的结构

在熔融渣沉降室的上部安置一个辅助燃烧器。该熔炉内熔融产物很难直接接触到炉体，因为灰渣本身可以像绝缘体一样保护炉体。但该熔融炉会产生相当大的排烟，适合处理量相对小的情况。

回转式表面熔融炉的结构如图 7.46 所示，进料在熔融炉内筒与外筒所形成的竖形空间中，依靠外筒的旋转作用使进料均匀分布，主燃烧室顶部的圆筒可以上下移动来调整容积。炉内的温度维持在 1 300～1 400℃，待处理的固体废物自表面依次熔融，产生的熔融液则持续从主燃室进入二燃室，然后从排渣口排出。烟气则从烟气排放口排出。

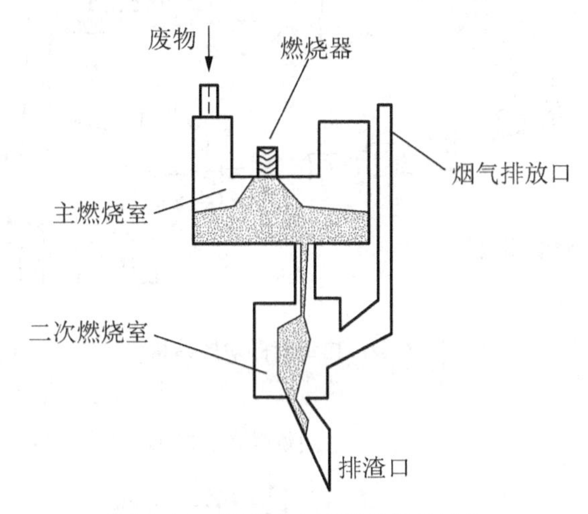

图 7.46 回转式表面熔融炉的结构

2） 内部熔融炉

内部熔融炉主要是以灰渣中残留碳产生的燃烧热作为处理灰渣的热源，其结构如图 7.47所示。熔融处理过程主要分为：进料段、燃烧段、熔融段和排渣段。该类熔融炉与垃圾焚烧炉相连，焚烧炉排出的高温灰渣(含残碳 10％～15％)进入熔融炉中，并由炉床喷嘴喷入 500℃的预热空气，使未燃烧的残碳燃烧，燃烧段温度维持在 800～900℃，熔融段温度维持在 1 300℃左右。此类熔融炉对二噁英的破坏去除率很高，高达 99.8％以上，熔融后的炉渣可全部回收利用。

3） 旋涡熔融炉

旋涡熔融炉也称作回旋式熔融炉，其主体结构主要包括熔融段、熔渣分离段、熔渣排出段等。一般是以灰渣与一次空气均匀分散于炉体，二次空气吹入炉内造成回旋气流，再由燃烧器加热熔融，熔融液在炉内流动，并到炉底以熔渣形态排出。目前已开发的旋涡熔融炉包括纵型、倾斜型及横型三种。

图 7.48 为纵型旋涡熔融炉示意图。旋转圆筒呈纵立型。一次燃烧空气由炉顶送入，二次燃烧空气由炉侧供给。物料可与一次空气充分混合，以达炉内温度均匀，并维持炉内温度高于废物的熔融温度，落入的废物在炉内呈很强的回旋流以达加热及熔融的效果，熔融的炉渣由炉壁转至炉底排出。

图 7.49 所示为倾斜型旋涡熔融炉示意图。在倾斜圆筒炉的炉轴方向有启动用点火器，

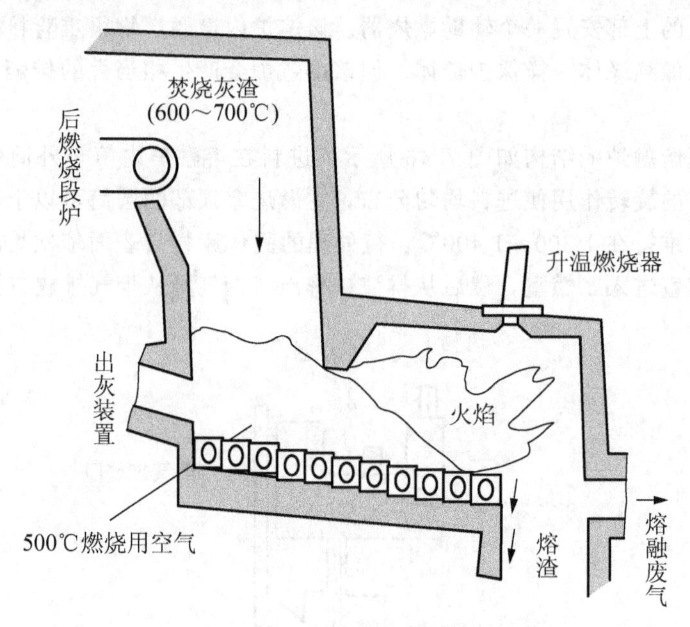

图 7.47　内部熔融炉的结构

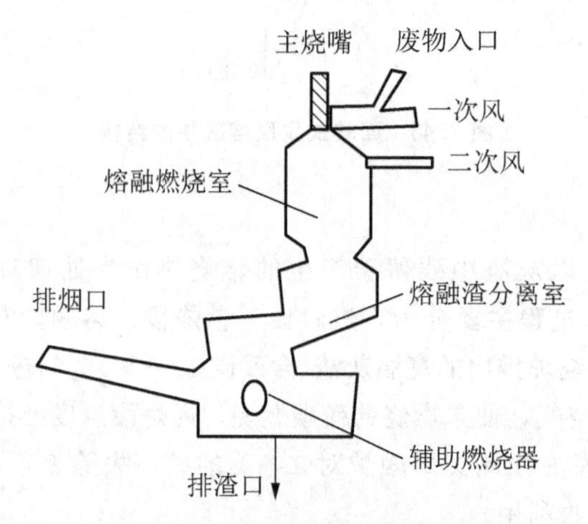

图 7.48　纵型旋涡熔融炉的结构

而燃烧用空气从数个喷口喷入。二次燃烧室与一次燃烧室的排气相交，且二次燃烧室炉底有排水口，周围呈倾斜以便使熔渣易于排出。

图 7.50 所示为横型旋涡熔融炉示意图。二次燃烧室为横型的燃烧炉，底部呈倒圆锥形。熔融炉出口设有挡板，底部的中央配置熔渣流出口，物料与一次空气同时以高速注入，借助高速气流使其在炉内部产生旋转流，物料在旋转运动中进行热分解及燃烧，熔渣则由流出口连续流出。

4）焦炭床熔融炉

焦炭床熔融炉的竖型筒下部成管状，具有废物投入部及熔融段的凸出部(图 7.51)。物料与焦炭从炉顶一起投入后，经干燥升温，可燃物先分解产生可燃气体，在炉体下部与一

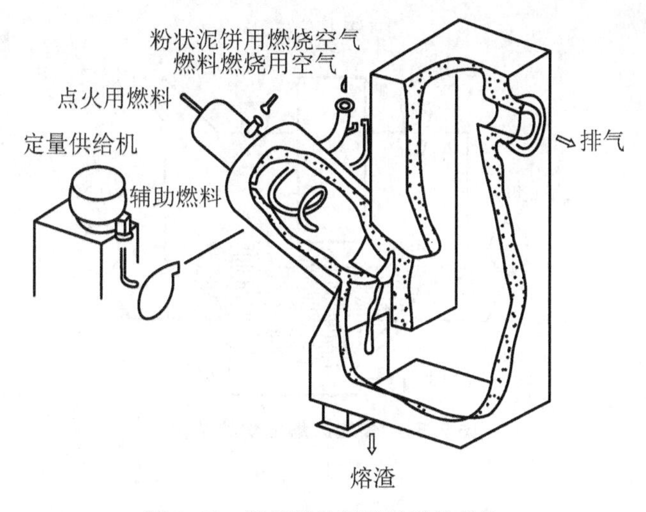

图 7.49　倾斜型旋涡熔融炉的结构

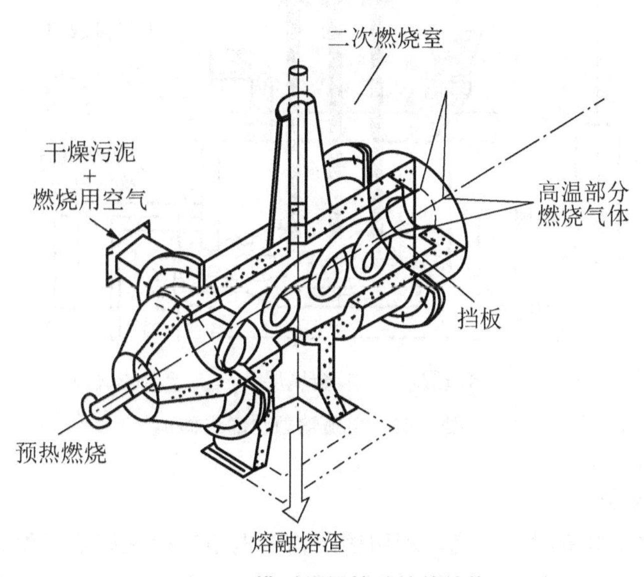

图 7.50　横型旋涡熔融炉的结构

次风接触后燃烧温度可达 1 600℃，在二次风进入后可达到完全燃烧，残余物则通过焦炭床成为熔渣排出。

5）电弧熔融炉

图 7.52 所示为电弧熔融炉结构示意图。炉顶部以石墨电极作为阳极，通电后顶电极与底电极间产生 3 000～5 000℃的高温电弧，熔融过程中炉内为氧化气氛，熔渣与金属同时在 1 300～1 500℃时从排渣口流出。电弧熔融炉的优点：由于温度高，灰渣中的重金属可完全熔融；排放废气量较少，容易处理。电弧熔融炉的缺点：耗电量大；熔渣排出口易受损；噪声较大。

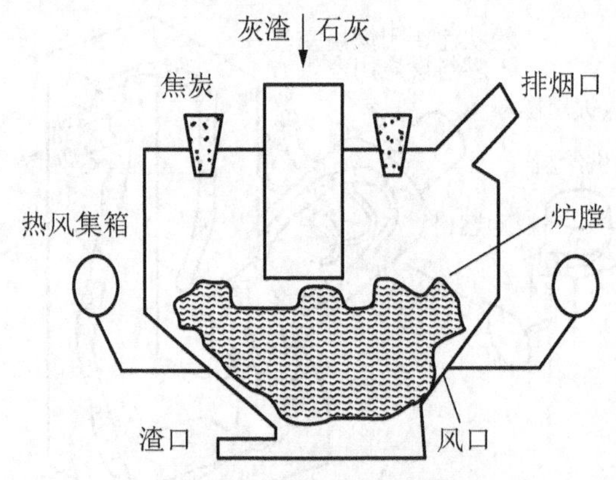

图 7.51　焦炭床熔融炉的结构

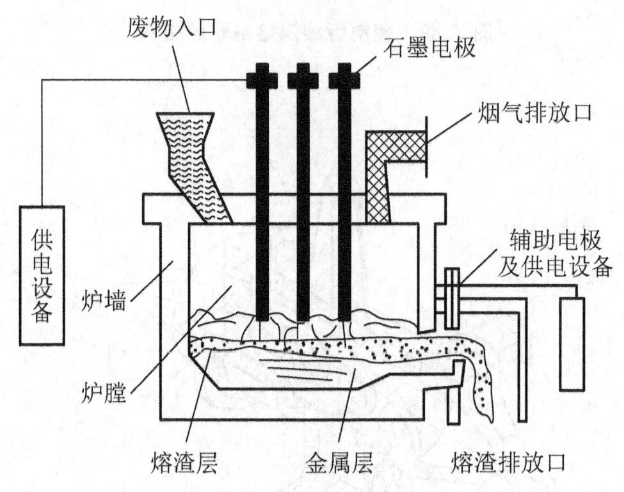

图 7.52　电弧熔融炉的结构

6）电阻式熔融炉

电阻式熔融炉在电极间通电流，利用熔融物的电阻产生热能实现熔融。通常该炉型是由炉盖中心插入电极，使前端表面浸渍于熔融液中(图 7.53)。焚烧灰渣在常温下并不导电，但在熔融状态下易形成导体。熔融时灰渣中的金属因比重较大而沉至炉底，与熔渣分离，炉底的熔融物由出渣口间歇排出。

7）感应熔融炉

感应熔融炉周围环绕的感应线圈通电后产生电磁感应作用，在还原性气氛下，感应磁场对灰渣进行加热熔融，加热温度为 1 200～1 450℃。感应熔融炉不需要电极，而且灰渣因电磁搅拌作用而混合得非常均匀。

8）等离子体熔融炉

等离子体熔融炉利用电极间产生的高温高能量的等离子体来使物料熔融，其结构如图 7.54所示。操作时等离子火炬喷管由熔炉顶部插入至炉内预定位置，炉床放置基底金属，电极间由于高电压产生电弧，将电极周围供入的空气电离为等离子体，使温度迅速升

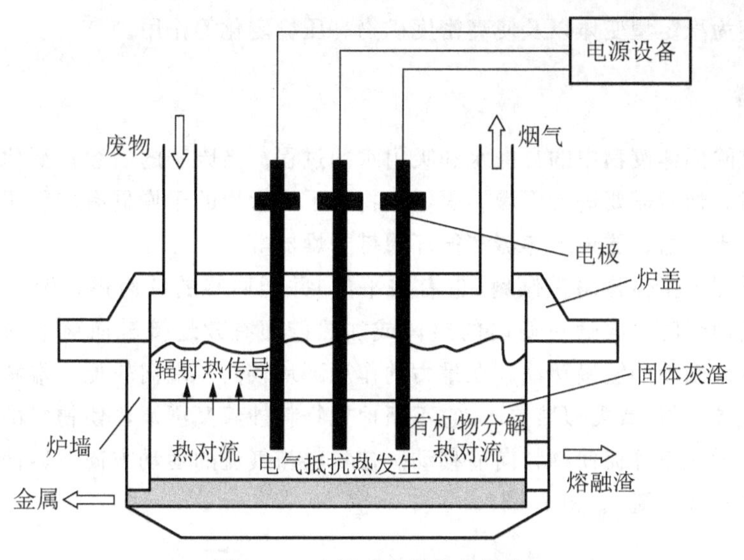

图 7.53 电阻式熔融炉的结构

高到 2 000℃以上，灰渣和金属同时熔融。

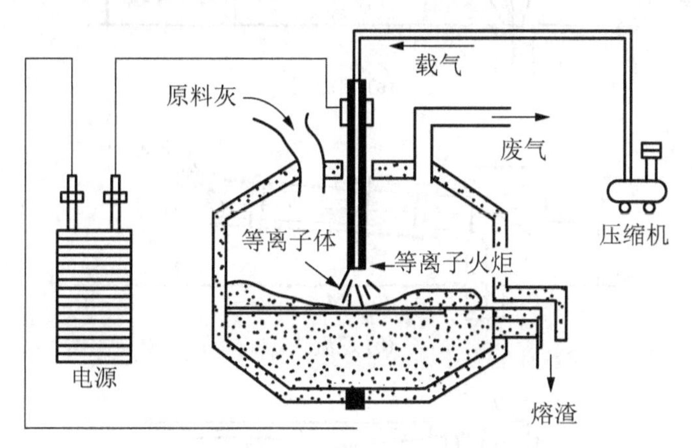

图 7.54 等离子体熔融炉的结构

7.3.3 热分解

固体废物的热分解是指晶体状的固体废物在较高温度下脱除其中吸附水及结合水或同时脱除其他易挥发物质的过程。热分解包括分解脱水、氧化分解脱除挥发组分、分解熔融及熔融等。

7.3.4 烧成

烧成是指在远高于废物热分解温度下进行的高温煅烧，也称重烧。烧成过程中往往要经历脱水、有机质挥发、燃烧、碳酸盐分解、矿物组成的形成、致密化和显微结构的形成等过程。目的是为稳定废物中氧化物或硅酸盐矿物的物理状态，使其变为稳定的固相材料(惰性材料)而具有充分机械强度和其他需要性能。这个稳定化过程，从现象上看有再结晶作用，使之变为稳定型变体以及使高密度矿物高压稳定化等作用。

7.3.5 干燥

干燥是排除固体废物中的自由水和吸附水的过程。当废物的后续资源化对废物干燥程度要求较高时，通常需要进行干燥。固体废物的干燥常用的干燥器有转筒干燥器、流化床干燥器、喷洒干燥器、隧道干燥器和循环履带干燥器等。

转筒干燥器的主体是略带倾斜(也有水平的)并能回转的圆筒体，湿物料由其一端加入，经过圆筒内部时，与通过筒内的热风或加热壁面有效地接触而被干燥。在干燥过程中，物料借助于圆筒的缓慢转动，在重力的作用下从较高一端向较低一端移动。筒体内壁上一般装有顺向抄板(或类似装置)，它不断地把物料抄起又洒下，使物料的热接触表面增大，以提高干燥速率并促使物料向前移动。按物料与气流的运动方向，转筒干燥器可分为顺流式、逆流式和复流式(图 7.55)。

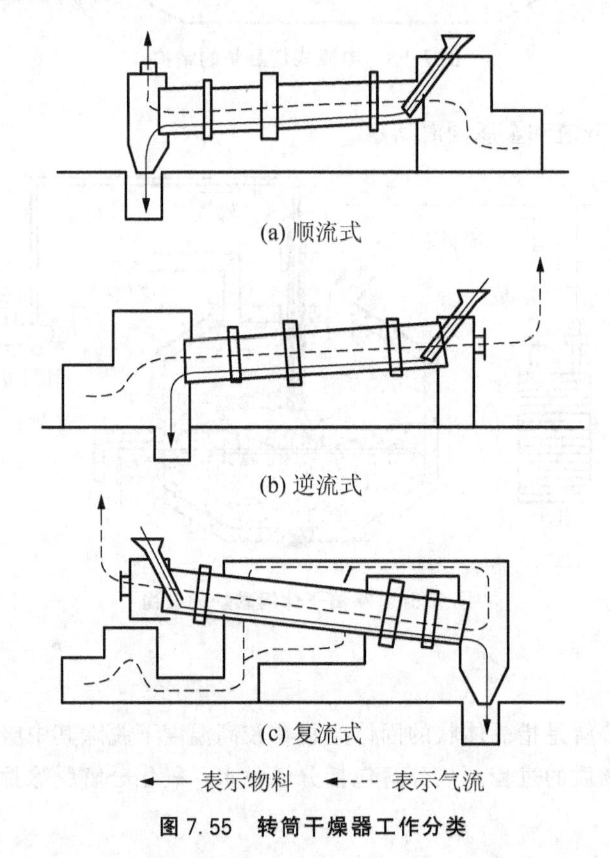

图 7.55 转筒干燥器工作分类

与其他干燥设备相比，转筒干燥器生产能力大、可连续操作、结构简单、操作方便、故障少、维修费用低、适用范围广(可干燥颗料状物料，也可干燥附着性大的物料；能适应较大波动范围的流量)、流体阻力小、清扫容易。转筒干燥器的缺点是设备庞大，一次性投资多；安装、拆卸困难；热损失较大，热效率低(蒸汽管式转筒干燥器热效率高)；物料在干燥器内停留时间长，物料颗料之间的停留时间差异较大。

小　结

本章介绍固体废物热处理的基本知识，包括：固体废物焚烧的定义、原理、影响因素，焚烧效果的评价，焚烧过程的物质和热平衡，焚烧工艺与焚烧炉系统，焚烧二次污染的控制；热解的定义、特点、原理、影响因素、动力学模型、工艺、设备；焙烧、熔融、热分解、烧成、干燥的基本原理、过程、设备。

思　考　题

1. 分析、比较焚烧、热解、焙烧、熔融、热分解、烧成和干燥的特点及适用条件。
2. 简要阐述生活垃圾焚烧的工艺流程。

第8章　固体废物的填埋处置

知识点

填埋场的分类、选址的基本要求、填埋场的总体设计、填埋作业与工艺、防渗；渗滤液的产生、收集和处理；填埋气体的产生、收集、处理和利用；填埋场封场的基本要求。

重点

填埋场选址的基本要求、填埋场的总体设计、防渗；渗滤液的产生、收集和处理；填埋场封场的基本要求。

重点

填埋场的总体设计、防渗、渗滤液的处理、封场的基本要求。

无论对固体废物采用何种减量化、资源化处理，最后总会剩余一些无再利用价值的残渣，需要进行最终处置。固体废物处置方法分为陆地处置和海洋处置两大类。目前，海洋处置已被国际公约所禁止；陆地处置分为土地耕作、永久贮存、土地填埋、深井灌注和深地层处置。其中，土地填埋具有工艺简单、成本较低、适宜处置多种类型固体废物的优点。目前，固体废物处置以土地填埋为主。

填埋主要是利用屏障隔离方式，通过生土或深层岩石层等天然条件以及铺设隔离层等人工方式，将固体废物与自然环境有效隔离，避免固体废物中的有毒有害物质、渗滤液和填埋气体对填埋场周围的水、土壤与大气环境造成危害。另外，进行填埋时，可将垃圾压实减容至最小，使得填埋占地面积也最小。本章主要介绍生活垃圾的填埋处置。

8.1　概　　述

8.1.1　填埋的分类

1. 按填埋处置对象的性质和填埋场的主要功能分类

按填埋处置对象的性质和填埋场的主要功能，填埋可分为惰性填埋、卫生填埋和安全填埋。

1）惰性填埋

惰性填埋是将已稳定或腐熟化的固体废物，如玻璃、陶瓷、腐熟化甘蔗渣等置于填埋场，表面再覆上土壤的处置方法。该法的主要功能不在于污染的防治，而是对固体废物进行贮存。

2）卫生填埋

卫生填埋是将城市生活垃圾和一般工业固体废物填埋于低渗透性土壤内，再采用摊铺、压实、覆盖技术对填埋物进行处理和利用防渗、导渗、导排设施来处理垃圾渗滤液及填埋气的处置方法。该法的主要功能是贮存固体废物、阻断污染、减小固体废物对土地的占用率。

3）安全填埋

安全填埋是将经过稳定化和固化预处理的危险废物填埋于由抗压及双层不透水材质所构筑、设有防止污染物外泄及地下监测装置的填埋场的处置方法。该法的主要功能有：贮存固体废物、阻断污染。

2. 按填埋区地形分类

按所处地形，填埋场可分为平地型、山谷型、坡地型和滩涂型。

1）平地型填埋场

平地型填埋场是在平地建设的填埋场，适合于平原地区。其优点是：场底有较厚的土层，有利于保护地下水；具有较充足的覆盖土源，使填埋垃圾能够及时得到覆盖；较易进行水平防渗处理；较易进行分单元填埋和填埋作业期间的雨污水分流，有利于减小污水的产生量；施工简单，投资省。缺点是：需要占用耕地，征地费较高；填埋场外围不易形成屏障，一般需要堆高，形成的堆体对景观有一定影响。

2）山谷型填埋场

山谷型填埋场是利用山谷进行填埋的填埋场，适合于山区采用。其优点是：填埋场不占用耕地，征地费用小；利用天然地形容易获得较大的库容；山谷一般较封闭，填埋场对周围的环境影响较小。缺点是：山谷一般汇水面积较大，地表雨水渗透量大，雨水截流较困难；山谷底部浅层地下水，易受污染；填埋场管理较困难，不容易实现分单元填埋和作业期间的雨污水分流。

3）坡地型填埋场

坡地型填埋场是利用丘陵坡地填埋固体废物的填埋场，坡地型填埋场适合于丘陵地区采用。其特点：填埋场场底处理较容易，土方工程量小，易于渗滤液的导排和收集以及水平防渗处理；一般不占用耕地，征地费较低；较易进行分单元填埋和填埋作业期间的雨污水分流，有利于减小污水的产生量；地下水位一般较深，有利于防止地下水污染；填埋场外汇水面积小，污水产生量少。

4）滩涂型填埋场

滩涂型填埋场是在海边滩涂地上建设的填埋场，滩涂型填埋适合于沿海地区采用。其特点：滩涂地一般处于城市的地下水和地表水流向的下游，不会对城市的用水造成污染；较易进行水平防渗处理；较易进行分单元填埋和填埋作业期间的雨污水分流，有利于减小污水的产生量；滩涂一般地下水位较浅，不利于防止地下水污染；滩涂地基承载力一般较小，填埋场场底往往需做加固处理。

3. 按环保措施分类

按场底防渗系统、渗滤液和填埋气的收集与处理系统、垃圾填埋作业方式等环保措施，可将固体废物填埋分为堆放填埋、简易填埋、卫生填埋三类。

1）堆放填埋

堆放填埋是将固体废物堆放于自然形成或人工挖掘而成的坑穴等可利用场地，不对填埋物进行摊铺、压实、覆盖，填埋区也无渗滤液和填埋气的收集与处理系统，只是简单地任意堆放固体废物。

2）简易填埋

简易填埋是将固体废物填埋于没有达到环保标准和卫生填埋场运行管理维护规范要求的填埋场。此类填埋场的特征：填埋作业不符合现行的相关技术规范，场底的防渗系统没有达到规范要求，渗滤液和填埋气的收集与处理程度不够。

3）卫生填埋

卫生填埋是将固体废物填埋于达到环保要求、设施设备完备、填埋作业符合运行规程的填埋场，可以有效地收集和处理垃圾渗滤液及填埋气，以避免填埋物及其产物对填埋场周围的自然环境造成污染。

根据填埋场中废物的降解机理，还可将其分为好氧型、准好氧型和厌氧型填埋场等。目前我国普遍采用的是厌氧型填埋场。

8.1.2 固体废物填埋处置的优点和缺点

与焚烧、好氧堆肥等其他固体废物处理方法相比，填埋的主要优点：一次性投资较低、运营成本较低；适应性广，能处理、处置多种不同类型的固体废物；是一种相对完全、彻底的最终处理方式；技术成熟，操作简单。其缺点：占用大量土地资源；一般需远离城区，导致运输费用较高；固体废物中蕴含的可回收物质和能量不能得到有效利用；存在渗滤液污染地下水、土壤的风险。

8.2 填埋场的选址

8.2.1 选址的步骤

(1) 利用当地的地形图，根据城镇用地的发展方向、主导风向、运输距离确定选址区域。

(2) 与当地有关行政主管部门(国土、规划、环保、水利、农业等部门)讨论可能的场址名单，进而排除掉那些不适宜建场的场址，提出初选场址名单(3～5 个)。

(3) 对场址进行踏勘，并通过对场地自然环境、水文地质、交通运输、覆土来源、人口分布等的对比分析，确定两个以上的备选场址。

(4) 在对备选场址进行初步勘探的基础上，对其进行技术、经济和环境方面的综合比较，提出首选方案，完成选址报告，提交政府主管部门决策。

(5) 根据选址报告，决策部门组织专家论证，最终确定填埋场场址。

8.2.2 场址选择的原则

场址选择需要从地形、地貌、植被、地质、水文、气象、供电、给排水、覆盖土源、交通运输及厂址周围居住人群等方面对拟选的填埋场场址进行踏勘、分析，对拟选场址在技术、经济、社会及环境等方面的可行性进行全面的论证。就生活垃圾卫生填埋场而言，其场址的选择应符合下列规定。

(1) 填埋场场址设置应与当地城市总体规划和城市环境卫生专业规划协调一致，符合环境影响评价的要求。

(2) 填埋场对周围环境不应产生影响或对周围环境影响需符合国家现行相关标准的规定。

(3) 填埋场应与当地的生态环境保护要求相一致，填埋场应位于地下水贫乏地区、环境保护目标区域的地下水流向下游地区及夏季主导风下风向、距人畜居栖点 500m 以外和湖泊 50m 以外。

(4) 场址选择时应有建设项目所在地的建设、规划、环保、环卫、国土、水利、卫生等有关部门的人员参加。

(5) 填埋场应具备相应的库容，填埋场使用年限宜 10 年以上，特殊情况下，不应低于 8 年。

(6) 交通方便、运距合理，供水、供电方便。

(7) 征地费用较低、土地利用价值较低。

8.2.3 填埋场的容量与填埋年限

1. 填埋场容量的计算

填埋场容量和面积的设计不仅要考虑垃圾填埋量和压实密度，还需考虑填埋方式、填埋高度、覆土材料等因素。一般地，覆土材料与垃圾之比为 1∶5～1∶4，填埋场年限为 15～25 年，压实密度为 500～800kg/m^3。

填埋场的总填埋容量可用下式计算：

$$V_t = 365\frac{WPt}{D} + C \tag{8-1}$$

$$A = V_t / H \tag{8-2}$$

式中：V_t——所填埋垃圾的体积，m^3；

W——垃圾的产生率，kg/(人·d)；

P——城市人口数量，人；

t——填埋年限，年；

D——垃圾压实密度，kg/m^3；

C——覆土体积，m^3；

A——需要的填埋面积，m^2；

H——填埋高度，m。

2. 填埋年限

填埋场使用年限是指填埋场从填入垃圾开始至最终封场的时间。一般地，填埋场应具备一定的使用年限，填埋场使用年限宜在 10 年以上；特殊情况下，不应低于 8 年。选址时和确定施工计划之前，应将填埋年限考虑在内，着眼于垃圾综合处理处置的可持续发展，以备二期扩建工程或其他后续工程的建设。另外，垃圾成分和特性、填埋方式、压实程度等因素影响着填埋垃圾的初始密度，而等质量的垃圾，密度越大体积越小，占用的填埋空间越小，填埋场的使用年限就会相对地增加，因此在填埋之前，对垃圾进行分类收集和再生利用将有效延长填埋场使用年限。

8.3 填埋场总体设计

8.3.1 填埋场建设规模

填埋场日平均填埋量应根据其服务范围的生活垃圾现状产生量及预测产生量和使用年限确定。根据《生活垃圾卫生填埋处理工程项目建设标准》(建标 124—2009)，我国的垃圾卫生填埋场建设规模按日处理能力分为四类，具体分类为：Ⅰ类，日处理能力≥1 200t/d；Ⅱ类，500 t/d≤日处理能力<1 200t/d；Ⅲ类，200 t/d≤日处理能力<500t/d；Ⅳ类，日处理能力<200t/d。

按建设规模，填埋场也可分为四类：Ⅰ类填埋场，总容量≥1 200 万 m^3；Ⅱ类填埋场，500 万 m^3≤总容量<1 200 万 m^3；Ⅲ类填埋场，200 万 m^3≤总容量<500 万 m^3；Ⅳ类填埋场，总容量<200 万 m^3。

8.3.2 填埋场主体工程与设备

填埋场主体工程与设备包括：计量设施、地基处理、防渗工程、场地平整、绿化隔离带、坝体工程、防洪系统、雨污分流系统、渗滤液收集和处理系统、填满气体导排和处理系统、封场工程等。

1. 计量设施

地磅房宜位于运送生活垃圾和覆盖黏土的车辆进入填埋库区必经道路的右侧，并具有良好的通视条件；计量地磅宜采用动静态电子地磅，地磅规格宜按垃圾车最大满载重量的 1.3～1.7 倍配置，称量精度不宜小于贸易计量Ⅲ级。

2. 地基处理

填埋库区的地基要保证填埋堆体的稳定，不得因填埋堆体的沉降而使基层失稳。工程建设前要求结合地勘资料对填埋库区地基进行承载力计算、变形计算和稳定性计算，对不满足承载力、沉降限制及稳定性等工程建设要求的地基应进行相应的处理。

3. 防渗工程

必须对填埋场场底和边坡进行防渗处理，以保证填埋场渗滤液不会污染地下水。可采用天然防渗方式，不具备天然防渗条件的，应采用人工防渗措施。

4. 场地平整

场地平整应结合填埋场地形资料和竖向设计方案，选择合理的方法计算土方量以满足填埋库容、边坡稳定、防渗系统铺设及场地压实度等方面的要求。另外，填埋场库区底部应设置不小于2%的横、纵向坡度。

5. 绿化隔离带

填埋区四周应设置绿化隔离带，如管理区之间、防火隔离带外，厂区绿化率应控制在30%以内；绿化带应选择经济合理的本地区植物，可种植易于生长的高大乔木，并与灌木相间布置，以减少对道路沿途和填埋场周围居民点的环境污染并美化环境。

6. 坝体工程

坝址、坝型和坝高(低坝低于5m、中坝5～15m、高坝高于15m)应根据地形地貌、施工条件、填埋库容、气候条件、经济技术等条件来确定。坝基处理应满足渗流控制、静力和动力稳定、允许总沉降量和不均匀沉降量等方面的要求，以保证垃圾坝的安全运行。

7. 防洪系统

防洪标准应按不小于50年一遇洪水水位设计，并按百年一遇洪水水位校核，宜根据地形设置数条不同高程的截洪沟以截留从坡头流下的雨水和排出截洪沟流域范围内的山坡径流及填埋体的径流。截洪沟原则上以垃圾填埋体和山体的交线的走向为其平面布置的走向，且沟与环库道路合建时，宜设置在靠近在垃圾堆体一侧。根据各段截洪量和截洪沟的坡度等因素确定截洪沟的断面尺寸，断面形式有梯形、矩形、U形等；沟的出水口宜采用“八”字形出水口，并相应采取防冲刷、消能、加固等措施。

8. 雨污分流系统

填埋库区雨污分流系统应阻止未作业区域的汇水流入生活垃圾堆体，未进行作业的分区雨水应通过管道导排或泵抽排的方法排出库区外。作业区的则可通过填埋单元的日覆盖和填埋体的中间覆盖实现雨污分流。

9. 渗滤液收集和处理系统

填埋区渗滤液收集系统包括导流层、盲沟、竖向收集井、集液池、泵房、调节池及渗滤液水位监测井。渗滤液处理设施应符合现行行业标准《生活垃圾渗滤液处理技术规范》(CJJ 150)的相关规定。

10. 填埋气体导排和处理系统

有效的填埋气体导排设施可以有效防止填埋气体的自然聚集、迁移而引起的火灾和爆炸。填埋气的导排宜采用导气井或导气井和导气盲沟相连的设施。填埋气的利用率一般不宜小于70%。

11. 封场工程

封场覆盖应进行滑动稳定性分析，并且填埋场封场后应继续进行填埋气体导排、渗滤液导排和处理、环境与安全监测等运行管理，直至填埋体达到稳定。生活垃圾卫生填埋场顶面应具有不小于5%的坡度，由中心坡向四周。对实行终场覆盖的区域，及时进行绿化，前期主要种植适合当地生长的草坪，中后期根据情况种植一些浅根经济性植物，如花草、灌木等。在填埋堆体稳定前，不应在其上建设永久性建筑物。

8.3.3 填埋场辅助工程

填埋场辅助工程包括：供配电设施，给排水设施，消防和安全卫生设施，采暖、通风与空气调节设施，生活和行政办公管理设施，车辆冲洗、通信、监控、应急等附属设施或设备。

1. 供配电

填埋场供电宜按二级负荷设计，并且供配电系统要能保证在防洪及暴雨季节不停电，同时要节能降耗；电缆的选择和敷设应符合现行国家标准《电力工程电缆设计规范》(GB 50217)的有关规定。

2. 给排水工程

1）给水工程

填埋场管理区的生产、生活及消防等用水设计应考虑道路喷洒及绿化用水、生活用水、消防用水、车辆冲洗用水、未预见水量。未预见水量可按最高日用水量的15%～25%合并计算。

2）排水工程

排水量包括管理区的生产、生活污水量和管理区的雨水量。管理区内污水不得直接排往场外，管理区室外污水(道路及汽车冲洗水等污水)可随雨水一起排出场外。

3. 消防和安全卫生设施

填埋场作业区有大量的潜在火源，包括受热的垃圾、机械设备产生的火星等，故作业区附近应设置消防给水和自动灭火设备，如消防栓、消防水池、自动喷水灭火设备，以及对大气无污染的气体灭火器(属移动消防设备)。

4. 采暖、通风与空气调节

采暖、通风与空调设计方案，应根据填埋场各建筑物的用途与功能、使用要求、冷热负荷构成特点、环境条件以及能源状况等，结合国家现行相关标准进行确定，对有可能造成人体伤害的设备及管道，必须采取安全防护措施。

5. 生产、生活服务设施

填埋场的生产、生活服务设施包括办公、宿舍、食堂、浴室、交通、绿化等。

8.3.4 填埋场设计思路

进行填埋场设计时，首先应进行填埋场地的初步布局，勾画出填埋场主体及配套设施的大致方位；然后根据基础资料确定填埋区容量、占地面积及填埋区构造，并做出填埋作业的年度计划表；再分项进行渗滤液控制、填埋气体控制、填埋区分区、防渗工程、防洪及地表导排、地下水导排、土方平衡、进场道路、垃圾坝、环境监测设施、绿化以及生产、生活服务设施、配套设施的设计，提出设备的配置表；最终形成总平面布置图，并提出封场的规划设计。由于各填埋场所处的自然条件和填埋物的性质不同，其堆高、运输、排水、防渗等各有差异，工艺上也会有一些变化。这些外部的条件对填埋场的投资和运营费用影响很大，需精心设计。总体设计思路如图 8.1 所示。

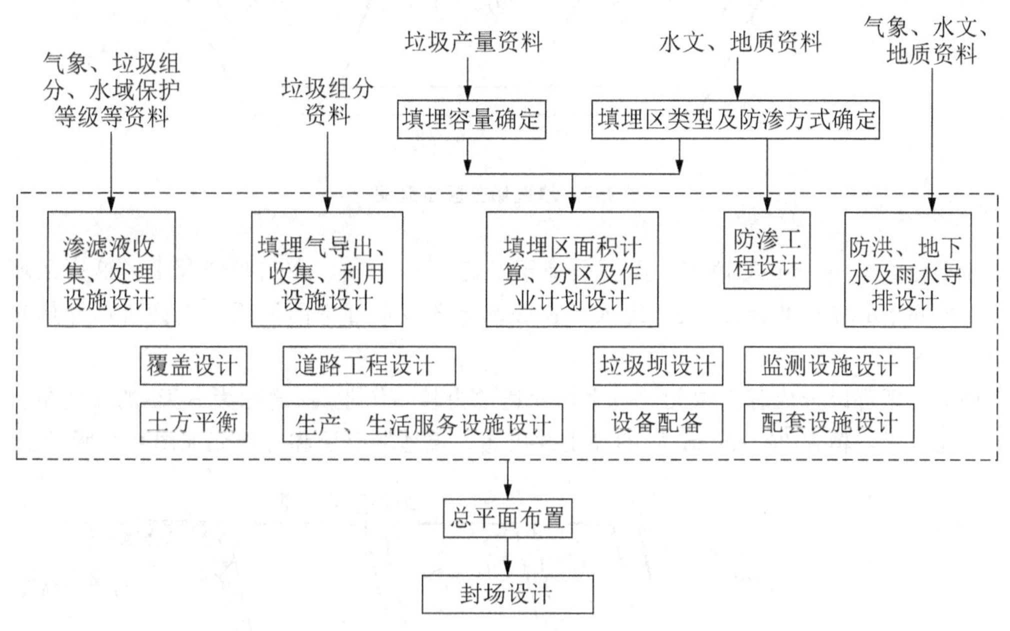

图 8.1 填埋场总体设计思路

8.4 填埋作业与工艺

8.4.1 填埋分区、分层、分单元作业

填埋应采用分区、分层、分单元作业。分区作业即将填埋场分成若干区域，再根据计划按区域进行填埋。理想的分区作业能使每个填埋区能在尽可能短的时间内封顶覆盖，有利于填埋计划有序进行，从而使各个时期的垃圾分布清楚。单独封闭的分区有利于“清污分流”，大大减少渗滤液的产生。这就要求向一个分区堆放废物，直到达到最终的高度。图 8.2 所示为填埋场的简单的分区计划。

如果填埋场高度从基底算起超过 9m，通常需在填埋场的部分区域设中间层，中间层

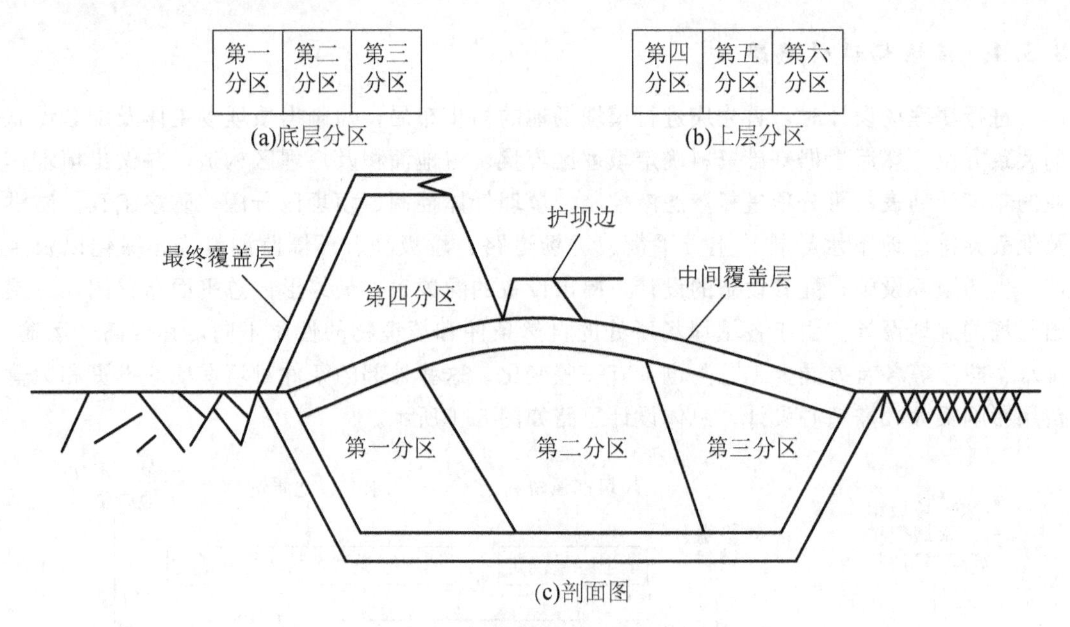

图 8.2　填埋场分区示意图

设在高于地面 3～4.5m 的地方，而不是高于基底 3～4.5m。在这种情况下，这一区域的中间层由 60cm 黏土和 15cm 表土组成。在底部分区覆盖好中间层后，上面可以开始布置新的填埋区。

每个分区可以分成若干单元，每个单元通常为某一作业期(通常为一天)的作业量。填埋单元完成后，覆盖 20～30cm 厚的黏土并压实。填埋场分层和分单元如图 8.3 所示。

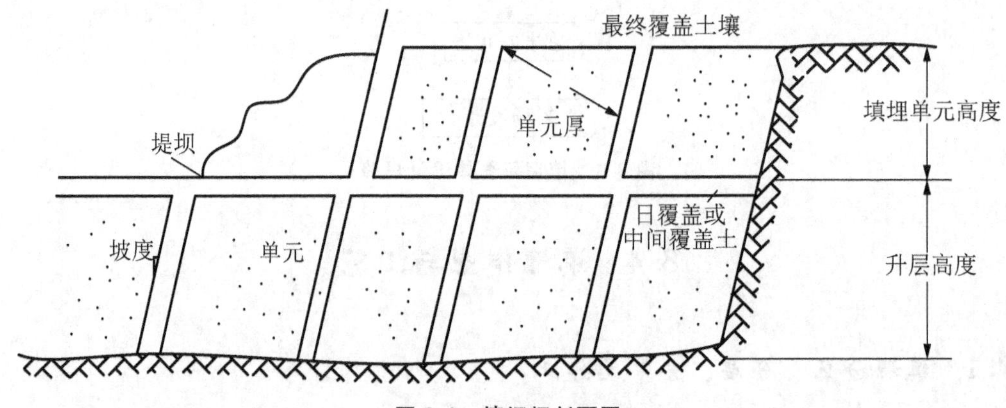

图 8.3　填埋场剖面图

填埋场库区利用顺序：废物先填埋同一分区、同一层的若干个单元；同一层的所有单元填满，即完成同一分区、同一层的作业，然后填其上的另一层，依此类推，直到整个分区填满，即完成一个分区的作业，然后开始第二区的作业，填埋场库区利用顺序如图 8.4 所示。分区、分层、分单元作业的内容和作用如表 8－1 所示。

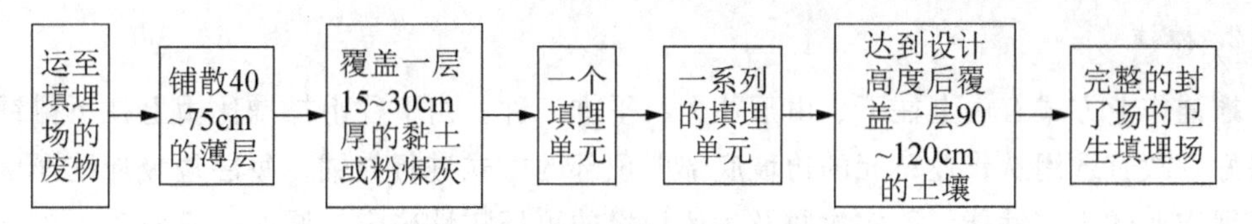

图 8.4 填埋场库区利用顺序

表 8-1 填埋作业方式及其作用

作业方式	作业内容	作　用
分区作业	将填埋场分成几个区域进行填埋作业	分期投资建场，缓解资金紧张；便于雨污分流，减少渗滤液产量
分层作业	每个分区中的各子单元进行填埋时，须将垃圾分层摊铺	摊铺垃圾，使垃圾堆体稳定，避免垃圾产生滑坡
分单元作业	一个填埋区域分成几个填埋单元(宜取一天的作业量为一个单元)	避免垃圾飞扬、减弱垃圾产生的臭味、有效减少雨水的渗流从而控制渗滤液产量

8.4.2 填埋工艺

一般地，填埋的工艺流程如图 8.5 所示，废物进入填埋场进行检查和计量，再按规定的车辆速度、线路运至填埋区，在工作人员的指挥下，进行卸车、推土机摊铺、垃圾压实机压实和覆盖、再压实，最终完成填埋作业。

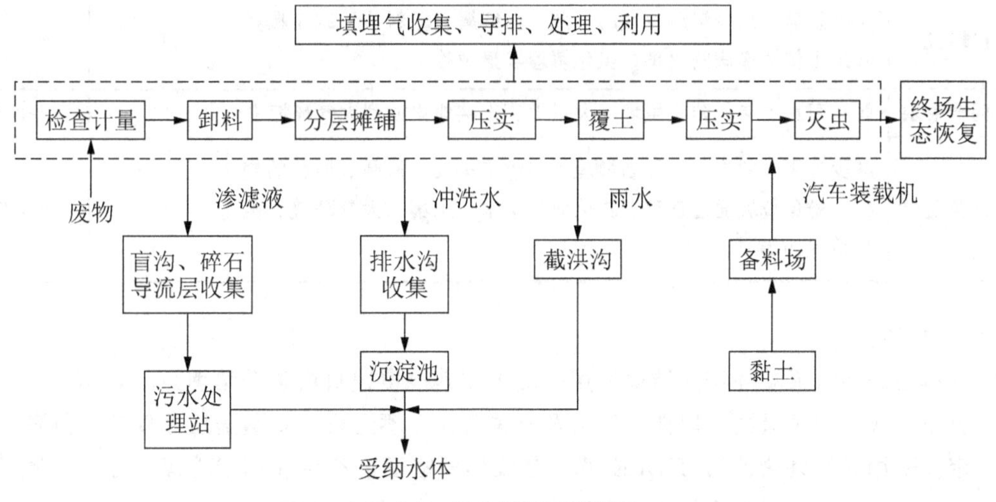

图 8.5 卫生填埋工艺流程

1. 卸料

填坑作业法卸料时，往往设置过渡平台和卸料平台；采用斜面作业法时，则可直接卸料。

2. 摊铺

摊铺作业方式有由上往下、由下往上、平推三种。由下往上摊铺比由上往下摊铺压实效果好，故宜选用从作业单元的边坡底部向顶部的方式进行摊铺。每层垃圾摊铺厚度应根据填埋作业的压实性能、压实次数及生活垃圾的可压实性确定，厚度一般为30～60cm。

3. 压实

填埋场宜采用专用垃圾压实机分层连续不少于两遍碾压垃圾。压实的必要性：增大填埋垃圾的密度，从而增加垃圾填埋量，延长填埋场的使用年限；减少垃圾孔隙率，减少渗入垃圾层的水量，减少臭气的产生和蚊蝇的滋生；增加填埋场强度，可一定程度上防止由于填埋场的不均匀性导致的沉降和坍塌，有利于填埋机械在垃圾层上移动作业。垃圾压实的机械主要为推土机和压实机，利用推土机和压实机结合压实的作业方式，可得到较大的压实密度，生活垃圾压实密度应大于600kg/m³。每一单元的生活垃圾高度宜为2～4m，最高不得超过6m，宽度不宜小于6m，坡度不宜大于1∶3。

4. 覆土

卫生填埋除了每日覆盖外，还要进行中间覆盖和最终覆盖。日覆盖、中间覆盖和最终覆盖的作用、最小覆土厚度如表8-2所示。

表8-2　覆盖层厚度及填埋时间

覆盖层	作　　用	各层最小覆土厚度/cm	填埋时间/d
日覆盖层	减少恶臭；减少轻质垃圾的飞散，如纸屑和塑料袋；减小鼠类和昆虫传播疾病的概率；美化填埋场景观等	15	0～7
中间覆盖层	防止雨水下渗；防止填埋气大量地、直接地排放到大气环境中	30	7～365
最终覆盖层	减少外来水的渗入；控制填埋气的收集排放；抑制病原菌的繁殖；避免垃圾通过迁移和转化而污染水、土壤、大气环境、美化填埋场等	60	＞365

1）日覆盖

日覆盖是指每天填埋作业结束后用一层土或其他覆盖材料覆盖填埋垃圾，覆盖之前要把垃圾压实成平坦垃圾面，以便于覆盖及有关工作车辆运行。日覆盖层厚度应根据覆盖材料确定。采用高密度聚乙烯(HDPE)膜或是线形低密度聚乙烯(LLDPE)膜覆盖时，膜的厚度宜为0.50mm，采用土覆盖的厚度宜为20～25cm，而用喷涂覆盖的土层干化后厚度宜为6～10mm。

2）中间覆盖

中间覆盖常用于填埋场的部分区域需要长期维持开放(2年以上)的特殊情况。中间覆盖层厚度应根据覆盖材料确定，黏土覆盖厚度宜大于30cm，膜厚度不宜小于0.75cm。膜的厚度、密度、拉伸性能、直角撕裂强度、刺穿强度、耐环境应力开裂、氧化诱导时间、抗紫外线强度等性能指标应符合现行行业标准《垃圾填埋场用高密度聚乙烯土工膜》(CJ/T 234—2006)和《垃圾填埋场用线性低密度聚乙烯土工膜》(CJ/T 276—2008)的要求。

3) 最终覆盖

最终覆盖(主要分为土地恢复层和密封工程系统)，是指垃圾填埋场到了使用寿命之后的覆盖工作，是填埋场运行的最终阶段(见表8-2)。

8.5 填埋场的防渗

防渗系统是填埋场至关重要的一个组成部分。防渗是指通过在填埋场的底部、四周、顶部铺设低渗透性材料以建立衬层系统来隔离填埋的固体废物和外界环境，从而阻隔垃圾渗滤液和填埋气进入周围的水、土壤、大气环境产生污染；同时也有效地避免地下水和地表水进到填埋场，控制渗滤液的产量和避免地下水的顶托作用对填埋场的破坏。

8.5.1 场地处理

在铺设防渗系统之前必须进行地基处理、边坡处理、场地平整工作，以避免填埋场在运行过程中产生不均匀沉降或是坍塌，此外也可保护防渗系统并为其上的防渗衬层提供良好的基础构建面，同时为垃圾堆体提供足够的承载力。

场地处理的一般要求：①清除所有植被及表层耕植土，并确保堵塞所有的裂缝和坑洞；②确保所有软土、有机土和其他所有可能降低防渗性能的异物被去除；③为配合场底渗滤液收集系统的布设，场底应形成≥20％的相对整体坡度坡向垃圾坝(即形成一定的排水坡度)；④需要挖除腐殖土、淤泥等软土，回填土方并应按有关规定分层回填夯实。

对于边坡为含碎石、砂的杂填土和残积土，且坡面植被丰富、山坡较陡、边坡稳定性较差的填埋场，其平整原则：①必要时可均价施放化学除莠剂，以避免地基基础层内有植物生长；②边坡坡度一般取 1∶3，局部陡坡应缓于 1∶2，否则做削坡处理；③极少部位低洼处采用黏性土回填夯实，夯实密度应大于 0.85，锚固沟回填土基础必须夯实；④尽量减少开挖量，平整开挖顺序为先上后下。

最终形成的基础构建面应该达到的要求：①平整、坚实、无裂缝、无松土、对场底的压实度≥90％；②基地表面无积水、树根及其他任何有害的杂物；③坡面稳定，过渡平缓。

8.5.2 防渗系统的组成

一般地，填埋场的防渗衬层系统从上至下依次为过滤层、排水层、保护层、防渗层和地下水收集、导排层。各层的作用如表 8 - 3 所示。

表 8-3 防渗衬层系统及其作用

防渗系统的组成	作用
过滤层	保护排水层，过滤渗滤液中的悬浮物和其他固态、半固态物质，使这些物质不堆积于排水层而堵塞排水系统，保证排水系统的正常运行
排水层	及时将被阻隔的渗滤液排出，减轻对防渗层的压力，同时减少渗滤液外渗的可能性
保护层	对防渗层提供适当的保护，防止防渗层受到外界影响而被破坏，诸如石料或垃圾刺穿防渗层的表面、应力集中造成膜破损、黏土等矿物质受侵蚀等
防渗层	通过铺设渗透性低的材料来阻隔渗滤液，防止其渗入周围水、土、大气环境产生污染，同时阻止外部地表水、地下水进入填埋场
地下水收集、导排层	防止地下水进入填埋场及对防渗系统造成破坏

8.5.3 防渗材料

作为填埋场的防渗材料应具有相应的物理力学性能、抗化学腐蚀能力、抗老化能力。填埋场防渗材料通常可分为天然防渗材料、改良型防渗材料、人工合成防渗材料。

1. 天然防渗材料

天然防渗材料有黏土、亚黏土、膨润土等。其优点是就地取材、造价低廉、节约成本，同时施工简单；其缺点主要是防渗性能较差，故要求黏土作为防渗材料时应能抵抗渗滤液的侵蚀腐化，即不因与渗滤液接触而使黏土的渗透性增加。

天然防渗材料对填埋场的地质水文要求较高：场地自然蒸发量要超过降水量 50cm，黏土层的渗透系数应小于 1.0×10^{-7}cm/s。

2. 改良型防渗材料

改良型防渗材料指将性能不达标的天然防渗材料通过人工添加有机或是无机物质来改善其性能，以作为一种合格的防渗材料。一般有以下几种：黏土-膨润土改良型衬层，其原理是膨润土吸水膨胀性能好，可以有效减小黏土中的孔隙率，从而增强黏土的抗渗性；黏土-石灰、水泥改良型衬层，加入石灰和水泥不仅可以减少黏土中的空隙和降低其渗透性，还可以改善黏土的吸附能力和增强其酸碱缓冲能力。

3. 人工合成防渗材料

人工合成防渗材料包括以下几种。

(1) 高密度聚乙烯(HDPE)，其具有良好的防渗性、耐腐蚀性、可进行低温工作，但是容易刺穿和因受不均匀沉降的影响而被破坏。

(2) 聚氯乙烯(PVC)，其耐无机腐蚀、强度高且易于焊接，但是耐有机腐蚀性能差、气候适应能力较差。

(3) 氯丁橡胶(CDR)，其优点是防渗性能良好、耐磨损、耐老化，缺点是不易焊接和修补。

(4) 乙丙橡胶(EPDM)，具有良好的防渗性能、耐气候变化能力强等，但是难焊接、强度低。另外，氯化聚乙烯(CPE)、异丁橡胶(EDPM)、氯磺化聚乙烯(CSPE)、热塑性合成橡胶等都是常用的人工合成防渗材料。

土工合成材料是以人工合成的聚合物(如塑料、化纤、合成橡胶等)为原料，制成的各种产品。填埋场的防渗系统中应使用的土工合成材料有：HDPE膜、土工布、GCL、土工复合排水网等。

(1) HDPE土工膜是以中高密度聚乙烯树脂为原料生产的、密度≥0.94g/cm^{3}的防水阻隔型材料。其厚度不应小于1.5mm，幅度不宜小于6.5m，应符合《填埋场用高密度聚乙烯土工膜》(CJ/T 234—2006)的有关规定。HDPE膜的铺设不应超过一个工作日能完成的焊接量；另外，铺设应一次展开到位且应为材料热胀冷缩导致的尺寸变化留出伸缩量。施工前，要检测HDPE膜是否达到防渗材料的标准；施工和使用时要充分考虑到膜的保护。HDPE膜的性能要求包括原材料性能和成品膜性能：密度、熔流指数、炭黑含量、HDPE原料、膜厚度、抗穿能力、抗拉强度和渗透系数等。

(2) 土工布，其应具有良好的耐久性能；根据填埋场的具体情况来选择合适的土工布；土工布用作HDPE膜保护材料时，应使用非织造土工布，规格不应小于600g/m^3。

(3) 钠基膨润土防水毯(GCL)，防渗系统中的GCL应表面平整、厚度均匀、无破洞破边现象；施工时，其应自然松弛与基础层贴实，不应褶皱、悬空；施工完成后任何人员不得穿钉鞋等在GCL上踩踏，车辆不得直接在GCL上碾压。

(4) 土工复合排水网，土工复合排水网中土工网和土工布应预先黏合，且黏合强度应大于0.17kN/m；土工复合排水网的排水方向应与水流方向一致，在管道或构筑立柱等特殊部位施工时，应进行特殊处理，并保证排水通畅。

8.5.4 防渗结构

按照填埋场防渗设施铺设时间的不同，防渗方式可分为场区防渗和终场防渗。后者是指当填埋场的填埋容量使用完毕后，对整个填埋场进行的最终覆盖，也称为终场覆盖，其结构详见8.8节；前者是填埋场运行作业前的主体工程之一，根据防渗设施设置方向的不同，又可分为垂直防渗和水平防渗。

1. 垂直防渗

垂直防渗指防渗层竖向布置，如在填埋区四周建设垂直防渗幕墙、垂直防渗板等，并深入至不透水或者弱透水层，防止渗滤液横向渗透迁移污染周围土壤和地下水。垂直防渗单独应用时的防渗能力有限，通常作为辅助防渗措施。垂直防渗多应用于场底下方存在独立水文地质单元、不透水层或弱透水层的山谷型填埋场。

2. 水平防渗

水平防渗指防渗层向水平方向铺设，在填埋场的底部和四周构筑防渗屏障，防止渗滤液向周围及垂直方向渗透而污染土壤和地下水。

按所用防渗材料的不同，水平防渗又可分为天然防渗和人工防渗两种。

1）天然防渗系统

天然防渗系统一般可分为单层与双层黏土防渗系统。当天然基础层饱和渗透系数小于 1.0×10^{-7}cm/s，且场底及四壁衬里厚度不小于 2m 时，可采用天然黏土类衬里结构。当填埋场区及其附近没有合适的黏土资源或黏土的性能无法达到防渗要求时，可在亚黏土、亚砂土等天然材料中加入添加剂进行人工改性，改性后的天然黏土基础层达到天然黏土衬里结构的等效防渗性能要求的，可作为防渗结构。

天然防渗系统具有以下优点：可就地取材，能够合理利用自然资源，使用成本较低；土层厚度较大，相对其他防渗材料而言不易被碎石、砂土等磨损刺破；采取分层施工，局部的缺陷对整体的影响不大。

2）人工防渗系统

人工防渗是指采用人工合成有机材料(柔性膜)与黏土结合作为防渗衬层的防渗方式。按渗滤液收集系统、防渗系统、保护层和过滤层的不同组合，人工防渗系统一般又可分为：单层衬层防渗系统、单复合衬层防渗系统、双层衬层防渗系统和双复合衬层防渗系统，其结构分别如图 8.6～图 8.10 所示，其防渗原理及适用条件如表 8-4 所示。

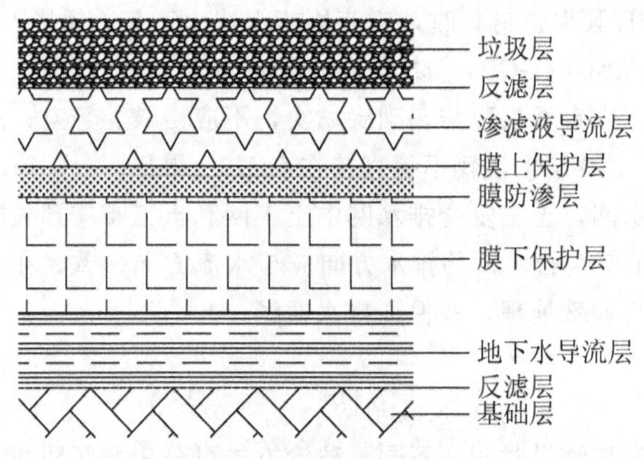

图 8.6　底部单层衬层系统

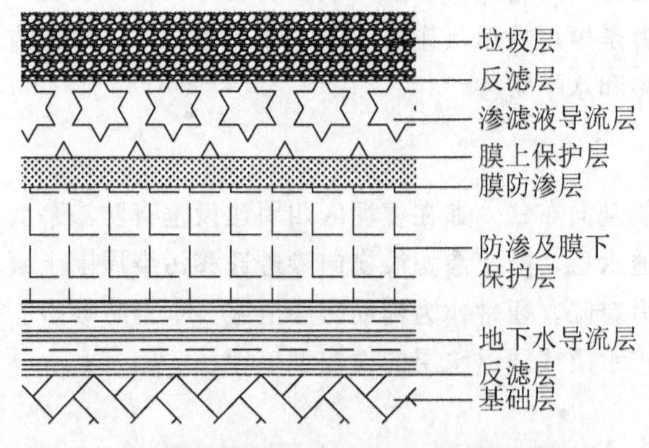

图 8.7　底部单复合衬层系统(HDPE 膜＋黏土)

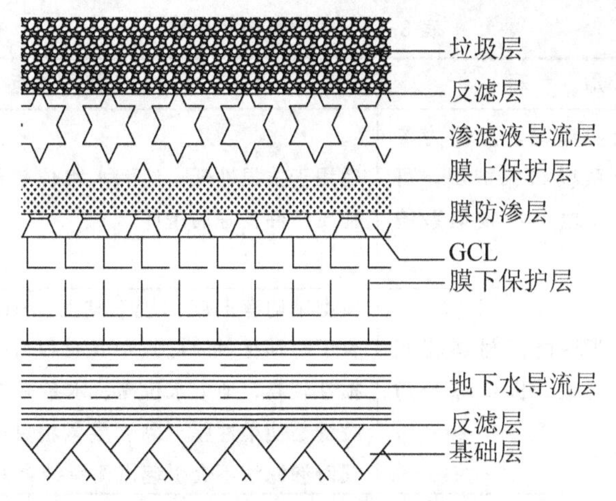

图 8.8　底部单复合衬层系统(HDPE 膜＋GCL)

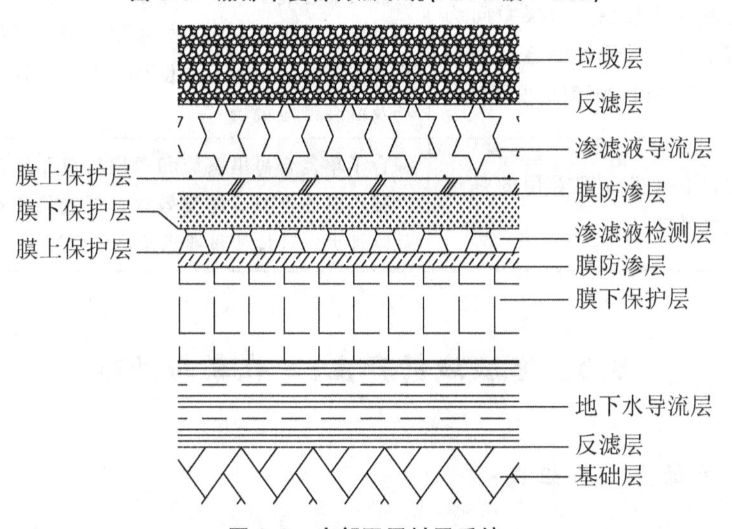

图 8.9　底部双层衬层系统

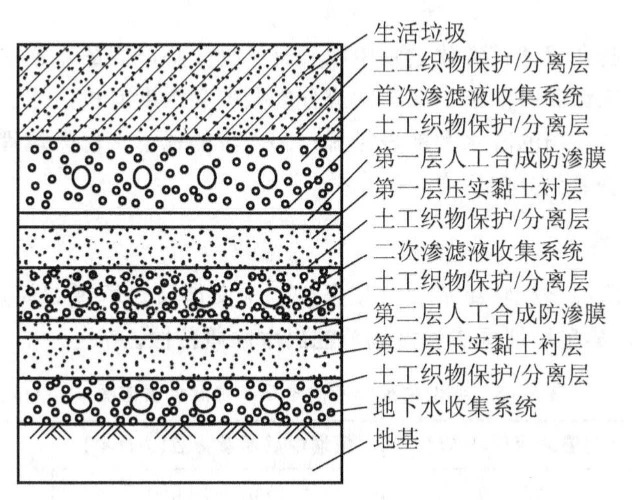

图 8.10　双复合衬层防渗系统

表 8-4　防渗系统的比较

防渗系统	原　　理	特　　点
单层衬层系统	只有一层防渗层，上部为渗滤液收集系统和保护层，可在下部设置地下水收集系统和保护层	适用于抗损性低、地下水水位较低、渗透性差、场址区地质条件良好的条件
单复合衬层系统	防渗层由两种防渗材料相互紧密贴合而成，提供综合防渗效力	典型结构有 HDPE 膜＋黏土、HDPE 膜＋GCL 两种。综合了两种材料的优点，具有很好的防渗效果，适用于抗损性较高、地下水位高、水量较丰富的条件。其使用的关键是使柔性膜与黏土层紧密贴合，以保证当柔性膜破损时渗滤液不会引起沿两者结合面的移动
双层衬层系统	有两层防渗层，两层中间为排水层，用于收集透过上层防渗层的渗滤液或填埋气体	防渗可靠性优于单层衬层系统，但在施工和衬里的坚固性及防渗效果等方面不如单复合衬里系统。适用于天然土质渗透性差、地下水位高、土方工程费用很高的垃圾场及混合型垃圾场
双复合衬层系统	上、下衬里分别采用的是单复合衬里	综合了单复合衬里系统和双层衬里系统的优点，其抗损性强、坚固性好、防渗效果，但造价很高。适用于废物危险性大、环境质量要求很高的情况

8.6　渗滤液的产生、收集与处理

8.6.1　渗滤液的产生与组成

1. 渗滤液的产生

渗滤液是指废物在填埋或堆放过程中因其有机物分解产生的水或废物中的游离水、降水、径流及地下水入渗而淋滤废物形成的成分复杂的高浓度有机废水。渗滤液的产生来源主要包括：①进入填埋场的降水和地表径流；②入渗的地下水；③填埋废物本身含有的水分；④废物中有机物氧化分解后产生的水分。

2. 渗滤液的特性

渗滤液的水质取决于废物组成、气候条件、水文地质、填埋时间及填埋方式等因素。表 8-5 所示为国内典型填埋场渗滤液调节池出水水质特性。

表 8-5　典型填埋场不同年限渗滤液水质范围　　单位：mg/L，pH 除外

指标	填埋初期渗滤液(＜5 年)	填埋中后期渗滤液(＞5 年)	封场后渗滤液
COD	6 000～20 000	2 000～10 000	1 000～5 000

续表

指标	填埋初期渗滤液(<5 年)	填埋中后期渗滤液(>5 年)	封场后渗滤液
BOD_5	3 000～10 000	1 000～4 000	300～2 000
NH_3-N	600～2 500	800～3 000	1 000～3 000
SS	500～1 500	500～1 500	200～1 000
pH	5～8	6～8	6～9

渗滤液具有以下基本特征：①有机污染物浓度高，特别是 5 年内的“年轻”填埋场的渗滤液；②氨氮含量较高，在“中老年”填埋场渗滤液中尤为突出；③磷含量普遍偏低，尤其是溶解性的磷酸盐含量更低；④金属离子含量较高，其含量与所填埋的废物组分及填埋时间密切相关；⑤溶解性固体含量较高，在填埋初期(0.5～2.5 年)呈上升趋势，直至达到峰值，然后随填埋时间增加逐年下降直至最终稳定；⑥色度高，以淡茶色、暗褐色或黑色为主，具较浓的腐败臭味；⑦水质历时变化大，废物填埋初期，其渗滤液的 pH 较低，而 COD、BOD_5、TOC、SS、硬度、金属离子含量较高，而到后期，上述组分的浓度则明显下降。

3. 渗滤液产生量的计算

渗滤液产生量在降水及气候状况、地质水文条件、垃圾的成分和特性、填埋场位置和构造、人工操作条件等因素的影响下波动较大，很难精确计算。但是渗滤液的产生绝大部分来自各种途径进入填埋场的降水、地表径流和地下水，在填埋场的实际设计与施工中，可采用经验法，即由降雨量和地表径流量来简单计算渗滤液产生量：

$$Q=\frac{C\cdot I\cdot A}{1\ 000} \tag{8-3}$$

式中：Q——渗滤液水量，m^3/d；

C——浸出系数，填埋区 0.4～0.6，封场区 0.2～0.4；

I——日均降雨量，mm/d；

A——填埋面积，m^2。

8.6.2 渗滤液的收集

渗滤液收集系统的主要功能是将填埋库区内产生的渗滤液收集起来，该系统包括导流层、盲沟与收集管、竖向收集井、集液井及泵房、调节池及渗滤液水位监测井等。

1. 导流层

为防止渗滤液在填埋库区场底积聚，填埋库区场底应形成一系列有一定坡度的阶地，场底的轮廓边界必须能使重力水流始终流向垃圾主坝前的最低点。导流层的作用就是将全场的渗滤液顺利导入收集沟内的渗滤液收集管内，以免渗滤液因一直滞留在水平衬层的低洼处并渗出而污染周围环境。

导流层宜采用卵(砾)石或是碎石铺设，厚度不宜小于 300mm，粒径宜为 20～60mm，

由下至上粒径逐渐减小；导流层与垃圾层之间应铺设反滤层，反滤层可采用土工滤网，单位面积质量宜大于 $200g/m^2$；导流层内应设置导排盲沟和渗滤液收集导排管网，且导流层下可增设土工复合排水网强化渗滤液导流，以保证渗滤液导排通畅，降低防渗层上的渗滤液水头。

2. 盲沟

盲沟设置于导流层的最低标高处，并贯穿整个场底。盲沟宜采用卵(砾)石或是碎石($CaCO_3$的含量不应大于10%)来进行铺设，石料的渗透系数不应小于 1.0×10^{-3}cm/s，主盲沟石料厚度不宜小于40cm，粒径从上到下依次为20～30mm、30～40mm、40～60mm。盲沟内应设置HDPE收集管，管径根据所收集的渗滤液最大日流量、设计坡度等条件计算，HDPE收集干管公称外径不应小于315mm，支管外径不应小于200mm。盲沟断面通常采用等腰梯形或棱形，其尺寸应根据渗滤液汇流面积、HDPE管管径与数量确定。盲沟主沟铺设于场底中轴线上，在主沟上依间距30～50mm设置支沟。另外，为保证渗滤液能快速通过渗滤液HDPE干管进入调节池，主盲沟坡度不宜小于2%。典型的渗滤液导流系统断面如图8.11所示。

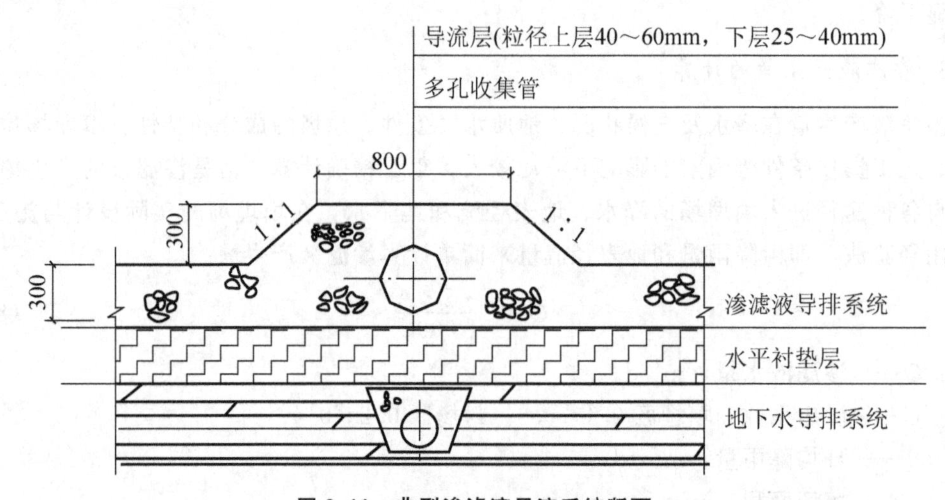

图8.11 典型渗滤液导流系统断面

3. 竖向收集井

导气井底部深入场底导流层中并与渗滤液收集管网相通时，其可兼做渗滤液竖向收集井，形成立体导排系统以收集渗滤液。

4. 集液井及泵房

集液井宜按库区分区情况设置，并宜设在填埋库区外侧，因为集液井设在填埋库区外侧时结构简单、施工方便，有利于维修和管道疏通；根据实际情况，集液井也可位于垃圾坝内侧的最低洼处，汇集的渗滤液通过泵房的提升系统越过垃圾主坝进入调节池。

5. 调节池

降水是渗滤液的最主要来源，由于降雨量的季节变化，渗滤液的产生量也随季节波动。为了保证渗滤液处理站有稳定的进水水质和进水流量，填埋场应设立渗滤液调节池，对渗滤液的水质和水量进行调节，还可起到对渗滤液进行初步处理的作用，从而保证渗滤液后续处理设施的稳定运行和减少暴雨期间渗滤液外泄污染环境的风险。调节池是渗滤液收集系统的最后一个环节。调节池常采用地下式或半地下式，其池底或池壁多用HDPE膜进行防渗，膜上采用预制混凝土板保护。

常用以下三种方法计算调节池容积：①按20年一遇连续7日最大降雨量；②按多年平均逐月降雨量以及渗滤液处理规模的平衡计算确定；③按历史最大日降雨量设计。

6. 渗滤液水位监测井

渗滤液水位监测井用于检测填埋堆体内渗滤液的水位，以便在出现高水位时采取有效措施降低水位，将库区渗滤液水位控制在渗滤液导流层内。

8.6.3 渗滤液的处理

渗滤液处理工艺可分为预处理、生物处理和深度处理。应根据渗滤液的进水水质、水量及排放要求选取适宜的渗滤液处理工艺。此外，选择渗滤液处理工艺时，应以稳定连续达标排放为前提，综合考虑垃圾填埋场的填埋年限和渗滤液的水质水量以及处理工艺的经济性、合理性、可操作性，宜选用“预处理＋生物处理＋深度处理”组合工艺(见图8.12)，也可采用“预处理＋深度处理”“生物处理＋深度处理”工艺。这几种组合工艺的适用范围如表8-6所示。

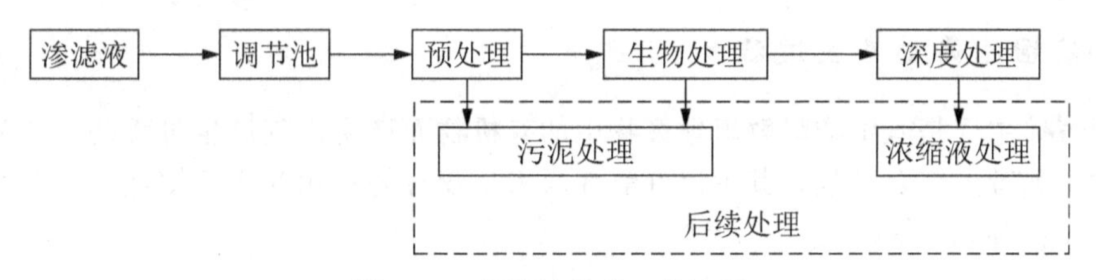

图8.12 渗滤液处理工艺流程

表8-6 几种渗滤液处理组合工艺的适用范围

组合工艺	适用范围
预处理＋生物处理＋深度处理	处理填埋各时期渗滤液
预处理＋深度处理	处理填埋中后期渗滤液；处理氨氮浓度及重金属含量高、无机杂物多、可生化性较差的渗滤液；该工艺成本高，适合处理规模较小的渗滤液
生物处理＋深度处理	处理填埋初期渗滤液；处理可生化性较好的渗滤液

渗滤液预处理可采用水解酸化、混凝沉淀、砂滤等工艺，还可采用升流式厌氧污泥床

(UASB)工艺来强化预处理；生物处理则可采用厌氧生物处理和好氧生物处理，宜以膜生物反应器(MBR)为主；深度处理可采用膜处理、吸附法、高级化学氧化等工艺，其中膜处理主要采用反渗透(RO)或碟式反渗透(DTRO)及其与纳滤(NF)组合等方法；目前采用较多的物化处理工艺为两级 DTRO。图 8.13 及图 8.14 所示为两种典型的渗滤液处理工艺流程。

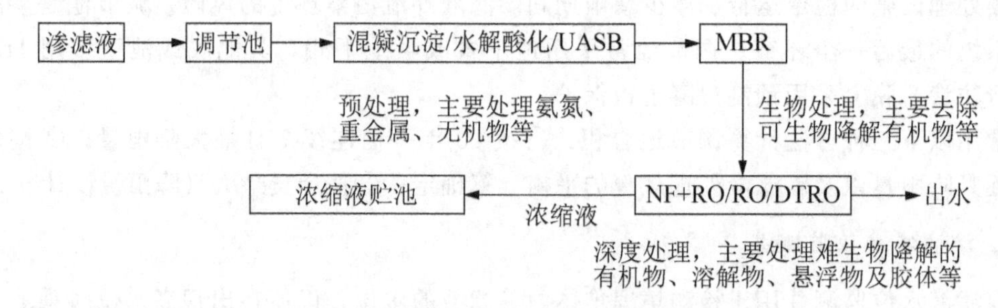

图 8.13 “预处理＋生物处理＋深度处理”典型工艺流程

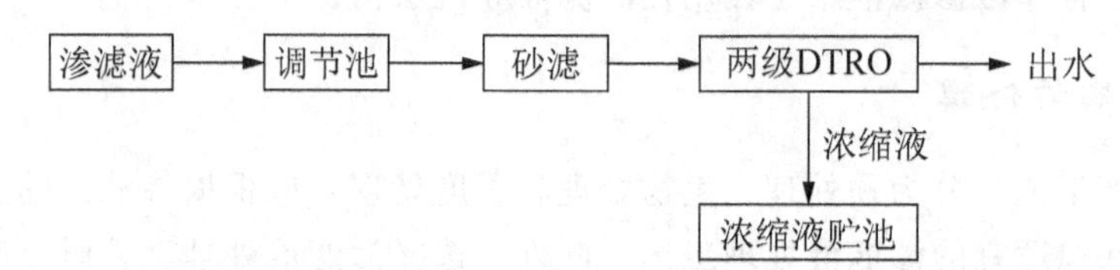

图 8.14 “预处理＋深度处理”典型工艺流程

8.7 填埋气体的产生、收集、处理和利用

8.7.1 填埋气体的产生过程

填埋气体主要是微生物降解填埋废物中的有机物而产生，其产生过程是一个复杂的生物、化学、物理的综合过程，其中以好氧或厌氧生物分解作用为主。填埋气体产生过程可分为五个阶段(图 8.15)。

1. 适应阶段(好氧分解阶段)

垃圾被置于填埋场后，其中的复杂有机组分很快便会被好氧微生物胞外酶分解成简单有机物(氧气来自填埋物自身携带的空气)。填埋后数十日内，土壤中的好氧微生物在有氧气(可在填埋场中设通气设施)与适量水分的条件下，可将上述简单有机物分解成水和二氧化碳等稳定地无机物，同时产生能量，直到耗尽所有氧气。该阶段的持续时间较短。

2. 过渡阶段(好氧至厌氧的过渡阶段)

在该阶段，氧气逐渐消耗殆尽，厌氧条件逐步形成。硝酸盐和硫酸盐作为电子受体被还原为氮气和硫化氢。

3. 酸化阶段

此阶段，微生物将诸如多糖、脂肪、蛋白质等复杂有机物水解为单糖、氨基酸等基本

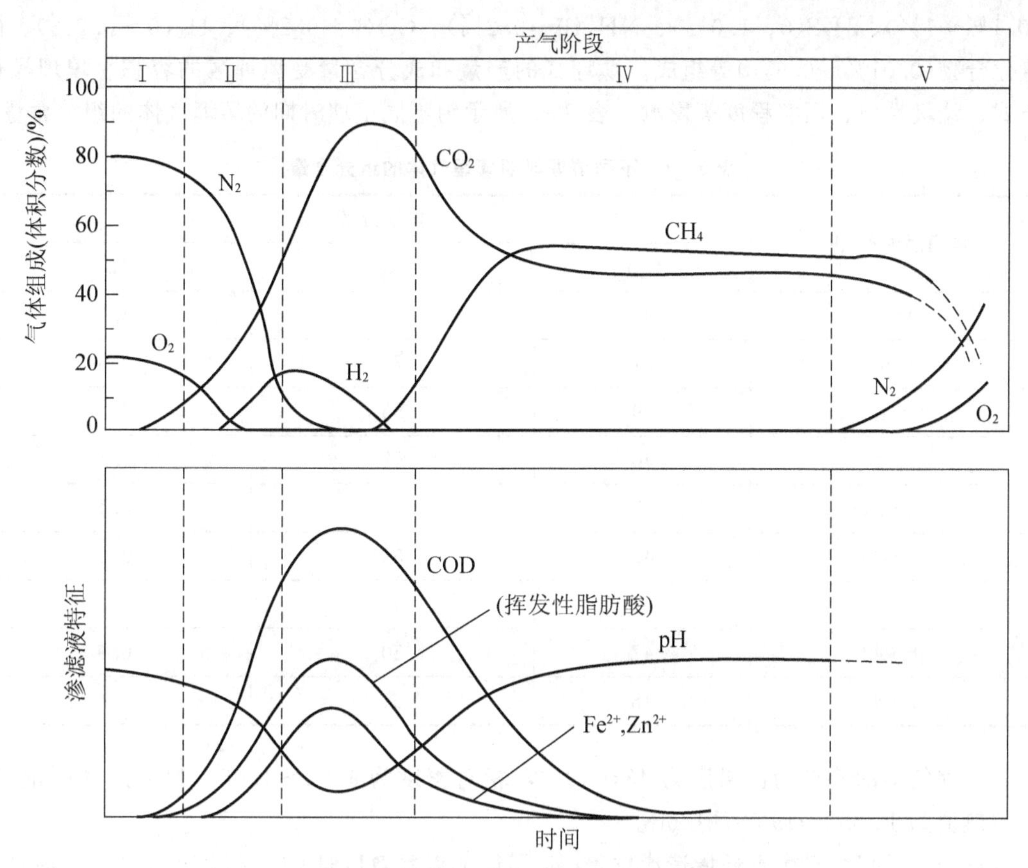

图 8.15 填埋气体组分及渗滤液特征变化规律

结构单位，并进一步在产酸菌的作用下转化为挥发性脂肪酸和醇。该阶段由于有机酸和CO_2的浓度的升高，以及有机酸溶解于渗滤液的缘故，所产生的渗滤液的 pH 通常会低于 5。

4. 产甲烷阶段

产甲烷阶段发生于填埋 200～500d 之后，在缺氧或是无氧环境条件下，产甲烷菌将中间生成物再分解成 CH_4、CO_2 和 H_2O 等最终产物。此阶段的主要特征：有机酸和 H_2 被转化为 CH_4 和 CO_2；渗滤液 pH 上升(6.8～8.0)，BOD_5、COD 及其电导下降；金属离子如 Fe^{2+}、Zn^{2+} 等浓度降低。

5. 稳定化阶段

大部分可降解有机物在前四个阶段已被微生物分解，填埋场释放气体的速率明显下降，填埋场处于相对稳定阶段。此阶段几乎没有气体产生(产生的填埋气主要是 CH_4 和 CO_2，可能还会存在少量的 N_2 和 O_2)，填埋物及渗滤液的性质稳定。

8.7.2 填埋气体的组成与性质

填埋气体的主要由 CO_2(40%～60%)、CH_4(45%～50%)、N_2(2%～5%)、O_2

(0.1%～1%)、H_2S(0～1.0%)、NH_3(0～0.2%)、CO(0～0.2%)、H_2(0～0.2%)、微量化合物(0.01%～0.6%)等组成。填埋气的产量和成分含量受填埋区的容积、填埋操作方式、垃圾性质、压实程度等影响。表 8-7 所示为不同填埋时期的填埋气体的组分含量。

表 8-7　不同填埋时期填埋气体的组分含量

填埋后时间/月	体积分数/%		
	CH_4	CO_2	N_2
0～3	5	88	5.2
3～6	21	76	3.8
6～12	29	65	0.4
12～18	40	52	1.1
18～24	47	53	0.4
24～30	48	52	0.2
30～36	51	46	1.3
36～42	47	50	0.9
42～48	48	51	0.4

填埋气体的特点为：温度为 43～49℃，相对密度为 1.02～1.06，为水蒸气所饱和，高位热值为 15 630～19 537kJ/m^3。

填埋气不仅会对生态环境造成危害(如 CH_4 的温室效应是 CO_2 的 20～30 倍)，而且会威胁到人类的健康(如 H_2S 有恶臭味和毒性，可使人恶心、痉挛甚至死亡)。

8.7.3　填埋气体产生量的计算和产生速率

1. 填埋气体产生量的计算

1）化学计量法

化学计量法是利用厌氧条件下可生化降解有机废物完全转化为 CH_4 和 CO_2 的化学反应方程式(8-4) 来计算填埋气体理论产生量。

$$C_aH_bO_cN_d+\frac{4a-b-2c-3d}{4}H_2O\longrightarrow \frac{4a+b-2c-3d}{8}CH_4+\frac{4a-b+2c+3d}{8}CO_2+dNH_3 \quad (8-4)$$

由式(8-4)可以看出：1mol 的有机物会产生 1mol 的填埋气，即在标况下，可产生 22.4L 的填埋气体。该法的优点：若能确定填埋物中有机物的分子式即可求出 CH_4 和 CO_2 的产量。该法的计算前提：填埋物中的有机物全部被生化降解。但实际上，有机物中含有不可生化降解组分，另外，要确定填埋物中有机物的分子式几乎是不可能的，故该法只能计算出一个理论值，无法得到一个确切的实际值。

2）COD法

假如填埋气体产生过程中无能量损失，有机物全部分解生成CH_4和CO_2，则根据能量守恒定理，有机物所含能量均转化为CH_4所含能量。即有机物所含能量等于CH_4所含能量。而物质所含能量与该物质完全燃烧所需氧气量(即COD)成特定比例，因而$COD_{有机物}=COD_{CH_4}$。

据甲烷燃烧化学计算式：$CH_4+2O_2=CO_2+2H_2O$，可导出：1gCOD有机物可生成0.25g CH_4，即在标况下生成0.35L CH_4。由于CH_4在填埋气中的质量分数约为1/2，故可近似认为：

$$1kgCOD有机物=0.7m^3 填埋气$$

如此，若已知单位质量填埋物的COD及填埋物总量，即可估算出填埋场理论产气量：

$$V=W(1-\omega)\eta_{有机物}C_{COD}V_{COD}\beta_{有机物}(1-\xi_{有机物}) \tag{8-5}$$

式中：V——填埋废物的理论产气量，m^3；

W——废物质量，kg；

ω——垃圾的含水率(质量分数)，%；

C_{COD}——单位质量废物的COD，kg/kg，厨余含量高的垃圾可取，1.2kg/kg；

V_{COD}——单位COD相当的填埋场产气量，m^3/kg；

$\eta_{有机物}$——垃圾中的有机物含量(质量分数)，%(干基)；

$\beta_{有机物}$——有机废物中可生物降解部分所占比例；

$\xi_{有机物}$——填埋场内因随渗滤液等而损失的可溶性有机物所占比例。

3）利用生物降解计算法(属于半经验模型)

该法是利用有机物的可生物降解特性，可较为准确地反映出单位质量垃圾的CH_4最高产量。

$$C_i=KP_i(1-M_i)V_iE_i \tag{8-6}$$

$$C=\sum_{i=1}^{n}C_i \tag{8-7}$$

式中：C_i——单位质量垃圾中某种成分所产生的CH_4体积，L/(kg湿垃圾)；

K——经验常数，单位质量的挥发性固体物质标准气体状态下所产生的CH_4体积，其值为526.5，L/(kg挥发性固体物质)；

P_i——某种有机成分占单位质量垃圾的湿重，%；

M_i——某种有机成分的含水率，%；

V_i——某种有机成分的挥发性固体物含量，%，干态质量；

E_i——某种有机成分的挥发性固体物中的可生物降解物质的含量(%)，可通过生化试验测定；

C——单位质量垃圾所产生的CH_4最高产量，L/(kg湿垃圾)。

通过此法得到的某垃圾填埋场的理论总产气量为100～170m^3/kg。

4）实测法

填埋物中的有机物不可能全部进行生物分解，而且分解后的有机物也不可能全部转变为填埋气体。一般地，填埋作业大多是分期进行，所收集的填埋气体是从新旧垃圾层产生出来的混合气体，气体先向水平方向扩散，再逸向填埋场外，而且有相当一部分填埋气体

还透过覆盖土，逸散到大气中。故在投入使用的填埋场中，测定潜在的填埋气体产生量和产气速率是非常困难的。填埋场产生的实际填埋气体量，约为用化学计算法求得的产气量的1/2，实际可回收的填埋气体量约为理论量的1/4。

2. 填埋气产生速率

假设填埋场内的产气速率达到高峰后其产气速率以指数规律下降，用式(8-8)表示产气速率。

$$G=G_0 k e^{-kt} \tag{8-8}$$

式中：G——产气速率，$m^3/(t \cdot a)$；

G_0——潜在填埋气总产生量，m^3/t；

k——产气速率常数，1/年；

t——填埋年数，年。

图8.16直观地反映了填埋气体产生速率的变化规律，填埋气体产生速率的第一个高峰要在填埋场运行3～5年后才会出现，产气速率达到最大值基本上要等到垃圾填埋后的第15年左右，此后，产气速率可近似认为呈指数下降。

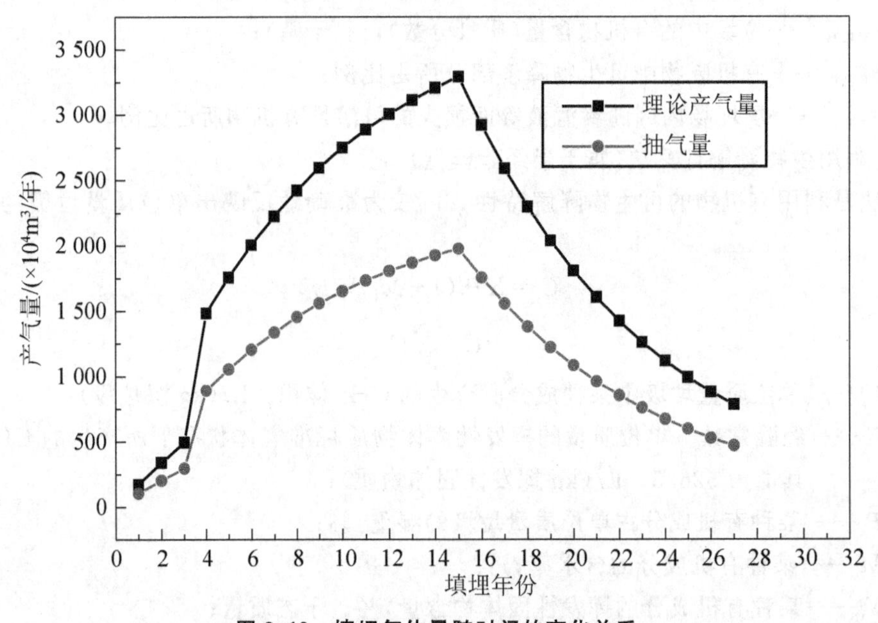

图8.16　填埋气体量随时间的变化关系

8.7.4　填埋气体的收集与导排

填埋场气体收集和导排的作用是减少填埋场气体直接向大气的排放量和在地下的横向迁移，并回收利用甲烷气体。收集、导排方式一般分为主动导排和被动导排。

1. 主动导排

主动导排是在填埋场内铺设一些竖直的导气井或是水平的盲沟，用管道将这些导气井和盲沟连接至抽气设备，抽气设备形成负压，将填埋气体抽出填埋场。主动导排系统主要由抽气井、气体收集管、冷凝水收集井和泵站、抽风机、气体处理站(回收或焚烧)和气体检测系统等组成(图8.17)。

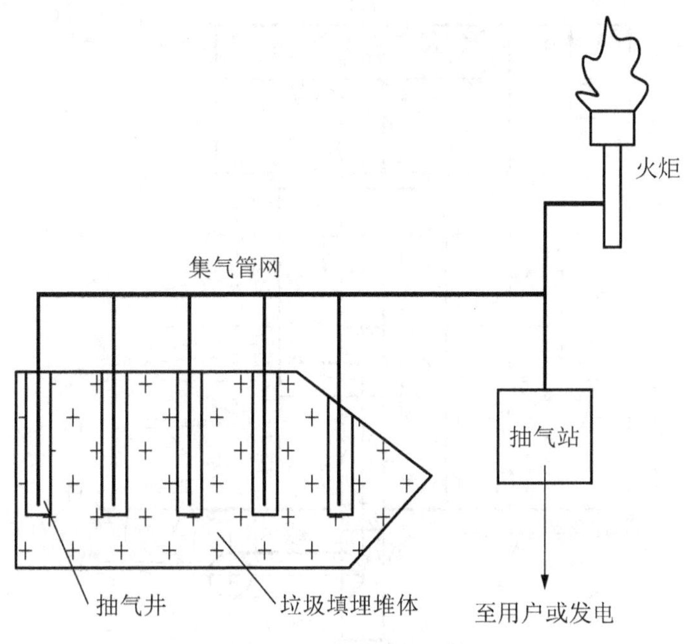

图 8.17　主动导气系统

1）抽气井

可用竖井或水平沟将填埋气从填埋场中抽出，竖井应先在填埋场中打孔，水平暗沟则必须与填埋场的垃圾层一样成层布置。将部分有孔的管子放置在井或槽中，再用砾石回填而形成气体收集带。此外，在井口表面套管的顶部应装设气流控制阀，也可以装气流测量设备和气体取样口，以便更为准确地获取填埋气的产量和随季节变化及长期变化的信息，并做相应的调整。

典型的竖井使用直径为 1m 的勺钻钻至填埋场底部以上 3m 以内或钻至碰到渗滤液面，再取较高者。井内通常设置一根直径为 15cm 的、上部 1/3 无孔而下部 2/3 有孔的预制 PVC 套管，孔口通常用细粒土和膨润土加以封闭，最后用直径 2.55cm 的砾石回填钻孔。竖井在填埋场范围内提供了透气排气空间和通道，同时将填埋场内渗滤液引至场底部排到渗滤液调节池及污水处理站，并且还能借助竖井检查场底 HDPE 膜泄漏情况。典型垂直抽气井的结构如图 8.18 所示。

水平抽气沟的设置方法是先在所填垃圾上开挖水平管沟，用砾石回填到一半高度后，放入穿孔开放式连接管道，再回填砾石并用垃圾填满。其优点：即使填埋场出现不均匀沉降，水平抽排沟仍能发挥其功效。其缺点：工程量大、成本高；管间距有 40～50m，很容易因垃圾不均匀沉陷而遭到破坏；与导气井或输气管接点很难适应场地的沉陷；填埋场运营过程中，难免造成吸进空气和露出气体等。

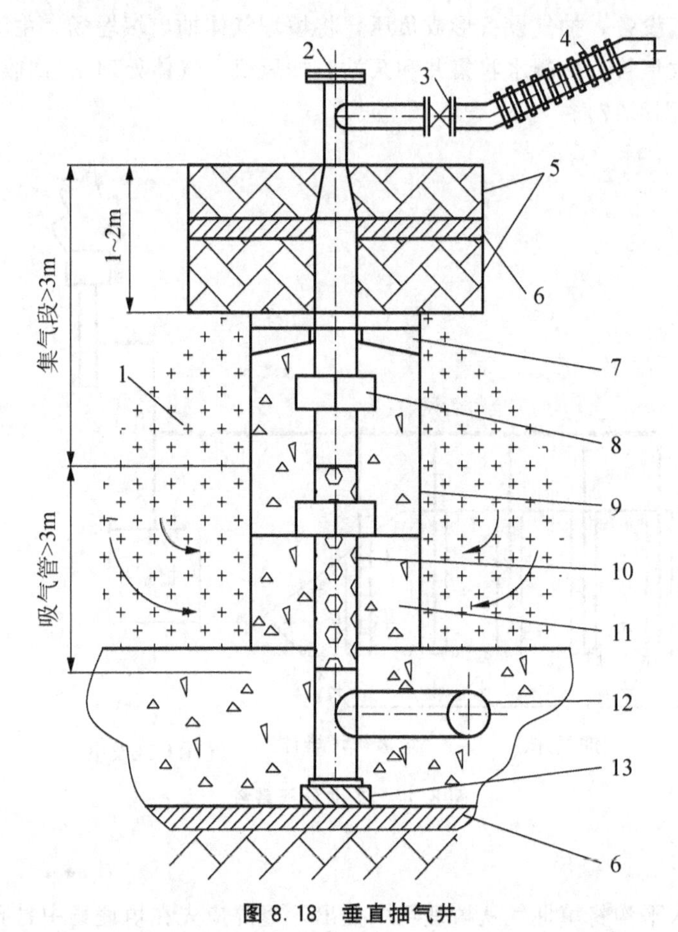

图 8.18　垂直抽气井

1—垃圾；2—接点火燃烧器；3—阀门；4—柔性管；5—膨润土；6—HDPE 薄膜；7—导向块；8—管接头；9—外套管；10—多孔管；11—砾石；12—渗滤液收集管；13—基座

水平沟的水平和垂直方向间距随着填埋场设计、地形、覆盖层，以及现场其他具体因素而变。水平间距范围是 30～120m，垂直间距范围是 2.4～18m 或每 1～2 层垃圾的高度。

竖井的间距是抽气是否有效地关键，应根据竖井的影响半径 R（指气体能被抽吸到抽气井的距离，即在此半径范围内的所有填埋气都能被抽吸到这个抽气井，是一个假想的概念）按相互重叠原则设计，即其间距要使各个竖井的影响区域相互交叠。边长为 $\sqrt{3}R$ 的正三角形布置有 27％的重叠区域，正方形布置可有 60％的重叠区，而以边长为 R 的正六边形布置则有 100％的重叠。最有效的竖井布置通常为正三角形布置，其井距计算公式为

$$X=2R\cos 30° \tag{8-9}$$

式中：X——三角形布置的井距；

R——影响半径，与填埋物类型、抽气设备抽力和总压降、填埋深度等因素有关，应通过现场实验确定，在缺少实验数据的情况下，R 通常取 45m。

竖井抽力与井距直接影响气体控制的安全性、有效性和经济性。若井距过小且抽力过

大，则增加了不必要的井，不仅浪费资金与资源，还会使抽入空气产生回流现象。可按以下方法进行现场试验确定竖井的影响半径：在试验井周围的一定距离内，按一定原则布置观测孔，通过短期或长期的抽气试验观测井周围不同距离处的真空度变化，影响半径即是压力接近于零处的半径。

2）集气管

抽气所需的真空压力和气流均通过预埋管网输送至抽气井，主要的气体收集管应设计成环状网络，以便调节气流的分配和降低整个系统的压差。预埋管时，采用软接头连接可以一定程度上避免 PVC 管的接点因不能承受填埋物的不均匀沉降而频繁发生破裂。图 8.19为水平集气管的示意图。

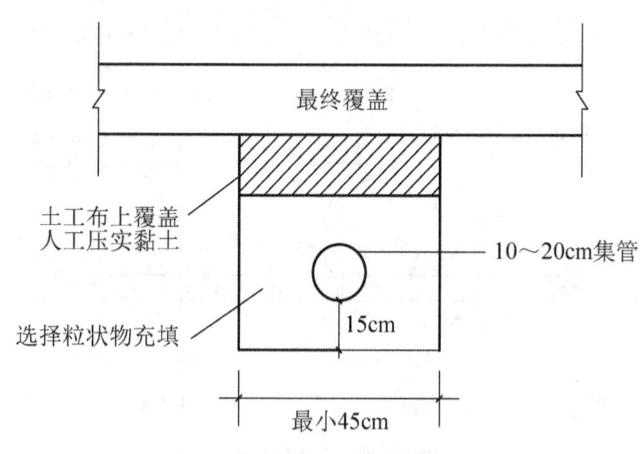

图 8.19　填埋气体水平集气管

3）冷凝水收集井和泵站

填埋气中的冷凝水积聚在气体收集系统的低洼处，会切断抽气井中的真空，影响系统的正常运行，因此从气流中控制和排出冷凝水是保证气体顺利抽出填埋场的关键因素。冷凝水分离器可以通过促进液体水滴的形成并从气流中分离出来，重新返回到填埋场或收集到收集池中，每隔一段时间从收集池中抽一次冷凝液，处理后排入下水系统。冷凝水收集井应是气体收集系统的一部分，这些收集井可以使随气流移动的冷凝水从集气管中分离出来，以防止管子堵塞。当冷凝水已经聚集在水池或气体收集系统的低处时，它可以直接排入泵站的蓄水池中，然后将冷凝水抽入水箱或处理冷凝液的暗沟中。

4）抽风机

抽风机应置于高度稍高于集气管末端的建筑物内，以利于冷凝水自流滴下。抽风机只能抽送低于爆炸极限的混合气体，并且为了防止火星通过风机进入集气管道系统，必须安装阻火器。

5）气体检测系统

气体检测系统埋设检测设备的钻孔常用空心钻杆打至地下水位以下或填埋场底部以下大概 1.5m 处，孔内放一根直径为 2.5m 的 40 号或 80 号 PVC 套管用于取气样。可以通过该系统来检测集气管是否泄漏、堵塞或抽气井内阀门是否失灵。

2. 被动导排

被动导排是不借助抽气设备，而是依靠填埋气体自身的压力沿导排井和盲沟排出填埋场。该法适用于小型垃圾填埋场和垃圾填埋深度较小的填埋场。被动导排的优点是无抽气设备，无运行成本。被动导排的缺点是填埋气体靠自身压力排气，导致排气效率低，且排出的气体无法利用，也不利于火炬排放，只能直接排放，对大气环境污染较严重。被动导排系统的构成如图 8.20 所示。

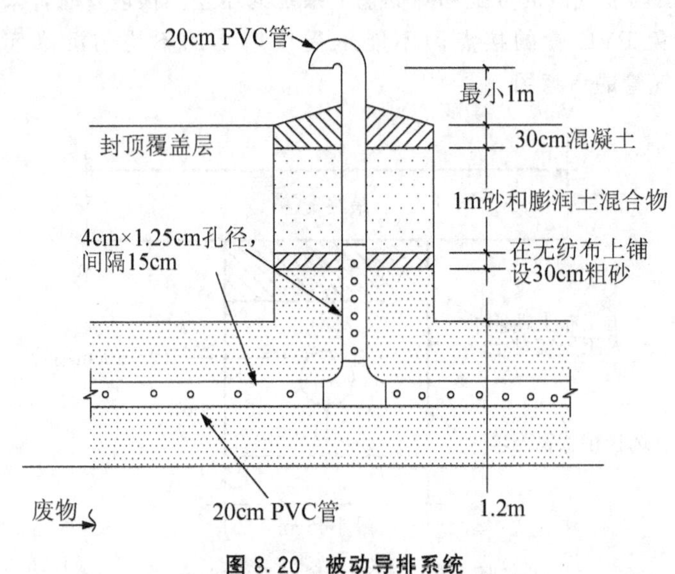

图 8.20 被动导排系统

8.8 填埋场封场

8.8.1 封场的作用

当填埋场填埋作业至设计终场标高或不再收纳废物而停止使用时，必须按相关规定和规范进行封场和后期管理。封场是填埋场建设中一个非常重要的环节，主要起着以下作用：①封存填埋物，防止降雨和地表水通过各种方式进入填埋堆体，造成渗滤液的剧增，而增加处理渗滤液的难度和费用；②可有效避免填埋气直接施放到大气环境中，给周围的生态环境和人类健康造成危害；③避免固体废物进入四周的水、土壤、大气环境造成污染(如轻质垃圾等随风迁移至地表水)，甚至直接与人接触造成伤害；④有效减少臭气的散发，一定程度上抑制蚊蝇的滋生；⑤封场覆土上可种植植被，以便填埋区土地的再利用。

8.8.2 封场的总体要求

封场工程设计应先对以下基础资料进行调研：①城市总体规划、区域环境规划、城市环境卫生专业规划、场区最终土地利用规划；②填埋场的设计、施工资料；③填埋场周围的环境，包括地质水文状况、噪声污染和公共设施、道路、建筑物等；④填埋物的总量、成分、特性等；⑤填埋场已实施的渗滤液和填埋气导排系统和自然形成的渗滤液收集情况、填埋场环境监测资料；⑥填埋场周围公众的反映、信息回馈；⑦填埋场堆体内部是否存在裂隙、沟坎、鼠害等。

8.8.3 封场工程内容

填埋场封场工程包括堆体整形与处理、渗滤液收集与处理、填埋气体收集与处理、终场覆盖等内容。

1. 堆体整形与处理

在填埋场整形处理施工前，应勘查分析场内的安全隐患，如火灾、爆炸、堆体崩坍等；应制订消除陡坡、裂隙、沟缝等缺陷的处理方案、技术措施和作业工艺，应充填并夯实裂缝、空洞等，并宜实行分区作业；应采用斜面分层作业法进行挖方作业；在垃圾堆体整形作业过程中，挖出的垃圾应及时回填，整形时分层压实垃圾，其压实密度应大于800kg/m^3；堆体整形与处理过程中，应保持场区内排水、交通、收集系统等设施、设备的正常运行；整形处理后，堆体顶面坡度不应小于5%，当边坡坡度大于10%时，宜采用台阶式收坡，台阶间边坡坡度不宜大于1∶3，台阶宽度不宜小于2m，高差不宜大于5m。

2. 渗滤液收集与处理

填埋场封场工程应保持渗滤液收集处理系统的完好和有效运行，系统发生堵塞、损坏时，应及时处理；封场后应定期监测渗滤液水质水量，并相应地调整渗滤液处理系统的工艺和规模；渗滤液收集管道施工中应采取防爆措施。

3. 填埋气体收集与处理

填埋场封场工程应设置填埋气体收集与处理系统，并保持设施完好和正常运行；采取措施以防止填埋气体向场外迁移；封场时应增设填埋气体收集系统，安装导气装置；对堆体表面和填埋场周边建筑物内的填埋气进行检测，当建筑物内空气中的甲烷含量超过5%时，应立即采取防爆措施；检测并控制填埋气体收集系统的气体压力、流量等，并对系统中的氧含量设置在线检测和报警装置；定期检查维护系统的设备、设施，做好防爆工作。

4. 终场覆盖系统

生活垃圾填埋场的终场覆盖系统由垃圾表面至顶表面为：排气层、防渗层、排水层、植被层，如图8.21所示。

生活垃圾填埋场封场覆盖应符合下列要求。

(1) 排气层：堆体顶面宜采用粗粒或多孔材料，厚度不宜小于30cm，边坡宜采用土工复合排水网，厚度不应小于5mm。

(2) 防渗层：采用HDPE土工膜或LLDPE土工膜，厚度不应小于1mm，膜上应铺设非织造土工布，规格不宜小于300g/m^2；膜下应敷设保护层。采用黏土，黏土层的渗透

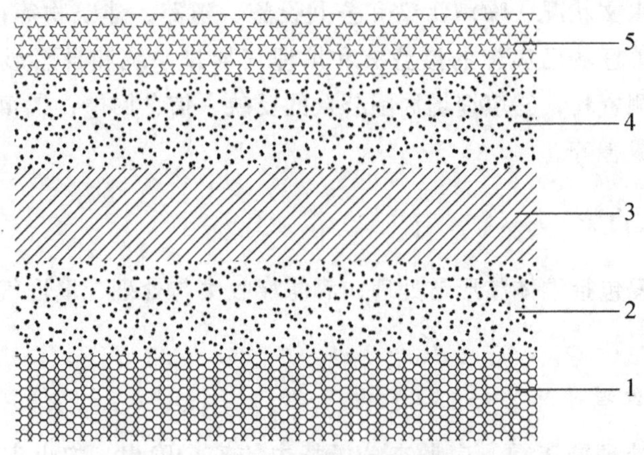

图 8.21 生活垃圾填埋场终场覆盖层结构

1—垃圾层；2—排气层；3—防渗层；4—排水层；5—植被层

系数不应大于 1.0×10^{-7}cm/s，厚度不应小于 30cm。

(3) 排水层：堆体顶面宜采用粗粒或多孔材料，厚度不宜小于 30cm；边坡宜采用土工复合排水网，厚度不应小于 5mm；也可采用土工加筋网垫，规格不宜小于 $600g/m^2$；设计排水层时，要求尽量减少降水在底部和低渗透水层接触的时间，从而减少降水到达填埋物的可能性。

(4) 植被层：应采用自然土加表层营养土，厚度应根据种植植物的根系深浅确定，厚度不宜小于 50cm，其中营养土厚度不宜小于 15cm；植被层坡度较大处宜采取表面固土措施。

小 结

本章介绍固体废物填埋的基本知识，包括：填埋场的分类、选址的基本要求、填埋场的总体设计、填埋作业与工艺、防渗；渗滤液的产生、收集和处理；填埋气体的产生、收集、处理和利用；填埋场封场的基本要求。

思 考 题

1. 分析、比较生活垃圾好氧堆肥、厌氧消化、焚烧、填埋的特点及适用条件。

2. 假设要在你所在区域建设一座生活垃圾填埋场，结合你所在区域的具体情况，说明能否找到合适的场址。

3. 计算一个接纳 6 万城市居民所产生的生活垃圾的卫生填埋场的容积与面积。已知垃圾产率为 1.0 kg/(人·d)，覆土与垃圾得体积之比为 1∶4，垃圾压实密度为 600 kg/m^3，填埋高度为 7m，填埋场设计运营 15 年。

4. 某填埋场总面积为 $12.0hm^2$，分四个区进行填埋。目前已有三个区填埋完毕，其面积为$A_1=9.0\text{hm}^2$，浸出系数$C_1=0.3$。另外一个区处于垃圾填埋阶段，填埋面积$A_2=3.0\text{hm}^2$，浸出系数$C_2=0.5$。当地的年平均降雨量为4.0mm/d，最大月降雨量的日平均值为7.0mm/d。试求渗滤液产生量。

第9章　危险废物及放射性固体废物的处理与处置

知识点

危险废物的分类、处理方式、安全处置；放射性废物的分类、安全处置。

重点

危险废物的处理方式、安全处置，放射性废物的安全处置。

难点

危险废物、放射性废物的安全处置。

9.1　危险废物的分类、处理与安全处置

9.1.1　危险废物的分类

联合国环境规划署制定的《控制危险废物越境转移及其处置巴塞尔公约》列出“应加控制的废物类别”共45类，“须加特别考虑的废物类别”共2类，同时列出了危险废物“危险特性的清单”共13种特性。

我国于2008年8月1日实施的《国家危险废物名录》将危险废物分为49类。同时，国家制定的《危险废物鉴别标准》规定：凡《国家危险废物名录》所列废物类别高于鉴别标准的属危险废物，列入国家危险废物管理范围；低于鉴别标准的，不列入国家危险废物管理。可见，我国危险废物的鉴别、分类分为两个步骤：第一步，将《国家危险废物名录》中所列废物纳入危险废物管理体系；第二步，通过《危险废物鉴别标准》将危险性低于一定程度的废物排出危险废物之外，即加以豁免。

9.1.2　危险废物的焚烧处理

危险废物的处理技术有焚烧技术、固化技术、高温蒸汽灭菌处理技术、微波处理技术、等离子体焚烧技术、热解焚烧炉技术、湿空气氧化技术、高级生物技术、碱金属脱氯技术、离心分离技术、电解氧化技术等。以下着重介绍危险废物焚烧技术。

1. 危险废物焚烧的特点

危险废物焚烧处理的主要工艺过程与城市生活垃圾和一般工业固体废物相近，但也有

很多差别，主要体现在以下几个方面。

(1) 因为危险废物管理法规严格，危险废物焚烧要求比城市生活垃圾和一般工业固体废物要求高。从设计、建造、试烧到正常运行管理都有更为严格的要求。

(2) 废物种类众多，形态各异、成分及特性变化很大。危险废物焚烧炉的设计必须考虑广泛的废物的特性，同时以最坏的条件为设计的基准。

(3) 焚烧炉的废物进料及残渣排放的系统较为复杂，如果设计不当会造成处理量的降低。

(4) 焚烧炉的废气排放标准较严，尾气处理系统远较一般焚烧炉复杂及昂贵。

(5) 焚烧炉的兴建及运转执照必须经过复杂及严格的申请手续，设计上必须特别严谨，考虑也须周全，同时须参考环保部门的看法及态度。

(6) 一个已经建成的危险废物焚烧厂只有经过严格的试烧测试，在满足有关的法规要求后，才能准予投入运行。试烧计划必须经环保部门审核及同意。

危险废物焚烧系统的操作管理远较一般城市生活垃圾或工业固体废物焚烧厂复杂。除必须研拟完善的操作管理计划，提供充足的人员训练，运营时遵照操作手册所规定的标准步骤，在危险废物焚烧之前，还必须经过接受、特性鉴定及暂时贮存等步骤。

2. 危险废物焚烧炉

表9-1及表9-2列出了主要焚烧炉的形式、适用的废物类别及运转条件。旋转窑焚烧炉可同时处理固、液、气态危险废物，除了重金属、水或无机化合物含量高的不可燃物外，各种不同物态(固体、液体、污泥等)及形状(颗粒、粉状、块状及桶装)的可燃性固体废物都可送入旋转窑中焚烧。表9-3中列出了适于旋转窑处理的固体废物，许多剧毒物质如多氯联苯及过期的军火也可使用旋转窑处理。旋转窑焚烧炉是区域性危险废物处理厂最常采用的炉型。

表9-1 危险废物焚烧炉型及标准运转范围

炉型	温度范围/℃	停留时间
旋转窑	820～1 600	液体及气体：1～3s；固体：30min～2h
液体注射炉	650～1 600	0.1～2s
流化床	450～980	液体及气体：1～2s；固体：10min～1h
多层床焚烧炉	干燥区：320～540 焚烧区：760～980	固体：0.25～1.5h
固定床焚烧炉	480～820	液体及气体：1～2s；固体：30min～2h

表9-2 焚烧炉的处理对象

废物种类		旋转窑	液体注射炉	流化床	多层床焚烧炉	固定床焚烧炉
1. 固体	(1) 粒状物质	√		√	√	√
	(2) 低熔点物质	√	√	√	√	

续表

废物种类		旋转窑	液体注射炉	流化床	多层床焚烧炉	固定床焚烧炉
1. 固体	(3) 含熔融灰分的有机物	√			√	√
	(4) 大型、不规则物品	√				
2. 气体	有机蒸汽	√	√	√		√
3. 液体	(1) 含有毒成分的高有机废液	√	√	√		
	(2) 一般有机液体	√	√	√		
4. 其他	(1) 含氯化有机物的废物	√	√			
	(2) 高水分有机污泥	√		√	√	

表 9-3 适于旋转窑焚烧炉处理的固体废物

氯化有机溶剂(氯仿、过氯乙烯)	药厂废物
氧化溶剂(丙酮、丁醇、乙基醋酸等)	下水道污泥
碳氢化合物溶剂(苯、己烷、甲苯等)	生物废物
混合溶剂、废油	过期的有机化合物
油/水分离槽的污泥	一般固液体有机化合物
杀虫剂的洗涤废水	杀虫剂、除草剂
废杀虫剂及含杀虫剂的废料	含10%以上有机废物的废水
化学物贮槽的底部沉积物	含硫污泥
气化有机物蒸馏后的底部沉积物	去除润滑剂的溶剂污泥
一般蒸馏残渣	纸浆及一般污泥
含多氯联苯的固体废物	光化合物及照相处理的固体废物
高分子聚合废物及高分子聚合反应后的残渣	受危险物质污染的土壤
黏着剂、乳胶及涂料	

9.1.3 危险废物的安全处置

填埋是实现危险废物安全处置的方法之一。安全填埋是危险废物的最终处置方式，适用于不能回收利用其组分和能量的危险废物，包括焚烧过程的残渣和飞灰等。与生活垃圾和一般工业固体废物的填埋相比，危险废物的安全填埋需要更为严格的控制和管理措施。

1. 危险废物填埋处置技术的分类

现代危险废物填埋场多为全封闭型填埋场。常用的危险废物填埋处置技术主要包括共处置、单组分处置、多组分处置和预处理后再处置四种。

1)共处置

共处置就是将难以处置的危险废物有意识地与生活垃圾或同类废物一起填埋，主要目的就是利用生活垃圾或同类废物的特性，以减弱所处置危险废物的组分所具有的污染性和潜在危害性，从而达到环境可承受的程度。对准备进行共处置的难处置废物必须进行严格的评估，只有与生活垃圾相容的难处置废物，才能进行共处置，并要求在共处置实施过程中，对所有操作步骤进行严格管理，控制难处置废物的输入量，以确保安全。

许多难处置的危险废物在填埋场理化条件和生物环境中的详细行为迄今未能了解清楚，更不用说与复杂混合物相关的详尽行为。为了防止污染物向周围环境突发性地释放，共处置填埋场必须排除导致发生不希望出现的反应条件发生。例如，接纳了含大量金属成分污泥应避免填埋入螯合试剂或酸性物质。

许多国家已禁止在生活垃圾填埋场共同处置危险废物。我国城市垃圾卫生填埋场标准也规定危险废物不能进入填埋场。

2)单组分处置

单组分处置是指采用填埋场处置物理、化学形态相同的危险废物。废物处置后可以不保持原有的物理形态。例如，生产无机化学品的工厂，经常在单组分填埋场大量处置本厂的废物(如生产磷酸产生的废石膏等)。

3)多组分处置

多组分处置是指在处置混合危险废物时，应确保废物之间不发生反应，从而不会产生毒性更强的危险废物，或造成更严重的污染。多组分处置的类型包括以下几项。

(1) 将被处置的混合危险废物转化成较为单一的无毒废物，一般用于化学性质相异而物理状态相似的危险废物的处置，如各种污泥等。

(2) 将难以处置的危险废物混在惰性工业固体废物中处置，这种共处置不会发生反应。

(3) 将所接受的各种危险废物在各自区域内进行填埋处置，这种共处置与单组分处置无差别，只是规模大小不同而已，这种操作应视作单组分处置。

4) 预处理后再处置

预处理后再处置就是将某些物理、化学性质不适于直接填埋处置的危险废物，先进行预处理，使其达到入场要求后再进行填埋处置。目前的预处理的方法有脱水、固化、稳定化技术等。

2. 危险废物安全填埋场结构形式与特征

危险废物安全填埋场由若干个处置单元和构筑物组成。处置场有界限规定，主要包括废物预处理设施、废物填埋设施和渗滤液收集处理设施。它可将危险废物和渗滤液与环境隔离，将废物安全保存相当一段时间(数十年甚至上百年)。填埋场必须有足够大的可使用容积，以保证填埋场建成后具有 10 年或更长的使用期。

全封闭型危险废物安全填埋场剖面图如图 9.1 所示。安全填埋场必须设置满足要求的防渗层，防止造成二次污染；一般要求防渗层最底层应高于地下水位；要严格按照作业规程进行单元式作业，做好压实和覆盖；必须做好清、污水分流，减少渗滤液产生量，设置渗滤液集排水系统、监测系统和处理系统；对易产生气体的危险废物填埋场，应设置一定数量的排气孔、气体收集系统、净化系统和报警系统；对填埋场地下水、地表水、大气要进行定期监测；进行严格的封场和管理，使处置的危险废物与环境隔绝。

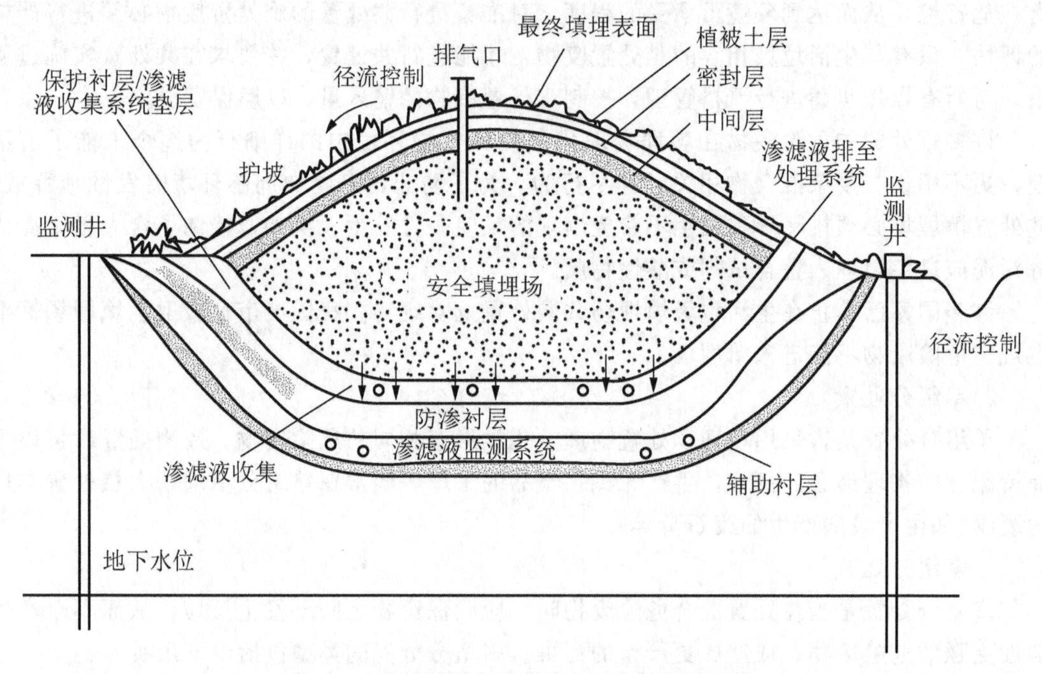

图 9.1 全封闭型危险废物安全填埋场剖面图

根据场地的地形条件、水文地质条件以及填埋的特点，安全填埋场的结构可分为人造托盘式、天然洼地式、斜坡式三种。

(1) 人造托盘式。其特点是场地位于平原地区，表层土壤较厚，有天然黏土衬里或人造有机合成衬里，衬里垂直地嵌入天然存在的不透水层，形成托盘形的壳体结构，从而阻止废物同地下水的接触。为了增大场地的处置容量，此类填埋场一般都设置在地下。如果场地表层土壤较薄，也可设计成半地上式或地上式。

(2) 天然洼地式。天然洼地式填埋场结构的特点是利用天然的峡谷构成盆地状容器的三个边。其优点是充分利用天然地形、挖掘工作量小、处置容量大。其缺点是场地的准备工作比较复杂、地表水和地下水的控制比较困难，主要预防措施是使地表水绕过填埋场并把地下水引走。采石场坑、露天矿坑、山谷、凹地或者其他类型的洼地都可以采用这种填埋结构。

(3) 斜坡式。斜坡式安全土地填埋场结构同卫生土地填埋场中的斜坡法相似，其特点是依山建场，山坡为容器的一个边。地处丘陵地带的许多填埋场设计均可以采用这一结构。应根据当地特点，优先选择渗滤液可以根据天然坡度排出、填埋量足够大的填埋场类型。

3. 危险废物安全填埋场的基本要求

现行的《危险废物填埋污染控制标准》(GB 18598—2001) 明确规定了安全填埋场的基本要求包括：场址选择要求、填埋物入场要求、填埋场设计与施工的环境保护要求、填埋场运行管理要求、填埋场污染控制要求、封场要求、监测要求等。

4. 危险废物安全填埋场的系统组成

危险废物安全填埋场主要包括接受与贮存系统、分析与鉴别系统、预处理系统、防渗系统、渗滤液控制系统、监测系统、应急系统等。《危险废物安全填埋处置工程建设技术要求》(环发〔2004〕75号)对这些系统的作用及要求进行了详细的阐述。

5. 危险废物安全填埋场的工程设计和建设中应注意的问题

(1) 在地下水及其他工程地质条件允许的情况下，应尽量采用深挖和高填设计，增加使用年限。选择一个理想的危险废物填埋场通常非常困难，对选定的场址要尽量挖潜扩容，应尽可能地增加使用年限。以一个平地型的填埋场为例，如果填高限定10m，下挖10m的容量是不下挖的3～4倍(视边坡坡度而定)。如果下挖20m，其容量将增大为5～6倍。随着下挖深度的增加，其挖方成本也相应增加，并且其增容效益也相应地减弱。

填埋的危险废物绝大多数为无机物质，不存在有机物质分解后的滑塌问题。因此，在保证安全的前提下，对高出地面的部分，可以适当增大填埋坡度和填埋高度。对于面积大于10 000m^2的填埋场，其高出地面的高度一般不应低于10m。实际设计中，应当根据具体的固化工艺和封场工艺确定封场的坡度，生活垃圾填埋场规定的封场坡度可以作为参考，但不应成为其上限。

(2) 慎重选择刚性填埋场结构。

作为地质条件不能满足要求时的一种替代方案，刚性填埋场不宜作为一种常规的建设类型。由于受到水泥抗折强度等性质的影响，刚性填埋场的底板跨度有一定的限制，一般不宜超过50m，这就造成刚性填埋场单位容积较小、单位造价较高、操作运行不便等问题。同时由于没有黏土层的吸收和阻滞作用，一旦发生水泥体破裂，将不可避免地造成渗滤液泄漏污染的情况发生。当地下水位超过填埋场的底板时，则会造成填埋底部的上浮，在闲置时虽然可以采用水压的方法解决，但进入运行期后如何妥善地解决该问题尚无良好的解决办法。

(3) 填埋场应分区建设，每一期的服务年限宜控制在5～8年。

由于高密度聚乙烯膜及土工布等材料在暴露于空气和日光的条件下会很快地老化，一般10年左右即丧失使用价值。危险废物填埋场在运行过程中，出于对减少渗滤液产生和保护固化体免于风化的考虑，通常也要求尽量的减少作业面积。如果填埋场的防渗系统等设施一次建设的面积过大，必然会造成部分区域的长期暴露，导致风化老化现象的发生，最终使其丧失防渗功能。同时还将造成渗滤液产生量过大，增加后续处理的成本。因此，填埋场应采用一次规划、分期建设的方案。在一期建设的同时，合理规划后期的建设规模和布局，预留防渗、地下水导排、渗滤液导排等系统的接口，统筹考虑各期的临时封场和最终封场设计，使得各期即相互关联、统筹共用，又独立运行、互不干扰。

(4) 上层高密度聚乙烯膜的保护层应尽可能地采用黏土，避免单独采用土工布。

《危险废物安全填埋处置工程建设技术要求》中对防渗系统提出了原则性的要求：由下至上分别为基础层、地下水排水层、压实的黏土衬层、高密度聚乙烯膜、膜上保护层、渗滤液次级集排水层、高密度聚乙烯膜、膜上保护层、渗滤液初级集排水层、土工布、危险废物。该技术要求两个膜上保护层，但对材质并未提出明确要求。一些填埋场选用土工布作为保护层，这种设计并不可取。由于渗滤液初级集排水层多数采用卵石，粒径在30～50mm之间，而规格为500～800g土工布的厚度只有3～5mm，因此卵石透过土工布仍可对高密度聚乙烯膜产生突顶和挤压。填埋危险废物的密度一般为1.5t/m^{3}左右，如果填埋20m高，单位面积的承重力将达到300kN，远远超过土工布和高密度聚乙烯膜的顶破强力，一旦有尖锐物体出现，势必会造成高密度聚乙烯膜的破裂。因此，应当尽可能地选用黏土作为上层高密度聚乙烯膜保护层，并且厚度以不小于100mm为宜。也可采用黏土和土工布复合的设计，尽量避免单独采用土工布。

(5) 填埋气体导排系统的设计可适当简化。

由于进入危险废物填埋场的物质中基本不含有机物质，产生的填埋气体量非常少，并且不会大量含有甲烷等易燃物质。因此，危险废物填埋场的气体导排系统的设计可以适当简化。

6. 危险废物安全填埋场运行期应注意的问题

(1) 尽量减少有机物质进入填埋场。

(2) 填埋过程中无须使用压实机。危险废物填埋场内基本上为经固化处理后的废物或其他的固态废物，其密度一般达到1.5t/m^{3}甚至更高，采用压实机不仅起不到增加填埋密度的作用，反而有可能因其具有的破碎结构对危险废物的固化体产生损害，降低固化效果，同时有可能造成石棉等废物的破碎和飞扬。

(3) 填埋过程中无须中间覆土。填埋危险废物本身基本不会产生渗滤液，只要做好防雨等工作，就可以有效地避免渗滤液的产生。固化的废物也不存在飞扬和因有机物分解造成的填埋体不稳定的问题，因此覆土不仅没有必要，反而会占用填埋场的大量空间，降低填埋场的利用效率。

(4) 防雨。进入危险废物填埋场的废物自身基本不产生渗滤液，渗滤液主要来源于降雨。因此，在日常运行中，应当注意防雨。应严格采用分区填埋的操作方式，区分污染区和非污染区；对作业面采取及时覆盖，区分污染雨水和非污染雨水。采用这些措施可显著地减少渗滤液的产生量。

(5) 渗滤液的物化处理。渗滤液的成分多以雨水淋滤下来的无机成分为主，有机物的含量较少，可以考虑采用物化处理的设备来处理渗滤液。

9.2 放射性固体废物及其安全处置

9.2.1 放射性固体废物的分类

根据《放射性废物分类标准》(GB 9133—1995)，废物按其放射性活度水平分为豁免废物、低水平放射性废物、中水平放射性废物或高水平放射性废物。豁免废物是指对公众成员照射所造成的年剂量值小于0.01mSv，对公众的集体剂量不超过1人·Sv/a的含极少放射性核素的废物。

2012 年 3 月 1 日起施行的《放射性废物安全管理条例》规定：根据放射性废物的特性及其对人体健康和环境的潜在危害程度，将放射性废物分为高水平放射性废物、中水平放射性废物和低水平放射性废物。

放射性固体废物首先按其所含核素的半衰期长短和发射类型分为五种，然后按其放射性比活度水平分为不同的等级，具体如表 9－4 所示。

表 9－4　放射性固体废物的分类

等级	种类				
	α 废物，τ1/2＞30 年的 α 发射体核素，放射性比活度在单个包装中＞4×106Bq/kg（对近地表处置设施，多个包装的平均 α 比活度＞4×105Bq/kg)	含有 τ1/2≤60 天（包括核素碘-125）的放射性核素的废物	含有 60 天＜τ1/2≤5 年（包括核素钴-60）的放射性核素的废物	含有 5 年＜τ1/2≤30 年（包括核素铯-137）的放射性核素的废物	含有 τ1/2＞30 年的放射性核素的废物（不包括 α 废物）
第Ⅰ级（低放废物）	—	比活度≤4×106Bq/kg	比活度≤4×106Bq/kg	比活度≤4×106Bq/kg	比活度≤4×106Bq/kg
第Ⅱ级（中放废物）	—	比活度＞4×106Bq/kg	比活度＞4×106Bq/kg	4×106Bq/kg＜比活度＜4×1 011Bq/kg，且释放率≤2kW/m^3	比活度＞4×106Bq/kg，且释放率≤2kW/m^3
第Ⅲ级（高放废物）	—	—	—	释放率＞2kW/m^3，比活度＞4×1 011Bq/kg	释放率＞2kW/m^3，比活度＞4×1010Bq/kg

9.2.2　低、中水平放射性固体废物的处理与处置

1. 玻璃固化处理

玻璃体系对于放射性废物中的许多元素都有很高的溶解度。玻璃固化是在高温下将废物中的无机成分熔融，冷却后形成玻璃质或者类似于玻璃的物质，将放射性核素固定在玻璃网络中实现稳定化。

玻璃固化系统主要由 5 部分构成：热源、炉体、进料系统、产物排出系统以及尾气净

化系统。根据热源的不同，玻璃固化熔融炉可以分为燃料式熔融炉和电加热熔融炉。燃料式熔融炉以化石燃料的燃烧为热源对废物进行熔融玻璃固化。电加热熔融炉包括焦耳加热、感应加热、等离子体炬和电弧(等离子体弧)熔融炉等。等离子体熔融炉和冷坩埚熔融炉已用于对核电厂产生的低、中放固体废物进行玻璃固化。

2. 焚烧处理

焚烧可获得大减容(减容倍数可达 20%～80%)，放射性废物中包含的放射性核素70%以上留在焚烧炉灰烬中，灰烬经过固化处理可永久贮存或最终处置。

放射性废物焚烧炉比一般的焚烧炉复杂得多，其要求有足够的防护屏蔽，高效的净化能力，可靠的控制、监测系统，操作、维修简便，耐腐蚀性好，等等。在焚烧之前，放射性废物一般都要进行分类、切割。分类大多由人工在手套箱或α气密室中进行。

对于含钚量高的可燃性固体废物，用一般放射性废物焚烧炉是不合适的，因为它要求保证α气密性、临界安全和回收钚，湿燃烧法是较好满足这些要求的方法。湿燃烧法是用热浓硫酸和硝酸浸煮(250℃)，化学分解有机物。几乎 99%钚转变成硫酸钚积聚在有机物氧化分解后留下的残渣中，95%以上钚可得到回收，大部分硫酸、硝酸可回收再用。

3. 处置

1) 近地表处置

近地表处置是指地表或地下、本地下的，具有防护覆盖层的、有工程屏障或没有工程屏障的浅埋处置，其深度一般在地面下 50m 以内。近地表处置场(坑)由壕沟之类的处置单元及周围缓冲区构成。通常将废物容器置于处置单元之中，容器间的空隙用沙子或其他适宜的土壤回填，压实后再覆盖多层土壤，形成完整的填埋结构。这种处置方法借助上部土壤覆盖层，既可屏蔽来自填埋废物的射线，又可防止天然降水渗入。如果有放射性核素泄漏释出，可通过缓冲区的土壤吸附加以截留。图 9.2 所示为美国内华达州国家安全区的低放射性废物处置坑。

图 9.2　美国内华达州的低放射性废物处置坑

近地表处置的两项基本要求如下。

(1) 在处置场(坑)范围内，应有效地防止放射性核素在相当长的一段时期(按 300～500 年考虑)以不可接受量向环境扩散。

(2) 在正常运行和事故情况下，以不同途径释放出的放射性物质对公众中个人造成的年有效剂量当量不得大于 0.25mSv(25mrem)的限制。

2) 岩洞处置

岩洞处置是指废物在地表以下不同深度、不同地质情况下的建造不同类型的岩洞(废矿井、现有人工洞室、天然洞、专为处置废物而挖掘的岩洞)中的处置。

岩洞处置的废物必须具有固定的形态，足够的化学、生物、热和辐射稳定性，于地下水中应具有低的溶解性和浸出性，不得含有易燃、易爆物质。

9.2.3 高放射性固体废物的安全处置

高放射性废物一般指乏燃料在后处置过程中产生的高放射性废液及其固化体(其中含有 99%以上的裂变产物和超铀元素)。未经过处理而在冷却后直接贮存的乏燃料有时也被视作高放射性废物。高放射性废物的比活度高、释热量强、含有半衰期长、生物毒性大的多种核素。

高放射性废物安全处置的目的是通过某种技术措施使高放射性废物与人类生物圈长期隔离，或使其放射性降低到对生物无害的程度，因而一般又称为安全最终处置。深地质处置是国际上公认的处置高放射性废物的合适方法，我国也在《中华人民共和国放射性污染防治法》中提出："高水平放射性固体废物实行集中的深地质处置。"

深地质处置是将高放射性废物封入坚固耐久的容器内并置于深层地质建造中(巷道或竖孔)，再以人为和天然多层屏障加以屏蔽使之与外界隔离。深地质处置一般采用"多重屏障系统"设计原理，即设置一系列天然和工程屏障于高放射性废物和生物圈之间，以增强处置的可靠性和安全性。该"多重屏障系统"由四部分组成，如图 9.3 所示。第一部分为废物体本身，将废物固化在一个易于操作且相对稳定的固化体中，从而提供了限制核素释放率的直接屏障；第二部分为包装容器，一般将固化体封装在一个金属容器中，有时还添加称作"外包装"的第二层包装，其主要作用是阻滞水的穿透及提供合适的防止受蚀条件；第三部分为充填于包装体与围岩之间的膨润土缓冲回填材料人工屏障层，其作用是均化围岩压力，延迟水的渗透并限制核素迁出等；第四部分为库区的围岩和周围地质环境，这是最后一道屏障。前三层屏障称为"工程屏障"，最后一道屏障不受工程设计影响，称为"天然屏障"，能否发挥其固有作用

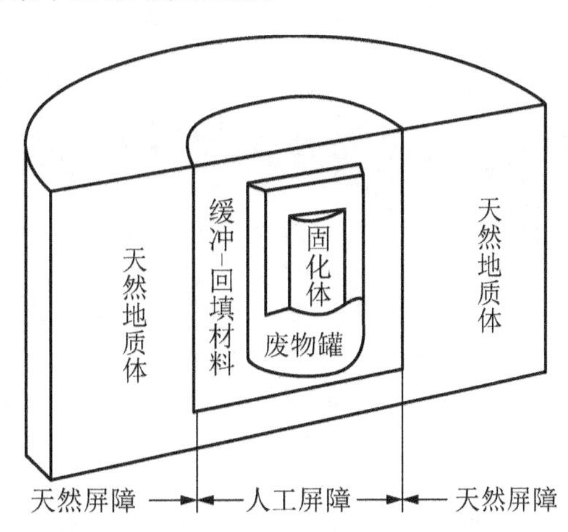

图 9.3 高放射性废物深地质处置库示意图

取决于处置库所处的自然条件。要求处置库的寿命至少为10 000年。

小　结

本章介绍危险废物及放射性固体废物处理与处置的基本知识，包括：危险废物的分类、处理方式、安全处置；放射性废物的分类、安全处置。

思　考　题

1. 阐述危险废物有哪些安全处置方式，并说明其特点和适用条件。
2. 简要说明危险废物安全填埋场的结构组成及各组成的作用。

第10章 固体废物的资源化与综合利用

知识点

生活垃圾、建筑垃圾、医疗废物、城镇粪便等城镇固体废物的利用方式；冶金、化学、电力等工业固体废物的利用方式；矿业固体废物的种类、成分、性质及利用方式；农林废弃物的成分、性质和利用方式；污泥的产生情况、处理与处置方式，污泥的利用方式。

重点

城镇固体废物、工业固体废物、农林固体废物、污泥的综合利用工艺流程。

难点

城镇固体废物、工业固体废物、农林固体废物、污泥的各种综合利用工艺的适用条件和优缺点。

尽管固体废物一般不再具有原来的使用价值，但经过回收、处理等途径，往往又可作为其他产品的原料，成为新的可用资源。本章重点介绍城镇固体废物、工业固体废物、矿业固体废物、污泥的资源化和综合利用的途径。

10.1 城镇固体废物的综合利用

城镇固体废物是指在城镇区划内产生的固体废物，包括生活垃圾、建筑垃圾、医疗卫生垃圾、城市粪便等。

10.1.1 生活垃圾的综合利用

生活垃圾资源化途径主要包括以下三种。

1. 物质回收

从生活垃圾中可回收纸张、玻璃、金属、塑料等多种有用物质。

1）制作建筑材料

垃圾中分选出的无机物通过粉碎、筛分、杀菌并按不同粒度进行存放，按要求加入水、水泥、黏结剂和不同粒度配比，进行搅拌混合，送入成型机中成型，然后养护、检验、入库，按不同要求可制成空心砖砌墙、做隔断或马路便道地板砖。垃圾中分选出的橡胶废品，经冲洗、烘干后，进行粉碎加入有关添加剂（黏合剂、颜料、催化剂、交联剂、防老剂等)混合，进成型机中模压成型，再经干燥、固化、检验、包装、入库，产品可做成各种颜色，并具有防滑、防震、绝缘、抗静电、柔软而富有弹性、防水耐温、隔音抗氧化等性能，可适合各种要求的地板铺设。

2）废纸的利用

垃圾中的纸类经碎解、筛选、除渣、洗涤和浓缩、分散和揉搓、浮选、漂白、脱墨等工序后可制再生纸。

废纸与胶黏剂混合可制作多种复合基土木建筑材料，如：①将废纸打散，与树脂混合后，用于房顶绝热覆盖物；②直接将多层废纸浸渍树脂后，加压熟化制成胶合硬纸板蜂窝板等，用于内墙装修；③将纸板与石膏混合制成石膏板，以代替砖和用湿法制成中密度纤维板，用于建筑物隔墙、天花板等；④利用废纸等原料模压出一种新型建筑材料——沥青瓦楞板；⑤将废纸打散与水泥相混合制成砌砖或糊墙用的灰泥材料；⑥将废纸打散盛于纸袋内，置于房顶下天花板、房屋板类隔墙内，起隔热作用，这种方法可节省其他取暖方式所消耗的燃料或电等。

用废纸可以制作模制产品。例如，利用100%废纸制作蛋托及新鲜水果的托盘，用白废纸制成小盘供食品包装时垫托，用旧杂废纸制成电器零件保护品等。美国模压纤维技术公司把旧报纸粉碎，加水打浆后模压成型，代替泡沫塑料用作包装缓冲填料，用来包装玩具、计算机、陶瓷器以及设备，甚至可用来包装机械部件、空调机等重物，用后可回收再制造，以利于环保。日本佳能公司推出的废纸浆模塑晶，能取代发泡苯乙烯制作高强包装材料，可用于包装复印机等设备。总之，废纸模具制产品的适用范围很广，可以说凡作为产品内包装的发泡塑料基本上都可以用纸模制产品替代。

利用废纸的吸水性，将其切成条状，用于铺设家畜业场地，用后还可做堆肥，既有利于清洁，又能改善牧场土壤，且未检出对土地有任何副作用；或将旧报纸打散，用作蔬菜稻田播种后的覆盖物，既有利于保熵，又可增强肥力；也可将碎纸染成绿色，与草籽混合后撒播地面，在草未长出前，草地已成为绿色。例如，美国亚拉巴马州的部分牧场中出现土壤板结、寸草不生的现象，该州土壤专家詹姆斯·爱德沃兹根据废纸在土壤中不会很快腐烂变质的特性，采用碎废纸屑加鸡粪与原土壤混合来改善牧场的土质。混合比例为碎纸40%、鸡粪10%、原土壤50%。由于鸡粪中基肥细菌的作用，废纸屑可能迅速腐烂变质，使土壤在3个月内即变得松软异常，不仅适于牧草的生长，也适合种植大豆、棉花和蔬菜等多种作物，且产量颇高；同时，未检出其对土地有任何副作用。

近年来，为了满足畜牧业发展的需要，补充饲料的不足，美国、英国和澳大利亚等国家都开发出将废纸加工成牛羊饲料的工艺方法。另外，废纸经打浆后可模制成小花盆，用于培育幼苗，移植时将幼苗连同此花盆一起卖掉，可以提高幼苗的成活率。

3）制塑料细粉等其他材料

将垃圾中可制细粉的塑料经破碎、清洗、烘干，经检斤后通过上料机按一定比例(母液、塑料片、添加剂)加入立式反应釜中进行搅拌、保温、反应熔化，再通过管道输入结晶釜中沉淀析出，进入离心机将母液和结晶物分离，然后通过粉碎、烘干(根据需要进行筛分)、检验、包装、入库，产品可用于制作各种塑料制品。

垃圾中的玻璃在经过清洗、分选、粉碎制粉，通过熔化炉熔化之后可以制成玻璃微珠，再进行筛分、检验、包装、入库，特殊用途的需经镀膜、着色等工艺。玻璃微珠可用于喷丸强化、板件成型，做分散和填充剂、交通反光设施、光饰加工、磨料等。

垃圾中的纺织物经烘干、破碎、筛分、针刺后，打捆包装入库，产品可做保温材料等。

2. 物质转换

物质的转换就是利用废弃物制取新形态的物质。例如，垃圾中可利用的有机质含量为17%～50%，经过发酵并添加天然有机酵素，有机质可迅速分解为容易被作物吸收的物质，制成高效有机肥。将垃圾中可裂化物料(主要是塑料制品)经检斤后，加入裂化釜中，裂化釜通过再生器将催化剂加温循环，达到一定温度后，可将塑料汽化，通过除尘、喷淋、净化，进入分馏塔中，根据不同出口流向冷凝器到储罐储存，再将储罐中的油质通过精馏塔再次精馏出汽、柴油等油品，也可作为燃油、溶剂油使用。

3. 能量转换

能量转换就是在处理生活垃圾的过程中回收能量。随着经济的发展，我国垃圾的可燃物增多，其热值逐渐提高，进行垃圾焚烧处理的条件日益成熟。科学研究结果表明：垃圾中的二次能源物质有机可燃物含量大、热值高，每燃烧2t垃圾可获得相当标煤1t的热量，如利用得当，1t垃圾可获得300～400 kW的电力。中国每年产生1.4亿t生活垃圾，如果都能转化为电能，就相当于几个葛洲坝电厂的发电总量。

10.1.2 建筑垃圾的综合利用

美国国家环境保护局对建筑垃圾定义：“在建筑物新建、扩建和拆毁过程中产生的废弃物质。”《城市建筑垃圾管理规定》(原中华人民共和国建设部令　第139号)对建筑垃圾的定义：“建设单位、施工单位新建、改建、扩建和拆除各类建筑物、构筑物、管网等以及居民装饰装修房屋过程中所产生的弃土、弃料及其他废弃物。”《建筑垃圾处理技术规范》(CJJ 134—2009)对建筑垃圾的定义：“对各类建筑物和构筑物及其辅助设施等进行建设、改造、装修、拆迁、铺设等过程中产生的各类固体废物，主要包括渣土、废旧混凝土、碎砖瓦、废沥青、废旧管材、废旧木材等。”在每10 000m^2建筑的施工过程中，建筑废渣产生量500～600t。目前，我国每年所产生和排出的建筑垃圾达4 000万t，占到城市垃圾总量的1/3左右。

1. 建筑垃圾的组成

建筑垃圾主要是由土、渣土、散落的砂浆和混凝土、剔凿产生的砖石和混凝土碎块、打桩截下的钢筋混凝土桩头、金属、竹木材、装饰装修产生的废料、各种包装材料和其他废弃物等组成。

从近年拆毁建筑的组成上看，混凝土与砂浆片占30%～40%，砖瓦占35%～45%，陶瓷和玻璃占5%～8%，其他占10%。在混凝土中，钢筋约占20%，粗骨料占

45%～50%。

建筑施工垃圾主要是建筑工地产生的剩余混凝土、砂浆、碎砖瓦、陶瓷边角料、废木材、废纸等。一般混凝土与砂浆占40%～50%，碎砖瓦、陶瓷占30%～40%，其余占5%～10%。

2. 建筑垃圾的分类

韩国将建筑垃圾按其物理性质分为五类。

(1) 建筑垃圾，包括废混凝土块、废沥青混凝土块、废砖等。

(2) 可燃建筑垃圾，包括废木材、纺织品、纸制品等。

(3) 非可燃性建筑垃圾，如建设污泥、金属等。

(4) 建筑工程排土。

(5) 混合废物。

德国将建筑垃圾分为土地开挖、破旧建筑材料、道路开挖和建筑施工工地废物四类。

中国按照来源不同将建筑垃圾分为四类。

(1) 土地开挖：分为表层上和深层上，前者可用于种植，后者主要用于回填、造景等。

(2) 道路开挖：分为混凝土碎块和沥青混凝土碎块。

(3) 旧建筑物拆除：分为砖和石头、混凝土、木材、塑料、石膏和灰浆、钢铁和非铁金属等几类。

(4) 建筑工地垃圾：分为剩余混凝土(工程中没有使用掉的混凝土)、建筑碎料(凿除、抹灰等产生的旧混凝土、砂浆等矿物材料)以及木材、纸、金属和其他废料等类型。

按照能否再生利用又可将建筑垃圾分为三类。

(1) 可直接利用的材料，如旧建筑材料中可直接利用的门窗、梁、尺寸较大的木料。

(2) 可作为再生材料或可用于回收的材料。

(3) 没有利用价值的废料。

3. 建筑垃圾的综合利用

1) 配制再生骨料混凝土

废砖、瓦、混凝土经破碎筛分分级、清洗后作为再生骨料配制低标号再生骨料混凝土，用于地基加固、道路工程垫层、室内地坪及地坪垫层和非承重混凝土空心砌块、混凝土空心隔墙板、蒸压粉煤灰砖等生产。再生骨料组分中含有相当数量的水泥砂浆，致使再生骨料孔隙率高、吸水性大、强度低。这些都将导致所配混凝土拌合物流动性差，混凝土收缩值、徐变值增大，抗压强度偏低，限制了该混凝土的使用范围。

2) 废砖的综合利用

建筑物拆除的废砖，如果块型比较完整，且黏附砂浆比较容易剥离，通常作为砖块回收，重新利用。如果块型已不完整，或与砂浆难以剥离，其综合利用主要有两种渠道：①将废砖适当破碎，制成轻骨料，用于制作轻骨料混凝土制品；②将废砖破碎得较细，使最大粒度不超过5mm，其中小于0.1mm的颗粒不小于30%，然后与石灰粉混合，压力成型，蒸汽养护，形成蒸养砖，其生产工艺流程及主要工艺参数如图 10.1 所示。该原料在制造有机彩砂时，将其磨细至 0.08mm 以下，即成为优良的调料。在塑料、橡胶、涂料中使用时，具有化学性质稳定、与高分子材料结合牢固、耐磨、耐热、绝缘等特点。

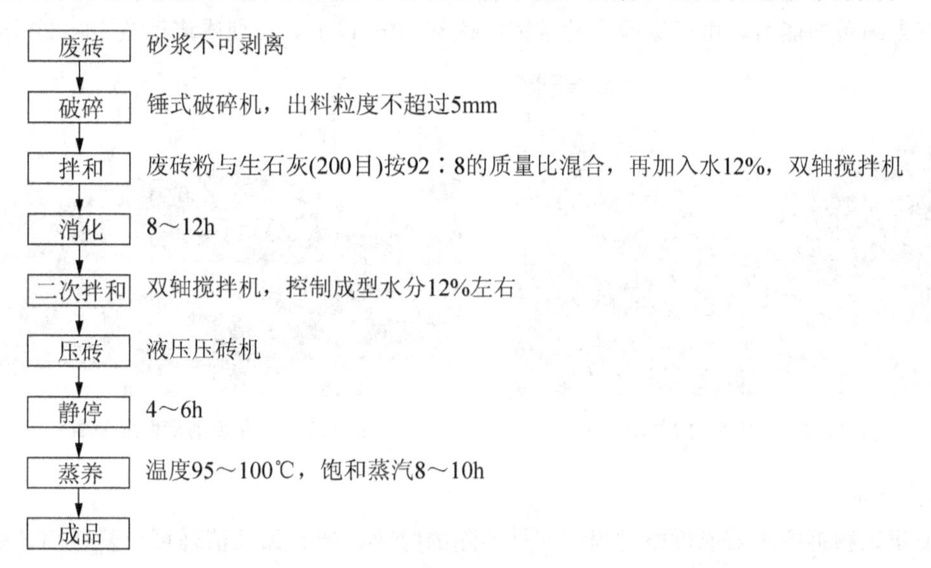

图 10.1　废砖再生蒸养砖工艺流程及工艺参数

3）生产环保型砖块

利用建筑垃圾中的渣土可制成渣土砖；利用废砖石和砂浆与新鲜普通水泥混合再添加辅助材料可生产轻质砌块；利用废旧水泥、砖、石、沙、玻璃等经过配制处理，可制作成空心砖、实心砖、广场砖和建筑废渣混凝土多孔砖等，其产品与黏土砖相比，具有抗压强度高、抗压性能强、耐磨、吸水性小、质量轻、保温、隔音效果好等优点。

4）用于夯扩桩

利用建筑垃圾如平房改造下来的碎砖烂瓦、废钢渣、矿渣砖、碎石、石子等废物材料为填料，采用特殊工艺和专门施工机具，形成夯扩超短异形桩，是针对软弱地基和松散地基的一种地基加固处理新技术。

河北工专新兴科技服务总公司开发成功一种“用建筑垃圾夯扩超短异形桩施工技术”，该项技术是采用旧房改造、拆迁过程中产生的碎砖瓦、废钢渣、碎石等建筑垃圾为填料，经重锤夯扩形成扩大头的钢筋混凝土短桩，并采用了配套的减隔振技术，具有扩大桩端面积和挤密地基的作用。单桩竖向承载力设计值可达 500～700kN。经测算，该项技术较其他常用技术可节约基础投资 20 %左右。

5）用于造景

对建筑垃圾筛选处理后，可进行堆砌胶结表面喷砂，做成假山等人造景观。

天津市的南翠屏公园就是利用 500 万 m^3 建筑垃圾造山、造景而成。绿化前的南翠屏公园如图 10.2 所示，绿化后的南翠屏公园如图 10.3 所示。根据测算，工程建设后，在树木的生长季节每天可吸收二氧化碳 35t，释放氧气 26t，成为“城市之肺”。地块内的大面积林木成长后可使背风面的风速下降 75%～85%，并能吸滞大量的尘埃，因此对于防风治沙，净化空气，特别是缓解冬、春季的大风扬沙天气具有一定的作用。另外，地块内的大面积绿化使该地区的绿化覆盖率达到50%，林木所蒸腾出的大量水分，可使周边地区气温下降13%，湿度提高10%～20%，基本消除城市热岛效应。绿地内的部分针叶树还具有杀灭有害细菌的能力；由于绿地内林带宽度达到50m以上，可使噪声消减14～20dB。

图 10.2 绿化前的南翠屏公园

图 10.3 绿化后的南翠屏公园

6）其他

旧建筑物拆毁之前或拆毁过程中，易拆除的门窗、砖、瓦经清理可重复使用；建设工程中的废木材，除了作为模板和建筑用材再利用外，还可通过木材破碎机，弄成碎屑可作为造纸原料或作为燃料使用，或用于制造中密度纤维板；废金属、钢料等经分拣后送钢铁厂或有色金属冶炼厂回炼；废陶瓷洁具、瓷砖经破碎筛分、配料压制成型生产烧结地砖或透水地砖；废玻璃分拣后送玻璃厂或微晶玻璃厂做生产原料；基坑土及边坡土送烧结砖厂生产烧结砖，碎石经破碎、筛分、清洗后做混凝土骨料。

10.1.3 医疗废物的利用

1. 医疗废物的定义及属性

医疗废物是指医疗卫生机构在医疗、预防、保健以及其他相关活动中产生的具有直接或者间接感染性、毒性以及其他危害性的废物。医疗废物具有极强的传染性、生物毒性和腐蚀性，未经处理或处理不彻底的医疗废物如果任意堆放，则极易造成对水体、土壤和空气的污染，对人体产生直接危害。

国际上视医疗废物为“顶级危险”和“致命杀手”，我国在《危险垃圾名录》中将其列为1号危险垃圾。

2. 医疗废物的利用

目前医疗废物的处理技术大体分为三类：①高温处理法，如焚烧法、热解法和汽化法；②替代型处理法，如化学消毒法、高温高压蒸汽灭菌法、干法热消毒法、微波处理法和安全填埋法；③创新型技术，如等离子技术、放射技术、辐照技术、液态合金处理法。这些技术中能实现医疗废物利用的主要是焚烧和热解。

1）医疗废物焚烧回收热能

焚烧技术几乎对各种医疗废物都适用，另外，医疗废物焚烧产生的热量大的可以用于发电，产生热量小的只可供加热水或产生蒸汽，适于就近利用。典型的医疗废物焚烧工艺流程如图10.4所示。

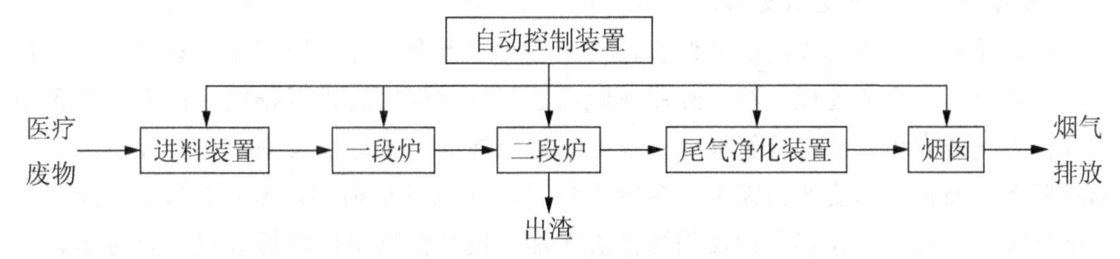

图10.4 典型的医疗废物焚烧工艺流程

2）医疗废物热解制可燃物

医疗废物热解的产物主要是可燃的低分子化合物：气态的有氢气、甲烷、一氧化碳；液态的有甲醇、丙酮、醋酸、乙醛等有机物及焦油、溶剂油等；固态的主要是焦炭或炭黑，便于贮藏和远距离输送。医疗废物热解处理工艺流程如图10.5所示，该工艺由热解、气化、还原二氧化碳等技术结合，该过程分以下三个阶段完成。

(1) 固体废物热解阶段。医疗废物在高温、缺氧、压力等条件下，有机物分子链开始断裂，并产出含有甲烷、一氧化碳、氢气、焦油、水蒸气等混合气体。其余的则转化为残炭。

(2) 混合反应阶段。在混合气体反应装置内，通过特殊的工艺过程使混合气体中的焦油、水蒸气、残炭等转化为可燃气，二氧化碳在此还原为一氧化碳。

(3) 可燃气体净化阶段。经热解反应罐和混合气体反应装置产生的可燃气，经过冷却、过滤等净化处理后，即可产生新的清洁可燃气，可达到工业用气标准和民用气标准。

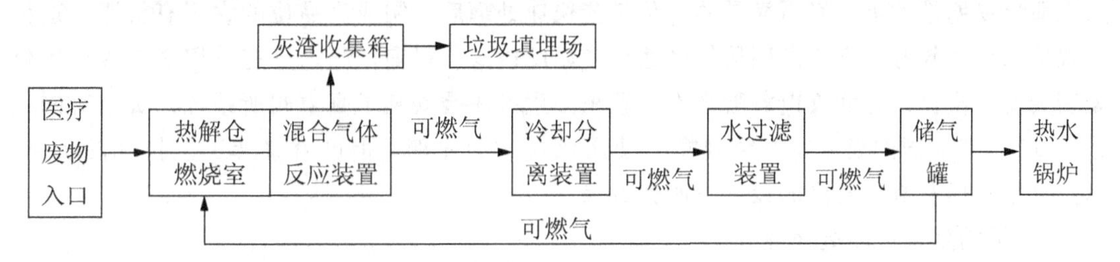

图10.5 医疗废物热解处理工艺流程

10.1.4 城镇粪便的利用

1. 城镇粪便的特性

城镇粪便是一种高黏度、富含有机质及氮、磷和钾等元素、粒子细微、含水量高的复杂浑浊胶体，其pH为8.17～9.15，CODcr为26 742～28 584mg/L，BOD_5为10 450～

11 975mg/L，TKN为6 440～8 640mg/L，NH_3-N为5 400～6 993mg/L，密度为1.01～1.04g/cm^3，含水量为95%左右。

2. 城镇粪便处置模式

1）粪便与城市污水合并处理

该模式是将水冲厕所排出的粪便直接与生活污水混合，经过城镇排污管网，进入污水处理厂与城市污水合并处理。污水经脱氮除磷达到排放标准后进行排放；污泥经过灭菌处理后进行填埋或农用。这种处置模式不仅要依赖较高的下水道普及率，还会耗费大量的能源和水资源，而且处理后的污泥中常含有大量Cu、As、Pb和Hg等重金属及难降解的有机污染物等有害成分，长期大量使用可显著增加土壤和植物中可食部分重金属含量，严重时甚至会造成植物死亡，并对地下水和动植物造成二次污染。此模式在土地和淡水资源丰富、经济实力强和技术水平高的欧美国家使用的较多，我国极少数沿海城市（如深圳和珠海）主要采用此模式。

2）粪便处理厂集中处理

该模式依靠吸粪车或粪便管道将城镇居民粪便收运至集中式粪便处理厂或分散式净化池，运用好氧氧化、湿式氧化或厌氧消化等工艺对粪便进行深度处理。这种模式能最大限度地保持粪便中有机质和氮、磷、钾的含量，对粪便中致病菌灭杀较彻底，但粪便管道及粪便处理厂的建设与运转需要巨大的投资。如果化粪池清掏不及时，粪便分解产生的有毒、有害气体会造成化粪池爆炸，并可能引起掏粪工人中毒事件；吸粪车在运送粪便过程中不可避免地会造成二次污染。该模式在20世纪60年代日本最早开始采用，我国大多数大城市采用该模式。

3）粪便真空收运生化处理

该模式采用真空粪便收运系统，将城镇居民粪便集中收运到真空罐或粪便蓄粪池后，加入适量易腐性垃圾，经由简易的生化工艺快速处理后，制成高品位的农用有机肥。这种模式节水性能较好，新建高层居住区适合使用此模式。目前，国内已有采用真空收运生化处理粪便的实例，如武汉市黄陂区木兰湖正阳生态庄园安装了真空厕所系统，真空管网长达400m，然而国内尚无在城镇规模上使用该模式的先例，但已有整套工艺技术的研究，以及真空厕所和真空管网的设计等研究成果。

4）旱厕生态化改造处理

该模式采用先进生物技术和现代化学工艺原理，将原来的旱厕改建为生态厕所，不使用水或用少量水，使粪便在微生物的作用下，直接转化为农用有机肥。生态厕所结构复杂，造价较高，但不需要建造下水管道，对环境不会造成污染，可实现污染物自净和资源循环利用。目前，国外已经出现了生物自净、物理净化、水循环利用和粪污打包等不同类型的生态厕所。该模式作为传统城镇粪便集中处理系统的替代品，是我国城镇粪便农业资源化利用的一个非常合适的模式。我国杭州、南京、成都、西安、广州、长春、武汉、西安、合肥、桂林、黑龙江和天津等省、市都已实施生态厕所的试点工作。

以上四种处置模式的比较结果如表10-1所示。

表 10－1　四种城市粪便处理模式比较

处理模式	目标取向	环保价值	经济价值	生态价值	社会价值
合并处理	环境治理	低	低	低	低
集中治理	环境治理	较低	较低	较低	较低
真空收运生化处理	循环利用	较高	较高	较高	较高
旱厕生态化	循环利用	高	高	高	高

3. 城镇粪便的资源化利用

1）制肥料

（1）以粪便为单一原料制颗粒肥。

在粪便中加入一定量的絮凝剂，使其中的胶质悬浮物凝聚并与水溶液分离。分离后的糊状凝聚物经进一步脱水、恒温发酵、膨化成型制成颗粒肥料。其工艺流程如图 10.6 所示。粪便经格栅去除杂质后流入储粪池，由污水泵抽提进入搅拌反应桶。当粪便达反应桶容量 1/3 时，开始投放絮凝剂并继续进料，搅拌器运转搅拌 3min 达液固两相分离的目的。经凝聚反应的粪便进入滚筒污泥式脱水机，脱去其含水量的 25％。然后进入真空干燥机，保持物温 50～60℃，在 $700kg/cm^2$ 压力下脱水 4h，脱去水分 40％～45％。经脱水的粪便由输送带送往发酵罐，此时脱水粪便的含水量约 55％，在发酵罐 40℃下发酵 6h，耗失含水量 10％～15％。发酵后的粪便送往造粒机，此时可据作物生长的需要添加其他必要成分，膨化造粒制成颗粒肥料。

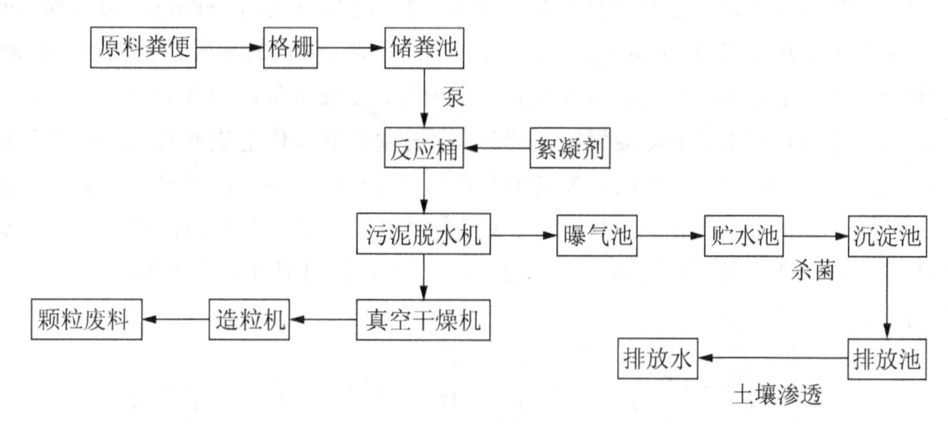

图 10.6　粪便制颗粒肥料的工艺流程

（2）与其他物料混合好氧堆肥。

粪便常与其他物料(如有机生活垃圾、污泥)进行混合好氧堆肥，粪便与污泥混合进行好氧堆肥的工艺流程如图 10.7 所示。经脱水处理后的干化污泥、储粪池刮渣机带来的粪便残渣、经破碎机破碎成小粒径的调理剂(泥炭)按一定比例进行混合，混合物进入发酵仓系统。在发酵仓内，粪便、污泥经过堆肥处理，形成类似腐殖质土壤的物料。物料经破碎机破碎，按比例添加氮、磷、钾，然后进行充分混合。混合后的物料分两部分进行处理：

一部分直接进入泥砖生产成套设备，制成草坪种植块；另一部分输入造粒机进行造粒，再进入滚筒干燥机内烘干至水分10%以下，烘干温度保持进口150～550℃，出口50～75℃。物料冷却后再进行筛分，最后计量包装成有机-无机复混肥。

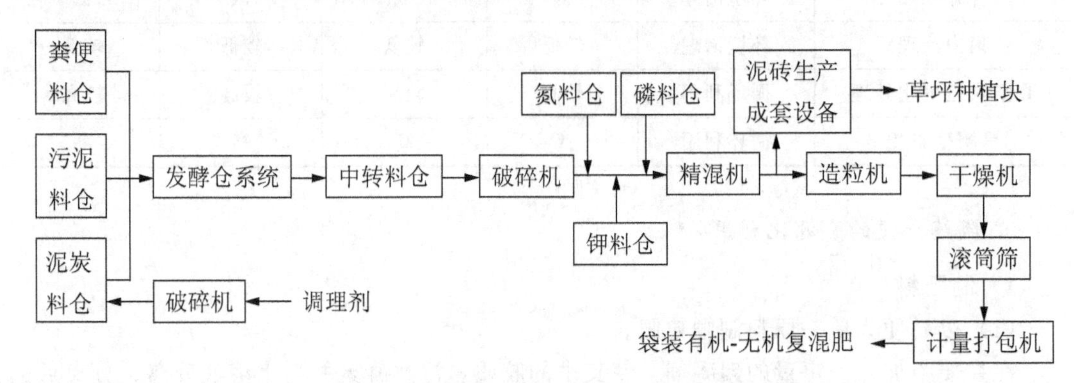

图 10.7　粪便与污泥混合好氧堆肥工艺流程

2）厌氧消化制沼气

粪便经厌氧消化制沼气在我国得到广泛应用，并成功开发出多种适合不同地域的沼气池。福建省龙海县石码镇粪便无害化处理场就是采用厌氧消化制沼气工艺处理粪便。其工艺流程如图 10.8 所示。每天由吸粪罐车将镇内公共厕所粪便收集至处理场。日投粪 36t，进入发酵池前粪便先进行沉砂、计量分流，按池容的 3%分别自流入 4 个一级发酵池(地下卧式，1 280 m^3)，料液浓度 3%～4%，常温发酵。在发酵过程中由污水泵抽吸发酵液，再由搅拌管冲入池内产生液体流动，达到搅拌目的，每天搅拌 2 次，每次 5～8min，滞留期 25d，而后由污水泵送入二级发酵池(半地上式，907 m^3)，滞留期 20d，最后经计量池排出作肥料出售。经测试一极发酵池池容产气率达 0.3m^3/(m^3 · d)，二级发酵池为 0.14 m^3/(m^3 · d)。所产沼气经水气分离，一部分脱硫后发电，其余大部分供食堂、住宅炊事之用。一级厌氧发酵沼气池每天产沼气 380m^3，二级厌氧发酵池日产沼气 127m^3。每天总产气量 507m^3，相当于 398kg 的标煤，约 500kg 原煤。粪便经发酵无害化处理后肥效大大提高，深受农民喜爱，肥料无积压现象，每年出售有机肥的收入约为 10.5 万元，利用沼气发电年节约电费 7 200 元，节省购煤燃料费 15 000 元。

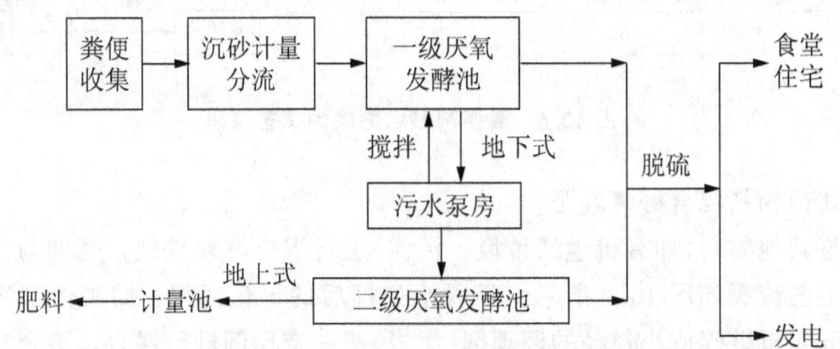

图 10.8　福建省龙海县石码镇粪便厌氧消化制沼气工艺流程

10.2 工业固体废物的综合利用

工业固体废物主要包括冶金、化学、电力、机械等工业生产部门的固体废物。

10.2.1 冶金工业固体废物的处理与利用

冶金工业产生的固体废物主要包括以下几项。

(1) 焦化固体废物：焦化产生的固体废物多属于危险废物，焦煤与焦炭在运输、破碎、筛分过程中收集得到煤尘和焦尘；产生废弃的焦油渣、酸焦油、洗油再生器残渣、黑萘、吹苯残渣及残夜、酚和吡啶精制残渣、脱硫残渣及煤气发生炉煤焦油和焦油渣。

(2) 烧结固体废物：产生的主要部位是烧结机头、机尾、成品整粒、冷却筛分等处，通过各种除尘装置净化得到的烧结粉尘和污泥统称为含铁尘泥。

(3) 炼铁固体废物：主要为出渣口产生的高炉渣，高炉渣的产生量与原料品位和冶炼工艺有关，其次为煤气净化塔产生的尘泥及原料厂、出铁厂收集的粉尘。一般每炼1t铁，就会产生300～900kg高炉渣和20～40kg尘泥。

(4) 炼钢(转炉、平炉、电炉)固体废物：炼钢厂产生的固体废物主要是炼钢渣、浇铸渣、喷溅渣、化铁炉渣和净化系统收集的含铁尘泥，以及少量的残铁、残钢、残渣、废耐火材料等。

(5) 轧钢固体废物：热轧产生大量热轧氧化铁皮，清除钢材氧化铁皮也会产生硫酸、盐酸、氢氟酸、硝酸酸洗废液等。

(6) 铁合金固体废物：火炼的炉口废渣，每吨火炼法冶炼铁合金，约产生废渣1t；湿法冶炼的浸出渣，除尘净化装置的尘泥等。冶金工业固体废物中以高炉渣、钢渣以及有色冶金固体废物为主，数量大，造成的环境污染也较为严重。

1. 高炉渣的综合利用

高炉渣是冶炼生铁时从高炉中排放出来的废物，当炉温达到1 400～1 600℃时，炉料熔融，矿石中的脉石、焦炭中的灰分和助溶剂和其他不能进入生铁中的杂质形成以硅酸盐和铝酸盐为主浮在铁水上面的熔渣。

高炉渣是我国现阶段最主要的冶炼废渣，有普通高炉渣和含钛高炉渣两种。普通高炉渣的化学成分与普通硅酸盐水泥类似，主要为CaO、MgO、SiO_2、Al_2O_3和MnO；含钛高炉渣中除上述物质外，还含有大量的TiO_2。1589年德国即开始利用高炉渣。20世纪中期以后，高炉渣综合利用迅速发展。

1) 生产水泥

高炉水淬渣用于水泥混合材料，可以节约水泥熟料，是国内外普遍采用的技术。我国75%的水泥中掺有高炉水淬渣。在水泥生产中，高炉渣已成为改进性能、扩大品种、调节标号、增加产量和保证水泥安定性的重要原材料。目前使用最多的主要有以下三种。

(1) 生产矿渣硅酸盐水泥。

矿渣硅酸盐水泥简称矿渣水泥，是我国产量最大的水泥品种。它是用硅酸盐水泥熟料和粒化高炉渣加3%～5%的石膏磨细制成的水硬性胶凝材料，水渣加入量一般为20%～70%。

与普通硅酸盐水泥相比，矿渣水泥的主要优点：具有较强的抗溶出性及抗硫酸盐侵蚀的性能；水化热较低，可用于浇筑大体积混凝土工程；耐热性好；初期凝结速度慢，可有效地控制裂纹，提高水泥的强度。

(2) 生产石膏矿渣水泥。

石膏矿渣水泥是由80%左右的高炉渣加15%左右的石膏和少量硅酸盐水泥熟料或石灰，混合磨细后得到的水硬性胶凝材料。石膏矿渣水泥成本较低，有较好的抗硫酸盐侵蚀和抗渗透性能，但周期强度低，易风化起沙，一般适用于水工建筑混凝土和各种预制砌块。

(3) 生产石灰矿渣水泥。

石灰矿渣水泥是将干燥的粒化高炉矿渣、生石灰以及5%以下的天然石膏，按适当的比例配合磨细而成的一种水硬性胶凝材料。石灰的掺加量一般为10%～30%，它的作用是激发矿渣中的活性成分，生成水化铝酸钙和水化硅酸钙。石灰掺入量太少，矿渣中的活性成分难以充分激发；掺入量太多，则会使水泥凝结不正常、强度下降和安定性不良。石灰的掺入量往往随原料中氧化铝含量的高低而增减，氧化铝含量高或氧化钙含量低时应多掺石灰，通常先在12%～20%范围内配制。

石灰矿渣水泥可用于蒸汽养护的各种混凝土的预制品，水中、地下、路面等的无筋混凝土和工业与民用建筑砂浆。

(4) 生产重矿渣水泥。

重矿渣也称块渣，是高炉熔渣经慢冷处理形成的类石料矿渣。因重矿渣化学成分与水泥相似，可以用它来代替水泥原料中的石灰石和黏土，以提供CaO、SiO_2、Al_2O_3，减少矿物原料用量和煅烧分解反应时的能量，从而减轻窑的热负荷。

2) 生产矿渣混凝土

矿渣混凝土是以高炉渣为原料，加入激发剂(水泥熟料、石灰、石膏等)，加水碾磨后与骨料拌和而成的。其配合比见表10-2。

表10-2 矿渣混凝土配合比

项目	不同标号混凝土配合比/%			
	C15	C20	C30	C40
水泥(32.5级)	—	—	≤15	20
石灰	5～10	5～10	≤5	≤5
石膏	1～3	1～3	0～3	0～3
水	17～20	16～18	15～17	15～17
水灰比	0.5～0.6	0.45～0.55	0.35～0.45	0.35～0.40
浆：矿渣(质量比)	(1：1)～(1：1.2)	(1：0.75)～(1：1)	(1：0.75)～(1：1)	(1：0.5)～(1：1)

矿渣混凝土的各种物理性能，如抗拉强度、弹性模量、耐疲劳性能和钢筋的黏结力等

均与普通混凝土相似，其优点在于具有良好的抗水渗透性能，可制成性能良好的防水混凝土；耐热性好，可用于工作温度在600℃以下的热工工程，能制成强度达50MPa的混凝土。

3）生产矿渣砖

矿渣砖是向水渣中加入适量水泥等胶凝材料，经过搅拌、轮碾、成型、蒸汽养护等工序而成。矿渣砖一般配比为水渣质量分数85%～90%，磨细生石灰10%～15%。矿渣砖所用水渣粒度一般不超过8mm，入窑蒸汽温度80～100℃，养护时间12h，出窑后即可使用。矿渣砖生产工艺流程如图10.9所示。矿渣砖的抗压强度一般可达10MPa以上，适用于上下水或水中建筑，不适用于高于250℃的环境使用。矿渣砖性能如表10－3所示。

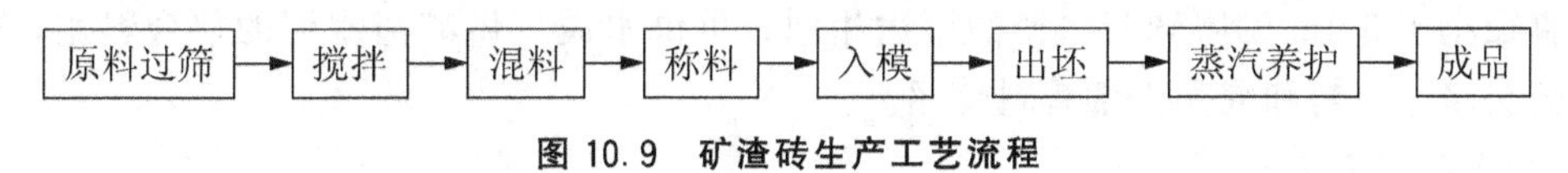

图10.9 矿渣砖生产工艺流程

表10－3 矿渣混凝土配合比

规格/mm	抗压强度/MPa	抗折强度/MPa	密度/(kg·m^{-3})	吸水率/%	导热系数/[W·(m·K)$^{-1}$]	磨损系数
240×115×53	9.8～19.6	24～30	2 000～2 100	7～10	0.5～0.6	0.94

4）矿渣碎石用作基建材料

未经水淬的矿渣碎石的物理性能与天然岩石相近，其稳定性、坚固性、耐磨性及韧性等均满足基建工程的要求，可用于公路、机场、地基工程、铁路道砟、混凝土骨料和沥青路面等。

（1）配制矿渣碎石混凝土。矿渣碎石混凝土是指用矿渣碎石作为骨料配制的混凝土，其不仅具有与普通碎石混凝土相似的物理力学性能，而且还具有较好的保温、隔热、耐热、抗渗和耐久性能，现已广泛应用于500号以下的混凝土、钢筋混凝土及预应力混凝土工程中。

（2）用于地基工程。矿渣碎石的极限抗压强度一般都超过了50MPa，完全满足地基处理的要求，一般可用高炉渣作为软弱地基的处理材料。

（3）修筑道路。矿渣碎石具有较为缓慢的水硬性，对光线的漫射性能好，摩擦系数大，适宜用作各种道路的基层和面层。用矿渣铺筑的道路的路面强度、材料耐久性及耐磨性方面都有很好的效果。因矿渣的摩擦系数大，用其铺筑的矿渣沥青路面具有良好的防滑效果。

（4）用作铁路道砟。高炉渣具有良好的坚固性、抗冲击性、抗冻性，且具有一定的减振和吸收噪声的功能，承受循环载荷的能力较强。目前，各大钢铁公司几乎都在使用高炉渣作为专用铁路的道砟。例如，鞍山钢铁公司从1953年开始就在专用铁路线上大量使用矿渣道砟，现已广泛用于木轨枕、预应力钢筋混凝土轨枕和钢轨枕等各种线路，在使用过程中也没有发现任何弊病。在国家一级铁路干线上的试用也已初见成效。

5）膨珠做轻骨料

膨珠也称膨胀矿渣珠，是使高炉熔渣受半急冷作用时通过专设的成珠装备被击碎、抛甩到空气中，进而再受空气的冷却作用形成的珠状矿渣。膨珠具有质轻、面光、自然级配好、吸音隔热性能强的特点。膨珠用作混凝土骨料可节省20%左右的水泥，一般用来制作内墙板、楼板等。

用膨珠配制的轻质混凝土容重为1 400～2 000kg/m^3，抗压强度为9.8～29.4MPa，导热系数为0.407～0.582W/(m·K)，具有良好的抗冻性、抗渗性和耐久性。由于膨珠内孔隙封闭，吸水少，混凝土干燥时产生的收缩就很小，这是膨胀页岩或天然浮石等轻骨料所不及的。

直径小于3mm的膨珠与水渣的用途相同，可供水泥厂做矿渣水泥的掺合料用，也可用作公路路基材料和混凝土细骨料使用。

6）生产矿渣棉

矿渣棉是以矿渣为主要原料，在熔化炉中熔化后获得熔融物再加以精制而得到一种白色棉状矿物纤维。它具有保温、隔音、绝冷等性能。

生产矿渣棉的方法有喷吹法和离心法两种。原料在熔炉中熔化后流出，即用蒸汽或压缩空气喷吹成矿渣棉的方法叫作喷吹法。原料在熔炉中熔化后落在回转的圆盘上，用离心力制成矿渣棉的方法叫作离心法。

矿渣棉的主要原料是高炉矿渣，占80%～90%，还有10%～20%的白云石、萤石或其他(如红砖头、卵石等)，生产矿渣棉的燃料是焦炭。矿渣棉的生产工艺分配料、熔化喷吹、包装三个工序。喷吹法生产矿渣棉的工艺流程如图10.10所示。

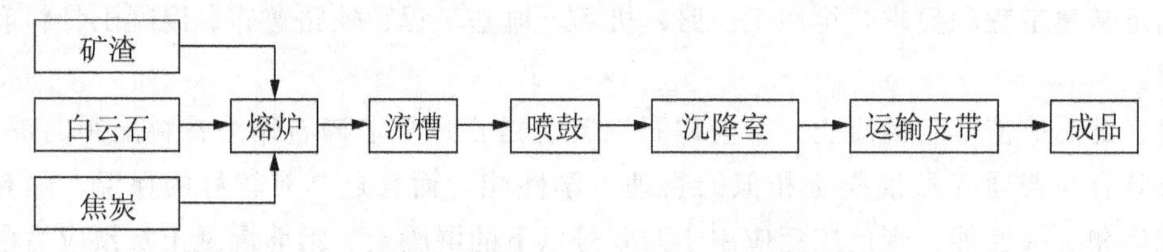

图10.10 喷吹法生产矿渣棉的工艺流程

矿渣棉可用作保温材料、吸音材料和防火材料等，由它加工的成品有保温板、保温毡、保温筒、保温带、吸音板、窄毡条、吸音带、耐火板及耐热纤维等。矿渣棉广泛用于冶金、机械、建筑、化工和交通等部门。

7）生产微晶玻璃

微晶玻璃的原料极为丰富，除采用岩石外，还可采用高炉矿渣。

矿渣微晶玻璃的主要原料是高炉矿渣为62%～78%，硅石为38%～22%或其他非铁冶金渣等。

一般矿渣微晶玻璃需要配成如下化学组成：SiO_2为40%～70%；Al_2O_3为5%～15%；CaO为15%～35%；MgO为2%～12%；Na_2O为2%～12%；晶核剂为5%～10%。

生产矿渣微晶玻璃的一般工艺：在固定式或回转式炉中，将高炉矿渣与硅石和结晶促进剂一起熔化成液体。然后用吹、压等一般玻璃成型方法成型，并在730℃～830℃下保温

3h，最后升温至1 000～1 100℃保温3h使其结晶，冷却即为成品。加热和冷却速度宜低于5℃/min，结晶催化剂为氟化物、磷酸盐和铬、锰、钛、锌等多种金属氧化物，其用量视高炉矿渣的化学成分和微晶玻璃的用途而定，一般为5%～10%。

8）从含钛高炉渣回收钛

我国大约有一半TiO_2资源以钙钛矿形式蓄存于高炉渣中。由于含钛高炉渣中钛组分分散、细小，采用传统的选矿方法很难将TiO_2分离出来，有学者提出选择性富集、选择性长大、选择性分离的新技术，该技术能够解决高炉渣钛组分分散、细小的难题，可大量处理高炉渣，具有一定经济效益，但选出的钙钛矿中TiO_2品位只有35%～40%。目前要解决的问题：①在改性过程中进一步优化钙钛矿长大的工艺参数，同时改变钙钛矿和其他矿物的伴生状况，为下一步的选矿试验提供更好的条件；②找到合适的捕收剂、起泡剂和调整剂，尽量提高选出的钙钛矿的品位和钛元素的回收率。

2. 钢渣的综合利用

钢渣是炼钢过程中排出的废渣，主要由铁水与废钢中的元素氧化后生成的氧化物、金属炉料带入的杂质、加入的造渣剂(如石灰石、萤石、硅石)、氧化剂、脱硫产物和被侵蚀的炉衬及补炉材料等组成。钢渣的化学成分主要是铁、钙、硅、镁、铝、锰、磷等元素的氧化物，其中铁、钙、硅的氧化物占绝大部分。钢渣的主要矿物组成为橄榄石($2FeO \cdot SiO_2$)、硅酸二钙($2CaO \cdot SiO_2$)、硅酸三钙($3CaO \cdot SiO_2$)、铁酸二钙($2CaO \cdot Fe_2O_3$)及游离氧化钙(f-CaO)等。钢渣呈黑色，外观像水泥熟料，其中夹带部分铁粒，硬度较大，密度为1 700～2 000kg/m^3。钢渣的产量一般为粗钢产量的15%～20%。我国积存钢渣达1亿t以上，每年产生钢渣1 000万t以上，利用率达76%左右。钢渣利用的主要途径是用作冶金原料、建筑材料以及农业应用等。

1）用作冶金原料

(1) 回收钢渣中的铁。钢渣中平均含铁量约为25%，其中金属铁约占10%，通过破碎磁选筛分工艺可以回收其中的铁。将钢渣破碎到100～300mm，可从中回收6.4%的金属铁，破碎到80～100mm，可回收7.6%的金属铁，破碎到25～70mm，回收的金属铁量达15%。美国1970—1972年从钢渣中回收近350万t废钢，日本磁力选矿公司每年处理200万t钢渣，从中回收18万t含铁95%以上的粒铁。中国鞍钢采用无介质自磨及磁选的方法回收钢渣中的废钢量达8.0%，武钢回收废钢中的金属铁达8.5%。

(2) 用作烧结熔剂。转炉钢渣一般含有40%～50%的CaO，1t钢渣相当于0.7～0.9t石灰石。把钢渣加工到粒度小于10mm的钢渣粉，便可替代部分石灰石直接做烧结配料用。钢渣做烧结熔剂不仅可以回收利用钢渣中的钙、镁、锰、铁等元素，还可以提高烧结机的利用系数和烧结矿质量，降低燃料消耗。

(3) 用作炼铁熔剂。钢渣中氧化钙和氧化铁含量很高，并含有一定数量铁粒、氧化锰、氧化镁等，可以代替石灰石、白云石做炼铁熔剂，还可以回收钢渣中的铁。在1 200m^{3}高炉中使用钢渣，钢渣加入量为85～88kg/t，炉料中石灰石加入量减少125kg/t，萤石完全取消。

2）用作建筑材料

（1）生产钢渣水泥。

钢渣成分、矿相与水泥相似。钢渣中含有和水泥相类似的硅酸三钙、硅酸二钙及铁酸钙等活性矿物，具有水硬胶凝性，可作为生产无熟料及少熟料水泥的原料，也可作为水泥掺合料。钢渣水泥是以钢渣为主要成分，加入一定的掺合料（如矿渣、沸石、粉煤灰等）和适量石膏，经磨细而制成的水硬性胶凝材料。钢渣水泥品种有：无熟料钢渣矿渣水泥、少熟料钢渣矿渣水泥、钢渣沸石水泥，钢渣矿渣硅酸盐水泥、钢渣矿渣高温型石膏白水泥和钢渣硅酸盐水泥等。应用钢渣水泥可配200号和400号混凝土。钢渣水泥具有水化热低、后期强度高、抗腐蚀、耐磨性好等特点，是理想的道路水泥和大坝水泥，且具有投资省、成本低、设备少、节省能源和生产简便等优点。缺点是早期强度低且性能不够稳定。

（2）用作筑路及回填材料。

钢渣碎石具有密度大、抗压强度高、稳定性好、表面粗糙、自然级配好、与沥青结合牢固等特点，在铁路和公路路基、工程回填、修筑堤坝、填海造地等工程中得到广泛使用。欧美各国钢渣约有60%用于道路工程。

作为2008年奥运会三大主要比赛场馆之一的北京国家体育馆在工程施工过程中就大量使用了钢渣作为回填材料。国家体育馆地下室埋深约8 m，抗浮水位负1 m，需要在工程结构内部增加大量配重以抵抗地下水的浮力。该工程在建设过程中尝试采用钢渣代替传统材料进行回填，回填的钢渣全部来源于首钢炼钢过程中废弃多年的炼钢剩余渣。经过加工处理后的钢渣按照试验配比与少量水泥及其他辅料配制而成，其密度、含水率、放射性等各项技术指标均符合国家规范要求。

钢渣具有体积膨胀的特点，故必须陈化后才能使用，一般要洒水堆放半年，且粉化率不得超过5%。钢渣用作筑路及回填材料时，要有合理级配，最大块径不能超过300mm；最好与适量粉煤灰、炉渣或黏土混合使用，同时严禁将钢渣碎石用作混凝土骨料。

（3）生产建材制品。

具有活性的钢渣与粉煤灰或炉渣按一定比例混合、磨细、成型、养护，即可生产不同规格的砖、瓦、砌块等建筑材料，其生产的钢渣砖与黏土制成的红砖的强度和质量差不多。武钢用水淬钢渣所制的砖建造的三层楼房已使用40多年。

3）用于农业生产

钢渣中含有较高的硅、钙及各种微量元素，有些还含有磷，可根据不同元素的含量做不同的应用，提供农作物所需要的营养元素。由于在冶炼过程中经高温煅烧，其溶解度已大大改变，所含主要成分易溶量达全量的1/3～1/2，容易被植物吸收。发达国家一般有10%的冶金渣用于农业，如日本已将钢渣、矿渣的硅酸质确定为普通肥料。中国钢渣在农业改良土壤的应用始于20世纪50年代末，目前用钢渣生产的磷肥品种有钢渣磷肥和钙镁磷肥。武钢曾在湖北9个县大面积直接施用钢渣粉。结果表明：钢渣可使每亩水稻增产20～72kg，每亩棉花增产籽棉23～45kg。

（1）用作钢渣磷肥。含P_2O_5超过4%的钢渣，可直接用作低磷肥料，相当于等量磷的效果。钢渣磷肥不仅适用于酸性土壤，在缺磷碱性土壤也可增产。实践表明，施加钢渣磷肥后，一般可增产 5%～10%。

(2) 用作硅肥。硅是水稻生产需求量较大的元素，含 SiO_2 超过 15%的钢渣，磨细至 60 目以下，即可作为硅肥用于水稻田，一般每 $1hm^2$ 使用 1 500kg，可增产水稻 10%左右。

(3) 用作土壤改良剂。钙、镁含量高的钢渣，磨细后，使钢渣粒度小于 4mm，并含有一定数量小于 100μm 的极细颗粒，钢渣中的 CaO 能在很长的时期内缓慢中和改良土壤，可作为酸性土壤改良剂，钢渣中的磷和其他微量元素对有些农作物特别有利。

4) 用于废水处理

钢渣破碎成粉末后，其比表面积大，晶格缺陷严重，自由能高，是一种性能优异的吸附剂，可处理重金属离子和含磷废水，达到“以废治废”的效果。利用钢渣的吸附过滤能力，对废水中的重金属(如 Cu、Ni、Cd、Pb 等)及 As 和 P 产生沉淀作用，国外 20 世纪 90 年代就开始研究钢渣作为吸附剂对废水中重金属的吸附性能，美国、日本都有采用钢渣处理废水的应用。

3. 铁合金渣的综合利用

铁合金渣是冶炼铁合金过程中排出的废渣。我国每年产出各种铁合金渣 100 万 t 以上，锰系铁合金占绝大多数(约占 75%以上)，其次是各种铬铁渣。因铁合金渣含有铬、锰、钼、镍、钛等价值较高的金属，故应优先考虑从中回收有价金属，对于目前尚不能回收金属的铁合金渣，可用作建筑材料和农业肥料。

1) 回收金属

用磁选法处理钼铁渣(含钼 0.3%～0.8%)，可以得到含 4%～6%的钼精矿。

用风力分选法分离能自动粉化炉渣中的金属。风力分选能把原渣分离成渣块(＞5mm)、细粒渣(＜5mm)和渣粉(＜1mm)，而渣中所含的金属都集聚在渣块中。精炼铬铁渣中含有 5%左右的金属，可用分选法回收其中的金属。

用精炼铬铁渣冲洗硅铬合金，可使渣中铬含量从 4.7%下降到 0.48%，硅铬合金中铬含量增加 1%～3%，磷含量下降 30%～50%。

电炉金属锰和中低碳锰铁炉渣含锰较高，可用于冶炼硅锰合金。如将粉化后的中锰渣作为锰矿烧结原料，还可在中锰渣中加入稳定剂防止炉渣粉化，然后回炉使用。

硅铁渣中含有价元素硅、碳化硅和锰，是冶炼硅锰合金的主要元素，可作为冶炼硅锰合金的炉料。

钨铁渣中含有 15%～20%的锰，可回收到硅锰电炉继续使用。

2) 用作水泥掺合料和矿渣砖

我国某铁合金厂把水淬硅锰渣送到水泥厂做掺合料使用，当熟料为 600 号时，水渣掺入量达 30%～50%，仍可获得 500 号矿渣水泥。

铁合金水淬渣还可做矿渣砖，我国某厂生产的矿渣砖采用如下配料：铁合金水淬渣 100%、石膏 2%、石灰 7%。配料经过轮碾、混合、成型、养护即可投入使用。

3) 生产铸石制品

用熔融硅锰渣、硼铁渣和钼铁渣等可生产铸石制品。如用熔融硅锰渣生产耐酸硅锰渣铸石的工艺如图 10.11 所示，用硼铁渣生产硼铁渣铸石砖的工艺如图 10.12 所示。

图 10.11　熔融硅锰渣生产耐酸硅锰渣铸石的工艺流程

图 10.12　硼铁渣生产硼铁渣铸石砖的工艺流程

4）生产耐火材料

用铬渣骨料和低钙铝酸盐水泥配制的耐火混凝土，耐火度高达 1 800℃，荷重软化点为 1 650℃，高温下仍有很高的抗压强度，在 1 000℃时仍为 14.7MPa。特别适用于形状复杂的高温承载部分。除金属铬之外，钛铁、铬铁也都采用铝热法冶炼，相应产生的炉渣中氧化铝都很高，都可作为耐火混凝土骨料。

5）回收化工原料或做农肥

磷铁合金生产中产生的磷泥渣可回收工业磷酸，并利用磷酸渣制造磷肥。其原理是磷泥渣含磷 5%～50%，与氧化合生成 P_2O_5 等磷氧化物。P_2O_5 通过吸收塔被水吸收生产磷酸，余下的残渣内含有 0.5%～1%的磷和 1%～2%的磷酸，再加入石灰，在加热条件下，充分搅拌，生成重过磷酸钙，即为磷肥。

铁合金的各种矿渣中，含有多种植物生长所需的微量元素，这些元素可以增加土壤的肥力。精炼铬铁渣可用于改良酸性土壤，做钙肥。含锰、钼的铁合金也可用作肥料。试验证明，在水稻田中施用硅锰渣，不仅有促熟增产的作用，还可减轻稻瘟病，也有利于防止倒伏。

4. 有色冶金固体废物的综合利用

有色冶金固体废物是指在有色冶炼过程中所排放的暂时没有利用价值的被丢弃的固体废物。目前有色冶金固体废物的主要利用途径是回收有价金属和制作建筑材料。

1）回收有价金属

从有色冶金渣中回收有价金属的种类繁多，流程复杂，几乎应用了所有的冶金方法。如株洲硬质合金厂用酸分解法从钼渣中回收有机金属，该工艺流程如图 10.13 所示。

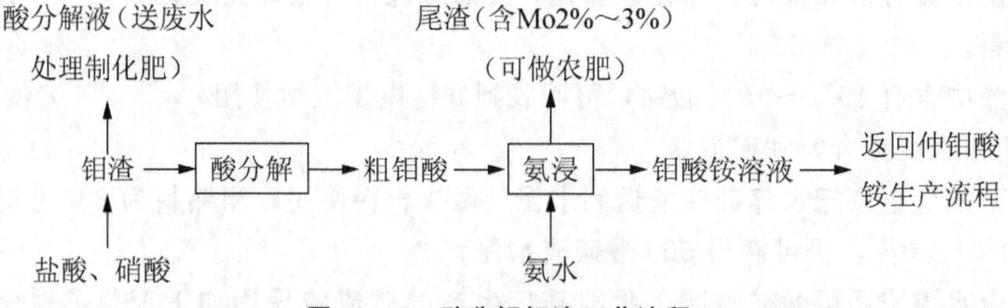

图 10.13　酸分解钼渣工艺流程

(1) 酸分解。用盐酸将钼渣中难熔钼酸盐分解，使钼呈钼酸沉淀；再用硝酸将钼渣中 MoS_2 氧化分解呈钼酸沉淀。Fe、Ca、Pb 等杂质生成氯化物进入溶液，硫以硫酸的形式进入溶液。

(2) 氨浸。酸分解后，滤饼中的钼酸可被氨水溶解，生成钼酸铵进入溶液，与不溶的固体杂质分离。

2) 在其他方面的应用

若有色金属固体废物中有价金属含量低，以目前技术水平提取极不经济时，还可用作其他行业的原料，使之再资源化。目前已利用的有赤泥、铜渣、铅渣、镍渣、锌渣。

赤泥的利用：①用赤泥代替黏土生产普通硅酸盐水泥，用赤泥、石灰石和砂岩可生产符合国家规定的525普通硅酸盐水泥标准的水泥，每生产1t水泥可利用赤泥400kg；以赤泥、石灰石、砂岩、铁粉为配料可生产出75℃和95℃两种热堵油井水泥；用水泥熟料、赤泥、石膏按50∶42∶8的配比可生产赤泥硅酸盐水泥；用赤泥生产的硫酸盐水泥，除满足一般混凝土设计标号外，还具有水化热低，耐蚀性强的优点。②中和的赤泥可直接用作筑路材料。③干燥的赤泥可作为沥青填料、炼铁球团矿的黏结剂、混凝土轻骨料和绝缘材料。④在塑料工业中，赤泥还可以作为填充剂，生产塑料制品。⑤在农业上可生产硅钙肥，该肥料施用小麦增产6.08%～11.30%，施于水稻可增产12.75%～16.80%。⑥在污染治理上，赤泥可用作含砷废水处理、含氟废物处理及吸附废气中的SO_2等。

铜渣的利用：①铜熔炼鼓风炉渣和反射炉渣水淬后为黑色致密的颗粒，可替代铁粉配制水泥生料；②用铜渣生产渣棉，细而柔软，含珠少，熔点低，可节省能源；③水淬鼓风炉渣用作铁路道砟，与砂混合铺筑混砂道床，稳定性好，渗水快，不腐蚀枕木；④铜渣或铜-镍渣可用于生产铸石；⑤用铜渣生产耐磨制品，有致密而细的结晶结构，在磨损部位仅含很少量细气孔，虽然铜渣的酸溶性高达50%，但因酸不能渗入，故其耐腐蚀性良好，其成分和性能均与玄武岩铸石相近。

铅渣的利用：可代替铁粒做烧水泥的原料，能降低熟料的熔融温度，使熟料易烧，煤耗降低，强度提高等，铅渣用量占配料的5%左右。

镍渣的利用：①水淬镍渣可以制砖，制水泥混合材料等建筑材料；②用磨细镍渣与水玻璃混合，可制造高强度、防水、抗硫酸盐的胶凝材料，它既可在常温下硬化，也可以在压蒸下硬化，还可以用来配制耐火混凝土等。

锌渣的利用：锌渣是锌厂提炼锌时产生的废渣，其化学组成和性质与铁粉相似，用锌渣替代铁粉作为原材料应用于水泥生产中，不仅可以降低熟料的烧成热耗和水泥成本，而且还可以提高水泥强度，改善水泥的安定性及抗侵蚀性等。锌渣配料与铁粉配料生产的水泥熟料的性能对比如表10-4所示。由该表可以看出：①用锌渣配料生产的熟料强度较高，尤其是后期强度增长幅度较大；②锌渣配料的水凝结时间均有改善，其中初凝时间提前约1h。锌渣配料的生料易烧性得到改善，烧成的f-CaO量减少。

表10-4 锌渣配料与铁粉配料的水泥熟料性能对比

配料类型	安定性	细度/%	初凝		终凝		抗折		抗压	
			h	min	h	min	3d	28d	3d	28d
锌渣配料	合格	4.2	1	47	3	36	7.4	9.0	49.4	67.3
铁粉配料	合格	4.2	2	52	3	51	6.5	8.1	39.8	59.4

10.2.2 化学工业废渣的处理与利用

化学工业废渣是指化学工业生产过程中排出的各种工业废渣，包括化工生产过程中进行化合、分解、合成等化学反应时产生的不合格产品(包括中间产品)、副产物、失效催化剂、废添加剂、未反应的原料及其原料中夹带的杂质等，直接从反应装置设备排出的或在产品精制、分离、洗涤时由相应装置排出的工艺废物，同时还包括了净化装置排出的粉尘、废水处理产生的污泥、化学品容器和工业垃圾等。化学工业废渣有以下几个特点。

(1) 产生量大。一般每生产1t化工产品便会产生1～3t固体废物，有的产品甚至产生8～12t固体废物。全国化工企业每年产生约3.72×10^7t固体废物，约占全国工业固体废物产生量的6.16%。

(2) 种类多。《资源综合利用目录》(2003年修订)介绍的化学工业废渣包括硫铁矿渣、硫铁矿煅烧渣、硫酸渣、硫石膏、磷石膏、磷矿煅烧渣、含氰废渣、电石渣、磷肥渣、硫黄渣、碱渣、含钡废渣、铬渣、盐泥、总溶剂渣、黄磷渣、柠檬酸渣、制糖废渣、脱硫石膏、氟石膏、废石膏模等。

(3) 危险废物种类多，有毒物质含量高，对人体健康和环境危害大。化学工业废渣中相当一部分具有急毒性、反应性及腐蚀性等特点，尤其是危险废物中有毒物质含量高，对人体和环境会造成较大危害。

(4) 再生资源化潜力大。化学工业废渣中有相当一部分是反应的原料和反应副产品，而且部分废物中还含有金、银、铂等贵重金属。通过专门的回收加工工艺，可将有价值的物质从废物中回收。我国现有的化学工业废渣利用途径主要是从废渣中提取纯碱、烧碱、硫酸、磷酸、硫黄、复合硫酸铁、铬铁等，并利用废渣生产水泥、砖等建材产品及肥料等。

1. 铬渣的综合利用

铬渣即铬浸出渣，是冶金和化工企业在金属铬和铬盐生产过程中，由浸滤工序滤出的不溶于水的固体废物，其中含有大量水溶性和酸溶性的六价铬以及毒性相对较小的三价铬。铬渣一般呈松散、无规则的固体粉末状、颗粒或小块状，总体呈灰色或黑色并夹杂黄色或黄褐色；长时间露天放置后外表和下层侧面一般明显有黄色渗出液渗出。

铬渣经过无害化处理，可以综合利用。铬渣即使不经无害化处理，也可以直接作为工业材料的代用品，加工成产品。

1) 做玻璃着色剂

在高温熔融状态下，铬渣中的六价铬离子与玻璃原料中的酸性氧化物、二氧化硅作用，转化为三价铬离子而分散在玻璃体中，使玻璃呈现绿色。用铬渣做玻璃着色剂具有解毒彻底、稳定性好、节约能源等优点；同时铬渣中的氧化镁、氧化钙等组分可代替玻璃配料中的白云石和石灰石原料，可降低玻璃制品生产的原材料消耗和成本。但此方法用渣量不大。

2) 生产钙镁磷肥

将铬渣与磷矿石、白云石、蛇纹石、焦炭等按一定比例混合，经高温熔融、水淬、干燥、粉碎得到钙镁磷肥。经高温熔融还原，将铬渣中的六价铬还原成三价铬，以 Cr_2O_3 形式进入磷肥半成品玻璃体中固定下来；其余六价铬被还原成金属铬元素进入副产品磷铁中。该法用渣量比较大，所用设备简单，易在小炼铁厂及磷肥厂中推广使用，但产品有效磷含量较低，成本较高，销路不畅。

3）用于炼铁

铬渣中含有50%～60%的氧化钙和氧化镁，还含有10%～20%的氧化铁，这些都是炼铁所需的成分。将铬渣和其他原料混合进入烧结机烧结。烧结矿经破碎、筛分，合格后进入高炉冶炼成生铁和水渣。铬渣的还原主要是利用烧结过程中的CO在高温下的强还原性，将六价铬还原；烧结矿中的CaO、MgO、FeO等，又与 Cr_2O_3 发生反应。因此烧结矿中铬主要以铬尖晶石、铬铁矿等形式存在。在高炉冶炼过程中，三价铬进一步被还原成金属铬。同时铬渣中的铁和部分金属进入生铁中，其他组分进入高炉渣，可供水泥厂使用。高炉冶炼过程六价铬还原解毒彻底，用渣量大，炼1t生铁约耗用铬渣600kg。同时用铬渣炼铁，还原后的金属进入生铁中，使铁中的铬含量增加，其机械性能、硬度、耐磨性、耐腐蚀性等均有所提高。

4）制砖

将铬渣同黏土、煤混合烧制红砖和青砖，其技术简单、投资、生产费用低，用渣量大，曾在许多铬盐厂、砖厂试验并试生产过。由于原料中大量黏土在高温下呈酸性，在砖坯中的煤及气化后一氧化碳的作用下，有利于六价铬的还原，特别是制青砖的立窑工序，可将红褐色的氧化铁还原为青灰色的四氧化三铁，解毒效果更优，由于砖价低廉，用铬渣制砖成本较高，产品销售存在一定困难。

5）制水泥

铬渣中含有水泥熟料中的CaO、SiO_2、Al_2O_3、Fe_2O_3。铬渣制水泥有三种方式，一是铬渣干法解毒后，同水泥熟料、石膏磨混制得水泥；二是铬渣作为水泥原料之一烧制水泥熟料，铬渣用量约为水泥熟料的5%；三是铬渣做水泥矿化剂，用量约为水泥熟料的2%。铬渣在立窑生产过程中六价铬的毒性被解除，因此用铬渣做水泥矿化剂在理论上是可行的。三种方式的铬渣用量主要取决于原料中石灰石的含镁量。

6）其他用途

将铬渣与粉煤灰或焦炭、黏土按一定比例混合，在还原气氛下高温熔融，还原冷制成铬渣骨料，可用于路面材、地面改良材、混凝土骨料等。将铬渣和石英砂、黏土、钡渣、水泥按比例制矿棉制品。另外铬渣还可用于制铸石钙铁粉等。

2. 砷渣的综合利用

砷渣主要来自冶炼废渣、处理含砷废水和废酸的沉渣、电子工业的含砷废物以及电解过程中产生的含砷阳极泥等。砷渣的利用主要是用“白砷法”、“金属砷法”、“砷酸盐法”、“砷合金法”等回收砷。

3. 工业废石膏的综合利用

工业废石膏主要包括磷酸、磷肥工业中产生的废磷石膏，烟气脱硫过程中产生的二水石膏，以及其他无机化学部门用硫酸浸蚀各类钙盐所产生的废石膏。我国的工业废石膏以磷石膏为主，每生产 1t 磷酸会产生 5t 废磷石膏。2015 年我国磷肥(P_2O_5)需求量达 1.3 亿 t，磷石膏年排放量超过 2 000 万 t，而目前利用率仅为 2%～3%。

1）用于生产石膏板材

将磷石膏净化处理，除去其中的磷酸盐、氟化物、有机物和可溶性盐，然后经干燥、煅烧脱去游离水和结晶水，再经陈化即可制成半水石膏(建筑石膏)。以它为原料可生产纤维石膏板、纸面石膏板、石膏砌块或空心条板、粉刷石膏等，其中以纸面石膏板的市场需求最大。据不完全统计，目前我国磷石膏制纸面石膏板总产能约 $3.5\times10^8 m^2$/年，单系列最大规模为昆明英耀建材有限公司的 $7.0\times10^7 m^2$/年生产线。

2）用于生产水泥

将提纯处理后的磷石膏破碎后，经过计量，与水泥熟料、混合材料等一起送入水泥磨，粉磨后即得成品水泥。

3）用于改良土壤

磷石膏中含有一定的游离酸，能有效降低土壤 pH，改良盐碱土，且磷石膏中的钙离子可置换土壤中的钠离子，生成的硫酸钠随灌溉水排走，从而降低了土壤的碱性，改良了土壤的渗透性。另外，土壤酸还可释放微量元素供作物吸收。

磷石膏中还含有一定量的氟元素，氟元素能与金属结合形成金属-F 络合物，就可以大大降低重金属对土壤的污染。

4）制硫酸铵

硫酸铵是最早的氮肥品种，石膏生产硫酸铵是一个古老而成熟的技术。磷石膏制硫酸铵的化学反应式如下：

$$CaSO_4\cdot 2H_2O+(NH_4)_2CO_3\longrightarrow CaCO_3+(NH_4)_2SO_4+2H_2O$$

与天然石膏为原料生产硫酸铵相比，用石膏生产硫酸铵的流程前设置了磷石膏的调浆和洗涤过程，以使磷石膏得到净化。从生产成本来比较，以磷石为原料的消耗与以天然石膏为原料基本上无差别，以磷石膏为原料的生产成本只是以天然石膏为原料的 64.6%，为硫酸中和法的 91%。

硫酸铵作为含硫化肥不仅可以增加作物的产量，而且可以提高作物质量；其副产品碳酸钙粗品可代替天然碳酸盐岩，进行深加工生产超细碳酸钙，作为橡胶、油漆、塑料和 PVC 的填料。

5）磷石膏制硫黄

从磷石膏(和石膏)中炼硫，即磷石膏经煅烧生成二氧化硫，再经还原可得到元素硫。硫在农田应用上可作为硫肥(直接施用)，也可用作缓释肥料的包裹剂，如包硫尿素，既为作物供硫，又可使氮素缓慢释放，可提高氮素利用率，减少氮素污染。

6）用作路基或工业填料

利用磷石膏与水泥配合加固软土地基或改善半刚性路基材料，其加固强度比单纯用水泥加固成倍提高且可节省大量水泥，降低固化成本。特别是对单纯用水泥加固效果不好的泥炭质土，磷石膏的增强效果更加明显，这拓宽了水泥加固技术适用的土质条件范围。磷石膏还可做矿山井下填充剂等。

4. 硫铁矿烧渣的综合利用

硫铁矿烧渣是以硫铁矿或含硫尾砂做原料生产硫酸过程所排出的一种废渣。硫铁矿是我国生产硫酸的主要原料，目前采用硫铁矿或含硫尾砂生产的硫酸，约占我国硫酸总产量的80%以上。我国每年有数百万吨硫铁矿烧渣排出。

硫铁矿烧渣的组成与矿石来源有很大关系，但其基本成分主要包括三氧化二铁、四氧化三铁、金属硫酸盐、硅酸盐、氧化物及少量铜、铅、锌、金、银等有色金属。

1）制矿渣砖

将硫铁矿烧渣与消石灰粉(或水泥)按一定比例混合均匀，加入适量水进行湿碾，使混合料颗粒受到挤压后，进一步细化、均匀化和胶体化，得到密实、富有弹性的、便于成型的物料。经湿碾后的混合料进一步陈化后，送入压砖机压制成型。成型后的砖坯在适宜的温度下自然养护 28d 或蒸汽蒸养 24h 即可得成品砖。

2）做水泥添加剂

在生产水泥的原料中，掺加 3%～5%的烧渣，可以调整水泥原料成分，降低烧成温度，增加水泥强度。用作水泥助溶剂的烧渣，只要含铁量大于40%即可。由于这方面的需求量大，既能用低品位烧渣，又能用含砷等杂质多的烧渣，因而是目前国内烧渣利用的重要途径。

3）提取有色金属

对于有色金属含量较高的黄铁矿生产硫酸后的废渣，可提取其中的有色金属。一般先进行硫酸盐-氯化焙烧，使有色金属生成相应的硫酸盐、氯化物。然后用酸浸出、过滤，滤液用铁或铜置换分离出金、银、铜，再真空结晶使硫酸钠析出，溶液用石灰乳沉淀得氢氧化锌，煅烧可得氧化锌。

金、银在有氧存在的氰化溶液中与氰化物反应生成金、银氰络离子进入溶液，经液固分离后用锌置换，再经冶炼得到成品金、银。

4）磁选铁精矿

硫铁矿烧渣中一般含铁量为30%～50%，可利用磁选法回收其中的铁。磁选后的成品铁精矿中含铁量为55%～60%。硫铁矿烧渣铁回收率大于60%。磁选的原料为烧渣的矿灰部分，溢流渣混入将使矿渣的磁性占有率下降，影响磁选作业。脱泥十分重要，应供给充足的水量，以保证脱泥效率。磁选的工艺流程如图 10.14 所示。

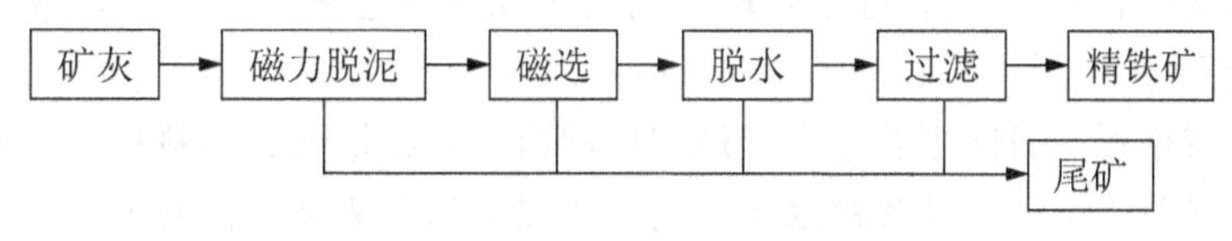

图 10.14　硫铁矿烧渣磁选工艺流程

5）制铁系颜料

利用硫酸与硫铁矿烧渣反应制取硫酸亚铁，再经过一定工艺生产铁系颜料(铁黄、铁红、铁黑、铁棕，铁棕是由铁黄、铁红、铁黑混合而成)。

将硫铁矿烧渣及适量浓度的硫酸加入反应桶，反应后静置沉淀，经过滤后，得到硫酸亚铁溶液。向部分硫酸亚铁溶液中加入氢氧化钠溶液，制得 $Fe(OH)_2$。控制温度、pH 和空气通入量，获得 FeOOH 晶种。将 FeOOH 晶种投入氧化桶，加入硫酸亚铁溶液进行反应。氧化过程结束后，将料浆过滤除去杂质，然后经过过滤、结晶、干燥、粉碎等过程，即可得到铁黄颜料。硫铁矿烧渣制备氧化铁黄工艺流程如图 10.15 所示。铁黄颜料经 600～700℃煅烧、脱水，便可得到铁红颜料。直接合成法、还原法、氧化法等均可用于硫铁矿烧渣制铁黑。

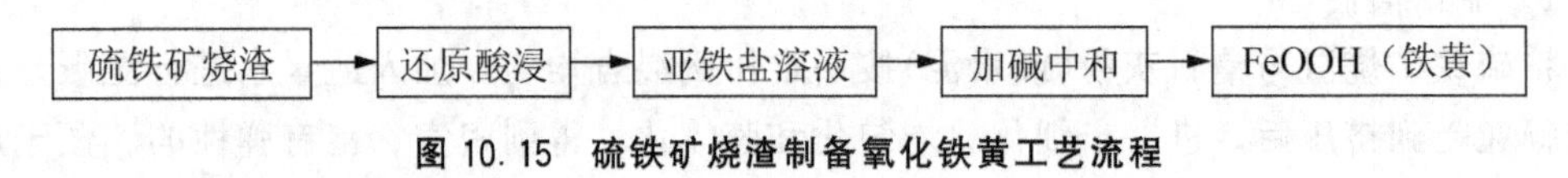

图 10.15 硫铁矿烧渣制备氧化铁黄工艺流程

10.2.3 电力工业废渣的利用

1. 粉煤灰的综合利用

粉煤灰的主要来源是以煤粉为燃料的火电厂和城市集中供热锅炉。粉煤灰的化学成分(见表 10-5) 与黏土很相似，但其二氧化硅含量偏低，三氧化二铝含量偏高。

表 10-5 粉煤灰的化学成分　　单位：%

SiO_2	Al_2O_3	Fe_2O_3	CaO	MgO	$Na_2O \cdot K_2O$	SO_3	烧失量
43～56	20～32	4～10	1.5～5.5	0.6～2.0	1.0～2.5	0.3～1.5	3～20

近年来，我国火力发电发展较快，粉煤灰产生量也逐年增加，“十五”计划末期我国粉煤灰年产生量达 3.02 亿 t，“十一五”计划末期我国期粉煤灰年产生量达 4.8 亿 t，预计“十二五”计划末期我国粉煤灰年产生量将达到 5.7 亿 t。我国粉煤灰综合利用率已经由 1994 年的 35%提高到 2011 年的 68%，超过了美国等发达国家。我国于 2013 年 3 月 1 日起施行的《粉煤灰综合利用管理办法》明确规定粉煤灰的综合利用是指，从粉煤灰中进行物质提取，以粉煤灰为原料生产建材、化工、复合材料等产品，粉煤灰直接用于建筑工程、筑路、回填和农业等。

1）粉煤灰用作建筑材料

我国粉煤灰综合利用始于建材领域，利用粉煤灰的量最大，约占利用总量的 35%，而且利用途径和方式也最多。

(1) 粉煤灰水泥。我国主要生产粉煤灰硅酸盐水泥和粉煤灰无熟料水泥两种类型。前者是用粉煤灰代替黏土，由硅酸盐水泥熟料和粉煤灰加入适量石膏磨细制成水泥；后者是以粉煤灰为主要原料，配以适量的石灰、石膏共同磨细制成水泥。粉煤灰水泥用于工程中可加快施工进度，提高工程质量，降低工程造价。

(2) 粉煤灰混凝土。粉煤灰混凝土是以硅酸盐水泥为胶结料，砂、石子等为骨料，并以粉煤灰取代部分水泥，加水拌和而成。粉煤灰能减少水化热、改善和易性、提高强度、减少干缩率，有效改善混凝土的性能。在三门峡大坝大体积混凝土中，浇注粉煤灰混凝土130万 m^3，掺用粉煤灰3.55万t，节约水泥2.66万t。

（3）粉煤灰制砖。粉煤灰的成分与黏土相似，可以代替黏土制砖，粉煤灰的加入量可达30%～80%。粉煤灰砖主要有蒸压粉煤灰砖和烧结粉煤灰砖。蒸压粉煤灰砖是以粉煤灰和生石灰或其他碱性激发剂为主要原料，也可掺入适量的石膏及一定量的煤油等骨料，按一定比例配合，经搅拌、消化、轮碾、压制成型，在常压或高压蒸汽养护下制成。烧结粉煤灰砖是以粉煤灰和黏土为主要原料，再辅以其他工业废渣，经配料、混合、成型、干燥及焙烧等工序制成。另处，近几年开发出新型墙体材料免烧免蒸粉煤灰砖，它以粉煤灰为主要原料，用水泥、石灰及外加剂等与之配合，经搅拌、半干法压制成型、自然养护制成。粉煤灰砖具保温效率高、耐火度高、热导率小、烧成时间短等优点。

（4）粉煤灰陶粒。粉煤灰陶粒是用粉煤灰作为主要原料，掺加少量黏结剂(如黏土、页岩、煤矸石、纸浆液等)和固体燃料(如煤粉)，经混合、成球、高温焙烧而制得的一种人造轻骨料。根据焙烧前后体积的变化，将其分为烧结粉煤灰陶粒和膨胀粉煤灰陶粒两种，前者比后者容重大，强度高。粉煤灰陶粒主要特点是容重轻、强度高、热导率低、化学稳定性好等，比天然石料具有更为优良的物理力学性能。

（5）粉煤灰砌块。利用粉煤灰生产的砌块有蒸养粉煤灰硅酸盐砌块、蒸压粉煤灰加气混凝土砌块、粉煤灰混凝土小型空心砌块、粉煤灰泡沫混凝土砌块、粉煤灰空心砌块等。粉煤灰砌块具有容重轻、强度高、保温性能好、耐久性好等优点。

（6）粉煤灰轻质板材。玻璃纤维增强水泥轻质多孔墙板是以粉煤灰、低碱水泥、珍珠岩和抗碱玻璃纤维为主要原料，加入一定比例的外加剂，采用当今先进的叠模生产工艺，经过搅拌、振动、浇注、抽芯、养护、脱模等工序制作而成；具有容重轻、强度高、防潮保湿、隔热、隔音、阻燃等特点，广泛用于高层、超高层建筑的分室、分户及厨房、卫生间等非承重部位。

（7）粉煤灰高强轻质耐火砖。高强轻质耐火砖是以粉煤灰中选取的空心漂珠为主要原料，经合理配制、高温烧结、精制而成的耐火材制品，具有容重轻、耐火度高、抗压强度大、导热系数低、隔热性能佳、表面活性大等优点。

2）筑路回填

（1）筑路。粉煤灰能代替砂石、黏土用于公路路基和修筑堤坝。常用粉煤灰、黏土、石灰掺和做公路路基材料。掺入粉煤灰后路面隔热性能好，防水性和板体性也有提高，适于处理软弱地基。

（2）回填。矿山的采空区、自然或人为形成的空洞，都可用粉煤灰进行充填，还可利用粉煤灰平整土地。与常规充填材料相比，粉煤灰属轻体材料，适于在承重能力较差的地面上使用，可减少被充填地区的沉降幅度，降低充填结构的水平压力。液态的粉煤灰基浆体可以通过水力完全充填满空洞、隧道、废池等。尽管粉煤灰的含水量比土壤高，但粉煤灰的压实性对湿度显示出明显的惰性。

3）用于农业生产

（1）用作土壤改良剂。粉煤灰中的硅酸盐矿物质和炭粒具有多孔结构，是土壤本身的硅酸盐矿物质所不具备的。将粉煤灰施入土壤，有利于降低土壤密度，增加孔隙，提高地温，缩小土壤膨胀率，改善土壤的孔隙度和溶液在土壤内的扩散，有利于植物根部加速对营养物质的吸收和分泌物的排出，促进植物生长。

(2) 用作农业肥料。粉煤灰含有大量的易溶性硅、钙、镁、磷等农作物必需的营养元素，可制成肥料使用。粉煤灰中还含有大量 SiO_2、CaO、MgO 及少量 P_2O_5、S、Fe、Mo、B、Zn 等有用成分，因而也被用作复合微量元素肥料。

4) 回收工业原料

(1) 回收煤炭。粉煤灰中一般含炭量5%～16%。回收煤炭的方法主要有两种。一种是用浮选法回收湿排粉煤灰中的煤炭。在含煤炭粉煤灰的灰浆水中加入浮选药剂，然后采用气浮技术，使煤粒黏附于气泡上浮与灰渣分离。回收率为85%～94%，尾灰含炭量小于5%，浮选回收的精煤灰具有一定的吸附性，可直接做吸附剂，也可用于制作粒状活性炭。另一种是干灰静电分选煤炭，静电分选工艺的炭回收率一般在85%～90%。

(2) 回收金属物质。粉煤灰中的铁为大部分四氧化三铁和少部分粒铁，具有磁性，因此可用磁选法把粉煤灰中的铁选出来。粉煤灰中氧化铝的含量仅次于二氧化硅列第二位，从粉煤灰中提取铝的化合物有提取氧化铝和提取硫酸铝，前者的主要生产工艺又有石灰石烧结法和碱石灰烧结法。

(3) 分选空心微珠。粉煤灰中有一种颗粒微小(粒径为0.3～300μm)，呈圆球状，颜色由白到黑，内透明到半透明的中空玻璃体，通称为微珠。空心微珠具有质量小(密度为粉煤灰的1/3)、高强度、耐高温和绝缘性好，不仅是塑料的理想填料，还可用于轻质耐火材料和高效保温材料。

(4) 粉煤灰制取硅铝钡铁合金。在高温下用碳将粉煤灰中的 SO_2、Al_2O_3、Fe_2O_3 等氧化物的氧脱出，并除去杂质制成硅、铝、铁三元合金或硅、铝、铁、钡四元合金，作为热法炼镁的还原剂和炼钢的脱氧剂，可显著提高金属镁的纯度和钢的质量。

5) 在环保方面的应用

(1) 粉煤灰制分子筛。以粉煤灰代替硅酸钠为主要原料，加上工业氢氧化铝和纯碱，通过混合、碳化、晶化制备分子筛，该工艺(图10.16)简单，可节约化工原料，降低成本。广泛用于各种气体和液体的脱水、干燥，气体的分离、净化，液体的分离纯化及其他石化工业中。

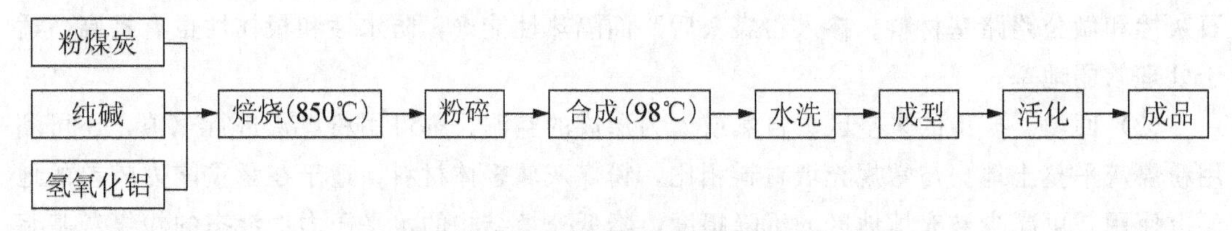

图10.16 粉煤灰制分子筛工艺流程

(2) 粉煤灰制烟气脱硫剂。用粉煤灰制成的脱硫剂的脱硫效率要高于纯的石灰脱硫剂，在适当的粉煤灰、石灰比和反应温度时，脱硫率可达到90%以上。

(3) 用于废水处理。粉煤灰中含沸石、莫来石、炭粒和硅胶等，其比表面积大、多孔，具有很好的吸附性和沉降作用。粉煤灰对生活污水、印染废水、造纸废水、电镀废水等都有很好的处理效果。利用粉煤灰处理印染废水，COD 去除率可达 60%～85%，色度去除率高达 95%。粉煤灰处理电镀废水时，铬离子去除率一般在 90%以上。

2. 锅炉渣的综合利用

锅炉渣是以煤为燃料的锅炉燃烧过程中产生的块状废渣。锅炉渣的产生量仅少于尾矿和煤矸石而居第三位。锅炉渣的化学成分与粉煤灰相似，但含炭量通常比粉煤灰高，一般在 15%左右，热值一般为 3 500～6 000kJ/kg，有的高达 8 000kJ/kg 以上。锅炉渣的容重一般为 0.7～1.0t/m^3。

锅炉渣可用作制砖内燃料，做硅酸盐制品的骨架，以及用于筑路或做屋面保温材料等。

1）用作制砖内燃料

将锅炉渣粉碎到 3mm 以下，与黏土掺和制成砖坯，在焙烧过程中，炉渣中的未燃碳会缓慢燃烧并放出热量。由于砖的焙烧时间很长，这些未燃碳可在砖内燃烧得很完全。采用内燃烧技术可收到显著的节能效果。通常每生产万块砖耗煤 1.2～1.6t，而利用炉渣做内燃料后，每万块砖仅需煤 0.1～0.2t。据统计，辽宁省凌源县几十个砖厂利用炉渣后煤耗降低了 80%。上海振苏砖瓦厂利用上海杨浦煤气厂、上海焦化厂等厂的炉渣和焦炭屑为内燃料生产的烧结黏土空心砖，曾用于上海希尔顿饭店、宝钢工程等。

2）其他用途

由于锅炉渣容重较轻，可做屋面保温材料和轻骨料。可用锅炉渣代替石子生产炉渣小砌块，做蒸养粉煤灰砖骨料。

沸腾炉渣有一定活性，可作为水泥的活性混合材，也可以与少量水泥熟料混合，磨细配制砌筑水泥，或与石灰、石膏混合磨细配制无熟料水泥。沸腾炉渣易磨性好，做混合材料可起到助磨作用，降低水泥生产电耗。沸腾炉渣还可用于生产蒸养粉煤灰砖和加气混凝土。

10.3 矿业固体废物的综合利用

矿产资源是人类生存和社会发展的重要物质基础，世界上 95%以上的能源、80%以上的工业原料、70%以上的农业生产资料都来自矿产资源。矿业固体废物(mining solid waste)是指矿山、采矿场在矿石开采和选矿过程中产生的围岩、废石和尾矿等。随着矿产资源开采量的日益增加，矿业固体废物的排放量也逐年增多。据不完全统计，全世界每年排出的尾矿及废石在 100 亿 t 以上。我国堆存的尾矿达 40 亿 t 以上，且每年以数亿吨的速度增加。大量矿业固体废物的排放和堆存，不仅侵占了大量的土地(如 2006 年我国尾矿堆放占地 91.5 万 hm^2)，污染矿区周围的环境，还会造成滑坡、泥石流、尾矿库溃坝等灾害。

10.3.1 矿业固体废物的种类、成分与性质

1. 矿业固体废物的种类

按原矿的矿床学分类：根据矿体赋存的主岩及围岩类型，并考虑到矿业固体废物组成情况，可将其分为基性岩浆岩、自变质花岗岩、金伯利岩、玄武岩—安山岩等28个基本类型。

按选矿工艺分类：根据选矿工艺的不同，矿业固体废物可分为手选、重选、磁选、电选及光电选、浮选、化学选矿等。

按主要矿物成分分类：根据矿物成分的不同，矿业固体废物可分成以石英为主的高硅型、以长石及石英为主的高硅型，以方解石为主的富钙型以及成分复杂性矿业固体废物。

2. 矿业固体废物的成分

矿业固体废物的主要化学组成元素是O、Si、Al、Fe、Mn、Mg、Ca、Na、K、P等，但在不同类型的矿业固体废物中，各种元素含量差别较大，且具有不同的结晶化学行为。矿业固体废物中量大面广的组成矿物为含氧盐矿物、氧化物和氢氧化物矿物、硫化物及其类似化合物矿物等。

3. 矿业固体废物的性质

由于废石是围绕在矿体周围的无价值的岩石，尾矿是与有用矿物伴生的脉石矿物，因此，矿业固体废物除粒度不同于天然矿产资源外，其他性质与天然矿产资源类似。

1）物理性质

物理性质包括光学性质、力学性质、磁学性质、电学性质和表面性质等，主要取决于矿物的化学成分和内部构造，但与生成环境也有一定的关系。

(1) 光学性质。

矿物的光学性质是矿物对光线的吸收、折射和反射所表现的各种性质，包括颜色、光泽、透明度等，这些性质是相互关联的。提取矿业固体废物中的有价矿物，可借助于它与脉石矿物光泽、颜色的差异进行光电分选。透明度是鉴定矿业固体废物能否作为光学材料使用的特征之一，也是能否作为填料使用的特征之一，如石英、$CaCO_3$常作为无色透明的填料使用。

(2) 力学性质。

废物在外力作用下所表现的物理机械性能，称为废物的力学性能，包括废物的硬度、韧性、密度等。

废物硬度与废物粉碎关系密切。废物硬度不同，粉碎的难易程度、粉碎所需时间和设备不同。硬度越大，越难粉碎，粉碎时消耗的能量也越大。硬度不同的废物，其应用价值不同。硬度大的废物可作为磨料使用，硬度小的废物可作为填料使用。

韧性不同的矿业废物，所采用的粉碎流程不同，所选用的粉碎设备也不同。

矿业固体废物按密度分为三级：相对密度在2.5以下的为轻密度矿业固体废物；相对密度在2.5～4之间的为中密度矿业固体废物；相对密度在4以上的为高密度矿业固体废物。

(3) 电学性质。

矿业固体废物的电学性质是指矿业固体废物的导电能力及在外界能量作用下发生带电现象这两个方面的性质，即导电性及荷电性。在矿业固体废物资源化利用中，可根据废物中矿物电导率的不同采用静电分离法来分离提纯有用矿物。

(4) 磁性。

磁性是指能被永久磁铁或电磁铁吸引或本身能够吸引铁物体的性质。在矿业固体废物资源化中，常根据废物中不同矿物的磁性差异进行磁选分离磁性不同的矿物。按比磁化系数的不同，矿业固体废物分成以下四类。

① 比磁化系数大于 $3\times10^{-3}cm^3/g$ 为强磁性，在弱磁场(900～2 100Oe)就能与其他废物分离，如含磁铁矿、磁黄铁矿等的废物。

② 比磁化系数在 $0.6\times10^{-3}\sim3\times10^{-3}cm^3/g$ 之间的为中磁性，在场强 2 000～8 000Oe才能与其他废物分离，如含钛铁矿、铬铁矿及含磁铁矿等的废物。

③ 比磁化系数在 $0.015\times10^{-3}\sim0.6\times10^{-3}cm^3/g$ 之间的为弱磁性，在场强 10 000Oe 以上才能与其他废物分离，如含赤铁矿、褐铁矿、黑钨矿、辉铜矿、菱铁矿、黄铁矿等的废物。

④ 比磁化系数小于 $0.015\times10^{-3}cm^3/g$ 为非磁性，无法采用磁选分离法分离回收，如含石英、方解石、长石等的废物。

对于磁性弱的矿业固体废物，可通过适当人工焙烧增强其磁性，这就是所谓的还原焙烧—磁选法。例如含赤铁矿、褐铁矿废物的还原焙烧，反应式为

$$3Fe_2O_3+CO\longrightarrow 2Fe_3O_4+CO_2$$

对于含黄铁矿或白铁矿的废物可通过氧化焙烧形成强磁性的 Fe_7S_8，再进行磁选：

$$7FeS_2+6O_2\xrightarrow{400℃}Fe_7S_8+6SO_2$$

2) 化学性质

与矿业固体废物资源化有关的化学性质主要是可溶性、氧化性。

(1) 可溶性。硫酸盐、碳酸型以及含有氢氧根和水的矿业固体废物易溶，大部分硫化物、氧化物及硅酸盐类废物难溶。

(2) 氧化性。废物中的矿物在暴露或处于地表条件下，由于空气中氧和水的长期作用，促使其中矿物发生变化，形成一系列金属氧化物、氢氧化物以及含氧盐等次生矿物。废物中的矿物被氧化后，其成分、结构及矿物表面性质均发生变化，对废物的资源化利用具有较大影响。

10.3.2 矿业固体废物的综合利用

“十一五”计划期间，我国共伴生金属矿产约 70%的品种得到了综合开发，矿产资源总回收率和共伴生矿产综合利用率分别提高到 35%和 40%，煤层伴生的油母页岩、高岭土等矿产进入大规模利用阶段。累计利用煤矸石约 11 亿 t。到 2015 年，矿产资源总回收率与共伴生矿产综合利用率要高到 40%和 45%。2010 年，我国尾矿产生量约 2.3 亿 t，其中主要为铁尾矿和铜尾矿，分别占到 40%和 20%左右。2010 年，尾矿综合利用量为

1.72亿t，利用率约14%，利用途径主要有再选、生产建筑材料、回填、复垦等。到2015年，尾矿综合利用率提高到20%，通过实施重点工程新增3 000万t的年利用能力。煤矸石是煤炭开采和洗选加工过程中产生的固体废弃物，占当年煤炭产量的18%左右。2010年，我国煤矸石产生量约5.94亿t，综合利用率约61.4%，年利用煤矸石近3.65亿t，主要利用方式为煤矸石发电、生产建材产品、筑基铺路、土地复垦、塌陷区治理和井下充填换煤等，煤矸石井下充填置换煤技术实现了矸石不升井、不占地。到2015年，煤矸石综合利用率要高到75%，通过实施重点工程新增9 000万t的年利用能力。

1. 冶金矿山固体废物的综合利用

1）矿山废石的利用

矿山废石的组成最接近原岩，具有许多非金属矿产的性质，可代替非金属矿产资源的使用，废石还可用于矿山采空区的充填等。

（1）废石中有价金属的提取。

废石中有价金属很多，目前，提取的主要有价金属包括铜、金等较昂贵的金属。

① 提取铜。江西德兴铜矿是我国最大的露采斑岩铜矿，剥采的含铜0.3%以下的废石和表土堆存在废石场中。由于废石中含有硫化铜、黄铁矿和多种金属硫化物，在氧、雨水和铁硫杆菌作用下，产生出Cu、Fe、S、Al等离子的酸性水，对水体造成了严重的污染，为了保护环境和综合利用矿山资源，德兴铜矿利用酸性废水浸出废石中的铜，图10.17所示为其工艺流程。

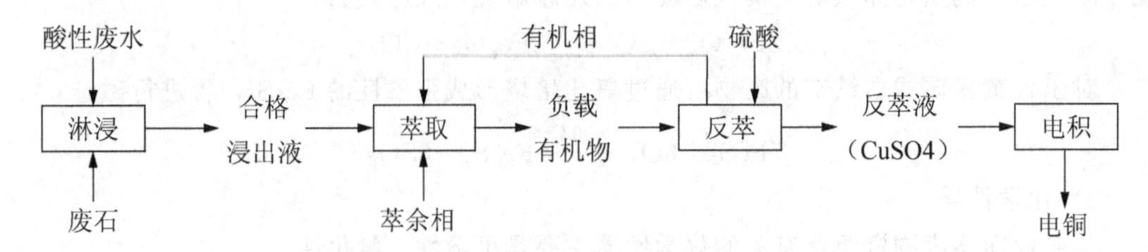

图10.17　含铜废石堆浸出回收铜工艺流程

酸性废水扬至高位水池内，再经过总管、水管和喷淋头喷淋到废石堆上，在废水下渗过程中，借助细菌作用使铜金属浸出。浸出液从堆底流出，并循环2～3次。当含铜浓度达到1g/L时，萃取回收其中的铜。

② 提取金。在黄金矿山生产过程中，大量的围岩（含金1g/t左右）以及达不到最低工业要求品位（3g/t）的矿石被视为废石排弃在废石场。为充分利用资源，张家口金矿利用堆浸技术从废石中提取金。表10-6所示为该金矿废石多元素分析结果。

表10-6　张家口金矿废石多元素分析　　单位：%

组成	Au/(g/t)	Ag/(g/t)	Cu	Te	Pb	Zn	S	SiO_2	CaO
含量	1.84	1.88	0.013	1.6	0.061	0.049	0.2	83.83	2.01

含金矿物主要为自然金（占99%以上），其次为碲化金（含量<1%）。自然金嵌布粒度

以细粒为主，一般为0.01～0.02mm，以不规则分布于褐铁矿、黄铁矿等矿物中。其堆浸提金工艺为破碎—磨细—炭吸附—解吸—电解，最后得到金。其中，含金2～3g/t的废石破碎后浸出，含金1g/t的废石直接进入浸出系统。浸出采用机械化作业，分段分层喷淋氰化钾药剂(pH为10～11)，浸液中金浓度达到一定浓度时送炭吸附。金的浸出率达99%以上。

(2) 废石生产建筑材料。

废石可用于各种矿山工程中，如铺路、筑尾矿坝、填露天采场、筑挡墙等，每年可消耗废石总量的20%～30%。废石还被用于生产水泥、微晶玻璃和水处理混凝剂等。

① 废石作为井下胶结充填骨料。利用废石加工成人造砂石，作为井下胶结充填骨料，加工工艺简单。图10.18所示为凡口铅锌矿劳动服务公司磨砂厂利用废石加工成井下胶结充填骨料工艺流程。

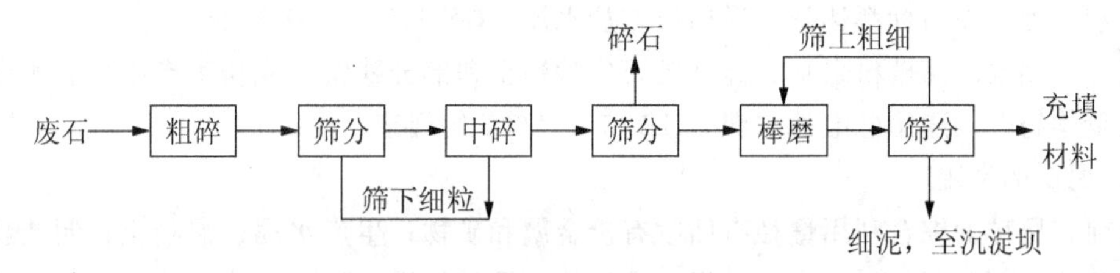

图10.18 利用废石加工成井下胶结充填骨料工艺流程

废石由600mm×900mm鄂式破碎机粗碎，再经1 250mm×2 500mm惯性振动筛分级。大于25mm筛上粗粒经ϕ1 200mm型标准圆锥破碎机中碎，中碎产品再经1 250mm×2 500mm惯性振动筛分级。粒度25～50mm的筛上粗粒可直接作为混凝土胶结骨料或水砂充填材料使用，小于25mm的筛下细粒经棒磨机细磨，进一步分成三级：粒径大于3mm的部分返回棒磨，粒径0.037～3mm的部分可作为成品砂直接供胶结充填细骨料使用，粒径小于0.037mm的部分细泥，直接排至沉淀坝丢弃。图10.19所示为红透山铜矿建立的井下废石破碎充填系统。

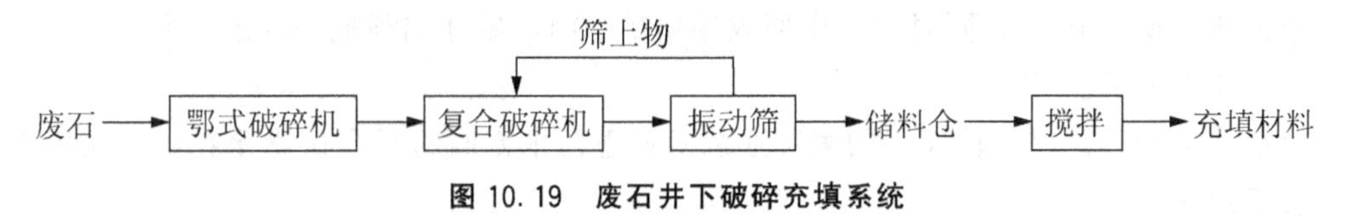

图10.19 废石井下破碎充填系统

选用PEF 500mm×750mm鄂式破碎机、PFL-1500复合破碎机、GZ7振动给料机、SZZ 1 250mm×2 500mm振动筛、B650胶带输送机等设备，其中PFL-1500复合破碎机具有破碎比大、最大入料粒度80～180mm、出料粒度3～5mm占60%～90%、小时处理能力60～110t、噪声低、能耗低等优点。充填料粒径在6mm以下，其中4.75～6.0mm占15.1%、3.35～4.75mm占8.9%、2.20～3.35mm占12.0%、1.40～2.20mm占7.8%、1.40mm占56.2%，完全达到设计要求。

② 废石生产硅酸盐水泥。利用废石代替黏土可生产硅酸盐水泥和低碱水泥。图10.20

所示为利用废石完全代替黏土生产硅酸盐水泥工艺流程，所用废石为低品位石灰石和煤矸石等。

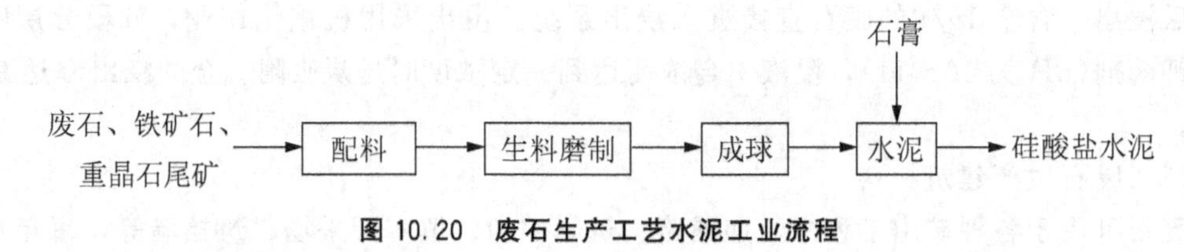

图 10.20　废石生产工艺水泥工业流程

低品位石灰石是高硅低钙的高长石类，煤矸石为高硅高铝高岭石类。因此，这两类废石的硅含量均较高，铁含量较低，可用铁矿石调节生料成分，重晶石尾矿为矿化剂。

用废石烧制的水泥熟料，C_3S含量达50%以上，游离氧化钙含量在3%以下。所生产的硅酸盐水泥各项指标都达到《通用硅酸盐水泥》GB 175—2007 标准。

另外，用电厂高硅粉煤灰、高硅废石代替黏土和部分铁粉已成功生产出低碱水泥，其产品质量均符合《通用硅酸盐水泥》GB 175—2007 的规定。

2）尾矿的利用

目前，尾矿的综合利用途径有回收有价金属和矿物；生产水泥、混凝土；制造新型材料；土壤改良剂及肥料；发电、造纸；造地复垦及植被绿化；矿山井下充填。

（1）回收有价金属和矿物。

采用先进生产工艺及设备从尾矿中回收有价金属和矿物，是尾矿利用的重要途径。金川镍矿从尾矿中回收镍，使镍的回收率从50%增加到90%，同时回收了如Cu、Co、Ag、Se及铂族金属等。攀枝花铁矿每年从铁尾矿中回收V、Ti、Co、Sc等多种有色金属和稀有金属，回收产品的价值占矿石总价值的60%以上。武山铜矿为高硫型铜矿床，硫回收率只有40%左右，尾矿中含硫达20%，该矿投资建立尾矿库再选硫工程，每年增产4.44万t硫精矿，净增效益约为400万元。洛阳栾川钼业有限公司对浮钼尾矿进行常温浮选、精选加温、酸浸，取得了含$WO_3$53.56 %的白钨精矿，2004年生产白钨精矿1 559 t，2005年生产白钨精矿1 407 t，同时二次中回收钼精矿30 t，累计创利税800余万元。

（2）制造材料。

尾矿作为一种建材、玻璃、陶瓷工业以及处理污水方面的复合矿物原料，在应用中已取得显著成效。

① 生产水泥和混凝土。利用尾矿作为生产水泥和混凝土的原料，其成本比专门开采的原料低廉。唐山市协兴水泥厂利用铁矿废弃尾矿砂生产水泥，不仅节约黏土等原料，还使水泥吨熟料成本下降2～3元，而且熟料28d抗压强度提高3～5MPa。马钢桃冲铁矿利用尾矿生产水泥。冀东某铁矿是鞍山式铁矿，曾利用其尾矿用作混凝土细骨料。对于含石英为主的尾矿(如鞍山式铁矿的尾矿)，特别适于用作高速公路路面混凝土或机场的跑道混凝土的细骨料，其较之河砂或海砂的混凝土具有更大的强度，又有利于高速公路上的刹车。加气混凝土的主要原料是水泥、矿渣和砂，其中砂的用量约占全部原料用量的45%。若尾矿的化学成分符合对砂的技术要求时，就可用作加气混凝土的配料。如某金矿用选金

尾矿生产加气混凝土砌块，其物料比为：尾矿量：石灰量：水泥：石膏量＝69：20：9：3。

② 生产墙体材料。

利用尾矿生产蒸养砖。大孤山选矿厂以含铁的尾矿为主，加入适量 CaO 活性材料，经一定工艺制得尾矿蒸养砖。其反应机理：将尾矿粉、生石灰、水混合搅拌后，生石灰遇水消解成 $Ca(OH)_2$，砖在蒸压处理时，$Ca(OH)_2$在高压饱和蒸汽条件下与 SiO_2进行硬化反应，生成含水硅酸，即硬硅酸钙及透闪石，使尾矿砖产生强度。西华山钨矿利用尾矿砂制作灰砂砖，其强度比红砖高出一倍以上，达到《蒸压灰砂砖》(GB 11945—1999)所规定的技术指标。制造灰砂砖的主要原料是尾砂和石灰。其生产工艺：原料处理(尾矿砂去杂、生石灰破碎、细磨)、配料、加水搅拌、入仓消解、压制成型、饱和蒸汽养护、成品堆放。

利用尾矿生产免蒸砖。其一般工艺过程：以细尾矿为主要原料，配入少量的骨料、钙质胶凝材料及外加剂，加入适量的水，均匀搅拌后在压力机上模压成型，脱膜后标准养护，即成尾矿免烧砖成品。某矿山实验证明用尾矿 25%、水泥 10%、水 12%、外加剂 3%(占水泥用量)的配比时生产出来的免烧砖最好，性能指标完全满足国家标准。

利用尾矿砂生产承重砌块。本钢歪头山铁矿用尾矿砂代替石英砂生产承重砌块，年产承重砌块达到 10 万 m^3，完全达到《普通混凝土小型砌块》GB 8239—2014 标准，强度等级为 NU10。

③ 生产玻璃。

富含二氧化硅的石英脉型金矿、钨矿，富含石英、长石的伟晶岩型铌钽矿等金属矿山的尾矿都可以作为生产玻璃的原配料。含铝较高的尾矿，可熔制瓶缸玻璃、纤维中碱球、低碱无硼玻璃等。

用金属矿山尾矿研发的新型玻璃还包括高铁铝型尾矿制造的饰面玻璃，铁尾矿及废石、铜尾矿、钨尾矿制造的微晶平板玻璃、彩色微晶玻璃等。

利用尾矿生产微晶玻璃的方法有熔融法和烧结法两种。

熔融法的优点：可采用任何一种玻璃成型方法，如压延、压制、吹制、拉制等；制品无气孔，致密度高；玻璃组成范围宽。

熔融法的缺点：熔制温度过高，能耗大；热处理温度难于控制。

烧结法的优点：制备微晶玻璃无须经过玻璃成型阶段；由于晶化与小块玻璃的黏结同时进行，因此不易炸裂，产品成品率高、节能，可方便地生产出异形板材和各种曲面板，并具有类似天然石材的花纹；由于颗粒细小，表面积增加，比熔融法制得的玻璃更容易晶化，可不加或少加晶核剂。

烧结法的缺点：产品中存在气孔，导致产品中的成品率降低。所以，用烧结法制备的尾矿微晶玻璃板材可获得与天然大理石与花岗岩十分相似的花纹，装饰效果好，但存在残留气孔的问题，合格率有待提高。

④ 生产陶瓷。

尾矿不仅可用于制造日用陶瓷或工业陶瓷，甚至可用于制造陶瓷工艺品。江西德兴铜矿利用尾矿制成紫砂美术陶瓷和砂锅、酒具等日用陶瓷。湖南桃江锰矿投建“免烧瓦”生产线，利用尾矿库中尾矿再选锰后的尾砂生产光亮细腻、抗压强度好的彩色瓦。某些尾矿不仅可用于生产陶瓷的坯料，而且还可以用于生产釉料，如福建德化金矿尾矿制造釉料。

⑤ 生产耐火材料。

铝土矿选矿尾矿主要含有 Al_2O_3、SiO_2及少量的 Fe、Ti、Ca、Mg 等，适合于生产耐火材料。江苏某瓷土矿利用选厂尾矿配以适量的焦宝石、4 号瓷土自烧熟料等原料烧制成耐火砖，其工艺流程如图 10.21 所示。

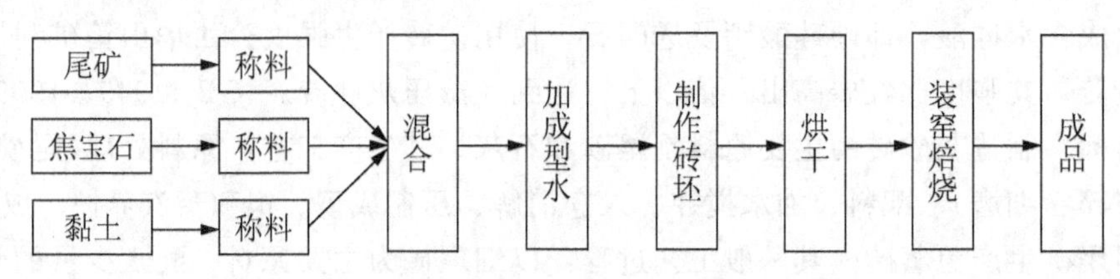

图 10.21　尾矿制耐火砖流程

⑥ 制作污水处理材料。

30 多年前瑞典就已利用波立登和克里斯廷贝两座选矿厂的尾矿来净化酸性污水和城市污水。尾矿净化污水的原理：用尾矿泥加入城市污水，矿泥能将重金属离子吸附于尾矿的表面，形成沉淀物从水中分离，而且比一般的氢氧化物吸附分离要充分。钨矿山的尾矿中常以石英粒或花岗岩粒为主，可从其淘汰粗选尾矿中筛选出符合粒度要求的尾砂作为去除污水中的悬浮物或乳浊物的滤料。利用黏土矿物含量高的尾矿或废石中的页岩(包括煤矸石)，并添加少量辅料来制造曝气生物滤池污水处理的滤料，也可利用这些废弃物来治理赤潮，将大大降低处理赤潮的成本。

(3) 用作土壤改良剂和肥料。

有的尾矿中含有一定量促进植物生长的肥分和微量元素，用其作肥料，能改善土壤的团粒结构，提高土壤的孔隙度、透气性、透水性，使农作物生长环境得到改善。铁尾矿与农用化肥按一定比例相混合，经过磁化、制粒等工序，可制取磁化复合肥，安徽省马鞍山市当涂太仓生态村建成一座年产 1 万 t 的磁化复合肥厂。含镁高的尾矿可用于生产钙镁磷肥；含钾高的尾矿可用来制造钾肥；某些尾矿中如富含碳酸钙或碳酸镁，可用作改良酸性土壤的矿物原料。

(4) 用于造纸。

虽然纸张主要是利用植物纤维来制造的，但高级的纸张往往需要一些非金属矿物粉末作为填料，包括硅灰石、滑石、云母、水云母、叶蜡石及蛭石(后者具有装饰、防火、防潮、隔音、抗菌等功能)等。这些矿物都可能在尾矿中出现，并可能通过选矿选出。例如，某铌钽矿就曾经通过其尾矿再选，提取出钾长石精矿、石英精矿及云母精矿用于造纸工业。

(5) 造地复垦及植被绿化。

尾矿都是无机物质，不具有基本肥力，采取覆土、掺土、施肥等方法处理，可造地复垦、植被绿化。造地复垦在华北、西北等干旱地区较为常见，在河滩上用石块垒起高 3.5～5 m 的围坝，将尾矿直接排入池中，填充了尾矿后的池子，河卵石已埋到尾矿之下，

在其上覆盖约 25 cm 的可耕土，就使这种池子成为了可耕地，不仅减少了尾矿库中尾矿的堆放量，而且又增加了可耕地。

(6) 用于矿山井下充填。

尾矿用于地下采空区回填，可防止地面沉降塌陷与开裂，减少地质灾害的发生。铜陵凤凰山铜矿尾矿利用全水速凝胶结充填工艺进行井下充填，降低了充填成本，取得了良好的效果。金川公司尾砂膏体充填系统，设计年利用尾砂 80 万 t，节约充填费用 3 000 万元以上，并且减少了尾砂堆存等相关费用。我国的充填技术经历了从干式充填到水力充填，从分级尾砂、全尾砂、高水固化胶结充填到膏体泵送胶结充填的发展过程。

2. 煤矸石的综合利用

煤矸石是一种在成煤过程中与煤伴生的含碳量较低、比煤坚硬的黑色岩石。煤矸石是由多种矿岩组成的混合物，属沉积岩。主要岩石种类有黏土岩类、砂岩类、碳酸盐类和铝质岩类。煤矸石的化学成分一般以硅、铝氧化物为主，其中 SiO_2 含量为 40%～60%、Al_2O_3 含量为 15%～30%。煤矸石综合利用途径主要有：生产建材、能量物质回收、生产化工产品、矿产品回收、生产肥料和土壤改良剂、用作筑路基材、用于土地复垦和回填采空区及塌陷区等。

1) 生产建材

目前，技术较为成熟、利用量较大的煤矸石资源化途径是生产建筑材料。

(1) 煤矸石制砖。

包括用煤矸石生产烧结砖和做烧砖内燃料。煤矸石砖以煤矸石为主要原料，一般占坯料质量的 80%以上，有的全部以煤矸石为原料(工艺流程见图 10.22)，有的掺入粉煤灰(工艺流程见图 10.23)，有的掺入黏土(工艺流程见图 10.24)，焙烧时基本无须再外加燃料。煤矸石砖规格与性能和普通黏土砖相同。用煤矸石做烧砖内燃料，节能效果明显，制砖工艺与用煤做内燃料基本相同，只是增加了煤矸石的粉碎程序。

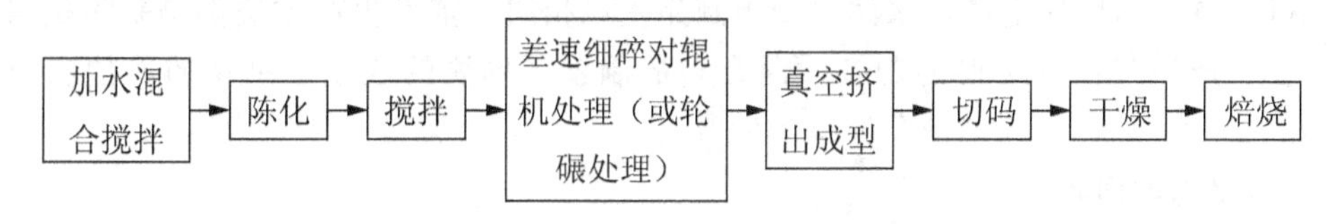

图 10.22 全煤矸石制砖工艺流程

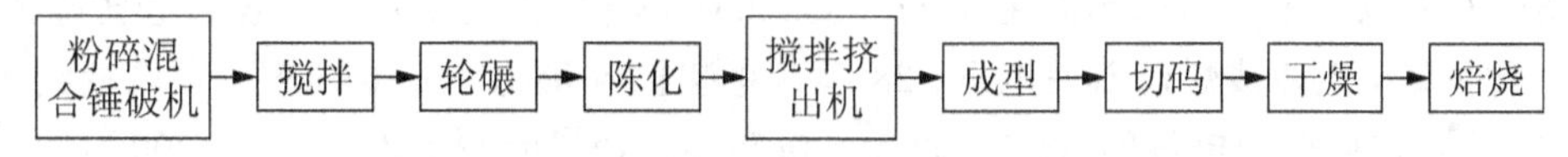

图 10.23 煤矸石—粉煤灰制砖工艺流程

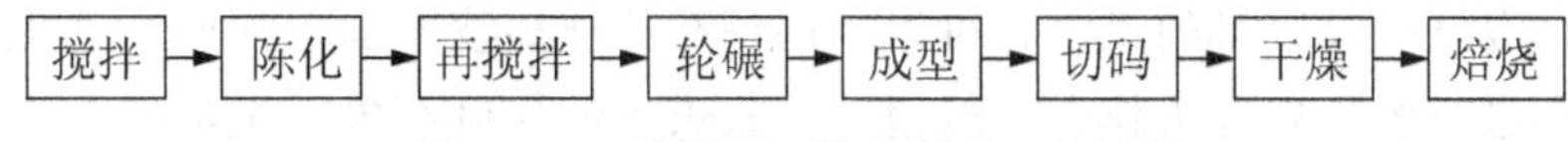

图 10.24 煤矸石—黏土制砖工艺流程

(2) 煤矸石生产水泥。

用煤矸石生产水泥，是由于煤矸石和黏土的化学成分相近，可以代替黏土提供硅质和铝质成分；煤矸石能释放一定热量，可以代替部分燃料。煤矸石中的可燃物有利于硅酸盐等矿物的熔解和形成。此外煤矸石配置的生料表面能高，硅铝等酸性氧化物易于吸收氧化钙，可加速硅酸钙等矿物的形成。根据煤矸石成分的不同，不仅可以用于生产水泥熟料、普通硅酸盐水泥、无熟料或少熟料水泥，还可用于生产特种水泥(如快硬水泥、双快水泥、早强水泥、喷射水泥等)。用煤矸石生产普通硅酸盐水泥、无熟料或少熟料水泥的工艺流程分别如图 10.25、图 10.26 所示。

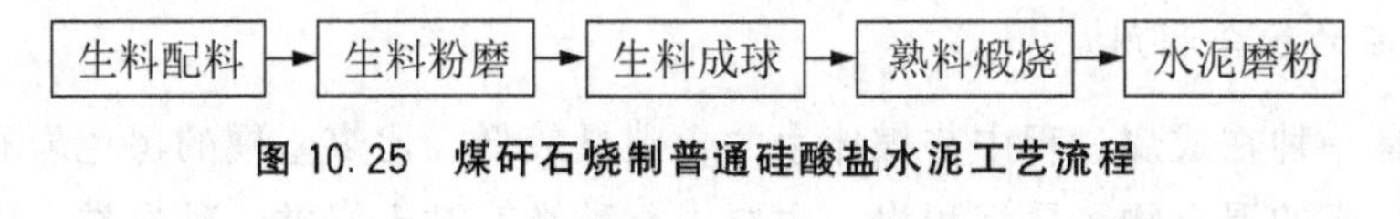

图 10.25　煤矸石烧制普通硅酸盐水泥工艺流程

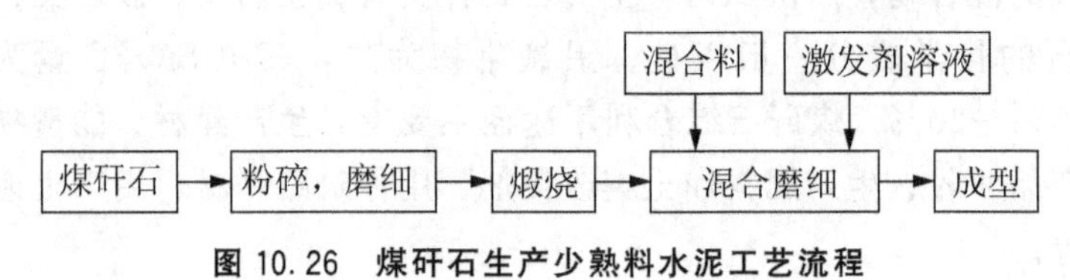

图 10.26　煤矸石生产少熟料水泥工艺流程

(3) 煤矸石生产轻骨料。

适宜烧制轻骨料的煤矸石主要是碳质岩和选矿厂排出的洗矸，矸石的含碳量不宜过大，一般应低于 13%。根据煤矸石的性态不同，可分为自燃煤矸石轻骨料和煅烧煤矸石轻骨料。自燃煤矸石轻骨料是过火的煤矸石经破碎、筛分、经加工处理得到，可广泛用于建筑工程。煅烧煤矸石轻骨料是由碳质页岩和选矸经过破碎、磨细、加水成球，用烧结机或回转窑焙烧，矸石膨胀，冷却后即成煤矸石轻骨料。

(4) 煤矸石生产砌块。

煤矸石空心砌块的生产与水泥混凝土制品基本相同，基本生产方法都是采用机组流水法。主要生产环节：胶结料的制备、混合料的制备、砌块的成型、砌块的养护和成品堆放等。

2) 能量物质回收

(1) 煤矸石发电。

煤矸石发电厂主要利用热值在 6.27～83.36MJ/kg 以上的洗矸、半煤岩巷排除的掘进矸石。全国煤矿已建成煤矸石发电厂 128 座，总装机容量约 2×10^{10} kW，发电量约 1.2×10^{10} kW·h，占矿区用电量的 30%，每年发电实际消耗煤矸石 1 200 万～1 800 万 t。

(2) 回收煤炭。

煤矸石中混有一定数量的煤炭，可以利用现有的选煤技术加以回收，这也是综合利用煤矸石时必须进行的预处理工作。一般地，回收煤炭的煤矸石含煤炭量应大于 20%。选洗工艺主要有水力旋流器分选和重介质分选两种。

美国雷考煤炭公司采用水力旋流器分选煤矸石，原料粒度小于 32mm，煤矸石质量分数为 65%，煤炭质量分数为 35%，处理能力为 230t/h，获得 70t/h 的热值为 1 314.6×

10^4J/kg的精煤，其工艺流程如图10.27所示。

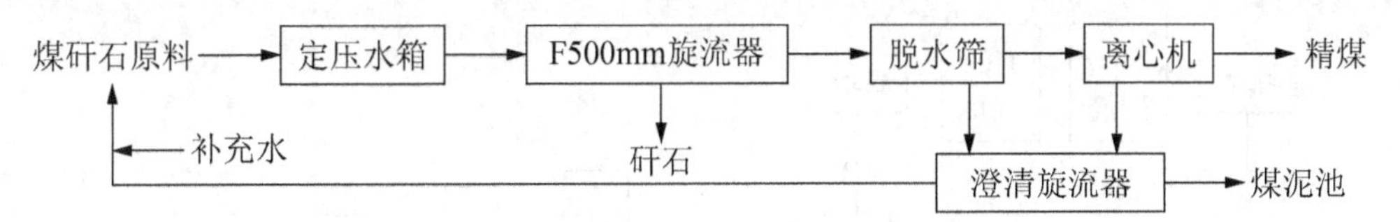

图 10.27 美国雷考煤炭公司煤矸石洗选工艺流程

英国苏格兰矿区加肖尔选煤厂采用重介质分选法从煤矸石中回收煤，日处理煤矸石2 000t。其设有两个分选系统，分别处里粒度为9.5mm以上的大块煤矸石和9.5mm以下的细粒煤矸石。大块煤矸石用两台斜轮重介质分选机分选，选出精煤、中煤和废煤矸石3种产品。精煤经脱水后筛分成4种粒径的颗粒供应市场。小块煤矸石用一台沃赛尔型重介质旋流器洗选，选出的煤与斜轮分选机选出的中煤混合，作为末煤销售。这种沃赛尔型重介质旋流器洗选效率达98.5%，可以处理非常细的末煤和煤矸石，处理能力为90t/h。

3）生产化工产品

（1）制结晶氯化铝。

结晶氯化铝分子式为$AlCl_3 \cdot 6H_2O$，外观为浅黄色结晶颗粒，易溶于水，是一种新型净水剂，也可用作精密铸造型壳硬化剂和新型造纸凝胶沉淀剂。煤矸石制备结晶氯化铝的过程：高铝煤矸石经粉碎，沸腾焙烧，将细磨好的粉状煤矸石粉加入反应器中与质量分数为20%的盐酸反应1h左右。反应器夹套内通入蒸汽，保持反应温度在110℃左右。反应液全部放入澄清槽，加絮凝剂(聚丙烯酰胺)，用压缩空气搅拌(10min后)，静止沉淀，清液送入蒸发器减压蒸发，析出结晶，经离心脱水，即得成品。

（2）制硫酸铝。

从高铝煤矸石中制取硫酸铝主要采用硫酸法，将煤矸石粉碎到8mm以下后，投入沸腾焙烧炉中，在700℃下焙烧约0.5h，再经球磨机细粉碎，粉状矸石粉在反应器内与质量分数为55%～60%的硫酸进行反应，矸石粉中的Fe、Ca、Mg、Ti等金属氧化物不同程度地与硫酸反应，生成相应的硫酸盐。粗制反应液放入沉淀槽，在搅拌下加入一定的凝聚剂(聚丙烯酰胺或牛皮胶)，使残渣沉淀。澄清液放入中和池，加酸中和至中性或偏碱性，然后在蒸发器内在115℃左右浓缩，经冷却至室温后，进行粉碎即为成品。

（3）制Al_2O_3和$Al(OH)_3$。

在煤矸石生产Al_2O_3和$Al(OH)_3$的工艺流程中，活化、浸取和除杂是最为关键的工艺步骤。由于Al_2O_3是两性氧化物，既可溶于强酸，又可溶于强碱。所以，可用酸法或碱法从活化后的煤矸石中浸取Al_2O_3。碱法即用碱处理含铝原料，使其中的Al_2O_3转变为可溶于水的铝酸钠；原料中的铁等杂质成为不溶物而分离，经处理得到Al_2O_3。酸法即用无机酸处理含铝原料，而得到相应的铝盐溶液，由于硅在酸中不溶而分离，经处理制得氧化铝。

（4）制纳米级α-Al_2O_3。

用煤矸石制备纯α-Al_2O_3的第一步是制氯化铝盐，盐析法制备高纯(纯度高达三个九以上)纳米级 α-Al_2O_3(粒径在10～50mm之间)。工艺流程如图10.28所示。

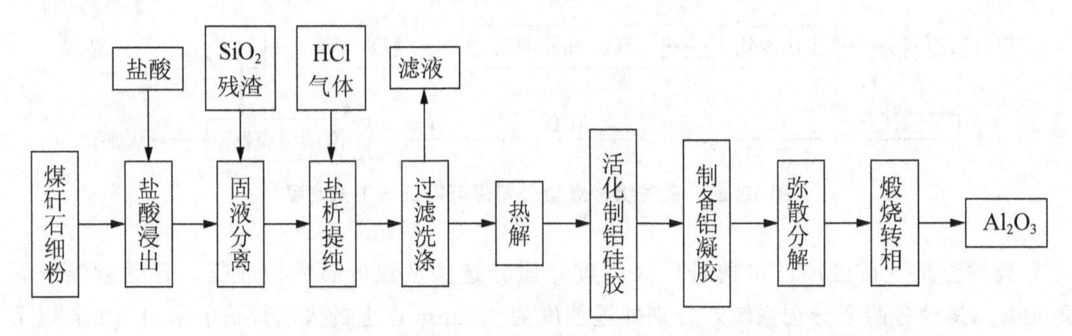

图10.28 煤矸石制备高纯超细 α-Al_2O_3 工艺流程

(5) 制水玻璃。

将浓度为42%的液体烧碱、水和酸浸后的煤矸石(酸浸后的煤矸石中主要含氧化硅),按一定比例混合制浆进行碱解,再用蒸汽间接加热物料,当达到预定压力0.2～0.25MPa,反应1h后,放入沉降槽沉降,清液经真空抽滤即可得到水玻璃。

(6) 生产硫酸铵。

煤矸石内的硫化铁在高温下生成二氧化硫,再氧化而生成三氧化硫,三氧化硫遇水生成硫酸,并与氨的化合物生成硫酸铵。具体生成方法:将未经自燃的煤矸石堆成堆,放入木柴和煤,点燃后闷烧10～20d,待堆表面出现白色结晶时,焙烧即告完成。选择那些已燃烧过但未烧透、表面成黑色的煤矸石,其表面凝结了白色的硫酸铵结晶。将所选的原料破碎至25mm以下,放入水池中浸泡,浸泡时间4～8h,经过滤、澄清、中和后,将浸泡澄清液进行蒸发、浓缩、结晶、烘干后,即可得到成品硫酸铵。

4) 回收矿产品

(1) 回收硫铁矿。

煤矸石中常伴有硫铁矿产出,应用硫铁矿回收技术,采用跳汰、旋流器、摇床分选流程,从煤矸石中回收硫铁矿产品。四川南桐煤矿、贵州六枝煤矿、江西丰城煤矿、河北开滦煤矿、山东枣庄煤矿等从煤矸石中回收硫铁矿。

(2) 从富镓煤矸石中提取镓。

几乎所有富铝黏土岩类煤矸石中都含一定量的镓。对于含镓高的煤矸石,特别是镓品位达到60g/t时,其综合利用应以回收镓为中心,同时兼顾其他有用金属和非金属矿的回收利用。

煤矸石中镓的浸出可采用以下两种工艺:高温煅烧浸出和低温酸性浸出。其基本原理是使煤矸石中的晶格镓或固相镓转入溶液,有利于后续汞齐法、置换法、萃取法、离子交换法、萃淋树脂法、液膜法等从浸出液中回收镓。

高温煅烧浸出工艺是煤矸石经粉碎到一定粒级后,在500～1 000℃下进行煅烧,然后用酸(硫酸、盐酸、硝酸、亚硫酸等)或多种酸的混合物在一定温度和压力下浸出,使铝和镓转入溶液,而硅进入滤渣。由于煤矸石含部分碳质,有时利用自身热量也能在所需温度下焙烧。差热分析表明,煤矸石在500～1 000℃之间有强吸热峰,为黏土矿物(高岭土、多水高岭土、依利石等)的吸热反应，主要是晶体结构的变形与部分化学键的断裂。经过焙烧生成大量活性 γ- Al_2O_3，更有镓、铝浸出，镓、铝的浸出率可达 85%以上。

低温酸性浸出工艺是煤矸石经粉碎至细粒级后，在有酸存在的条件下，加入一些添加剂，于 80～300℃和一定条件下浸取几小时使部分镓、铝转入溶液。由于所需温度较低，镓的浸出率不到 75%，并且浸取时间较长，因此所需酸量较大。

（3）提取稀有稀土金属元素。

煤矸石中含有数量不多但种类繁多的稀有稀土元素。当煤矸石中某种元素或几种元素富集到具有工业利用价值时，应注意其综合回收利用。如高山周围煤田中就有数量可观的含稀土的煤矸石，含稀土元素约 0.01%，高者可达 0.02%～0.045 9%，可综合回收利用。一些含稀有稀土元素的煤矸石在燃烧时，一些元素被富集在气相中，针对不同元素的特征，研究确定其回收方法和工艺流程。

5）生产肥料和土壤改良剂

（1）生产有机复合肥料。

煤矸石中一般含有大量的碳质页岩，其中有机质含量一般为 15%～25%，并含有丰富的植物生长所必需的 B、Zn、Cu、Co、Mo、Mn 等微量元素，一般比土壤中的含量高出 2～10 倍，具有较大的吸收容量。施于田间可以增强土壤疏松、透气，改善土壤结构，达到增产的目的。

用煤矸石生产有机复合肥料的基本方法是化学活化法。首先选用有机质含量较高的碳质泥岩或粉砂岩就地粉碎并磨细；将破碎的煤矸石与过磷酸钙按一定比例混合，同时加入适量的活化添加剂，充分搅拌均匀后，再加适量水，使矸石充分反应活化，堆沤一定时间即可。因为煤矸石具有较强的吸水容量，在与过磷酸钙和添加剂混合沤制时，形成一种新型实用肥料，大量的磷酸盐、铵盐被煤矸石保持在分子吸附状态，营养元素更易被作物吸收，从而提高了煤矸石中的有效营养成分。

陕西韩城下峪口煤矿利用煤矸石生产的有机复合肥料，在运城等地区进行的农田小区肥效实施后有明显的增产效果，在当年较干旱的气候条件下冬小麦增产 13.40%。

（2）生产微生物肥料。

由于煤矸石和风化煤中含有大量的有机物，是携带固氮、解磷、解钾等微生物最理想的原料基质和载体，因此煤矸石是生产微生物肥料的主要原料，又称菌肥，主要以固氮菌肥、磷肥、钾细菌肥为主。

煤矸石微生物肥料为三层结构的颗粒肥料，内芯由磷矿粉、面粉、解磷菌、解钾菌等组成，中间为研石粉、面粉、固氮菌、煤矸石风化菌等，最外层为骨胶。

据不完全统计，全国有微生物菌肥厂 50 余座，年生产能力 40 多万 t，大部分以煤矸石为载体。山东龙口矿务局洼里煤矿龙盛生物肥料厂实现从原料进厂、产品加工、直至包装的流水线式自动化生产，年生产能力达 6 万 t，具体的生产工艺流程如图 10.29 所示。煤矸石微生物肥料生产工艺主要包括备料系统和生产系统。在备料系统中，矿井排出的煤矸石经一级破碎后进行烘干，烘干后矸石粉水分应小于 5%，然后进入球磨机球磨，研粉细度应不大于 150 目，储存在混合罐中按一定比例掺加面粉后待用。在生产系统中，磷矿粉、面粉按一定比例混合后在成球盘中成芯球，其间喷施 H_4系列菌液，成芯结束后由输送皮带送至大成球盘内，加入储存的矸石粉、面粉混合料，同时喷施 H_7系列菌液，使颗粒外观基本达到标准要求，然后过筛，小于 0.5mm 的返回成球盘继续成球，0.5～5.0mm 的进行烘干，大部分水分去除后，再到挂膜盘中滚动挂膜，进一步烘干达到标准要求，风冷后装袋。

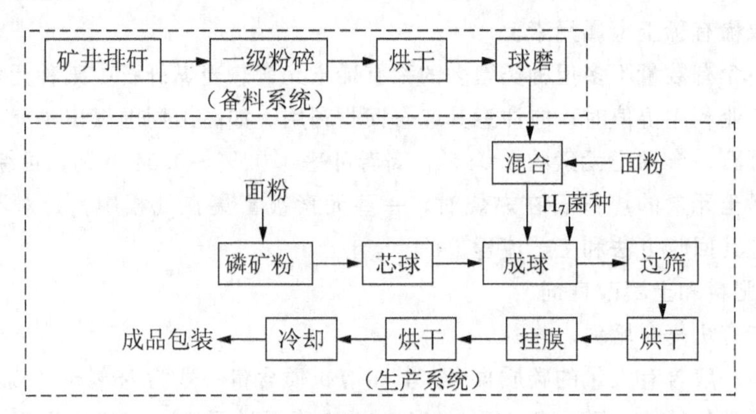

图 10.29　煤矸石微生物肥料生产工艺流程

(3) 制土壤改良剂。

利用煤矸石的酸碱性及其中含有的多种微量元素和营养成分，可用于土壤改良，调整土壤的酸碱度和疏松度，使土壤的孔隙度增加，改善连通性，提高土壤含水性能，使空气中的氧较充分的进入土壤，促进好氧菌和兼性菌的新城代谢，提高土壤的肥力，促进农作物生长，尤其对盐碱地效果更佳。滕南煤矿附近的农民从煤矸石中挑拣出煤质含量较高的矸石，将其粉碎成粉末状或细小颗粒，然后配入适量的有机肥料，如粪便、草木灰等，作为土壤的改良剂，施于中、低产农田中，进行翻耕。经此改良剂改造后的农田可使一些主要农作物和蔬菜增产，如小麦增产 20％～40％，地瓜增产 30％～50％，大豆增产 20％～30％，大葱增产 20％～45％。

6) 用作筑路基材

煤矸石做路基材料最好采用强度高、风化轻、热值低，特别是自燃具有一定活性的煤矸石，是良好的工程添筑材料。煤矸石与熟石灰混合后成为灰矸材料，具有承压强度高、在水中不变质、遇水不泥泞等特点，用灰矸材料做路基，成本低，施工简便，雨季可以提高路基的抗水性，冬季又能改善路基的抗冻性。煤矸石与粉煤灰混合使用，在稳定性和抗冻防裂性能上，还明显优于常用的基层材料。

7) 用于回填采空区、塌陷区及土地复垦

利用煤矸石作为地下矿采空区、露天矿采空区及塌陷区的充填材料，是煤矸石大量利用的途径之一。例如，淮北煤矿对塌陷区进行综合治理，不断总结出“以复代征”“以地易地复垦”“将塌垫塌复垦”“挖深垫浅”等方式。

为减少地表沉陷，保护水资源，可以采用“绿色开采”技术，即采用煤矸石不出井的采煤生产工艺，充填采空区，减少矸石排放量和地表下沉量。

对采空区和塌陷区充填煤矸石，然后表面覆土，造地还田，实现土地复垦。

《煤矸石综合利用技术政策要点》规定：推广利用煤矸石充填采煤塌陷区和露天矿坑，对处于开发早期，尚未形成大面积沉陷区或塌陷未稳定的矿区，可采用预排矸复垦；可推广利用煤矸石充填沟谷等低洼地，以作为建筑工程用地；煤矸石复垦土地作为建筑用地时，应采用分层回填，分层实压方法充填矸石，以获得较高的地基承载力和稳定性。

10.4 农林固体废物的综合利用

农林固体废物是指农林作物收获和加工过程中所产生的秸秆、糠皮、山茅草、灌木枝、枯树叶、木屑、刨花以及食品加工业排出的残渣等。我国每年约产生10亿t农林废弃物。2010年全国秸秆理论资源量为8.4亿t，可收集资源量约为7亿t。稻草约2.11亿t，麦秸约1.54亿t，玉米秸约2.73亿t，棉秆约2 600万t，油料作物秸秆(主要为油菜和花生)约3 700万t，豆类秸秆约2 800万t，薯类秸秆约2 300万t。我国每年畜禽粪便26.1亿t、废弃农膜等塑料2.5万t、蔬菜废物1亿～1.5亿t、肉类加工厂废物0.5亿～0.65亿t、林业废物(不含炭薪林)3 700万t。目前，这些物质多作为农家燃料、畜禽饲料、田间堆肥等初级用途，仅少量用于造纸、焚烧发电、草编等资源化利用。

10.4.1 农林废弃物的成分、性质

农业废弃物的成分、性质上的共性：①在元素组成上，主要为糖类，其中C、O、H的总含量达70%～90%，其次含有丰富的N、P、K、S、Si等常量元素，以及多种微量元素，属于典型的有机物质；②在组成化合物上，这类有机肥料均不同程度地含有纤维素、木质素、淀粉、蛋白质、戊聚糖等营养成分，以及生物碱、植物甾醇、单宁质、胶质或蜡质、酚基和醛基化合物等生物有机体，在灰分中含有大量无机矿物；③在构造上，该类有机废料内存在着大量由坚固细胞壁构成的植物纤维，细胞内部和细胞之间有大量的微细空隙；④普遍具有表面密度小、韧性大、抗拉、抗弯、抗冲击能力强的特点，干燥前对热、电的绝缘性和对声音的吸收能力较好；⑤干燥后的农业废物具有较好的可燃性，并能产生一定的热量，热值一般为(1.2～1.6) $\times10^4$ kJ/kg，虽比煤的热值低，但其含硫量极少，燃烧清洁，灰分用途广泛。

几种作物秸秆的元素成分如表10－7所示。几种作物秸秆的化合物组成如表10－8所示。

表10－7 几种作物秸秆的元素成分　　单位：质量分数/%

种类	N	P	K	Ca	Mg	Mn	Si
水稻	0.60	0.09	1.00	0.14	0.12	0.02	7.99
小麦	0.50	0.03	0.73	0.14	0.02	0.003	3.65
大豆	1.93	0.03	1.55	0.84	0.07	—	—
油菜	0.52	0.03	0.65	0.42	0.05	0.004	0.18

表 10－8　几种作物秸秆的化合物组成　单位：干物质质量分数/%

秸秆	水分	蛋白质	粗脂肪	粗纤维	无氮浸出物	粗灰分	钙	磷
稻草	6	3.8	0.7	32.9	41.8	14.7	0.15	0.18
小麦秆	13.5	2.7	1.1	37	35.9	9.8	—	—
玉米秆	5.5	5.7	1.6	29.3	51.3	6.6	微量	微量
谷草	13.5	3.1	1.4	35.6	37.7	8.5	—	—
大麦秆	12.9	6.4	1.6	33.4	37.8	7.9	0.18	0.02
燕麦秆	9	5.3	3.4	31	39.6	11.7	—	—
大豆秆	6.8	8.9	1.6	39.8	34.7	8.2	0.87	0.05

10.4.2　农林废弃物的综合利用

农林废弃物的利用途径主要有以下几种：①利用其含热量和可燃性作为能源使用；②利用其营养成分制作肥料和饲料，以及加工生产淀粉、糖、酒、醋、酱油和其他食品等生化制品；③提取其有机化合物和无机化合物，生产化工原料和化学制品；④利用其物理技术特性，生产轻质、绝热、吸声的植物纤维增强材料；⑤利用其特殊的结构构造，生产吸附脱色材料、保温材料、吸声材料、催化剂载体等。

1. 秸秆的资源化利用

2010 年，我国秸秆综合利用率达到 70.6%，利用量约 5 亿 t。其中，作为饲料使用量约 2.18 亿 t，占 31.9%；作为肥料使用量约 1.07 亿 t(不含根茬还田，根茬还田量约 1.58 亿 t)，占 15.6%；作为种植食用菌基料量约 0.18 亿 t，占 2.6%；作为人造板、造纸等工业原料量约 0.18 亿 t，占 2.6%；作为燃料使用量(含农户传统炊事取暖、秸秆新型能源化利用)约 1.22 亿 t，占 17.8%。

国务院《关于加快推进农作物秸秆综合利用的意见》，提出到 2015 年秸秆综合利用率达到 80%以上的目标。其中，秸秆机械化还田面积达到 6 亿亩；建设秸秆饲用处理设施 6 000万 m^3，年增加饲料化处理能力 3 000 万 t；秸秆基料化利用率达到 4%；秸秆原料化利用率达到 4%；秸秆能源化利用率达到 13%。

秸秆的利用方式很多，可用于秸秆还田、秸秆发电、制有机肥料、秸秆气化及压块燃料、动物饲料、做造纸业和纺织业的原料及秸秆培养食用菌等。

1）秸秆还田利用

秸秆中不仅含有丰富的钾、硅等有效肥力元素，而且含有大量的有机物。这些有机物腐烂后形成腐殖质，不仅为作物提供了营养，还可降低土壤容重，增加土壤孔隙度，更有利于涵养水分。同时，秸秆还田为土壤微生物提供了充足的碳源，促进微生物的生长、繁殖，提高土壤的生物活性。秸秆覆盖地面，干旱期可减少土壤水分的地面蒸发量，保持耕田的蓄水量；雨季可缓冲雨水对土壤的侵蚀，抑制杂草生长，改善地—空热交换状况。

秸秆还田的常用方法：秸秆粉碎、氨化、青贮、微贮后过腹还田；牲畜垫圈还田；秸秆覆盖直接还田；秸秆综合利用还田；秸秆快速堆沤还田及速腐技术；超高茬“套稻”技术实现秸秆还田。

$1hm^2$地每年若还田 18.75t 鲜玉米秸秆，相当于增加 60t 土杂肥的有机质含量，其氮、磷、钾含量相当于 0.28t 碳铵、0.15t 过磷酸钙和 0.11t 硫酸钾，还能补充其他多种营养元素。在现有农业生产水平下，若每公顷还田农作物秸秆 4.5～7.5t，可增产粮食 0.38t 以上。

2）秸秆饲料化利用

我国 2010 年养畜消耗的秸秆相当于节约粮食 5 000 万 t。秸秆饲料化加工方法主要有简单加工和微生物处理两类。

（1）简单加工。

简单加工只要是指利用薯类藤蔓、玉米秸、豆类秸秆、甜菜叶、稻草、花生壳等加工制成氨化、青贮饲料。目前，全国的秸秆饲料化简单加工处理量约 1×10^7t，其主要工艺流程包括粉碎、氨化、青贮、热喷、揉搓、压饼等工序。通过加工处理，可使秸秆的营养状况得到改善，并且有利于运输与贮存。

（2）微生物处理。

一般来讲，农作物残体中都含有糖类、蛋白质、脂肪、木质素、醇类、醛、酮和有机酸等。但原始的秸秆，其特点是纤维素含量高，而粗蛋白质和矿物质含量低，并缺乏动物生长所必需的维生素 A、维生素 D、维生素 E 等以及钴、铜、硫、钠、硒和碘等矿物元素。利用微生物处理，可以将纤维素转化为淀粉、粗蛋白、糖类、氨基酸等营养成分，如果加工时再人为加入一些添加剂，即可大大提高秸秆的营养价值。目前应用比较广泛而且作用明显的办法是采用酶制剂发酵处理。

3）秸秆的能源利用

秸秆是仅次于煤炭、石油和天然气的第四大能源，在世界能源总消费量中占 14%。2010 年我国秸秆作为燃料使用相当于节约标煤约 6 000 万 t。秸秆的能源利用技术有直接燃烧、热解气化、厌氧发酵制取沼气、生产生物质压块燃料等。

（1）热解气化。

秸秆生物质气化技术是通过气化装置将秸秆、杂草及林木加工剩余物在缺氧状态下加热转换成燃气的过程。其工艺流程如图 10.30 所示。秸秆经适当粉碎后，由螺旋式给料机（也可人工加料）从顶部送入固定床下吸式气化器，经不完全燃烧产生的粗煤气（发生炉煤气）通过净化器内的两级除尘器去尘，一级管式冷却器降湿、除焦油，再经箱式过滤器进一步除焦油、除尘，由罗茨风机加压送至湿式贮气柜，然后直接用管道供用户使用。

一般情况下，秸秆气化技术所制取的煤气低发热值为 $5.2MJ/m^3$，气化效率约为 75%。煤气的典型成分：CO 为 20%、H_2 为 15%、CH_4 为 2%、CO_2 为 12%、O_2 为 1.5%、N_2为 49.5%。

（2）制备秸秆生物质压块燃料。

以稻壳、米糠、花生壳、玉米芯等作物秸秆为原料，通过机械挤压成型，可生产出类

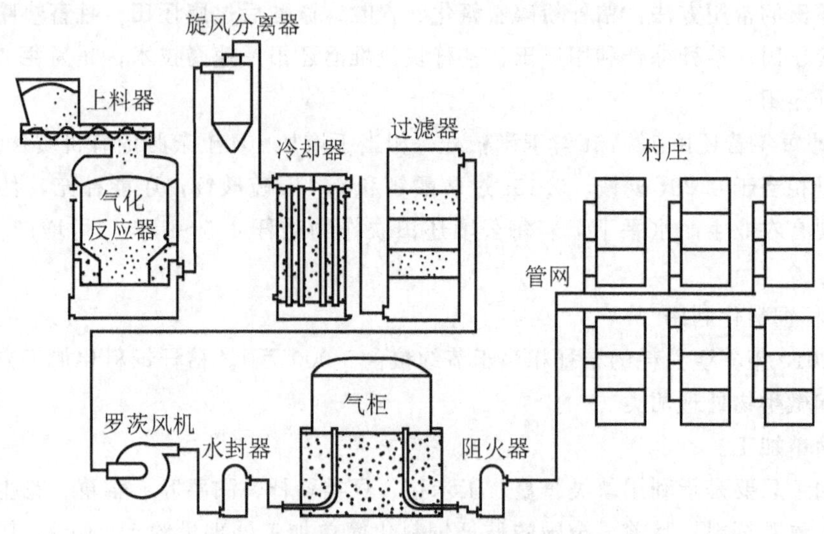

图 10.30 秸秆气化机组和几种供气系统流程示意

似于煤的具有良好燃烧性能的生物质压块燃料，这种燃料具有近似于中质烟煤的燃烧性能，而含硫量低，灰分小，在许多场合可代替煤或木材燃料。

（3）制取可燃液化物。

利用农作物秸秆制取酒精或轻质燃油的技术在国外也发展很快。将处理后的农作物秸秆经洗涤、水煮、蒸煮软化、糖化发酵、蒸馏气提取等主要工序，可制成乙醇。德国研制的生物质液化装置，可以对秸秆、木屑等生物质进行液化处理，生产中质、轻质燃油和酒精燃料；巴西在利用可再生物质资源生产酒精方面处于世界先进行列；北欧的瑞典、挪威、芬兰等国造纸业发达，采用亚硫酸盐纸浆废液发酵生产酒精的比例很大。

（4）秸秆厌氧发酵制取沼气。

利用农作物秸秆制取沼气的研究在许多国家取得了成果。美国研究的秸秆两步发酵工艺，先对秸秆进行酸化处理，然后再厌氧发酵制取沼气，不仅大大提高了沼气发酵装置的产气率，而且减少了秸秆在装置中的滞留时间；欧共体各国建有 600 多座大中型沼气工程，其中绝大多数可用于秸秆产生沼气。

（5）焚烧发电。

国际能源机构的有关研究表明，农作物秸秆为低碳燃料，且硫含量、灰含量均比目前大量使用的煤炭低，是一种很好的清洁可再生能源。每两吨秸秆的热值相当于 1t 煤，而且其平均含硫量只有 3.8‰，远远低于煤 1%的平均含硫量。

秸秆焚烧发电是将秸秆直接送入锅炉燃烧后，产生蒸汽带动发电机发电。秸秆入炉有多种方式，可以将秸秆打包后输送入炉，也可以将秸秆粉碎造粒(压块)后入炉，或与其他的燃料混合后一起入炉。粉碎造粒生产成本最高，但适应性最强。秸秆打包入炉燃烧，成本最低，但秸秆中木质素含量的多少对锅炉的要求则不同，适应性较差。

目前在丹麦、荷兰、瑞典、芬兰等欧洲国家，利用植物秸秆作为燃料发电的机组已有 300 多台。位于英国坎贝斯的生物质能发电厂是目前世界上最大的秸秆发电厂，装机容量为 3.8 万 kW。我国第一个秸秆燃烧发电厂在河北省石家庄晋州市诞生，第一个利用秸秆发电技术改造老电厂项目在山东省枣庄市十里泉发电厂进行，第一个秸秆生物发电和超超临界锅炉设备研发生产基地建在北京市平谷区。

4）秸秆的工业应用

（1）作为造纸原料。

秸秆是我国造纸工业的主要原料。据统计，我国造纸制浆原料中，木浆约占 26.8%、竹浆占 2.3%，而草浆占 70%以上，其中秸秆占草浆的 48.5%。目前，国内用作制浆造纸原料的农作物秸秆不到 4 000 万 t。

（2）利用秸秆纤维制作复合材料。

秸秆纤维与树脂混合物可制成低密度板材，再在其表面加压和化学处理，可用于制作装饰板材和一次性成型家具。秸秆制成的人造纤维浆粕，可作为纤维制品和玻璃纸生产的原料。利用秸秆粉与食品添加剂为原料可制作板材、包装容器和餐具，所制作的材料废弃后，经水泡或粉碎后，可作为肥料和饲料。另外，可以用秸秆纤维作为增强材料。主要的相应技术有秸秆降解膜技术；秸秆镁质水泥轻质隔墙板技术；秸秆做大棚复合节能苫技术等。利用秸秆生产快餐盒的工艺流程如图 10.31 所示。

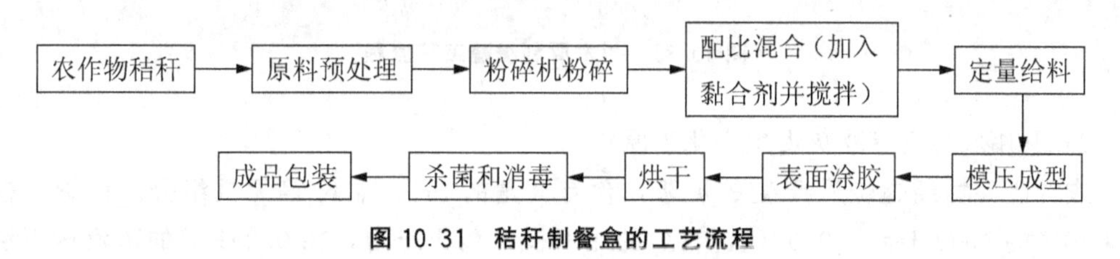

图 10.31 秸秆制餐盒的工艺流程

（3）生产羧甲基纤维素。

稻草秸秆生产羧甲基纤维素一般要经过预处理、蒸煮、碱化、醚化和烘干等处理过程。其生产工艺流程如图 10.32 所示。

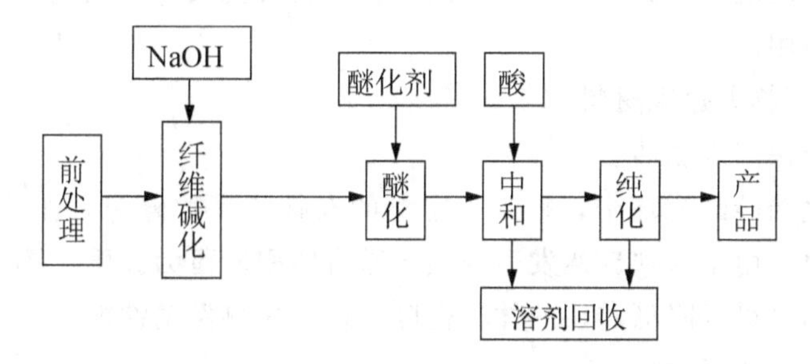

图 10.32 羧甲基纤维素生产的工艺流程

2. 农林废弃物的工业利用

1）农林废弃物生产化工原料

农林废弃物生产化工原料包括热解生产化工原料和水解生产化工原料。

农林废弃物的碳元素质量分数多数在 45%以上(甘蔗渣 45.2%，稻秆 48.3%，玉米秸

493%，松木 52.3%），其次为氢、氮、氧、镁、硅、磷、钾、钙等元素，它们的有机成分以纤维素、半纤维素和木质素为主，质量分数接近 80%，是良好的热解汽化物料。热解生产化工原料是指在隔绝空气的条件下，将农林废弃物加热至 270～400℃，可分解形成固体的草炭，液体的糠醛、乙酸、焦油，气体的草煤气等多种燃料与化工原料。迪森能源集团公司研制成农林废弃物快速裂解制生态油技术。使用该技术，一个年产 2 万 t 生态油的工厂相当于 10 口油井，其建设成本仅相当于中大型油田的 1/5 左右，建设周期仅相当于大中型油田的 1/3～1/2，而且它是永不枯竭的"绿色油田"。

农林废弃物中含有丰富的纤维素、淀粉和蛋白质，但因受木质素的约束，不能显示其自身的特性。当农林废弃物受到碱腐蚀时，木质素发生溶解，然后再通过一定的工艺流程分别分离出淀粉、纤维素、蛋白质及其衍生物，这一过程称为农林废弃物的水解。如果将农林废弃物在酸性溶液中水解，可得到葡萄糖、半乳糖、木糖、糠醛、乙酸等化工原料。例如，杉木屑经固体酸 SO_4^{2-}/ZrO_2 催化经 2 步反应即可制备糠醛，其工艺流程如图 10.33 所示。

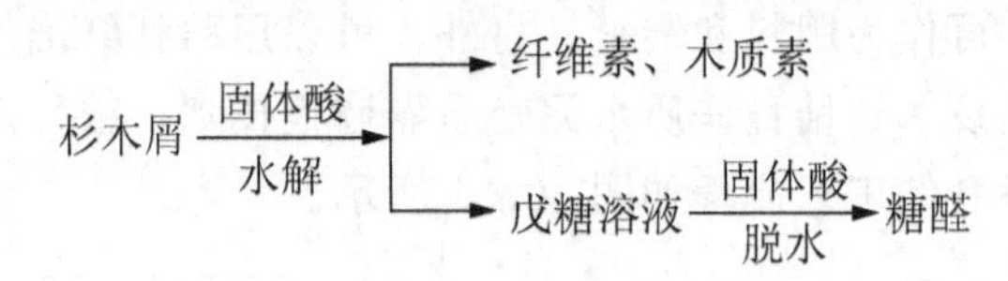

图 10.33 杉木屑制糖醛工艺流程

2）利用农林废弃物灰烬生产化工原料

农林废弃物经燃烧后产生的炉灰，含有大量的 Si、C、K 等无机组分。将炉灰按炉灰：30%的 NaOH＝1：0.92(质量比)的比例投入蒸压釜内，在 0.2MPa 的蒸汽压下沸煮 4h，至料液的相对密度为 1.16 时停止加热，冷却至相对压力为零时倒出、过滤，滤渣用清水煮洗 3 次后用盐酸中和至洗液呈中性，然后将滤渣晒干、磨细，即成为水玻璃。当采用稻壳作为原料时，活性炭的收率一般为 35%左右，水玻璃的收率可达 200%。

此外，炉灰经浸泡、洗涤、浓缩、结晶，可以制得硫酸钾、氯化钾、碳酸钾等。也可以直接作为钾肥使用。

3）用农林废弃物做建筑材料

（1）生产轻质保温内燃砖。

在生产黏土烧结砖的泥坯中，掺入一定量的农林废弃物碎屑，如草糠、锯末、稻壳、麦壳等，在烧砖时，由于这些碎屑发生内燃，原占体积遗留为孔隙，不仅可以节省黏土原料和化石燃料，而且可以降低砖块的体积密度，提高隔热保温性能。

（2）生产轻质建筑板材。

基于农林废弃物质轻、多孔、抗拉与抗弯强度较高的特性，可作为轻骨料或增强纤维，用于生产各种轻质建筑墙板、装饰板、保温板、吸声板等新型建筑材料。

3. 农林废弃物在废水处理中的利用

农林废弃物可用于对水体中氮、磷为代表的无机离子的吸附，对水体中油污、染料为代表的有机污染物的吸附，尤其是对重金属离子的吸附。农林废弃物用于废水处理具有如下优点：①成本低、不需要再生，采用氧化的方法可回收重金属和热能；细胞的毛细管结构使其具有高的表面积(多孔性)；②有较高化学活性，易产生高浓度的吸附金属离子的活性基团，更容易化学改性；③比纤维材料更加容易交联，不易溶于水；④对于重金属离子含量低的废水(如0～100ppm)更加有效，如大麦草吸收Zn、Cu、Pb、Ni和Cd离子的能力为4.3～15.2mg/g，大麦草中混合$CaCO_3$可以提高10%～90%的吸收效率，研究者发现针叶木的树叶吸收重金属Cr离子的能力一般在2.74～5.22mg/g之间。

10.5 污泥的综合利用

10.5.1 污泥的产生情况

欧洲2001年和2003年分别产生770万t和840万t干污泥，1998—2005年污泥产量大约增加了14%，2010年污泥产量约1 000万t。2005—2010年，美国每年的污泥产量为690万～760万t。加拿大污泥量接近40万t/年。日本每年污泥产量超过200万t。

2010年我国污泥干固体约为1 120万t。城市污水处理厂每年排放的干污泥量已突破640万t(折合含水率80%的湿污泥3 200万t)。但是，目前国内大部分污泥未能得到妥善处理处置，大量积累的污泥，不仅占用大量的土地，而且其中的有害成分如重金属、病原菌、寄生虫卵、有机污染物及臭气等严重威胁到环境安全和公众健康。污泥处理处置已列为“十二五”期间的重点治理范畴，根据《“十二五”全国城镇污水处理及再生利用设施建设规划》，“十二五”期间我国新增污水处理及相关投资额约4 300亿元，其中污泥处理和处置设施投资347亿元。

10.5.2 污泥的处理、处置

污泥的处理、处置包括调理、脱水、稳定、处置等。

1. 污泥的调理

污泥调理是采用物理、化学、生物学的方法处理污泥，使污泥中的水分容易分离的过程。它是污泥脱水前的预处理，其目的是改善污泥脱水性能。常见的方法有化学调理、加热加压调理、冷冻融化调理等。

化学调理是向污泥中投加适量的混凝剂、助凝剂等化学药剂，使污泥颗粒凝聚，提高脱水性能。常见的助凝剂有硅藻土、珠光体、酸性白土、锯末、电厂粉末及石灰等惰性物质，其主要作用是调节污泥的pH，改变污泥颗粒的结构，破坏胶体的稳定性，提高混凝剂的混凝效果。常用的混凝剂有无机混凝剂和高分子聚合电解质，前者包括铝盐和铁盐，后者包括聚丙烯酰胺(PAM)、聚合氯化铝(PAC)。混凝剂的主要作用是通过中和污泥胶体颗粒的电荷和压缩双电层厚度，减少粒子和水分的亲和力，使污泥解稳，改善其脱水性能。一般无机混凝剂投加量为污泥干固体重量的7%～20%，高分子聚合电解质投加量在污泥干固体重量的1%以下。

污泥的加热加压调理也称蒸煮处理，指将污泥进行加热、加压，使污泥中的细胞物质破坏分解，细胞膜中内部水游离出来，亲水性有机胶体物质解体，从而提高污泥脱水性能的过程。该法适用于初沉污泥、消化污泥、活性污泥、腐殖污泥及它们的混合污泥。按温度，该法可分为高温加压和低温加压调理两种，这两种方法的异同如表10-9所示。

表10-9 污泥的加热加压调理方法的比较

方法	温度/℃	压力/MPa	时间/min	优　点	缺　点
高温加压	170～200	1.0～1.5	40～120	提高污泥脱水性能，不需加药剂，不增加滤饼量，高温可杀死病原菌	设备易结垢，传热效率明显降低；向处理现场四周散发恶臭，环境状况较差；污泥可溶性分离液有机物浓度高，需二次处理；加温加压处理时间长，设备费、运行费用均高；处理后的污泥热值低
低温加压	<150	1.0～1.5	60～120	提高污泥脱水性能，不需加药剂，不增加滤饼量	可缓解结垢现象，提高传热效率，节能，有机物的可溶化量减少，分离液中BOD浓度降低40%～50%，色度与臭气均显著降低

冷冻调理是把污泥交替进行冷冻与融化，从而改变污泥的物理结构，使胶体脱稳凝聚且细胞膜破裂，细胞内部水分得到游离，提高污泥的脱水性能。在处理过程中要求缓慢冷冻，逐步把水排挤出来，形成大的冰晶体，融化时水容易和固体分离；如果快速冷冻，则形成小的冰晶体，融化时水会被固体重新吸收。

2. 污泥的脱水

按存在形式，污泥中所含水分大致分为四类(图10.34)：①间隙水，存在于颗粒间隙中的水，约占污泥水分的70%，可用浓缩法脱除；②毛细结合水，存在于颗粒间的毛细管中的水，约占20%，需用高速离心机、负压或正压过滤机脱除；③表面吸附水，吸附在颗

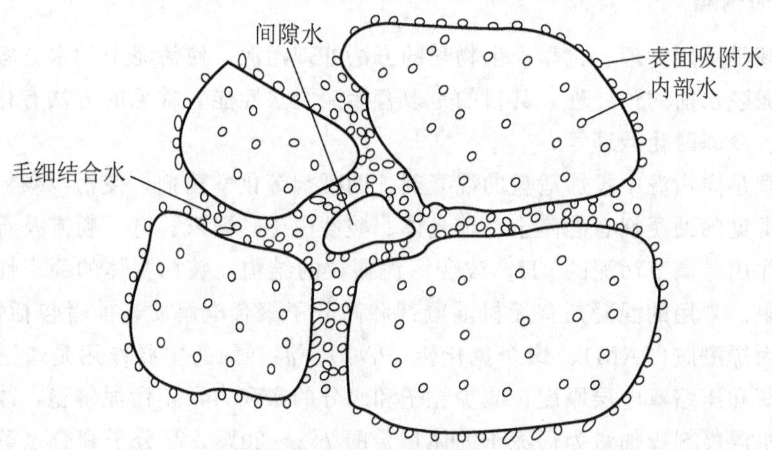

图10.34 污泥中水分的存在形式

粒表面的水，约占7%，需用加热法才能脱除；④内部水，在颗粒内部或微生物细胞内的水，约占3%，可用微生物破坏细胞膜、高温加热、冷冻法脱除。

这些水分与污泥颗粒结合的强度的顺序是内部水>表面吸附水>毛细结合水>间隙水，这也是脱水难易的顺序。污泥水分脱除的难易还与污泥颗粒的大小和污泥组成如有机质含量有关。一般地，污泥颗粒越细，有机质含量越高，水分就越难脱除。

污泥脱水的方法主要有自然干化、浓缩、机械脱水、干燥、焚烧等。这些方法使用的装置及脱水效果如表10-10所示。

表10-10 脱水方法、装置及效果

脱水方法		脱水装置	脱水后含水率/%	脱水后状态
自然干化		自然干化场、晒砂厂	70～80	泥饼状
浓　　缩		重力浓缩、气浮浓缩、离心浓缩	95～97	近似糊状
机械脱水	真空过滤	真空转鼓、真空转盘	60～80	泥饼状
	压力过滤	板框压滤机*	45～80	泥饼状
	滚压过滤	滚压带式压滤机*	78～86	泥饼状
	离心过滤	离心机	80～85	泥饼状
干燥		干燥设备	10～40	粉状、粒状
焚烧		焚烧设备	0～10	灰状

注：*表示夹载滤料。

3. 污泥的稳定

目前常见污泥稳定技术比较及经济分析如表10-11、表10-12所示。

表10-11 污泥稳定技术比较

稳定技术	可持续性	可行性	资源利用特性	环保效能	国民经济关联性
石灰稳定	不好	中等	不好	中等	中等
好氧消化	中等	好	不好	中等	中等
厌氧消化	好	好	好	好	中等
好氧发酵	中等	中等	好	中等	好

表10-12 污泥稳定技术的经济分析

稳定技术	特　　点	处理后污泥含水率/%	投资/(万元·t^{-1})	运行成本/(元·t^{-1})
好氧发酵	投资成本低，运行费用低，占地面积大，运行操作时间长	30～40	4～7	30～50
生石灰稳定	投资成本低，易操作，运行操作时间短，适应性广	40～60	6～9	90～100
热干化	投资大，运行费用高，处理效果好	10～20	30～40	150～200

4. 污泥的处置

污泥农用、焚烧、卫生填埋和材料化等处置技术的比较如表 10-13 所示。污泥处置技术的主要制约条件：污泥农用主要受气候、土壤特性、作物生长周期及安全性影响较大；焚烧对污泥的热值有一定要求，且技术要求较高，焚烧残余物的处置要求较高；卫生填埋运输量较大及对环境的不良影响较大，且有防火、防爆要求；材料化应与相关材料厂结合，适用有一定的局限。

表 10-13　污泥处置技术比较

项　目	处　置　技　术			
	污泥农用	焚　烧①	卫生填埋	材料化
技术可靠性	可靠，有较长的反应实践时间	可靠，国外有许多工程实例	可靠，有一定的实践经验	可靠，有一定的实践经验
操作可靠性	较好	较好	较好，需要注意防火、防爆	较好
选址	大面积选址较困难	容易	较难，要考虑一定的地理实用条件，一般远离市区	要考虑一定的地理配套条件
占地面积	大	小	较大	较大
运输情况及费用	运输比较复杂，要考虑到气候、土壤物性等多种因素的影响，费用高	容易，如就近焚烧可节约运输费用	运输比较容易，但运输距离较长，费用高	运输比较容易
使用条件	对重金属、病原体以及其他有害物质有一定的要求	对热值有一定的要求	使用范围广	使用范围较广
资源化利用	可以较大程度地利用污泥中的有机物	可以利用部分热量	较少	较多
管理要求	较低	高	较高	较高

注：①仅考虑较成熟的焚烧工艺，而不考虑焚烧发电等工艺。污泥农用的管理要求仅考虑一般情况。

污泥卫生填埋、干燥填埋、焚烧和烧制陶粒等的投资和运行成本如表 10-14 所示。

表 10-14　污泥处置技术的经济分析

处置技术	填　埋	单独(干化)焚烧	烧制陶粒
投资(按湿污泥计)/(万元 · t^{-1})	20～30	40～70	80～100
运行成本(按湿污泥计)/(元 · t^{-1})	80～120	245～490	与销售收入相抵

5. 污泥处理、处置技术的选择

不同的区域所具有的资源条件不同，各工艺、各评价指标的重要性可能不同，其适用性也可能不同。因此，污泥处理处置技术的选择应进行多方面的比较选择。比如，污泥机械浓缩脱水需耗费大量的絮凝剂，电耗也很高。从经济角度上讲，在条件允许的地区应尽量采用污泥自然干化脱水的处理工艺以节省污泥脱水减量所需的费用。

总之，对于污泥处理、处置技术的选择，应根据污泥的性质与数量，投资情况与运行管理费用，环境保护要求及有关法律与法规，当地气候条件等情况，综合考虑后再选定。

10.5.3 污泥的资源化和综合利用

污泥是一种固体废物，也是一种很有利用价值的潜在资源。因此，污泥的处理、处置应将源头的减量化与资源化相结合。污泥产生源头的减量化是基础，稳定化和减量化是资源化利用的前提，资源化利用是污泥的出路和循环经济发展的需要。

污泥资源化利用的基本原理是利用污泥热值、污泥成分、营养元素等特性，进行资源化利用。污泥的资源化利用大致可分为三大类：土地利用、建材利用和能量回收。

1. 土地利用

污泥的土地利用是将污泥作为肥料或土壤改良材料，用于园林、绿化、林业、农业或贫瘠地受损土壤的修复及改良等。污泥中含有丰富的有机质和营养元素(如氮、磷、钾)以及植物生长所必需的各种微量元素，是一种很好的肥料和土壤改良剂。按最终用途，土地利用主要分为农用、园林绿化和土壤改良等。土地利用的污泥处理方式主要是堆肥化处理，即生产堆肥和复混肥。

依靠自然界广泛分布的细菌、放线菌、真菌等微生物，将污泥、调理剂及膨胀剂等在一定的条件下进行好氧堆沤，促进可生物降解的有机物向稳定的腐殖质转化的过程，即为用污泥生产堆肥。

污泥堆肥产品可与无机氮、磷、钾化肥配合生产有机无机复混肥。它集生物肥料的长效、化肥的速效和微量元素的增效于一体，在向农作物提供速效肥源的同时，还能向农作物根系引植有益微生物，充分利用土壤潜在肥力，并提高化肥利用率；另外，还可根据不同土壤的肥力和不同作物的营养需求，合理设计复混肥各组分的比例，生产通用复混肥及针对不同作物的专用复混肥。

污泥中含有重金属及相当数量的病原微生物和寄生虫卵，污泥的土地利用可能会造成土壤、植物系统重金属污染，也可能在一定程度上加速植物病害的传播。污泥土地利用需要具备的一个重要条件是，其所含的有害成分不超过环境所能承受的容量范围。因此，污泥的土地利用需要充分考虑污泥的类型及质量、施用地的选择，并且一般需要经过一定的处理，来降低污泥中易腐化发臭的有机物，减少重金属含量，杀死病原体和寄生虫卵，以达到我国《农用污泥中污染物控制标准》的要求。

污泥天天排放，而土地利用却是有季节性的，这种矛盾使得污泥必须找地方贮存，既增加了管理与场地费用，又使污泥得不到及时处置。

污泥用于土地利用必须经过减量化、稳定化、无害化处理，即使如此，污泥的产量也无法与土地所需要的污泥量在时间上匹配，因此，通过土地利用途径能够消耗的污泥量是非常有限的。

2. 建材利用

污泥建材利用是指将污泥作为制作建筑材料的部分原料的处置方式。污泥中含有大量的灰分、铝、铁等成分，可用于制砖、水泥、陶粒、活性炭、熔融轻质材料以及生化纤维板的制作。污泥制成建材后，污泥中的一部分重金属等有毒有害物质会随灰渣进入建材而被固化其中，重金属失去游离性，通常不会随浸出液渗透到环境中，从而不会对环境造成较大的危害。2002 年，日本的污泥有效利用率达到 63%，其中作为建材利用的比例达 40%左右。污泥建材利用最大的缺点是需要大力开拓市场，而且需要建设复杂昂贵的建材生产系统。

1）污泥制砖

污泥制砖的方法有两种：用干污泥直接制砖和用污泥焚烧灰制砖。

用干污泥制砖时，应该在成分上做适当调整，使其成分与制砖黏土的化学成分相当。将污泥干燥后，对其进行粉碎以达到制砖的粒度要求，掺入黏土与水，混合搅拌均匀，制坯成型焙烧。当污泥与黏土按质量比 1∶10 配料时，污泥砖基本上与普通红砖的强度相当。污泥砖的物理性能如表 10 - 15 所示。

表 10 - 15　污泥砖的物理性能

污泥∶黏土(质量比)	平均抗压强度/MPa	抗折强度/MPa	成品率/%
0.5∶10	8.2	2.1	83
1∶10	10.6	4.5	90

利用污泥焚烧灰制砖，其烧灰的化学组成与制砖黏土的化学组成比较如表 10 - 16 所示。

表 10 - 16　污泥焚烧灰与制砖黏土的化学组成比较　单位：质量分数/%

成　分	SiO_2	Al_2O_3	Fe_2O_3	CaO	MgO	灼烧减重	其他
制砖黏土	56.8～88.7	4～20.6	2～6.6	0.3～13.1	0.1～0.6	—	0～6.0
焚烧灰甲	13	13.7	9.6	38.0	1.5	15.1	—
焚烧灰乙	50.6	12.0	16.5	4.6	—	10.9	—
焚烧灰丙	52.0	15.0	4.8	10.6	1.6	1.6	4.8

表 10 - 16 表明，不同的污泥焚烧灰的成分差别很大。在污泥脱水时，加入石灰作为助凝剂，会使焚烧灰的 CaO 含量增高(如焚烧灰甲)。一般情况下，焚烧灰的成分与制砖黏土成分接近(如焚烧灰乙、丙)。制坯时只需添加适量黏土与硅砂，适宜的配料质量比为焚烧灰∶黏土∶硅砂＝100∶50∶(15～20)。

此外，将污泥焚烧灰压缩成型，再在1 050℃高温烧结可制备地砖。

2）生产水泥

水泥熟料的煅烧温度为1 450℃左右。用污泥生产水泥时，污泥中的可燃物在煅烧过程中产生的热量，可以在煅烧水泥熟料时得到充分利用。表10－17列出了污泥焚烧灰与硅酸盐水泥矿物成分，污泥焚烧灰的成分与水泥原料相近(除CaO含量较低、SiO_2含量较高外，其他成分含量相当)，可作为生产水泥原料加以利用。污泥中的重金属元素在熟料烧成过程中参与了熟料矿物的形成反应，被结合进熟料晶格中。因此，用污泥作为原料生产水泥，除可实现资源、能源的充分利用，还可将其中的有毒有害物质中和吸收，使其危害尽可能地减少。

表10－17　污泥焚烧灰水泥与硅酸盐水泥的矿物组成

组　　分	硅酸盐水泥	污泥焚烧灰	污泥水泥	质量要求限制
SiO_2	20.9	20.3	24.6	18～24
CaO	63.3	1.8	52.1	60～69
Al_2O_3	5.7	14.6	6.6	4～8
Fe_2O_3	4.1	20.6	6.3	1～8
K_2O	1.2	1.8	1.0	＜2.0
MgO	1.0	2.1	2.1	＜5.0
Na_2O	0.2	0.5	0.2	＜2.0
SO_3	2.1	7.8	4.9	＜3.0
热灼损失量	1.9	10.4	0.3	＜4.0

污泥生产水泥有两种方式：生产生态水泥和代替黏土质原料生产水泥。用污泥焚烧灰、下水道污泥、石灰石及适量黏土为原料生产的水泥加生态水泥。污泥具有较高的烧失量，扣除烧失量后其化学成分与黏土原料相近，通过生料配料计算，证明其理论上可以替代30%的黏土质原料。利用污泥和污泥焚烧灰为原料生产的水泥与普通硅酸盐水泥相比，在颗粒度、相对密度、波索来反应性能等方面基本相似，而在稳固性、膨胀密度、固化时间方面较好。制成的污泥水泥性质与污泥的比例、煅烧温度、煅烧时间和养护条件相关。污泥水泥的物理性质的测定结果如表10－18所示。

表10－18　污泥水泥物理性质

性　　质	污泥水泥	硅酸盐水泥
水泥细度/($m^2 \cdot kg^{-1}$)	110	120
水泥体积固定性/mm	1.9	0.9
容积密度/($kg \cdot m^{-3}$)	690	870
相对密度	3.3	3.2

续表

性　质		污泥水泥	硅酸盐水泥
紧密度/%		82	27
硬凝活性指数/%		67	100
凝结时间/min	初始	40	180
	终止	80	270

3）制生化纤维板

活性污泥中的有机成分粗蛋白（占30%～40%）与酶等大多属于球蛋白，能溶解于水及稀酸、稀碱、中性盐的水溶液。在碱性条件下，加热、干燥、加压后其会发生一系列的物理、化学性质的改变，即蛋白质的变性作用。利用这种变性作用能制成活性污泥树脂（又称蛋白胶），与纤维合起来，压制成板材，其品质如表10－19所示，该表表明污泥制成的纤维板优于三级硬质纤维板的标准，能用来制造建筑材料或制造家具。污泥生产纤维板的工艺流程如图10.35所示。利用活性污泥制造生化纤维板，虽然在技术上可行，但在实际制造过程中会产生气味，需要脱臭措施，板材成品仍还有一些气味，且强度有待提高。当污泥的性质不同时，配方需研究调整。

表10－19　污泥制生化纤维板与木质纤维板性能比较

种　类	性　能			
	容重 /($kg \cdot m^{-3}$)	静曲强度 /($kg \cdot cm^{-2}$)	吸水率/% (在水中浸泡24h)	说　明
三级硬质纤维板	不小于800	不小于200	不大于35	原林业部LY110—62标准
污泥制成生化纤维板	1250	180～220	30	用石油化工企业的活性污泥制成

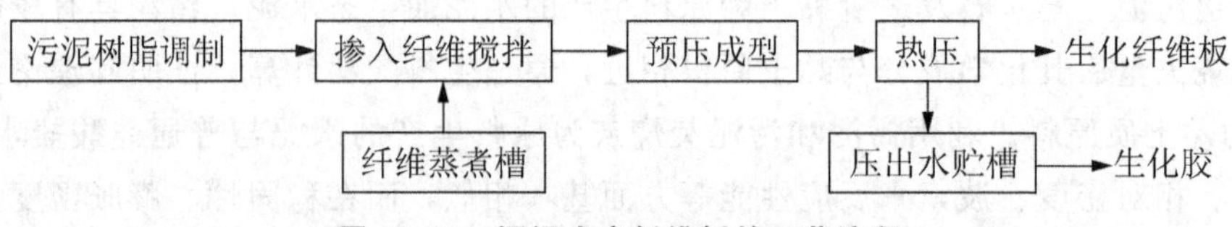

图10.35　污泥生产纤维板的工艺流程

4）生产陶粒

污泥制陶粒的方法按原料不同可分为两种：用生污泥或厌氧发酵污泥的焚烧灰造粒后烧结。利用焚烧灰制陶粒需要单独建设焚烧炉，污泥中的有机成分没有得到有效利用。近年来开发了直接用脱水污泥制陶粒的新技术，其生产工艺流程如图10.36所示。

污泥制轻质陶粒的组成见表10－20。酸性和碱性条件下的浸出试验结果见表10－21。这两个表说明污泥制轻质陶粒符合作为建材的要求，一般可做路基材料、混凝土骨料或花卉覆盖材料使用，但由于成本和商品流通上的问题，还没有得到广泛利用。近年来日本将其作为污水处理厂快速滤池的滤料，代替目前常用的硅砂、无烟煤，并取得了良好的效

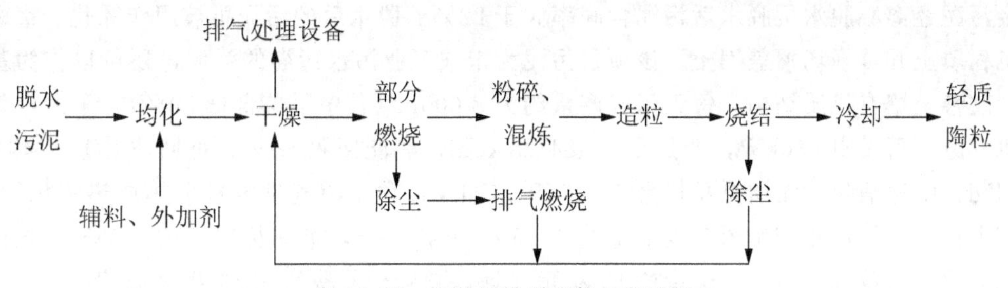

图 10.36　污泥制轻质陶粒工艺流程

果。轻质陶粒做快速滤池填料时，空隙率大，不易堵塞，反冲次数少。由于其相对密度大，反冲洗时流失量少，滤料补充量和更换次数也比普通滤料少。

表 10-20　污泥制轻质陶粒的组成

样品	SiO_2	Al_2O_3	Fe_2O_3	CuO	SO_2	C	燃烧减量
1	41.9	15.7	10.6	8.8	0.18	0.79	1.08
2	43.5	14.3	10.4	10.8	0.17	0.31	0.55

表 10-21　污泥制轻质陶粒浸出试验结果

试验条件	Cr^{6+}	Cd	Pb	Zn	As
HCl	0.00	0.51	0.3	16.2	0.18
NaOH(pH 为 13)	0.00	0.00	0.0	0.04	0.06
水	0.00	0.00	0.0	0.01	0.04

3. 回收能源

污泥的主要成分是有机物，其中一部分能够被微生物分解，产物是水、甲烷和二氧化碳；另外干污泥具有热值，可以燃烧，所以可以通过直接燃烧、制沼气及制燃料等方法，回收污泥中的能量。

1）利用污泥生产沼气

污泥进行厌氧消化即可制得沼气。污泥厌氧消化是指在无氧的条件下，由兼性菌及专性厌氧细菌将污泥中可生物降解的有机物分解为二氧化碳和甲烷，使污泥得到稳定。污泥厌氧消化的作用：首先，有机物被厌氧消化分解，可使污泥稳定化，使之不易腐败；其次，通过厌氧消化，大部分病原菌或蛔虫卵被杀灭或作为有机物被分解，使污泥无害化；再次，随着污泥被稳定化，将产生大量高热值的沼气，作为能源利用，使污泥资源化；最后，污泥的减量虽然主要借浓缩和脱水，但污泥经消化以后，其中的部分有机氮转化成了氨氮，部分有机物被厌氧分解，转化成沼气，实现了污泥的减量化。

马来西亚首都吉隆坡 Pantai Utama 区污水处理厂污泥采用厌氧消化处理，每天处理含水率为 96%的污泥 1 120m³，其工艺流程如图 10.37 所示。污泥经厌氧发酵后减量到原体积的 60%～70%，挥发了大部分有机物后，也减少了臭气产量，性状稳定。经消化后的剩余污泥经离心脱水机脱水后污泥含固率大于22%。脱水后的污泥可被用作绿化、市政道路工程填土和填埋场覆盖用土，该项目污泥为未被工业污水污染的污泥，还可以作为基肥土，改善土壤有机质结构。每天沼气产量约为8 000m^3(其中甲烷含量60%)，采用沼气发电机发电，可发电660kW，产热量2 484万kCal，热能回收60%，可回收热量1 490万kCal/d，中温消化污泥加热需热量1 345万kCal/d，利用沼气发电机余热加热消化污泥。每年由污泥厌氧消化产生沼气发电量约4.96×10^{6}kW·h，节约标准煤约1 985t，直接减少二氧化碳排放5 360t，减碳量按10欧元/t计，减碳交易费约5.36万欧元/年。

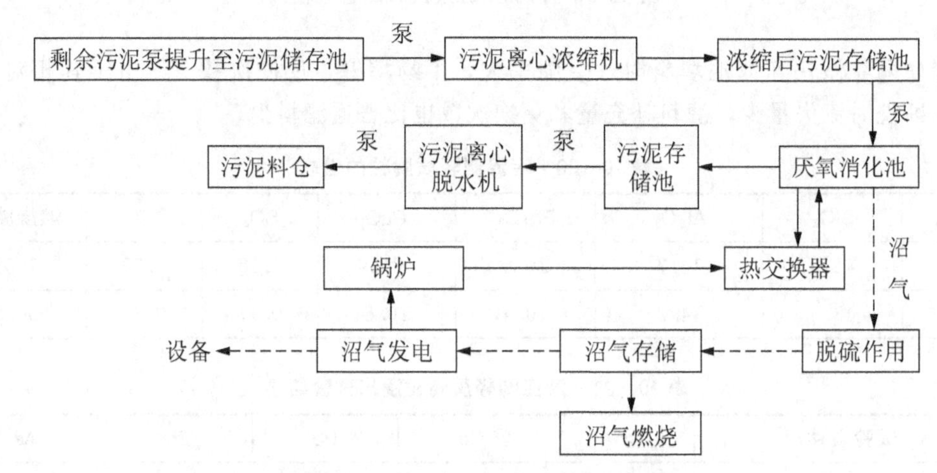

图10.37 Pantai污水处理厂污泥厌氧消化及沼气发电工艺流程

我国2000年颁布的《城市污水处理及污染防治技术政策》建议100 000m^3/d以上规模的污水二级处理设施产生的污泥，宜采取厌氧消化工艺进行处理，产生的沼气应综合利用；2009年颁布的《城镇污水处理厂污泥处理处置及污染防治技术政策(试行)》又进一步鼓励回收和利用污泥中的能源和资源，鼓励城镇污水处理厂采用污泥厌氧消化工艺，产生的沼气应综合利用。我国也建成并运行一些污泥厌氧消化制氢的工程，如上海市白龙港污水处理厂污泥采用重力、机械浓缩→中温厌氧消化→脱水→部分干化的处理工艺，处理含水率80%的湿污泥量1 020 t/d，其工艺流程如图10.38所示。其污泥消化池采用卵形结构，共设8座池体，单池容积为12 400 m^3，池体最大直径为25 m，垂直高度为44 m，地上部分高度为32 m，地下埋深为12 m。8座池体的合计散热量冬季为813 kW，夏季为287 kW，年平均为461 kW。设计污泥停留时间为24.3 d，污泥气产量为44 512 Nm^3/d，有机负荷为1.21 kgVSS/(m^3·d)，消化温度为35℃。污泥搅拌采用螺旋桨搅拌，搅拌功率为58 kW，采用导流筒导流，使污泥在筒内上升或下降，并在池体内形成循环，达到污泥混合的目的。其沼气利用系统有脱硫处理设施，包括3套粗过滤器、2座生物脱硫塔、2座干式脱硫塔和3套细过滤器，4座有效容积为5 000 m^{3}的干式气囊式气柜、1座沼气增压风机、3座沼气燃烧塔、1座沼气热水锅炉房和配套设施。沼气中硫化氢(H_2S)浓度设计为3 000～10 000 mg/Nm^3，脱硫后的沼气中含H_2S≤20 mg/Nm^3；沼气热水锅炉房内设置3台沼气热水锅炉，冬季需热高峰期3台锅炉并联运行；夏季需热低谷期2台锅炉并联运行，1台锅炉可停炉检修。锅炉产生的热水通过热力管输送至厌氧消化系统的套管式换热器，锅炉房内水处理系统中配备有1台组合式软化水装置。

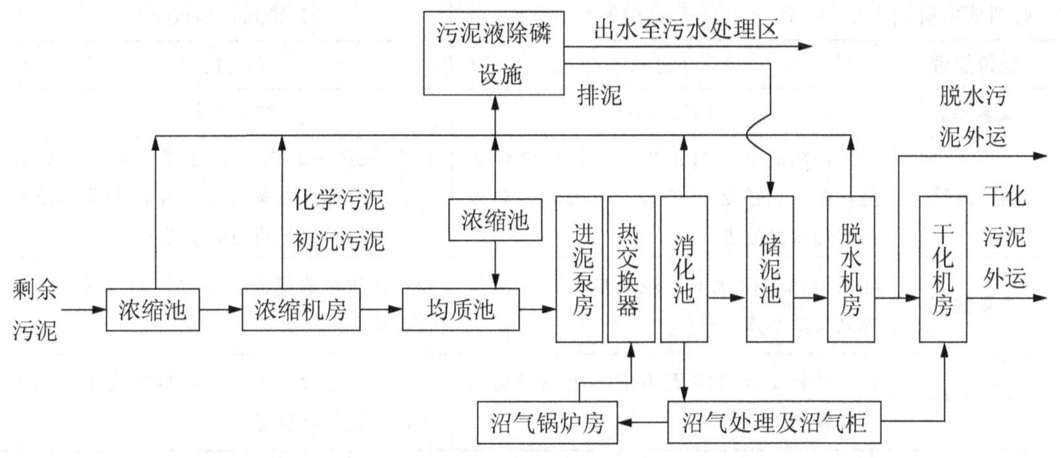

图 10.38 上海市白龙港污水处理厂污泥处理工艺流程

2）通过焚烧回收热量

（1）污泥焚烧的优点和存在的问题。

污泥中含有大量有机质和一定的木质素纤维，有一定的热值，经适当处理后可进行焚烧。污泥焚烧的优点：①可最大限度地使污泥减量，质量减量化效率达到95%，机械脱水污泥经焚烧后体积相当于焚烧前的10%；②焚烧产生的热能可回收利用，用来生产蒸汽，供热采暖或发电；③高温可以杀死一切病原体，焚烧残渣内几乎没有病原体存在；④可以解决污泥的恶臭问题；⑤处理速度快、占地面积小、不需要长期储存；⑥可就地焚烧，不需要长距离运输。污泥焚烧的问题：①投资大；②设备复杂，对操作人员的素质和技术水平要求高；③存在二次污染问题，如废气中含 SO_x、NO_x、HCl，残渣含重金属等。

（2）污泥焚烧工艺。

焚烧炉排烟温度大都在100℃以上，污泥带入炉内的水分最后都是以蒸汽的形态被排出锅炉，这些蒸汽以汽化潜热的形式带走了污泥燃烧产生的部分热量，剩余的热量才有可能被利用。对于干基低位热值为8 374kJ/kg(2 000kCal/kg)的污泥，若水分达76.9%时，水蒸气汽化潜热造成的能量损失就达100%，即无能量可用。污泥水分高，焚烧时需加辅助燃料。为减少因水蒸气汽化潜热造成的能量损失，需要对污泥进行脱水，经过脱水的污泥的热值相当于褐煤的水平，但存在脱水技术和脱水经济性问题。

按进焚烧炉的污泥的含水率，将污泥焚烧工艺主要分为污泥直接焚烧和干化焚烧，这两种工艺的比较如表10-22所示。

表 10-22 污泥直接焚烧和干化焚烧工艺比较

比较指标	直接焚烧	干化焚烧
热源	煤气	煤气或水蒸气
经济性	设备费用比较高，相对完全干化工艺可以大幅度降低燃料的消耗	

续表

比较指标	直接焚烧	干化焚烧
燃料使用量	3 300m³/h(51%)	1 300m³/h(20%)
设备投资	3.0 亿元	3.5 亿元
成本评价	约 275 元/t	约 230 元/t
臭气处理	脱水污泥槽臭气可抽出，在炉内燃烧脱臭，在定期停运维护时，可用其他炉进行燃烧脱臭处理	收集后进行炉内燃烧脱臭，包含干化排气、干污泥挥发臭气等。在定期停运维护时，可用其他炉进行燃烧脱臭处理
其他	如果污泥热值提高，较难应对，可能需要更新炉本体	如果污泥热值提高，干化机增加等，应对较容易
综合评价	经济性和安全性方面考虑，能耗与运行成本较高	设备投资较大，但从经济性与安全方面考虑，具有价格优势

注：以脱水污泥处理量 550m³/d 为例。

按是否掺入其他物料，污泥焚烧分为污泥单独焚烧和混烧。污泥单独焚烧工艺流程如图 10.39 所示。

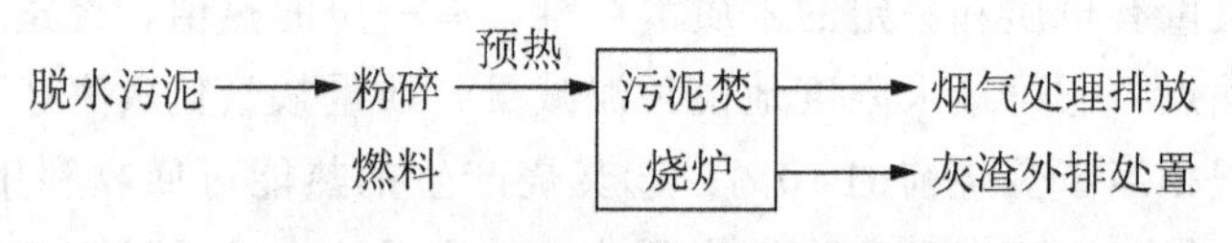

图 10.39 污泥单独焚烧工艺流程

污泥混烧工艺包括垃圾焚烧厂污泥混烧、水泥厂回转窑污泥混烧、燃煤电厂污泥混烧等。

① 垃圾焚烧厂污泥混烧。

我国有多座垃圾焚烧厂污泥混烧的示范工程，如深圳盐田垃圾焚烧厂，每天处理 40t 脱水污泥。利用垃圾焚烧厂焚烧炉混烧污泥，需安装独立的污泥混合和进料装置。含水率为 80%的污泥与生活垃圾的大致比例为 1∶4，干污泥(含固率约 90%)以粉尘状的形式进入焚烧室或者通过进料喷嘴将脱水污泥(含固率为 20%～30%)喷入燃烧室，并使之均匀。克服垃圾和污泥的热值均偏低的问题，我国研发出垃圾焚烧厂富氧混烧污泥技术，其工艺流程如图 10.40 所示。在湿污泥中加入新型助滤剂后脱水，使污泥含水率降低至 50%左右，实现污泥低成本干化后再与少量的秸秆混合制成衍生燃料，秸秆与污泥掺混比例一般为(1∶5)～(1∶3)。衍生燃料和垃圾一起入炉焚烧，将一定纯度的氧气通过助燃风管路送到垃圾焚烧炉内助燃，实现生活垃圾混烧污泥的富氧焚烧，助燃风含氧量为 21%～25%。垃圾焚烧厂富氧混烧污泥技术的特点是，污泥混烧生活垃圾，提高了燃烧物料的热值，解决了垃圾焚烧中热值低、不易燃烧的问题；混合物料着火点提前，改善垃圾着火的条件，提高燃烧效率和燃烧温度，保证垃圾焚烧效果；根据混合物料的热值和水分、灰土含量等实际情况及时调整富氧含量，改善垃圾着火情况，从而提高垃圾燃烧工况稳定性；增加焚烧炉内助燃风氧气含量，有效降低锅炉整体空气过剩系数，从而获得更好的传热效果，降低排烟量，从而减少排烟损失，有助于提高锅炉效率，减少环境污染；富氧燃烧能使炉内垃圾剧烈燃烧，从而降低烟气中CO和二噁英等有害物质浓度；富氧燃烧使助燃风中氧气含量提高，充分满足垃圾焚烧所需助燃氧气，提高垃圾燃烧效率，从而减少炉渣热酌减率。缺点是烟气和飞灰产生量增加，烟气净化系统投资和运行成本增加，并降低生活垃圾发电厂的发电效率和焚烧厂垃圾处理能力。

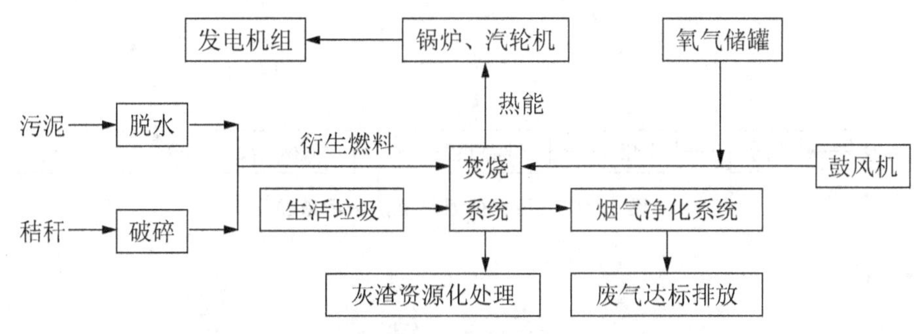

图 10.40　垃圾焚烧厂富氧混烧污泥发电工艺流程

② 水泥厂回转窑污泥混烧。

水泥厂回转窑污泥混烧技术的优点是，可以利用水泥熟料生产中的余热烘干污泥的水分，从而提高水泥厂的能量利用率；污泥可以作为辅助燃料应用于水泥熟料煅烧，从而降低水泥厂对煤等一次能源的需求；水泥窑内的碱性物质可以和污泥中的酸性物质化合成稳定的盐类，便于其废气的净化脱酸处理，而且还可以将重金属等有毒成分固化在水泥熟料中，避免二次污染，使对环境的危害降到最小；污泥可以部分代替黏土质原料，从而降低水泥生产对耕地的破坏；投资小，具有良好的经济效益，只需要增加污泥预处理设备，投资及运行成本均低于单独建立焚烧炉；回转窑的热容量大，工艺稳定，回转窑内气体温度通常为1 350～1 650℃，窑内物料停留时间长，高温气体传流强烈，有利于气固两相的混合、传热、分解、化合和扩散，有害有机物分解率高；污泥灰分成分与水泥熟料成分基本相同，污泥焚烧残渣可以作为水泥原料使用，燃烧即为最终处置，灰渣无须处理，节约了填埋场用地和资金。其缺点是，恶臭气体和渗滤液等若未经合适处理会影响厂区环境；脱水污泥进厂后要进行脱水和调质等预处理，增加了资源和能量消耗；水泥窑中过高的焚烧温度，会导致NO_x等污染物排放的增加，从而增加了尾气处理成本。

③ 燃煤电厂污泥混烧。

研究表明污泥和煤的掺混比例较小时(污泥质量分数为20%)对煤的活性几乎没有什么影响，在掺混比例较大时(污泥质量分数为50%～80%)，存在2个反应区间，在第一温度段(大约$\theta<430$℃)混合试样的反应特性类似于污泥，而在高温区段($\theta>430$℃)混合试样的燃烧特性则类似于煤。国外火电厂掺烧脱水污泥(含水率65%～80%)的工程实例中，污泥掺烧量为煤质量流量的5%～10%。我国几座燃煤电厂的污泥(含水率80%)掺烧比例通常在20%～30%。污泥掺烧会降低炉内温度和灰的软化点，并增加飞灰产生量，增加除尘和烟气净化负荷，降低锅炉效率。

3）低温热解

污泥低温热解是在400～500℃、常压和缺氧条件下，借助污泥中所含的硅酸铝和重金属(尤其是铜)的催化作用将污泥中的脂类和蛋白质转变成碳氢化合物，最终产物为燃料油、气和炭(图10.41)。污泥的热解分为3个步骤：干燥、热解和气体净化。干燥是去除水分，将污泥含水率降低到30%～35%。热解是在隔绝氧的环境下将上述固态污泥裂解，形成固相和气相物质。气体净化是去除上述热解气体中的杂质和有害物质，形成纯净燃气。

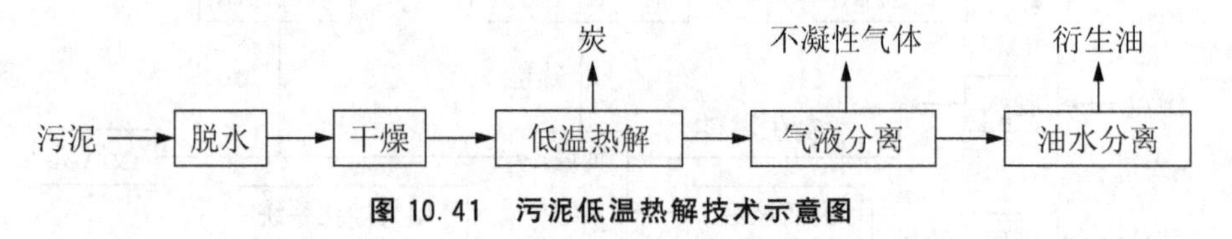

图10.41　污泥低温热解技术示意图

小　　结

本章介绍固体废物资源化与综合利用的基本知识，包括：生活垃圾、建筑垃圾、医疗废物、城镇粪便等城镇固体废物的利用方式；冶金、化学、电力等工业固体废物的利用方式；矿业固体废物的种类、成分、性质及利用方式；农林废弃物的成分、性质和综合利用方式；污泥的产生情况、污泥的处理与处置方式，污泥的资源化和综合利用。

思　考　题

1. 阐述城镇固体废物、工业固体废物、矿业固体废物、污泥的综合利用方式及其特点和适用条件。

2. 假设在某区域内新建生活垃圾综合利用厂，该区域已建有大型垃圾焚烧厂和卫生填埋场，且仍可继续使用，请设计生活垃圾综合利用工艺流程。

第11章 案 例

知识点

昌江县转运模式、方案，转运站选址；南宫堆肥厂工艺流程；南宁市生活垃圾焚烧选址、工艺；包头市东河区填埋场的设计。

重点

昌江县转运模式、方案；南宫堆肥厂工艺流程；南宁市生活垃圾焚烧工艺；包头市东河区填埋场的设计。

难点

昌江县转运站选址；南宫堆肥厂工艺流程；南宁市生活垃圾焚烧工艺；包头市东河区填埋场的设计。

11.1 海南省昌江县生活垃圾转运工程

11.1.1 昌江县垃圾收运现状

昌江县主城区距昌江县生活垃圾卫生填埋场约 11km，截至 2011 年年底，主城区没有垃圾转运站，主城区及附近农村垃圾收运采用收集点—垃圾运输车—填埋场的方式，日清运量约 62t。其他各乡、镇区生活垃圾还未纳入全县生活垃圾统一收运系统。昌江县生活垃圾收运环节如图 11.1 所示。

11.1.2 昌江县垃圾产量预测

昌江县的收运体系覆盖范围内现有人口数约为 26.4 万人，垃圾总产量约为 175t/d；预计到 2015 年总人口数约为 28 万人，垃圾总产量约为 184t/d；2020 年总人口数约为 30 万人，垃圾总产量约为 215t/d。

11.1.3 垃圾转运模式的确定

2020 年昌江县收运范围内的垃圾量约为 215t/d，远小于 1 000 t/d，因此不适合采用多级转运模式。昌江县地域狭长，对距离填埋场较远的乡镇，采用一级转运模式比较合适；而对于距离填埋场较近的乡镇，采用直接收运模式比较合适。

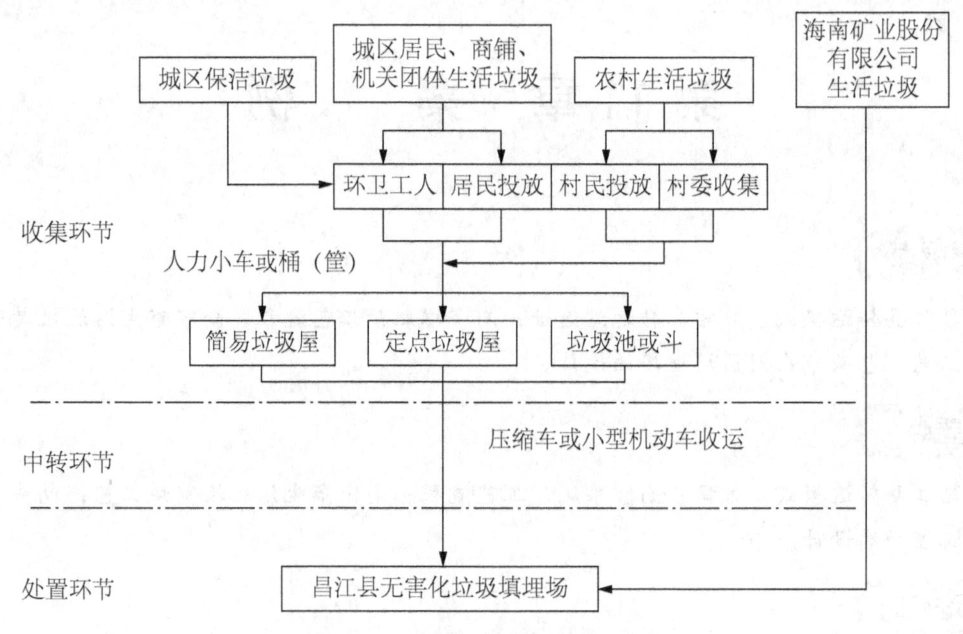

图 11.1 昌江县生活垃圾收运现状

11.1.4 转运方案设计与比选

按以上确定的转运模式，设计两种转运方案。方案一：设置 7 个一级转运片区和一个直运片区，共设置 9 座转运站(城区设置 3 座，其他转运片区各设 1 座)。方案二：设置 6 个一级转运片区和一个直运片区，共设置 7 座转运站(城区设置 2 座，其他转运片区各设 1 座)。两种方案的技术、经济、环境等方面可行性的比较如表 11－1 所示。

表 11－1 方案一和方案二比较

比较项目	方案一	方案二
转运站数量	9 座转运站(7 个转运片区)，一个直运片区	7 座转运站(6 个转运片区)，一个直运片区
转运规模	城区片区 100 t/d； 十月田片区 20 t/d； 七叉片区 20 t/d； 昌化片区 30 t/d； 海尾片区 40 t/d； 乌烈片区 20 t/d； 叉河片区 10 t/d； 直运片区 0.22t/3d	城区片区 100 t/d； 十月田片区 20 t/d； 七叉片区 20 t/d； 昌化片区 30 t/d； 海尾片区 40 t/d； 乌烈片区 20 t/d； 直运片区： 叉河片区 10 t/d， 霸王岭乌烈林场片区 0.22t/3d
建设投资	4 277.67 万元	3 554.32 万元

续表

比较项目	方案一	方案二
运行费用	30.68元/t	27.46元/t
对交通的影响	增加钩臂车辆8辆，后装式压缩车2辆，对交通基本无影响	增加车辆钩臂车7辆，后装式压缩车3辆，对交通基本无影响
对环境的影响	钩臂车密闭，对环境无影响，转运站数量较多，但是可以采取措施减少污染	钩臂车密闭，对环境无影响，转运站数量较少，对环境危害小
是否符合《海南省生活垃圾收运体系规划》	否	是
综合评价	投资和运行费高于方案二，对环境基本无影响，对交通压力不大，不符合《海南省生活垃圾收运体系规划》和《关于加快推进全省城乡垃圾收运体系建设的通知》中提出的建设转运站的原则要求	建设投资较低，运行费稍低，而且符合《海南省生活垃圾收运体系规划》和《关于加快推进全省城乡垃圾收运体系建设的通知》中提出的建设转运站的原则要求
是否推荐	否	是

综上所述，方案一的总投资比方案二高723.35万元，方案一的运行成本比方案二高3.22元/t，方案一不符合《海南省生活垃圾收运体系规划》，方案一中的叉河片区的垃圾量小于10t/d，不符合海南省住房和建设厅印发的《关于加快推进全省城乡垃圾收运体系建设的通知》中提出的建设转运站的原则要求：服务区域垃圾产量在20t以下的片区不宜建设垃圾转运站。方案二不仅总投资较少、运行成本低，而且符合《海南省生活垃圾收运体系规划》。方案一和方案二对交通和环境的影响差不多。因此，推荐方案二作为昌江县垃圾转运站建设方案，该方案的片区的规划及转运站的设置如图11.2所示。

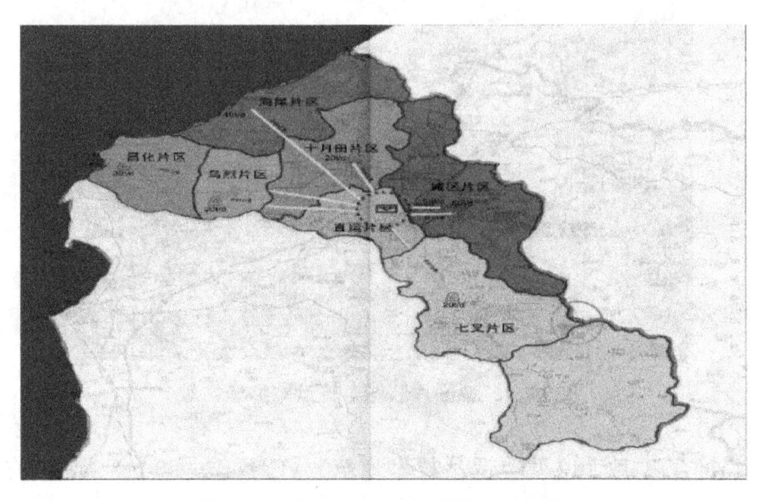

图 11.2 昌江县生活垃圾转运方案图

11.1.5 转运站选址

本书仅选择城区片区城东转运站进行选址分析。

1) 比选站址(变电所旁边)

该站址东南紧邻变电所，西面紧邻环城东路，交通十分便利(图11.3)。该站址现为荒地，有一部分地势较低，蓄积有雨水，征地容易，场地地势较为平坦，可征地面积约为1.5亩，可征地范围内无拆迁。该站址基本位于城区东部的中心，距供水管网和排水管网约20m，距高压线路约20m。

图 11.3 城区片区城东转运站比选站址

不推荐的理由：可征地面积比拟选站址小，离变电所较近。

2) 拟选站址(公厕旁边)

该站址位于环城东路公厕旁，位于比选站址北面约50m处，北面100m为红林小区，南面紧邻公厕，西面紧邻环城东路，交通十分便利(图11.4)。该站址现为荒地，征地容易，场地地势较为平坦，可征地面积约为2亩，可征地范围内无拆迁。该站址基本位于城区东部的中心，距供水管网和排水管网约20m，距高压线路约30m。

图 11.4 城区片区城东转运站拟选站址

推荐理由：符合《生活垃圾转运站技术规范》(CJJ 47—2006) 规定的选址要求；可与公厕合建。

11.1.6 转运工艺的比选

常见的转运工艺有直接转运式、压入装箱式和压实装箱式，其比较如表 11－2 所示。

表 11－2 几种转运工艺的比较

评价参数	转运工艺		
	直接转运式	压入装箱式	压实装箱式
挤压垃圾推力	无	较低	高
箱内垃圾密实度	低	较高	高
对转运垃圾性能的适应性	好	好	较好
运输封闭程度	较好	较好	较好
设备投资、运行费	低	较高	高
转运作业效率	较低	较高	高

昌江县垃圾的含水量高、容重比较小，如不采用压缩运输，则转运车辆“亏载”严重，从而造成单位垃圾运输成本较高。转运站宜采用压缩工艺，以提高垃圾的容重，减少车辆的“亏载”。另外，压缩工艺的采用还可减少转运车的数量。压实装箱的装卸过程较为复杂；压入装箱可直接将收集到转运站的垃圾压入箱体，避免渗滤液和臭味产生不良影响，且装卸比压实装箱简单。因此，昌江县的转运站采用压入装箱式转运工艺。

压入装箱工艺可分为水平压缩和垂直压缩两种。

水平压缩转运工艺的卸料口较大，储槽容积较大，收集车卸料时不要求停车位置十分准确，节省倒车时间，收集车卸料时间较短，抗高峰能力较强，出现收集车排队等候的现象较少。而垂直压缩转运工艺的每个泊位较窄(4.5m)，收集车必须准确定位，否则容易碰上钢结构部分的柱子，因此倒车时间较长；由于卸料口较小，待垃圾要装满集装箱时，需小心卸料，因此卸料时间较长，容易出现收集车排队的现象。

昌江县生活垃圾的最终处置方式为卫生填埋。昌江县雨水量较大，垃圾中的水分含量较高，垃圾较为松散，能否有效地将水分挤压出来，能否最大程度将垃圾减容，对于提高转运车辆的转运效率非常关键，也是提高填埋场库容利用率、减少渗滤液的重要环节。相对于垂直压缩转运工艺，水平压缩转运工艺的压缩比更高，生活垃圾通过水平压缩排水后含水率将大大降低，因此，水平压缩转运工艺对于垃圾减容和水分的去除更为有效。

水平压缩转运工艺比垂直压缩转运工艺的设备成熟，建设成本低，更有利于后续的转运和处理，且规模适应性强，并结合昌江县实际情况及未来发展的需要，水平压缩转运工艺要明显优于垂直压缩转运工艺。因此，推荐选用车厢分离的水平压缩转运工艺。

11.1.7 转运站的配置和优化

各转运站均配置一定规模的钩臂车、集装箱和压实机，这些设施均可以保证常规条件下垃圾压实转运的需求，而且有一定的富余量，同时，这些设备的配置并不是一成不变的，在一些转运站垃圾规模出现突然增加的情况下，而自身配置的集装箱和钩臂车运力不足的时候，其他片区的设备可以相应调配，以满足垃圾及时清运的要求，提高设施的利用效率。

考虑到垃圾量，同时为了节省投资，对于各转运站仅设置一套垃圾压缩装置，在压缩设备检修的时候，可以考虑将直运片区的后装式压缩车调往运输，以保证垃圾及时清运。

11.2 北京南宫垃圾堆肥厂

11.2.1 概况

南宫垃圾堆肥厂位于北京市大兴区瀛海镇南宫村，总面积 6.6hm^2，西侧 200m 为 104 国道，南侧 1km 为通黄公里，距马家楼转运站 19km，距小武基转运站 19km，距安定垃圾卫生填埋场 21km。该厂于 1998 年 12 月正式投入运行，至今已连续运转 16 年，是迄今为止全国连续运转时间最长、规模最大的垃圾堆肥厂。该厂原设计处理能力为 400t/d，经过 2008 年、2009 年、2014 年三次工艺改进，处理能力已经提升至 2 000t/d 以上。

11.2.2 主要工艺

南宫垃圾堆肥厂采用高温好氧堆肥技术，其工艺流程如图 11.5 所示。由马家楼转运站、小武基转运站运来的粒径为 15～80mm、有机物含量在 50%以上的垃圾，经地磅称重记录后，由厂内卸料车将垃圾倾卸到卸料仓，经卸料仓末端的布料滚筒(保证送到中央传送带上的物料的均匀性)进入中央传送带，中央传送带通过布料机为空隧道布料。当进料系统出现故障时，采用铲车进料。

该工艺的主发酵设备是隧道发酵仓，垃圾在隧道发酵仓内进行高温发酵，其结构如图 11.6 所示。布料完成后，便进入隧道发酵阶段。南宫堆肥厂共有 30 个 4m 宽、4m 高、27m 长的隧道发酵仓。每个隧道后面均有独立变频控制风机，并装有温度探头、氧气探头，能时时对隧道中垃圾的温度、湿度、氧气浓度等技术参数进行有效控制。物料的温度和湿度以及循环空气中氧的含量(13%的体积比)等最佳指标的控制是通过调整输入的新鲜空气与循环气体的比例及对物料加湿来实现的。隧道发酵的前 3d 是微生物的对数增长期，这个阶段应喷洒渗滤液来达到必须的含水率(含水率达到 50%～60%)，并进行通风，来保证对氧的需求和升高温度，但不需添加新鲜空气。随后的 4d 是堆肥的卫生化过程，即病菌和植物种子的灭活过程，这一过程是通过调节通风条件(总空气流量/输入新鲜空气的量)使温度保持在 55～65℃状态下来实现的。在此过程中，目标温度被设定成 60℃，由于蒸发而引起的水分的损失是由喷洒渗滤液来补偿的。垃圾在隧道中经过高温灭活，实现了无害化处理。在 7d 的后 2～4d，停止添加渗滤液，通过风干作用使堆肥的含水量小于 45%。隧道排出的废气被引到加湿间，加湿后送到生物过滤池。

在 2009 年的工艺改造中，堆肥厂对风机房的通风系统进行了改造，将垃圾发酵产生的余热收集起来，引回至隧道，使垃圾升温至 55℃的时间由原来的 3～4d 缩短至 1～2d。

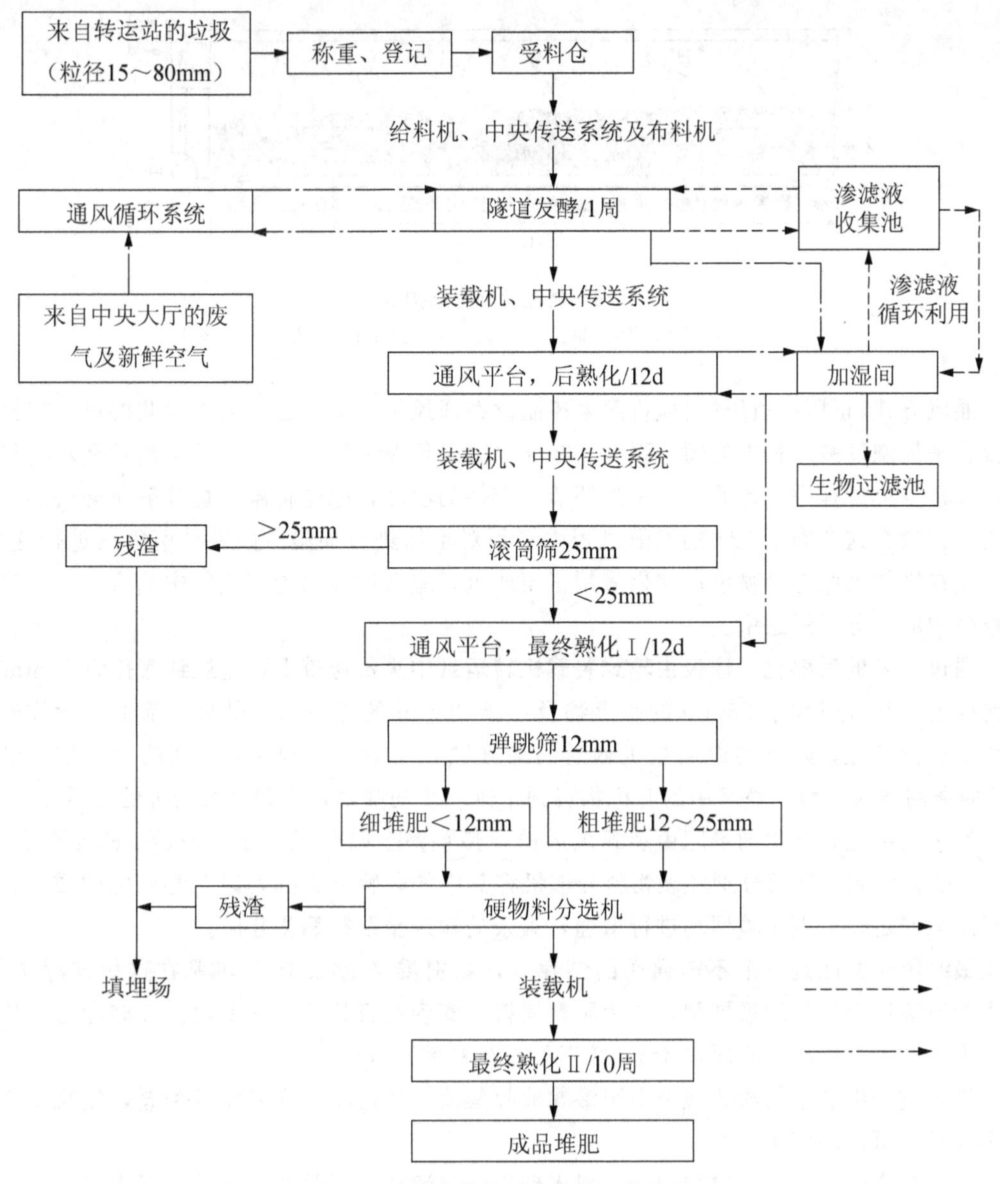

图 11.5　南宫垃圾好氧堆肥工艺流程

同时，使堆体高度由原来的 2.5m 增加至 3.5m，并在发酵过程中添加外援生物菌，促进了有机物的降解，通过以上菌—热—风组合工艺改造，使堆肥厂的处理能力由改造前的400t/d 提高到 1 000t/d。

经过 7d 的隧道发酵后，垃圾经轮式装载机卸载到安装在中央传送带上的两个卸料斗内，经中央传送带将发酵后的垃圾从中央大厅传送到后熟化平台。在平台上由布料机将出料均匀地堆积成 2.6m 高的后熟化堆，进入后熟化阶段。该阶段发酵平台由很多带有通风孔的混凝土盖板和风道组成。此种风道可以采用正压或者负压方式进行通风。不同的风道都是由风阀(0～100%)与地下的通风管线相连的。通过调节通风阀可以控制通风强度的大

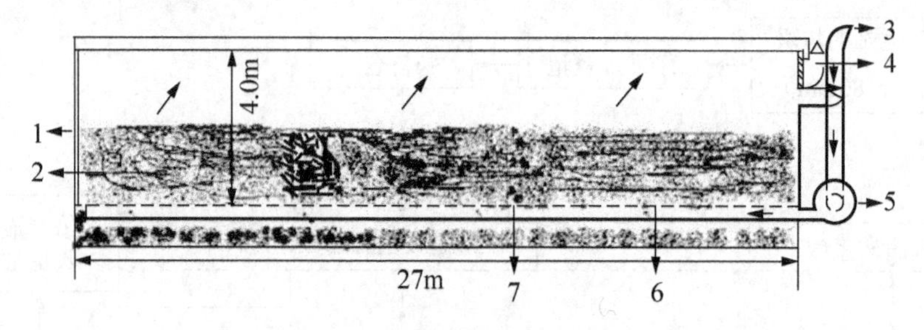

图 11.6 隧道发酵仓结构示意图

1—门；2—堆料；3—百叶窗；4—气窗；5—风机；6—管道；7—通风孔

小，通风方式(正压或负压)由风机房来控制。在通风平台上，通过人工检测温度，根据堆体温度来控制发酵过程中的通风强度。在通风时必须保证发酵温度不低于技术要求的最低值，即在发酵过程中进行通风，虽然调节了堆体的温度，但也将微生物分解所必需的水分带走了，故在这个为期 12d 的发酵过程中必须对堆体进行加湿。如果采用负压进行通风，应定期在堆体表面进行喷水；如果采用正压通风，应在加湿间调节空气中的含水率，来保证堆体中的水分含量适中。

通过 12d 的后熟化，垃圾由轮式装载机转运到中央传送带上，输送到筛孔为 25mm 的滚筒筛上，筛分成大于 25mm 的筛上物及小于 25mm 的筛下物两部分。筛上物运往安定填埋场进行填埋；筛下物由装载机输送到最终熟化Ⅰ区，堆成 2.4m 高的发酵堆，经过 12d 的强制通风发酵，垃圾中的有机物得到了进一步的降解，实现垃圾处理的减量化。

经过最终熟化产生的堆肥由装载机运送到弹跳筛上筛分成小于 7mm 的细堆肥及 7～25mm 的粗堆肥，然后分别经硬物料分选机将其中的硬物料去除，以改善堆肥的质量。硬物料运至安定垃圾卫生填埋场进行填埋，其余的输送至最终熟化Ⅱ区。

最终熟化Ⅱ区是一个不需通风的储存区，物料堆高为 2.6m，堆肥在这里储存 7 周，即生产出该厂设计的垃圾堆肥，作为肥料销售，实现垃圾处理的资源化。存储超过 7 周的堆肥则整齐堆存，料高不超过 4m，铲车不能在料堆上行走。

堆肥过程中产生的渗滤液被引至渗滤液收集池，经过滤后回灌至发酵仓，实现了渗滤液不外排，可循环使用。

发酵仓产生的臭气经过加湿后，引入到生物过滤池进行除臭。为减少雨水等对生物过滤池的影响，对其进行加盖处理，同时增加除臭喷淋设备，更为有效地控制了臭气对环境的影响。

随着工艺要求和环境标准的提高，南宫堆肥厂将后熟化区及最终熟化区全密闭，通过负压吸风，将臭气引至生物除臭塔进行除臭。

11.2.3 效益

垃圾经过南宫堆肥厂处理后，只有不到 1/3 的垃圾残料需要运至填埋场填埋，按减少的填埋量计算，每年节约用于填埋的土地 13 亩，至今已累计节约土地 208 亩，未来这一数字还将继续扩大。

南宫垃圾堆肥厂在引进、吸收、消化德国生活垃圾堆肥工艺的基础上，逐步探索出了一套具有自主知识产权的“菌—热—风”组合的堆肥处理新工艺，促进了国内垃圾堆肥技术的发展。

南宫垃圾堆肥厂每年在垃圾堆肥处理过程中获得数万吨的堆肥产品，实现垃圾的资源化，这些堆肥产品既改良了土地，又节省了大量的化肥。

11.3　南宁市生活垃圾焚烧发电工程

11.3.1　概况

南宁市生活垃圾焚烧发电工程位于兴宁区五塘镇高峰林场平里，离市中心约35km。其日处理能力2 000t/d，采用500t/d×4台马丁SITY2000逆推式机械炉排炉，采用2×18MW汽轮机配2×18MW发电机利用垃圾焚烧产生的余热发电。稳定运行年发电量2.62×10^8kW·h，年上网电量2.136 3×10^8kW·h，厂用电率18.5%。焚烧厂年运行时间为≥8 000h。项目占地面积93 340m^2。

其服务范围：近期本项目服务范围为南宁市主城区，中远期服务范围为南宁市市区和武鸣县。

11.3.2　选址

因该焚烧厂主要是服务南宁市邕江以北的区域，因此选取邕江北部的高峰林场银岭分场、高峰林场平里、武鸣县朝燕林场、青秀区长塘镇坛板作为四个候选厂址。四个候选厂址的位置如图11.7所示。并从征地和地质条件、投资、运输费用、环境与安全等方面对备选厂址进行综合比较(见表11-3)。

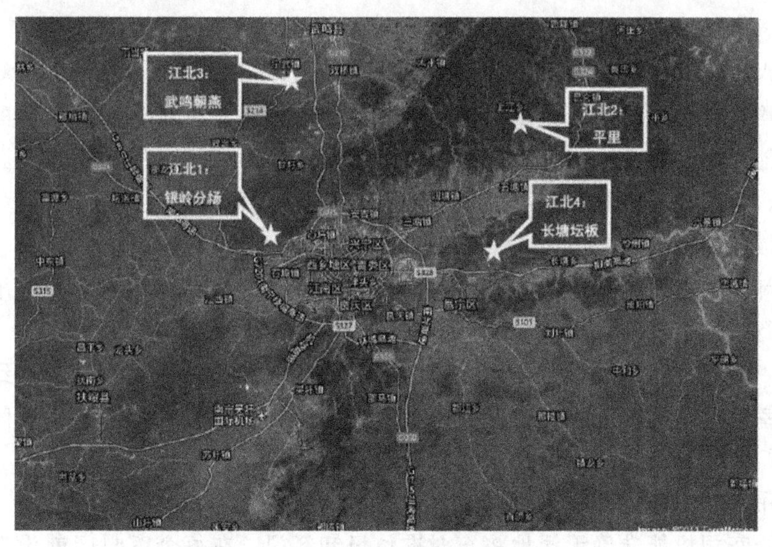

图11.7　候选场址位置图

表 11-3　厂址综合比较分析表

项目	厂址 1： 高峰林场银岭	厂址 2： 高峰林场平里	厂址 3： 武鸣县朝燕林场	厂址 4： 青秀区长塘镇
征地情况	容易	容易	较难	较难
地形条件	不利建厂	较难建厂	容易建厂	较难建厂
地质条件	满足	满足	不满足	满足
厂外建设投资	较小	大	小	较小
运输和处置费	较低	较高	最高	高
环境安全影响	存在	无	无	无

由表 11-3 可知，在满足征地、地形地质条件下，从环境优先角度考虑，厂址 2(高峰林场大塘分场平里厂址)为最佳选址；从经济优先角度考虑，厂址 1(高峰林场银岭分场厂址)为最佳选址。但厂址 2 位于南宁市平里静脉产业园，园区配套灰渣填埋场，无法利用的约 7%的焚烧炉渣与飞灰可就近送填埋场处置。经过综合论证，最终确定厂址 2(高峰林场平里静脉产业园厂址)为最佳选址。

11.3.3　工艺

该厂采用的生活垃圾处理工艺流程如图 11.8 所示。

1. 垃圾接收及储存系统

1）垃圾接收

生活垃圾由垃圾收集车或垃圾中转车运入该厂，经地磅房地磅自动称重并由计算机记录和存储数据后，通过倾斜栈桥进入主厂房卸料大厅平台。

(1) 地磅房及地磅。

在物流入口大门后设置地磅房一座，共设置 3 台地磅，每台地磅的最大称量为 60t。在地磅前后均设有检视缓冲区，以提供空间方便地磅管理人员对需检查车辆的检查，同时又不影响其他车辆的正常进出。地磅前的缓冲区同时作为高峰时的车辆缓冲区，以避免堵塞进厂道路，也避免车辆停留在厂外道路上影响其他车辆行驶。

(2) 垃圾卸料平台。

垃圾车卸料平台宽度初定为 24m，卸车平台入口处装有红绿信号灯，由吊车控制室对进出车辆进行控制。

设置 12 个卸料门，卸料门的开启关闭由吊车控制室控制，垃圾运输车到达时，由垃圾吊车控制室打开指定的卸料门。卸料门上方设红绿灯指示，显示卸料门启闭状态，不卸料时，卸料门关闭。卸料门既可用吊车控制室控制盘操作，也可用现场操作。同时，卸料门的开关与吊车抓斗位置互锁。

为使垃圾车司机能准确无误地将车对准垃圾卸料门，在每个密封门前设有白色斑马线标志和防撞杆。在每个卸料门前设置高度为 300mm 的车挡以防车辆倒退掉进垃圾池内。

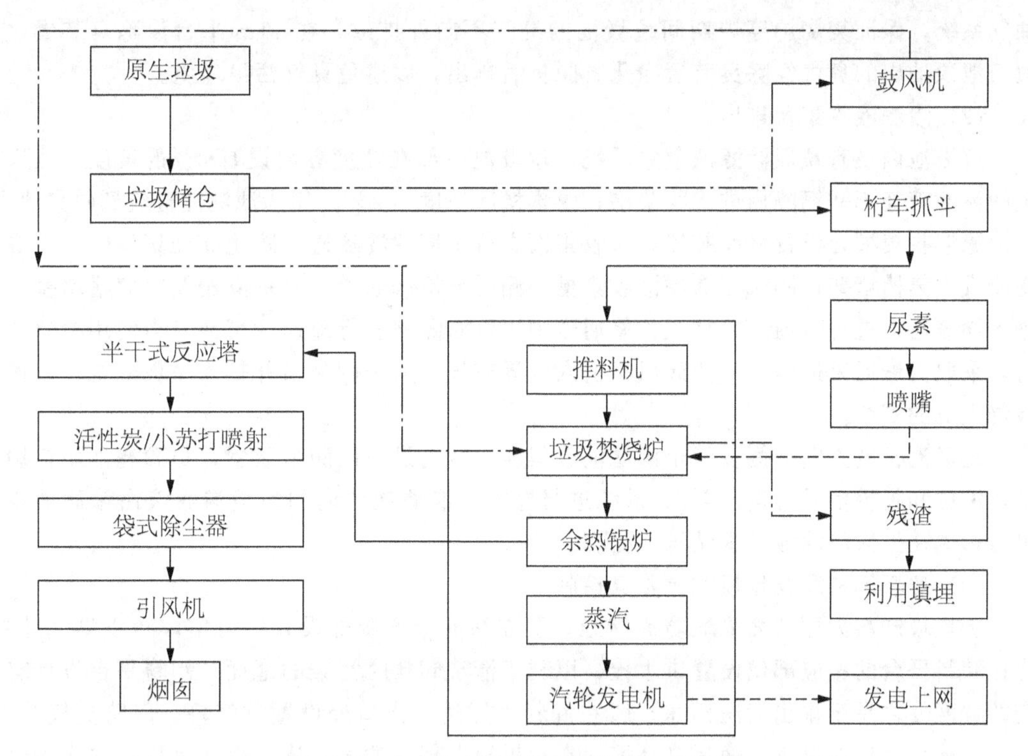

图 11.8 南宁市生活垃圾焚烧处理工艺流程

垃圾卸料门间设有隔离岛，以避免垃圾车相撞，并给工作人员提供作业空间。

为了方便将卸料平台上的垃圾扫入垃圾池，在车挡中间开一个 200mm 宽的缺口。同时为了方便收集卸料大厅的清洗污水，在卸料平台设置了一定的坡度和排水沟。

在垃圾池长度方向两端，设有垃圾抓斗检修通道，当抓斗需要检修时可从料斗平台放到 7m 卸料平台检修或装车运出。同时此通道也可用以处理公共突发事件情况下的特殊生活垃圾运入和处理。平时检修孔用带滑轨的钢盖板封闭以防臭气外溢。

2）垃圾储存

(1) 垃圾仓。

垃圾仓主要由垃圾池与垃圾抓斗起重机、渗滤液收集、一次风吸风口等设施组成。

垃圾池是一个密闭的，并具有防渗防腐功能的钢筋混凝土池。本工程垃圾池的设计为长 99m、宽 24m、平均高度 13m，地面以下深度约为 6m，容积为 30 888m^3。按照池内贮存垃圾平均容重 0.45t/m^3、平均日处理 2 000 t 计算，可贮存 7d 的垃圾量。

垃圾池上方设 3 台起重量 15t，抓斗容积为 10m^3的桔瓣式垃圾抓斗起重机，供焚烧炉加料及对垃圾进行搬运、搅拌、倒垛，按顺序堆放到预定区域，以保证入炉垃圾组分均匀、燃烧稳定。在垃圾卸料门上方设垃圾抓斗起重机控制室。操作人员在控制室里对起重机运行及卸料门的启闭进行控制。

垃圾池上方靠焚烧炉一侧设有一次风吸风口，抽吸垃圾池内臭气作为焚烧炉燃烧空气，并使垃圾池呈负压状态，防止恶臭污染物的积聚和溢出。此外，在垃圾池顶加设通风抽气系统，保证焚烧炉停炉期间垃圾池的臭气不向外扩散，在11m平台设除臭装置，从垃圾池顶抽出的臭气经除臭装置净化、脱臭后排出，以避免臭气污染环境。

(2) 渗滤液收集及排出。

垃圾池内设有垃圾渗滤液收集系统，垃圾池底部在宽度方向设有2%的坡度，垃圾产生的渗滤液经不锈钢隔栅进入收集槽，收集槽底坡度为2%，使渗滤液能自流到收集池中。在渗滤液收集槽处设置水冲装置，对收集槽进行定期冲洗疏通，防止此处聚集的污泥等杂物造成收集槽堵塞；同时在渗滤液收集槽外侧设置检修通道，万一隔栅及收集槽堵塞，可进入检修通道进行疏通，并且在检修通道中也可对隔栅进行疏通和更换。当使用检修通道时，采取机械通风措施，一侧鼓风机引入外界空气，另一侧吸出并排入垃圾贮坑，以保证检修人员的安全。

垃圾池长度方向一侧设一个渗滤液收集池。池内设液位测量装置，与渗滤液泵连锁控制，液位和报警信号可送入DCS系统进行监控。渗滤液池内的垃圾渗滤液由渗滤液泵抽出后，送往厂区渗滤液处理站统一处理。

(3) 垃圾卸料厅及垃圾贮坑除臭措施。

①垃圾卸料大厅地面采取防渗措施。②在渗滤液通廊处设置气密室，防止臭气外溢。③在卸料平台的相应部位设置供水栓，以利于清洗卸料时污染的地面，卸料平台设计有一定的坡度使之易于排出清洗污水。④在卸料大厅进、出口处设置空气幕，以防臭气外逸。⑤为了减少垃圾池臭气外逸污染环境，在垃圾池上部设抽气风道，由鼓风机抽取作为焚烧炉燃烧空气，使得垃圾池保持负压状态。⑥在停炉检修时，通过除臭风机抽取垃圾贮坑臭气，经活性炭除臭装置处理后排入大气。

2. 垃圾焚烧系统

1)进料系统

生活垃圾经给料斗、料槽、给料器进入焚烧炉排，垃圾进料装置包括垃圾料斗、料槽和给料器，如图11.9所示。

垃圾给料斗用于将垃圾吊车投入的垃圾暂时贮存，再连续送入焚烧炉处理，给料斗为漏斗形状，能够贮存约1h焚烧的垃圾量，由可更换的加厚防磨板组成，为了观察给料斗和溜槽内的垃圾料位，在料斗上安装了摄像头和垃圾料位感应装置，并与吊车控制室内的电脑屏幕相联。料斗内设有避免垃圾搭桥的装置。

给料溜槽垂直于给料炉排，这样能够防止垃圾的堵塞，能够有效地防止火焰回窜和外界空气的漏入，也可以存储一定量的垃圾，溜槽顶部设有盖板，停炉时将盖板关闭，使焚烧炉与垃圾贮坑相隔绝。

给料器位于给料溜槽的底部，保证垃圾均匀、可控制的进入焚烧炉排上。给料器由液压杆推动垃圾通过进料平台进入炉膛。炉排可通过控制系统调节，运动的速度和间隔时间能够通过控制系统测量和设置。

2) 焚烧炉

该生活垃圾焚烧厂采用重庆三峰环境产业集团公司引进德国马丁公司技术并结合中国城市生活垃圾特点加以改进优化后在国内制造生产的SITY2000型逆推式机械炉排炉。该

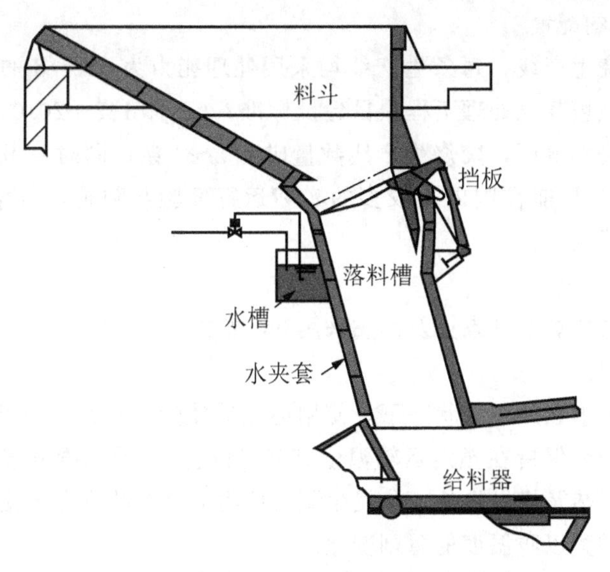

图 11.9 料斗与落料槽

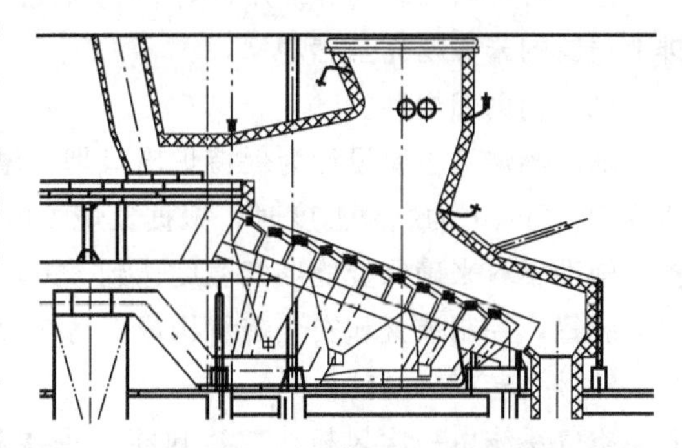

图 11.10 SITY2000 逆推式机械炉排炉结构简图

型机械炉排的炉排面由一排固定炉排和一排活动炉排交替安装而成如图 11.10 所示，炉排运动方向与垃圾运动方向相反，其运动速度可以任意调节，以便根据垃圾性质及燃烧工况调整垃圾在炉排上的停留时间，其主要特点如下。

(1) 较低的炉排机械负荷。为了使垃圾在炉内得到充分干燥，同时避免运行时垃圾床层太厚，在设计时增大了炉排面积，整个炉排分为干燥段、燃烧段、燃烬及冷却段三个区域，采用较低的炉排机械负荷，以保证炉渣的热灼减率小于或等于 3%。

(2) 逆流式炉型及逆推机械炉排。采取逆流式炉型，炉排面向下与水平面成 24°倾角，炉排上的垃圾通过活动炉排片的逆向运动而得到充分的搅动、混合及滚动，使低位发热值较低的生活垃圾更易着火和燃烧完全。

(3) 炉排片特殊设计。炉排片前端设计为角锥状，可避免熔融灰渣附着，同时在炉排逆向运动时，更有利于垃圾的蓬松、着火和燃烧；炉排片背面的加强筋设计成迷宫式通道，一次风通过炉排背面送风时，也对炉排起到了很好的冷却效果；炉排片侧面和正面经过精加工，炉排片之间通过螺栓无间隙联结成一排，避免了炉排片之间的磨损和被抬起的可能性，每一排炉排两端与两侧固定挡墙间仅仅留有很小的热膨胀间隙，使得漏灰量较少。

(4) 炉膛负荷及燃烧自动控制程度高。

(5) 垃圾热值适应范围广。通过对炉排尺寸、前后拱倾角及几何尺寸、喉部尺寸、炉膛高度等的科学搭配，SITY2000 逆推式机械炉排对垃圾热值适应范围非常广。

3）焚烧生产线的配置

共设置四条焚烧生产线，每条生产线均采用处理能力为 500t/d 的焚烧炉。这样的设置符合《城市生活垃圾焚烧处理工程项目建设标准》(建标 142—2010)的规定：对于Ⅰ类处理规模的垃圾焚烧发电厂，焚烧生产线数量应为 2～4 条；同时，考虑到单台处理能力为 500t/d 的焚烧炉，目前在国内有较多的实际运行经验与数据，技术成熟、产品可靠，主要设备完全实现了国产化。

4）点火及助燃系统

该焚烧发电厂焚烧炉启动点火及助燃采用 0＃柴油。

(1) 点火燃烧器。

焚烧炉点火时炉内在无垃圾状态下，使用燃烧器使炉出口温度逐步升至 850℃，然后投入垃圾混烧并使炉温保持在额定运转温度(850℃以上)，若急剧升温，炉内的温度分布也发生剧烈变化，因热及机械性的变化发生剥落使耐火材料的寿命缩短，故助燃燃烧器应进行阶段性地温度调整以防温度的急剧变化。

该装置由点火燃烧器本体、点火装置，控制装置和安全装置构成，每台炉设置两套。

停炉时与启动时同样使用助燃燃烧器使炉温慢慢下降以防止温度的急剧变化，并使炉排上残留的未燃物完全燃烧。

(2) 辅助燃烧器。

辅助燃烧器主要设计为保持炉出口烟气温度在 850℃以上，当垃圾的热值较低而无法达到 850℃以上的燃烧温度时，根据焚烧炉内测温装置的反馈信息，本装置自动投入运行，投入辅助燃料来确保焚烧烟气温度达到 850℃以上并停留 2s 以上。本装置由燃烧器本体、点火装置，控制装置和安全装置构成，每炉设置 1 套共设置 4 套。

5）燃烧空气系统

空气系统由一次风机、二次风机、一次和二次空气预热器及风管组成。在燃烧过程中，空气起着非常重要的作用，它能提供燃烧所需要的氧气，使垃圾能充分燃烧，并根据垃圾性质的变化调节用量，使烟气充分混合，使焚烧正常运行，使炉排及炉墙得到冷却。本焚烧炉的燃烧空气分为一次风系统和二次风系统。

燃烧用一次风从垃圾贮坑上方引入一次风机，风量可独立调节。以保证垃圾贮坑处于微负压状态，使坑内的臭气不会外泄。由于垃圾车的倾卸及吊车的频繁作业，造成垃圾贮坑内粉尘较多且湿度较大，因此在鼓风机前风道上设有抽屉式过滤器，定期清除从坑内吸入的细小灰尘、苍蝇等杂物。

一次风从垃圾贮坑内抽取，经过一次风蒸汽式预热器后由炉排底部引入，中央控制系统可以通过炉排底部的调节阀对各个区域的送风量进行单独控制。一次风同时具有冷却炉排和干燥垃圾的作用。

二次风取自焚烧炉厂房内。每台炉配有 1 台二次风机，二次风经过二次风预热器后，从炉膛上方引入焚烧炉，使可燃成分得到充分燃烧，二次风量也可随负荷的变化加以调节。

为了保证高水分、低热值的垃圾充分燃烧，加速垃圾干燥过程，一般燃烧空气先进行预热后再进入炉内，针对国内的垃圾特性，通常将一次风加热到220℃左右，二次风加热到166℃左右。为了减少不必要的热量损失，一次风采用两级加热，利用汽轮机一段抽汽加汽包饱和蒸汽为加热汽源。二次风加热采用汽轮机一段抽汽。

6）出渣机

焚烧炉内燃尽的灰渣最终由出渣机推到炉外，如图11.11所示，其特点如下。

① 由于采用水封结构具有完好的气密性，可保持炉膛负压。② 可有效除去残留的污水，使得灰渣含水量仅为15%～25%。因此，灰坑里的灰渣几乎没有渗漏的水分。③ 出渣机推杆的所有滑动面都采用耐磨钢衬，所以寿命很长。④ 出渣机内水温将保持在60℃以下。

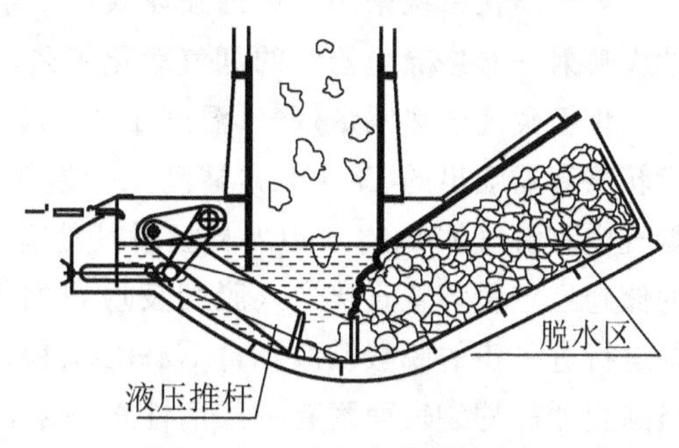

图11.11 马丁出渣机示意图

3. 余热锅炉

目前，生活垃圾焚烧厂主蒸汽参数有两种：一种是中温中压蒸汽参数，温度为400℃，压力为4.0MPa；另一种为中温次高压参数，温度为450℃，压力为6.5MPa。

高压锅炉过热蒸汽参数以增加发电量，也要综合考虑管材的腐蚀问题从而保障焚烧的顺利进行。

对于同一种过热器材质，采用中温中压参数(400℃，4.0MPa)的锅炉过热器使用寿命相对较长且成本较低，国内加工能力相对较强；而中温次高压参数(450℃，6.5MPa)锅炉过热器需使用耐腐蚀的合金钢才能达到合理的使用寿命和性能，而该合金钢价格昂贵，势必造成锅炉成本的大幅增加。若采用碳钢或不锈钢，过热器腐蚀较快，势必造成过热器的频繁更换，加大维修和维护的工作量，无法确保焚烧厂稳定的运行。

因此，虽然采用中温次高压参数的余热锅炉发电量较多(多5%～10%)，但从20多年运行期内成本和收入综合考虑，该参数并不具备经济优势。另外，从国外蒸汽参数发展的趋势来看，欧洲最早采用450～500℃主蒸汽温度，但近几十年逐步建成的焚烧厂大多采用中温中压的参数；即使在日本，采用450℃以上的垃圾焚烧厂也较少。

综合以上原因，选用在我国城市生活垃圾焚烧发电厂中已经得到成熟应用并被证明是十分稳定、可靠的中温中压(400℃，4.0MPa)余热锅炉系统。

因此，荐采用中温中压(400℃，4.0MPa)余热锅炉系统。

4. 汽轮发电机组的配置

按设计垃圾低位热值6 700kJ/kg计，四台焚烧炉共可产生中温中压参数(400℃，400MPa)的蒸汽约为184.8t/h。

《生活垃圾焚烧处理工程技术规范》和《城市生活垃圾焚烧处理工程项目建设标准》均要求生活垃圾焚烧发电厂汽轮机组的数量不宜大于两套。对于非调整抽汽的18MW凝汽式汽轮机发电机组，其单台额定进汽量约为104t/h。在设计工况下，选择两台18MW汽轮发电机组能够完全消纳全厂产生的蒸汽，而且两者很匹配。因此，该厂采用两台

18MW凝气式汽轮发电机组。

5. 烟气净化系统

烟气净化系统采用“炉内喷尿素水＋半干法(高速旋转雾化器)＋干法($NaHCO_3$)＋活性炭喷射＋布袋除尘器”的烟气净化工艺，如图11.3中的烟气处理部分。

垃圾焚烧余热锅炉烟气(温度190℃)，从半干式反应塔的上部进入布置在塔顶的高速旋转喷雾器喷出的$Ca(OH)_2$雾滴充分接触，反应生成粉末状钙盐，从而达到降温和脱除烟气中有害气体SO_x、HCl及吸附其他有害成分的目的。活性炭和$NaHCO_3$粉末从各自的储仓经定量装置直接送入脱酸反应塔的烟气出口管道吸附二噁英和重金属等有害物质，并进行进一步的脱酸反应。含$NaHCO_3$粉、活性炭及烟尘的烟气进入布袋除尘器，由于布袋除尘器的滤袋表面附有一层活性炭粉末，可进一步去除二噁英与重金属，$NaHCO_3$粉末与烟气中的残余有害气体SO_x、HCl进一步反应。布袋除尘器对微小粒状物有良好的捕集效果，对脱酸过程产生的干燥盐类产品和活性炭粉体有较高的脱除效率。布袋除尘器收集下来的粉尘经刮板输送机输送到灰仓。

经过净化系统达标后的烟气，由引风机(由变频控制器控制)通过90m高的钢制烟囱排入大气。

6. 炉渣处理系统

额定工况下，产渣量约20%。主厂房设置可满足全厂3d以上存储量的渣坑。垃圾焚烧后的炉渣可用于生产行道砖、作为修路的垫层材料等，剩下不足7%部分残渣由运渣车运至填埋场填埋。

1) 炉渣的收集与输送系统

灰渣处理系统主要包括垃圾焚烧排出的炉渣、炉排缝隙中泄漏的漏渣、余热锅炉灰斗中的锅炉灰三部分。炉渣的收集和输送系统由落渣管、锅炉灰螺旋输送机、出渣机、振动输送机等组成。

垃圾焚烧后产生炉渣大都被推到燃烬炉排，从焚烧炉的后部排出，落进出渣机。从炉排间隙中落下的少量漏渣经过炉排底部渣斗和溜管被引入落渣管后进入出渣机。

余热锅炉第2、3烟道的细灰暂存于锅炉底部的灰斗中，每个灰斗下部配置一个星形阀，排出的灰经溜管送至出渣机中。余热锅炉第4烟道的落灰需通过手动插板阀、星形卸灰阀、刮板输送机将飞灰输入到溜管中，经溜管进入出渣机。

出渣机将湿炉渣运送到振动输送机。排出的炉渣在振动输送机上因振动分布均匀，被运送到渣仓。炉渣在渣仓贮存时，会有部分含水析出。渣仓一端设有沉渣池和集水池，通过污水泵将污水外排。

渣坑内的炉渣通过渣吊实现渣的倒运、装车作业。炉渣装入专用渣车后，送填埋场填埋。渣坑位于焚烧间后方，并与焚烧间隔离。

2) 炉渣的储存

焚烧炉燃烧后的残渣主要是不可燃的无机物及部分未燃的可燃有机物。渣仓内设有电动桥式抓斗起重机一台，实现炉渣的倒运、装车并运至填埋场填埋，并定期对炉渣的热灼减率进行监测。

7. 飞灰处理系统

1）飞灰收集、输送系统

飞灰系统从反应塔、袋式除尘器灰斗下开始，至飞灰贮仓底出料阀为止，包括反应塔、袋式除尘器飞灰的收集、输送、贮存设备、驱动装置、辅助设施以及其他有关设施。飞灰输送采用机械输送方式。四条焚烧线收集的飞灰排放到两条公用刮板输送机上(可用挡板实现切换)，经斗式提升机输送到飞灰贮仓顶，经贮仓顶部的双向螺旋输送机分配到两个贮仓中。公用部分的输送设备为一用一备。本系统内的飞灰输送机和贮仓配备电伴热。

2）飞灰的处理

飞灰因其含有较高浸出浓度的重金属等危险物，必须按危险固体废物处置要求，执行《危险废物鉴别标准—浸出毒性鉴别》(GB 5085.3—2007）和《生活垃圾填埋场污染控制标准》(GB 16889—2008)，经过固化/稳定化处理后，可运输至填埋场进行安全处置，但必须满足下列条件：①含水率小于 30%；②二噁英含量低于 3 μg-TEQ/kg；③按照 HJ/T 300 制备的浸出液中危害成分浓度低于表 11－4 规定的限值。

表 11－4　浸出液污染物浓度限值　　单位：mg/L

序号	污染物项目	浓度限值	序号	污染物项目	浓度限值
1	汞	0.05	7	钡	25
2	铜	40	8	镍	0.5
3	锌	100	9	砷	0.3
4	铅	0.25	10	总铬	4.5
5	镉	0.15	11	六价铬	1.5
6	铍	0.02	12	硒	0.1

该厂焚烧线飞灰产量额定工况下约为焚烧垃圾量的 3%。飞灰的稳定化处理根据稳定化基材和稳定化过程可分为水泥稳定化、沥青稳定化、熔融稳定化和螯合物稳定化等工艺。水泥是目前常用的一种主要稳定化基材，采用水泥做主要稳定化材料的优点是：水泥价廉、有应用经验、技术成熟、处理成本低、工艺和设备比较简单。

在水泥稳定化过程中，水泥中的硅酸二钙、硅酸三钙等经水合反应转变为 $CaO \cdot SiO_2 \cdot mH_2O$ 凝胶和 $Ca(OH)_2 \cdot CaO \cdot SiO_2 \cdot mH_2O$ 凝胶等，包容飞灰后逐步硬化形成机械强度很高的 $CaO \cdot SiO_2$ 稳定化体。而 $Ca(OH)_2$ 的存在，固化体不但具有较高的 pH，而且使大部分重金属离子生成不溶性的氢氧化物或碳酸盐形式被固定在水泥基体的晶格中，能有效防止重金属的浸出。为了改善稳定化条件，提高稳定化效果，本项目稳定化过程中还配以一定比例的有机螯合剂，以进一步确保稳定化体达到进入填埋场的毒性浸出标准。

飞灰稳定化采用水泥＋螯合剂固化工艺，飞灰稳定化工艺流程如图 11.12 所示。经稳定化处理后，满足《生活垃圾填埋场污染控制标准》(GB 16889—2008) 中的要求，送往邻近的生活垃圾卫生填埋场进行安全填埋处置。

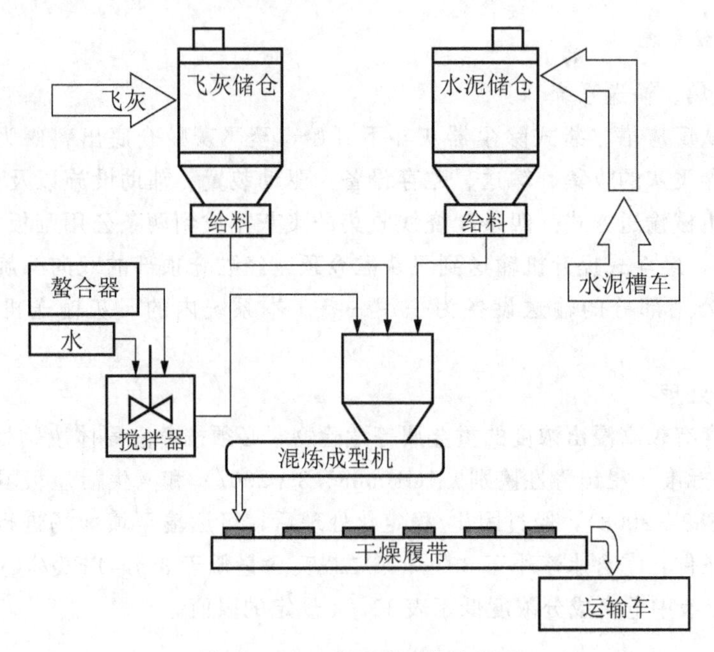

图 11.12 飞灰固化工艺流程图

8. 污水处理系统

厂区实行雨污分流、污废分流的排水机制。

生活污水进入生活污水处理站处理，处理达到绿化用水标准用于厂区绿化。

渗滤液主要来自主厂房的垃圾池、垃圾卸料区地面冲洗及车辆冲洗等污水，渗滤液送入厂区渗滤液处理站进行处理，处理达到《城镇污水处理厂污染物排放标准》（GB 18918—2002）一级标准后回用或排放。

生产废水实行清浊分流，满足排放要求的生产废水如冷却塔集水池的排污水首先回用，多余部分直接排往雨水管网，普通地面冲洗水进入污水管网，垃圾卸料区地面冲洗水进入渗滤液处理系统。

由于进厂垃圾是经过转运站压缩过的垃圾，考虑20%渗滤液产生量，考虑卸料平台车辆冲洗用水、初期雨水及未预见水量，设计工程规模为540m^3/d。采用“UASB反应器＋膜生物反应器(MBR)＋反渗透(RO)＋浓液处理”工艺处理渗滤液，如图11.13所示。

由于进水渗滤液的污染物浓度很高，系统产生的剩余污泥量较多，生化剩余污泥和厌氧系统产生的剩余污泥一起排入污泥储池中，采用离心脱水机进行脱水处理，脱水后污泥含水率80%，送至焚烧炉进行焚烧。清液回中间水池。纳滤系统清液产率为85%，平均每天产生的浓缩液约58t；反渗透系统清液产率为85%，每天产生的浓缩液约49t。两者合计为107t，整个系统的清液产率大于70%。浓缩液排至浓缩液池后，用螺杆泵送至焚烧炉指定接口。

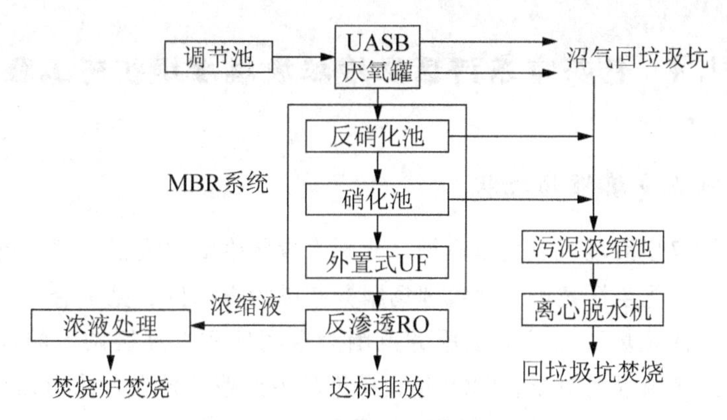

图 11.13 渗滤液处理工艺流程

9. 噪声控制

该垃圾焚烧厂主要噪声来源于焚烧炉通风机，烟尘净化系统引风机、空压机、汽轮机、发电机，以及处置灰渣的推土机、装载机等。对噪声的控制主要采取以下方法。

(1) 厂区总体设计布置时，将主要噪声源尽可能布置在远离操作办公的地方，以防噪声对工作环境的影响。

(2) 在运行管理人员集中的控制室内，门窗处设置消声装置(如密封门窗等)，室内设置吸声吊顶，以减少噪声对运行人员的影响，使其工作环境达到允许的噪声标准。

(3) 对设备采取减振、安装消声器、隔音等方式，或者选择低噪声型设备。

(4) 余热锅炉的对空排汽最高噪声源强可达120dB，若不加防治，对1km以外的农居点噪声贡献值可达65～75dB，为此在余热锅炉的对空排汽口加装消声器，将噪声源强降到65dB以下。

(5) 垃圾车辆来回行驶对道路两旁居住人群带来影响，垃圾车辆在正常行驶时在15m外，其噪声值均为85～90dB，对马路附近声环境有一定影响，因此应控制垃圾车行驶车速，改善路面状况，尽量避免在夜间来回运输垃圾。

(6) 厂区加强绿化，以起到降低噪声的作用。

通过上述措施，厂界噪声值可以达到《工业企业厂界环境噪声排放标准》(GB 12348—2008)Ⅱ类区标准(昼间65dB(A)、夜间55 dB(A))，不存在扰民影响。

10. 臭气控制

垃圾在垃圾仓堆放时，会发酵产生恶臭。为使臭气不外逸，垃圾仓设计成封闭式；垃圾仓上方设抽风装置，把臭气抽入炉膛内作为助燃空气，以达到净化的目的，同时抽气使垃圾仓内形成微负压，能有效防止臭气外泄。

在垃圾贮坑一侧设有活性炭吸附塔，用于吸附处理渗滤液收集池和污水处理站内的臭气，此外还可以在停炉检修的情况下吸附处理垃圾卸料平台和垃圾贮坑内的臭气。

为保证控制室内有良好的工作环境，设计外挂式新风换气机，输入净化后的新鲜空气，排出污浊空气，同时保持室温基本不变。

11.4 包头市东河区生活垃圾填埋场扩建工程

11.4.1 包头市卫生填埋场现状

包头市原有两座生活垃圾卫生填埋场，分别为青昆生活垃圾卫生填埋场和东河区生活垃圾卫生填埋场。青昆生活垃圾卫生填埋场服务范围为青山区、昆都仑区、九原区的一部分区域；东河区生活垃圾卫生填埋场服务范围为东河区和九原区两区的部分区域。2011年青昆生活垃圾卫生填埋场封场。2008年包头市环卫产业公司在包头市建设了库容为730万 m^3 的新青昆垃圾卫生填埋场，规划的垃圾清运路线最短运距约20km。该垃圾填埋场在2009年下半年已投入运行，设计处理规模为800t/d。

东河区生活垃圾卫生填埋场则于20世纪80年代末90年代初建设并投入使用，建设规模为处置生活垃圾400t/d，占地17.2万 m^2，处置生活垃圾186万t，使用年限15年，2011年已经超期超规模使用。由于建场较早，该垃圾填埋场建设标准较低、库容较小、配套设施不很完善、存在环境污染隐患。

截至2011年，东河区垃圾填埋场已无法满足日益增长的城市生活垃圾处置要求和越来越高的环境保护要求。本工程的建设就是为了保证包头市产生的生活垃圾能基本得到卫生填埋处置。

11.4.2 垃圾产生量预测及填埋场规模的确定

根据我国生活垃圾处理政策和生活垃圾减量化发展趋势，并结合包头市的实际情况，计算生活垃圾产生量时考虑一定的生活垃圾减量化率。2013—2019年的生活垃圾减量化率按5%计，2020—2025年的减量化率按10%计，2025年以后的减量化率按15%计。用人口增长率、人均生活垃圾产生量、生活垃圾减量化率分别预测出东河、九原两区、全市城区的生活垃圾产生量以及拟在本填埋场处置的生活垃圾量(见表11-5)。

考虑一定的应急及富余能力，本扩建工程生活垃圾卫生填埋场的处置规模按照生活垃圾在规划使用期内的平均产生规模确定为600t/d。

表11-5 包头市生活垃圾产生量预测表

年份	东河、九原区人口数量/万人	全市城区人口数量/万人	垃圾产生量/[kg/(d·人)]	减量化率/%	东河、九原区预测产生量/(t/d)	全市城区预测产生量/(t/d)	拟在本项目处理的量/(t，东河、九原的60%)
2010	75	200.87	0.97	—			
2011	77.74	208.2	0.97	—			
2012	80.57	215.8	0.97	—			
2013	83.52	223.68	1.00	5	793.44	2 124.96	476.06

续表

年份	东河、九原区人口数量/万人	全市城区人口数量/万人	垃圾产生量/[kg/(d·人)]	减量化率/%	东河、九原区预测产生量/(t/d)	全市城区预测产生量/(t/d)	拟在本项目处理的量/(t，东河、九原的60%)
2014	86.56	231.84	1.00	5	822.32	2 202.48	493.39
2015	89.72	240.3	1.05	5	894.96	2 396.99	536.97
2016	91.83	245.95	1.05	5	916.00	2 453.35	549.60
2017	93.99	251.73	1.05	5	937.55	2 511.01	562.53
2018	96.2	257.65	1.05	5	959.60	2 570.06	575.76
2019	98.46	263.7	1.05	5	982.14	2 630.41	589.28
2020	100.77	269.9	1.00	10	906.93	2 429.10	544.16
2021	102.94	275.7	1.00	10	926.46	2 481.30	555.88
2022	105.15	281.63	1.00	10	946.35	2 534.67	567.81
2023	107.41	287.68	1.00	10	966.69	2 589.12	580.01
2024	109.72	293.87	1.00	10	987.48	2 644.83	592.49
2025	112.08	300.19	1.00	10	1008.72	2 701.71	605.23
2026	114.49	306.64	1.00	15	973.17	2 606.44	583.90
2027	116.95	313.23	1.00	15	994.08	2 662.46	596.45
2028	119.47	319.97	1.00	15	1 015.50	2 719.75	609.30
2029	121.97	326.57	1.00	15	1 036.75	2 775.85	622.05
2030	123.97	332.07	1.00	15	1 053.75	2 822.60	632.25
2031	125.77	336.87	1.00	15	1 069.05	2 863.40	641.43
2032	127.9	342.2	1.00	15	1 087.15	2 908.70	652.29
平均	106.44	285.07	—	—	963.90	2 581.46	578.34

11.4.3 场址的选择与评价

从包头市实际出发，对场地水文地质、工程地质、基本建设条件(交通状况、供排水、供电、通信等)进行勘察与分析，通过严谨细致的场址比选，最终确定现东河垃圾填埋场东北侧天然山谷作为包头市生活垃圾处理工程的建设场址。该场址选址时的地貌如图 11.14所示。

根据《生活垃圾卫生填埋处理技术规范》(GB 50869—2013）的有关规定，对照场址的具体情况，评价拟定场址，得出的结论是：该场址符合国家规范的要求，并且具备较好的供水供电及道路交通等条件，作为包头市生活垃圾卫生填埋场扩建工程的场址是适合的。

图 11.14　填埋场场址选址时的地貌

11.4.4　生活垃圾填埋技术路线的确定

（1）生活垃圾卫生填埋场类型：山谷型填埋场。本工程的建设场址为山谷，故按照山谷型填埋场的设计方法来设计。

（2）生活垃圾处理工艺：改良型厌氧填埋工艺。本填埋场采用改良型厌氧填埋工艺，设置场底防渗系统、渗滤液收集系统、填埋气体导排系统等，以利于卫生填埋作业与规范化管理。

（3）分区填埋：分为四个填埋区。根据地形，将整个填埋库区用分区隔堤及场底山脊分为四个区域，分别为填埋一区、填埋二区、填埋三区和填埋四区，四个区域水平方向相对独立，各个区域分别设置独立的渗滤液收集导排系统，做到雨污分流，如图 11.15 所示。

图 11.15　填埋场平面布局

（4）填埋作业工艺：卫生填埋作业。卫生填埋需要按照一定的程序，对生活垃圾进行倾倒、摊铺、压实、覆盖和洒药消毒等操作，以减少或消除生活垃圾对周边环境的影响。

11.4.5　填埋场建设类别

本生活垃圾卫生填埋场的处理规模为 600t/d，为Ⅱ类卫生填埋场。

11.4.6 库容及使用年限计算

卫生填埋场库容的计算过程：将设计的填埋堆体按不同高程，水平分成若干个切片，计算每个切片的体积，然后累加得到总的设计堆体体积，即为填埋库容。每个切片可视为台体，按以下台体计算公式加以计算：

$$V=\frac{H(S_{上}+\sqrt{S_{上}+S_{下}}+S_{下})}{3} \tag{11-11}$$

式中：V——台体的体积，m^3；

H——台体的高度，m；

$S_{上}$——台体上表面面积，m^2；

$S_{下}$——台体下表面面积，m^2。

该填埋场逐年所需的库容按照下面的公式进行计算：

$$V_n=(1-f)\times[365W(1+\mu)/\rho] \tag{11-12}$$

式中：V_n——填埋场逐年所需的库容，m^3；

W——填埋场日处理垃圾量，t/d；

μ——覆盖土占生活垃圾体积的比率，与生活垃圾填埋作业工艺有关，一般为12%～20%；

ρ——压实后的生活垃圾密度，与填埋场压实设备和压实次数有关，可取0.8t/m^3；

f——体积减小率，与生活垃圾成分、压实密度等有关，计算可取15%。

其中，W 按照表11-5所列的拟在本项目处理的生活垃圾量来计算，μ 取15%，ρ 取0.8t/m^3，f 取15%。

根据上述给定的公式和数据，计算出该卫生填埋场逐年所需的库容和累计库容，详见表11-6。

表11-6 逐年所需库容与累计库容计算表

年份	日处理量/(t/d)	当年所需库容/m^3	累计所需库容/m^3	各区对应库容/m^3
2013	476.06	212 317	212 317	(一区)152 791
2014	493.39	220 045	432 362	
2015	536.97	239 482	671 844	
2016	549.60	245 114	916 958	(二区)870 870
2017	562.53	250 880	1 167 838	(三区)1 015 965
2018	575.76	256 779	1 424 617	
2019	589.28	262 811	1 687 428	
2020	544.16	242 686	1 930 114	
2021	555.88	247 912	2 178 026	
2022	567.81	253 234	2 431 260	

续表

年份	日处理量/(t/d)	当年所需库容/m^3	累计所需库容/m^3	各区对应库容/m^3
2023	580.01	258 677	2 689 937	
2024	592.49	264 240	2 954 178	
2025	605.23	269 924	3 224 102	
2026	583.90	260 410	3 484 512	
2027	596.45	266 005	3 750 517	(四区)3 686 692
2028	609.30	271 737	4 022 254	
2029	622.05	277 423	4 299 677	
2030	632.25	281 972	4 581 649	
2031	641.43	286 066	4 867 716	
2032	652.29	332 470	5 200 186	(总库容)5 202 889

表 11－6 表明：该卫生填埋场使用期为 2013—2032 年，使用年限约为 20 年。

11.4.7 渗滤液的处理

1. 渗滤液处理规模

渗滤液逐月产生量：

$$Q = Q_1 + Q_2$$

式中：Q_1——填埋区渗滤液月产生量，m^3，$Q_1 = C_1 \times I \times 0.2 \times A_1 + C_2 \times I \times 0.2 \times A_1 + C_3 \times I \times 0.6 \times A_1$；

Q_2——调节池渗滤液逐月产生量，m^3；

$$Q_2 = I \times A_2$$

I——多年平均降雨量 0.308 9，m；

A_1——填埋库区汇水面积 196 503，m^2，

其中：分别对应的正在作业区域取 $0.2 \times A_1$，已经进行中间覆盖的区域取 $0.2 \times A_1$，封场后的区域取 $0.6 \times A_1$；

C_1、C_2、C_3——渗滤液产生系数，

其中：分别对应的正在作业区域 C_1 取 1，已经进行中间覆盖的区域 C_2 取 0.5，封场后的区域 C_3 取 0.2；

A_2——调节池汇水面积，由于本工程调节池浮盖，故汇水面积为 0，m^2。

$$Q_1 = (1 \times 0.2 + 0.5 \times 0.2 + 0.2 \times 0.6) \times 0.308\,9 \times 196\,503 = 25\,494(m^3)$$

$$Q_2 = 0.308\,9 \times 0 = 0(m^3)$$

$$Q = Q_1 + Q_2 = 25\,494(m^3)$$

按渗滤液处理设备一年 35 天的检修期，渗滤液日处理量＝渗滤液年产生量/(365－

35)＝25 494/330＝77.25(m^3/d)。另外，现东河区生活垃圾处理场即将封场，但与其配套的渗滤液处理设施已不能满足《生活垃圾填埋场污染控制标准》(GB 16889—2008)的要求，封场后其渗滤液产生量将逐步减少，考虑每天有40 m^3进入该扩建工程新建的渗滤液处理区处理。同时，该工程每天产生约4 m^3生活污水。

综上所述，该扩建工程总渗滤液处理规模确定为130 m^3/d。

2. 调节池容积计算

调节池容积：

$$V = Q_1 + Q_2 + Q_3 - Q'$$

式中：Q_1——填埋区渗滤液产生量，m^3；$Q_1 = C_1 \times I \times 0.2 \times A_1 + C_2 \times I \times 0.2 \times A_1 + C_3 \times I \times 0.6 \times A_1$

Q_2——调节池渗滤液产生量，m^3；$Q_2 = I \times A_2$

Q_3——现垃圾填埋场封场后渗滤液产生量，按每天40，m^3；I为多年平均降水量中降水最大4个月(6月—9月，共122d)的累计降水量0.216 2，m；A_1为填埋库区汇水面积196 503，m^2；其中：正在作业区域为$0.2 \times A_1$，已经进行中间覆盖的区域为$0.2 \times A_1$，封场后的区域为$0.6 \times A_1$；C_1、C_2、C_3为渗滤液产生系数；其中：分别对应的正在作业区域C_1取1，已经进行中间覆盖的区域C_2取0.5，封场后的区域C_3取0.2；A_2为调节池汇水面积，由于本工程调节池浮盖，故汇水面积为0，m^2；

Q'——4个月(122d)期间的处理量，m^3。

$$Q_1 = (1 \times 0.2 + 0.5 \times 0.2 + 0.2 \times 0.6) \times 0.216\,2 \times 196\,503 = 17\,843(m^3)$$

$$Q_2 = 0.216\,2 \times 0 = 0(m^3)$$

$$Q_3 = 40 \times 122 = 4\,880(m^3)$$

$$Q' = 120 \times 122 = 14\,640(m^3)$$

$$V = Q_1 + Q_2 + Q_3 - Q' = 17\,843 + 0 + 4\,880 - 14\,640 = 8\,083(m^3)$$

按一年中降水最多的6月—9月的降水量来计算，考虑渗滤液调节池的容积可以储存四个月所产生的渗滤液，可计算出需要的渗滤液调节池容积为8 083 m^3，考虑到垃圾本身含水、垃圾分解所产生的渗滤液、生活污水及安全的因素，渗滤液调节池的容积确定为10 000m^3。

3. 渗滤液收集系统

该填埋场的渗滤液收集系统由渗滤液导流层及其反滤层、渗滤液收集盲沟、渗滤液收集管道组成。每个填埋分区内渗到场底的渗滤液先通过渗滤液导流层横向汇集到盲沟内，盲沟内设纵向渗滤液导排花管，将渗滤液排到预埋渗滤液输送管内(实管)，然后通过渗滤液输送管输送到渗滤液调节池。

填埋区内的纵向渗滤液收集管埋设在盲沟内，管道外用较大粒径的卵石(粒径通常为40～60mm)包裹，以增加其导流能力。渗滤液、地下水盲沟收集导排系统中的管材均采用PE80 HDPE管材，标准尺寸比为SDR11，工程压力为1.25MPa。其中渗滤液主盲沟内

HDPE 管管径为 dn355，支盲沟内 HDPE 管管径为 dn250。HDPE 管管材性能较好，便于开孔制成花管。由于填埋库区分区分阶段运营，故不同的区域根据不同的功能设计相应的盲沟结构。

4. 渗滤液处理工艺

本项目为扩建项目，渗滤液水质将经历完整的五个反应阶段，水质变化极大，要求渗滤液处理系统既可以处理前期浓度高可生化性好的渗滤液，也可处理 3～5 年后浓度低但可生化性差的渗滤液，以保证系统出水稳定达标。按此要求及技术经济比较，确定渗滤液处理工艺为两级 DTRO 工艺，工艺流程如图 11.16 所示。

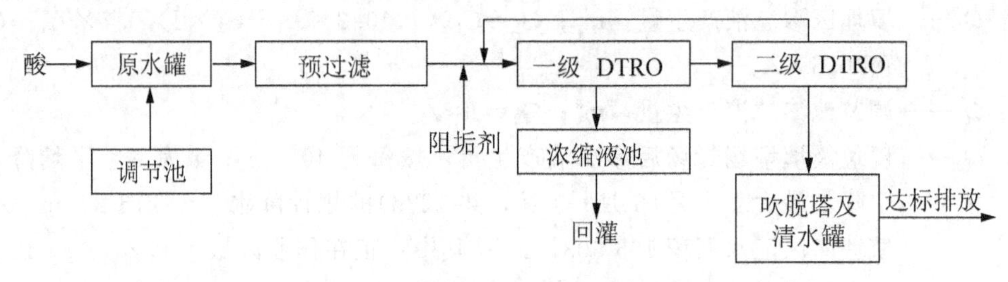

图 11.16　两级 DTRO 工艺流程图

11.4.8　填埋气的导排

该填埋场规模较小，填埋物中的有机物含量不高，填埋场运行的中前期不考虑填埋气体的利用，以疏导排放为主，如气体浓度局部较高时燃烧处理。

采用导气石笼收集导排垃圾降解时产生的填埋气体，导气石笼设置于渗滤液导流层上方。导气石笼直径 1.2m，由土工网围成，内装粒径 40～100mm 的卵石，中心设置 dn160 HDPE 花管，初期建设高度为 1.5m，随垃圾堆层的升高逐渐加高，直至终场高度，中心导气管顶端设置三通导气，防止杂物落入，导气石笼结构如图 11.17 所示。

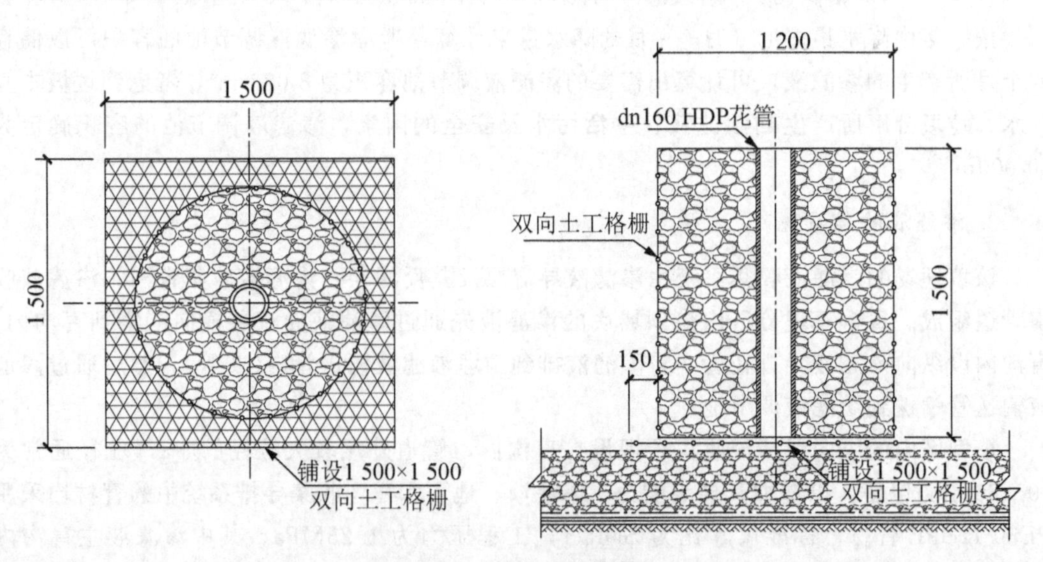

图 11.17　导气石笼结构图

11.4.9 填埋场封场

采用人工材料和黏土相结合的封场方案。封场结构由上至下的构成是：大于或等于300mm厚的营养植被层、大于或等于500mm厚的覆盖支持土层、5mm土工复合排水网排水层、1.0mmHDPE土工膜防渗层(双糙面)、5000g/m^2GCL辅助防渗层、5mm土工复合排水网排气层、600g/m^2无纺土工布。

小　结

本章介绍固体废物处理、处置的四个典型案例，包括：海南省昌江县生活垃圾转运工程、北京南宫垃圾堆肥厂、南宁市生活垃圾焚烧发电工程、包头市东河区生活垃圾填埋场扩建工程。

思 考 题

1. 简要阐述北京南宫垃圾堆肥厂的工艺流程。
2. 简要阐述南宁市生活垃圾焚烧发电工程的工艺流程。
3. 描述包头市东河区生活垃圾填埋场扩建工程库容的计算思路和过程。

参考文献

[1] 国家环境保护总局污染控制司．危险废物的环境管理与安全处置——巴赛尔公约全书[M]．北京：化学工业出版社，2002.

[2] U. S. Environmental Protection Agency. *Solid Waste and Emergency Response* [R]. "Definition of Solid Waste" EPA530-K-02-0071, October 2001. 2.

[3] 石碧清，闾振华，周炳炎．国内外固体、危险废物概念比较研究[J]．环境科学与管理，2006，31(5)：55～57.

[4] 汪宝华．中华人民共和国固体废物污染环境防治法实施手册[M]．北京：中国环境保护出版社，2010.

[5] 廖利，冯华，王松林．固体废物处理与处置[M]．武汉：华中科技大学出版社，2010.

[6] 宁平．固体废物处理与处置[M]．北京：高等教育出版社，2007.

[7] 熊婷，霍文晃，窦立宝，高洋，陈瑾．城市餐厨垃圾资源化处理必要性研究[J]．环境科学与管理，2010，35(2)：148～152.

[8] 童华．环境工程设计[M]．北京：化学工业出版社，2009.

[9] 白良成．生活垃圾焚烧处理工程技术[M]．北京：中国建筑工业出版社，2009.

[10] 李颖，尹荔堃，李蔚然．国内外城市生活垃圾收运系统剖析[J]．环境工程(增刊)，2010，28(增刊)：250～253.

[11] 曾文胜，吴蕃蕤．日本城市生活垃圾回收处理体系详解及启示[J]．广东科技，2010，(9)：22～25.

[12] 环境保护部．HJ 2015—2012 危险废物收集、贮存、运输技术规范[S]．北京：中国环境科学出版社，2012.

[13] 蒋建国．固体废物处理与资源化[M]．北京：化学工业出版社，2008.

[14] 李秀金．固体废物处理与资源化[M]．北京：科学出版社，2011.

[15] 周少奇．固体废物污染控制原理与技术[M]．北京：清华大学出版社，2009.

[16] 许可，李春光，梁丽珍．固体废弃物资源化利用技术与应用[M]．郑州：郑州大学出版社，2012.

[17] 赵由才，牛冬杰，柴晓利．固体废物处理与资源化[M]．北京：化学工业出版社，2012.

[18] 王黎．固体废物处置与处理[M]．北京：冶金工业出版社，2014.

[19] 曾现来，张永涛，苏少林．固体废物处理处置与案例[M]．北京：中国环境科学出版社，2011.

[20] 赵勇胜，董军，洪梅．固体废物处理及污染的控制与治理[M]．北京：化学工业出版社，2009.

[21] 宋立杰，陈善平．我国垃圾堆肥生物处理现状及发展趋势分析[J]．环境卫生工程，2013，21(1)：5～7.

[22] 吴云．餐厨垃圾厌氧消化影响因素及动力学研究[D]．重庆：重庆大学，2009：20～21.

[23] Bollon J, Le-hyaric R, Benbelkacem H, et al. *Devpment of a kinetic model for anaerobic dry digestion processes: Focus on acetate degradation and moisture content* [J]. Biochemical Engineering Journal, 2011, 56: 212～218.

[24] 董滨，王凯丽，段妮娜，戴翎翎，戴晓虎．餐厨垃圾中温干法厌氧消化快速启动实验研究[J]．环境科学学报，2012，32(10)：2584～2590.

[25] Batstone D J, Keller J, Angelidaki I, et al. *Anaerobic digestion model No.1* [M]. London: IWA

Publishing，2002.

[26] Blumensaat F，Keller J. *Modelling of two-stage anaerobic digestion using the IWA Anaerobic Digestion Model No. 1(ADM1)*[J]. Water Research，2005，39：171-183.

[27] Parker W J. *Application of the ADM1 model to advanced anaerobic digestion* [J]. Bioresource Technology，2005，96：1832—1842.

[28] Deepanjan Majumda，Jigisha Patel，Neha Bhatt，Priyanka Desai. *Emission of methane and carbondioxide and earthworm survival during composting of pharmaceutical sludge and spent mycelia*[J]. Bioresource Technology，2006，97：648－658.

[29] 中国环境保护产业协会城市生活垃圾处理委员会．我国城市生活垃圾处理行业2012年发展综述[J]. 2013，(3)：20～26.

[30] 聂永丰．国内生活垃圾焚烧的现状及发展趋势[J]. 中国城市环境卫生，2009，(3)：18～21.

[31] 方源圆，周守航，阎丽娟．中国城市垃圾焚烧发电技术与应用[J]. 节能技术，2010，28(1)：76～79.

[32] 刘军伟，雷廷宙，杨树华，李在峰，何晓峰．浅议我国垃圾焚烧发电的现状及发展趋势[J]. 中外能源，2012，17(6)：29～34.

[33] 林仞．生活垃圾焚烧炉设备选型及机械设计[J]. 福建农机，2013，(1)：28～30.

[34] 朱胜．垃圾粒径对城市生活垃圾热解影响实验研究[D]. 武汉：华中科技大学，2011.

[35] 张立静，余渡江，黄群星，池涌．我国城市固体废弃物气化熔融的特性[J]. 2013，19(5)：418～424.

[36] 段翠九，曾纪进，陈国艳．气化熔融技术处理城市生活垃圾研究进展[J]. 2013，35(1)：39～42.

[37] 住房和城乡建设部，国家质量监督检验检疫总局．GB 50869－2013 生活垃圾卫生填埋场处理技术规范[S]. 北京：中国计划出版社，2013.

[38] 建设部．CJJ 113—2007 生活垃圾卫生填埋场防渗系统工程技术规范[S]. 北京：中国建筑工业出版社，2007.

[39] 建设部．CJ/T 234—2006 高密度聚乙烯土工膜垃圾填埋场产品标准[S]. 北京：中国建筑工业出版社，2006.

[40] 环境保护部．HJ 564—2010 生活垃圾填埋场渗滤液处理工程技术规范(试行)[S]. 北京：中国环境科学出版社，2010.

[41] 住房和城乡建设部．CJJ 133—2009 生活垃圾填埋场填埋气体收集处理及利用工程技术规范[S]. 北京：中国建筑工业出版社，2009.

[42] 建设部．CJJ 112—2007 生活垃圾卫生填埋场封场技术规程[S]. 北京：中国建筑工业出版社，2007.

[43] 侯贵光，吴舜泽，孙宁，程亮，陈扬．危险废物安全填埋场工程建设及运行中若干问题的思考[J]，有色冶金设计与研究，2007，28(2～3)：43～45.

[44] 黄海峰，陈立柱，王军．废物管理与循环经济[M]. 北京：中国轻工业出版社，2013.

[45] 陆文雄，乔燕．城市生活垃圾的资源化综合利用[J]. 粉煤灰，2012，(2)：22～25.

[46] 刘数华．建筑垃圾综合利用综述[J]. 新材料产业，2008，(4)：42～46.

[47] 李秋义．建筑垃圾资源化再生利用技术[M]. 北京：中国建材工业出版社，2011.

[48] 赵莹，程桂石，董长青．垃圾能源化利用与管理[M]. 上海：上海科学技术出版社，2013.

[49] 田水泉，杨风岭，张立科．我国城市粪便农业资源化利用问题与对策[J]. 安徽农业科学，2011，39(11)：6711～6713.

[50] 郭家林，赵俊学，黄敏．钢渣综合利用技术综述及建议[J]. 中国冶金，2009，19(2)：35～38.

[51] 杨慧芬，张强．固体废物资源化[M]. 北京：化学工业出版社，2013.

[52] 陈明莲．矿山固体废物综合利用的几种途径[J]．南方金属，2011，(4)：1～4.
[53] 陈华君，刘全军．金属矿山固体废物危害及资源化处理[J]．金属矿山，2009，(4)：154～156.
[54] 聂永丰．固体废物处理工程技术手册[M]．北京：化学工业出版社，2013.
[55] 任芝军．固体废物处理处置与资源化技术[M]．哈尔滨：哈尔滨工业大学工业出版社，2010.
[56] 徐君强．1 000kW 分布式无焦油农林废弃物气化发电系统[D]．广州：华南理工大学，2010.
[57] 曹伟华，孙晓杰，赵由才．污泥处理与资源化应用实例[M]．北京：冶金工业出版社，2010.
[58] Chu L.，Yan S.，Xing X.-H.，Sun X.，Jurcik B. *Progress and perspectives of sludge ozonation as a powerful pretreatment method for minimization of excess sludge production*. Water Research，2009，43：1811-1822.
[59] (意)Paola Foladør，Gianni Andreottola，Giuliano Ziglio，著．污水处理厂污泥减量化技术[M]．周玲玲，董滨，译．北京：中国建筑工业出版社，2013.
[60] 韩宝平．固体废物处理与利用[M]．武汉：华中科技大学出版社，2010.
[61] 许玉东，陈荔英，赵由才．污泥管理与控制政策[M]．北京：冶金工业出版社，2010.
[62] 靳云辉，张学兵，周建忠，刘杰．污泥厌氧消化及沼气发电技术在马来西亚 Pantai 污水处理厂中的应用[J]．西南给排水，2012，34 (3)：6～10.
[63] 张辰，胡维杰，生骏．上海市白龙港污水处理厂污泥厌氧消化工程设计[J]．给水排水，2010，36 (10)：9～11.
[64] 王罗春，李雄，赵由才．污泥干化与焚烧技术[M]．北京：冶金工业出版社，2010.
[65] 秦翠娟，李红军，钟学进．我国污泥焚烧技术的比较与分析[J]．能源工程，2011，(1)：52～61.